普通高等教育机械类应用型人才及卓越工程师培养规划教材

机床数控技术

刘　军　张秀丽　主　编
　　王万新　闫存富　副主编
丁　攀　徐彦伟　吕刚磊　参　编
　　　　夏广岚　主　审

电子工业出版社
Publishing House of Electronics Industry
北京·BEIJING

内容简介

本书系统全面地叙述了机床数控技术的有关内容，突出了内容的先进性、技术的综合性，内容全面、深入，理论联系实际，重在应用。

全书共分 8 章，各章既有联系性，又有一定的独立性，内容包括数控技术概述、数控加工程序的编制、数控插补原理与刀具补偿原理、计算机数控装置、位置检测装置、数控机床的伺服系统、数控机床的机械结构、数控机床与先进制造技术，各章后均附有习题。

考虑到数控技术的迅速发展及应用的日益广泛，教材编写中除注意内容安排的系统性、完整性之外，还注意突出介绍方法和思路上的多样性和实用性，并体现数控技术的最新发展趋势。

本书可作为机械工程相关专业的本科生和研究生教材或参考书，同时可供广大从事数控技术研究和应用的工程技术人员参考。

未经许可，不得以任何方式复制或抄袭本书之部分或全部内容。
版权所有，侵权必究。

图书在版编目（CIP）数据

机床数控技术 / 刘军，张秀丽主编．—北京：电子工业出版社，2015.12
普通高等教育机械类应用型人才及卓越工程师培养规划教材
ISBN 978-7-121-27400-8

Ⅰ. ①机… Ⅱ. ①刘…②张 Ⅲ. ①数控机床－高等学校－教材 Ⅳ. ①TG659

中国版本图书馆 CIP 数据核字 (2015) 第 237767 号

策划编辑：郭穗娟
责任编辑：郭穗娟
印　　刷：北京捷迅佳彩印刷有限公司
装　　订：北京捷迅佳彩印刷有限公司
出版发行：电子工业出版社
　　　　　北京市海淀区万寿路 173 信箱　邮编　100036
开　　本：787×1 092　1/16　印张：20.75　字数：531 千字
版　　次：2015 年 12 月第 1 版
印　　次：2019 年 7 月第 3 次印刷
定　　价：45.00 元

凡所购买电子工业出版社图书有缺损问题，请向购买书店调换。若书店售缺，请与本社发行部联系，联系及邮购电话：(010)88254888。
质量投诉请发邮件至 zlts@phei.com.cn，盗版侵权举报请发邮件至 dbqq@phei.com.cn。
服务热线：(010)88258888。

《普通高等教育机械类应用型人才及卓越工程师培养规划教材》

专家编审委员会

主任委员 黄传真

副主任委员 许崇海　张德勤　魏绍亮　朱林森

委　　员（排名不分先后）

李养良	高　荣	刘良文	郭宏亮	刘　军
史岩彬	张玉伟	王　毅	杨玉璋	赵润平
张建国	张　静	张永清	包春江	于文强
李西兵	刘元朋	褚　忠	庄宿涛	惠鸿忠
康宝来	宫建红	宁淑荣	许树勤	马言召
沈洪雷	陈　原	安虎平	赵建琴	高　进
王国星	张铁军	马明亮	张丽丽	楚晓华
魏列江	关跃奇	沈　浩	鲁　杰	胡启国
陈树海	王宗彦	刘占军	刘仕平	姚林娜
李长河	杨建军	刘琨明	马大国	

前　言

机床数控技术是先进制造技术的基础和重要组成部分，是计算机技术、自动控制技术、检测技术和机械加工技术的交叉和综合技术领域。它是根据机械加工工艺的要求，使用计算机对整个加工过程中的信息进行处理和控制，实现加工过程自动化。随着微电子技术、计算机技术、传感器技术和机械加工技术的发展，从 20 世纪 70 年代以后，计算机数控技术获得了突飞猛进的发展，数控机床和其他数控装备的普及应用使制造业发生了巨大的变化。同时，计算机数控技术的发展又极大地推动了计算机辅助设计和辅助制造（CAD/CAM）、柔性制造系统（FMS）和计算机集成制造系统（CIMS）等的先进制造技术的发展。

机床数控技术不仅具有较强的理论性，而且具有较强的实用性，它是由各种技术相互交叉、渗透、有机结合而成的一门综合技术。本书着重介绍机床数控技术的基本概念、数控加工工艺和数控机床编程的基础和方法、计算机数控装置和数字控制原理、数控机床的位置检测装置、数控机床的伺服系统、数控机床的机械结构、数控机床与先进制造技术。

本书的编写考虑学科的发展及国民经济的需要，总结编者多年的教学经验和研究成果。在内容安排上，着重介绍一些基本概念、实施方法和关键技术；在介绍实施方法时，突出思路和方法的多样化，以开阔学生思路，培养学生分析问题和解决问题的能力。本书以应用型机械类和近机类专业本科生和研究生的教育为对象，在学生已掌握了相关基本知识的基础上，系统学习机床数控技术的理论知识，加强理论联系实际的学习，注意多介绍一些数控工艺、编程方法和实例，以满足技术上的实用性，培养数控机床的实际操作能力。

本书由郑州科技学院刘军、河南农业大学张秀丽任主编，黄河科技学院闫存富、德州学院王万新任副主编，河南农业大学丁攀、河南科技大学徐彦伟、郑州科技学院吕刚磊参编。佳木斯大学教授夏广岚教授对本书进行审稿，在此表示感谢。

参加各章编写工作的人员分工如下：郑州科技学院刘军编写第 1 章和第 2.1、2.2 节；河南农业大学张秀丽编写第 2.3~2.7 节；德州学院王万新编写第 3 章和第 4 章；郑州科技学院吕刚磊编写第 5 章和第 7.7、7.8 节；河南农业大学丁攀编写第 6 章；黄河科技学院闫存富编写第 7 章 7.1~7.6 节；河南科技大学徐彦伟编写第 8 章。

由于编者水平有限，书中不足及不妥之处在所难免，敬请读者批评指正。

编　者

2015 年 8 月

目　　录

第1章　数控技术概述 …………………… 1
　1.1　机床数控技术的基本概念 ……… 1
　1.2　数控机床的组成及工作原理 …… 2
　　1.2.1　数控机床的组成 …………… 2
　　1.2.2　数控机床的工作原理 ……… 4
　1.3　数控机床的分类 ………………… 5
　　1.3.1　按功能用途分类 …………… 5
　　1.3.2　按运动轨迹分类 …………… 6
　　1.3.3　按伺服系统的控制原理分类 … 7
　　1.3.4　按数控系统的功能水平分类 … 8
　1.4　数控加工的特点及应用范围 …… 9
　　1.4.1　数控机床的特点 …………… 9
　　1.4.2　数控机床的应用 …………… 10
　1.5　数控机床的产生与发展趋势 …… 11
　　1.5.1　数控机床的发展概况 ……… 11
　　1.5.2　数控机床的发展趋势 ……… 12
　思考题与习题 …………………………… 17
第2章　数控加工程序的编制 …………… 18
　2.1　概述 ……………………………… 18
　2.2　数控加工工艺基础 ……………… 20
　　2.2.1　数控加工零件的选择 ……… 20
　　2.2.2　数控加工零件的工艺性分析 … 21
　　2.2.3　加工方法的选择与加工方案
　　　　　的确定 ………………………… 23
　　2.2.4　数控加工工序与工步的划分 … 25
　　2.2.5　数控机床的刀具 …………… 26
　　2.2.6　数控加工工序的设计 ……… 28
　　2.2.7　数控加工工艺文件的编制 … 34
　2.3　数控程序编制基础 ……………… 35
　　2.3.1　数控编程的方法 …………… 35
　　2.3.2　数控机床坐标系 …………… 35
　　2.3.3　加工程序结构与格式 ……… 39
　2.4　程序编制中的数值计算 ………… 40
　　2.4.1　基点坐标的计算 …………… 40
　　2.4.2　非圆曲线节点坐标的计算 … 40
　　2.4.3　列表曲线型值点坐标的计算 … 44
　　2.4.4　刀位点轨迹的计算 ………… 45
　　2.4.5　辅助计算 …………………… 45
　2.5　数控车削加工程序编制 ………… 46
　　2.5.1　数控车床编程特点与坐标系 … 46
　　2.5.2　数控车床常用编程指令 …… 47
　　2.5.3　螺纹加工指令 G32、G92、
　　　　　G76 …………………………… 54
　　2.5.4　车削固定循环功能 ………… 57
　　2.5.5　数控车削加工编程实例 …… 61
　2.6　数控铣削和加工中心加工
　　　程序编制 …………………………… 64
　　2.6.1　数控铣床及加工中心编程
　　　　　特点与坐标系 ………………… 64
　　2.6.2　数控铣床及加工中心常用
　　　　　编程指令 ……………………… 67
　　2.6.3　数控铣床及加工中心固定
　　　　　循环指令 ……………………… 72
　　2.6.4　数控铣床及加工中心编程
　　　　　实例 …………………………… 80
　2.7　自动编程简介 …………………… 85
　　2.7.1　概述 ………………………… 85
　　2.7.2　主要 CAD/CAM 系统 ……… 85
　　2.7.3　自动编程实例 ……………… 87
　思考题与习题 …………………………… 93
第3章　数控插补原理与刀具补偿原理 … 96
　3.1　概述 ……………………………… 96
　　3.1.1　基准脉冲插补 ……………… 97
　　3.1.2　数据采样插补 ……………… 97
　3.2　基准脉冲插补 …………………… 98
　　3.2.1　逐点比较法插补 …………… 98
　　3.2.2　数字积分法插补 …………… 103
　3.3　数字采样插补 …………………… 110
　　3.3.1　直线插补 …………………… 110

  3.3.2 圆弧插补……………… 111
 3.4 数控装置进给速度控制………… 114
  3.4.1 进给速度控制…………… 114
  3.4.2 加减速度控制…………… 115
 3.5 刀具补偿原理………………… 120
  3.5.1 刀具半径补偿计算……… 121
  3.5.2 C功能刀具半径补偿计算… 122
 思考题与习题……………………… 124

第4章 计算机数控装置……………… 125
 4.1 概述…………………………… 125
  4.1.1 CNC 系统的组成………… 126
  4.1.2 CNC 系统的功能和
     一般工作过程…………… 126
 4.2 CNC 装置的硬件结构…………… 130
  4.2.1 单 CPU 系统的硬件结构… 131
  4.2.2 多 CPU 系统的硬件结构… 132
  4.2.3 开放式 CNC 系统………… 133
 4.3 CNC 装置的软件结构…………… 138
  4.3.1 CNC 软件结构特点……… 139
  4.3.2 CNC 软件结构模式……… 142
 4.4 可编程机床控制器 PMC………… 147
  4.4.1 PLC 的概述……………… 147
  4.4.2 PLC 在数控机床上的应用… 152
 思考题与习题……………………… 159

第5章 位置检测装置………………… 160
 5.1 概述…………………………… 160
  5.1.1 位置检测装置的作用及要求… 160
  5.1.2 位置检测装置的分类…… 161
 5.2 光栅…………………………… 162
  5.2.1 光栅的结构及特点……… 162
  5.2.2 光栅的工作原理………… 163
  5.2.3 光栅位移-数字变换电路… 164
 5.3 脉冲编码器…………………… 165
  5.3.1 增量式脉冲编码器……… 166
  5.3.2 绝对值式脉冲编码器…… 167
 5.4 感应同步器…………………… 168
  5.4.1 感应同步器的结构和
     工作原理………………… 168
  5.4.2 感应同步器的应用……… 170
  5.4.3 感应同步器检测装
     置的优点………………… 171
 5.5 旋转变压器…………………… 171
  5.5.1 旋转变压器的结构和
     工作原理………………… 171
  5.5.2 旋转变压器的应用……… 173
  5.5.3 旋转变压器的主要参数… 174
 思考题与习题……………………… 174

第6章 数控机床的伺服系统………… 175
 6.1 概述…………………………… 175
  6.1.1 伺服系统的概念………… 175
  6.1.2 数控机床对伺服系统
     的要求…………………… 176
  6.1.3 伺服系统的分类………… 178
  6.1.4 伺服系统的发展………… 180
 6.2 主轴伺服系统………………… 182
  6.2.1 基本要求………………… 182
  6.2.2 工作原理………………… 183
  6.2.3 主轴分段无级变速……… 185
  6.2.4 主轴准停………………… 186
 6.3 步进电动机伺服系统………… 191
  6.3.1 步进电动机组成及其
     工作原理………………… 191
  6.3.2 步进电动机的特性及选择… 194
  6.3.3 步进电动机的控制线路… 196
 6.4 直流伺服电动机伺服系统…… 198
  6.4.1 直流伺服电动机及工作特性… 198
  6.4.2 直流伺服电动机的速度控制
     方法……………………… 202
 6.5 交流伺服电动机伺服系统…… 206
  6.5.1 交流伺服电动机的分类及
     特点……………………… 206
  6.5.2 交流伺服电动机的结构及
     工作原理………………… 207
  6.5.3 交流伺服电动机的主要
     特性参数………………… 209
  6.5.4 交流伺服电动机的调速方法… 210

目 录

- 6.6 直线电动机传动 ………………… 210
  - 6.6.1 直线电动机的工作原理…… 210
  - 6.6.2 直线电动机的结构形式…… 211
  - 6.6.3 直线电动机的特点………… 211
- 思考题与习题……………………………… 212

第7章 数控机床的机械结构 ………… 213
- 7.1 概述 ………………………………… 214
  - 7.1.1 数控机床机械结构的组成… 214
  - 7.1.2 数控机床机械结构的特点… 214
  - 7.1.3 数控机床对机械结构的要求· 216
- 7.2 数控机床整体布局 ………………… 217
  - 7.2.1 数控车床的布局…………… 218
  - 7.2.2 数控铣床的布局…………… 219
  - 7.2.3 加工中心的布局…………… 220
- 7.3 数控机床的主传动系统 …………… 223
  - 7.3.1 数控机床对主传动系统的要求………………………… 223
  - 7.3.2 数控机床主传动系统的类型………………………… 224
  - 7.3.3 主轴部件…………………… 227
  - 7.3.4 主轴润滑与密封…………… 237
- 7.4 数控机床的进给传动系统 ………… 238
  - 7.4.1 数控机床进给传动系统的要求………………………… 239
  - 7.4.2 数控机床进给传动系统的形式………………………… 239
  - 7.4.3 滚珠丝杠螺母副…………… 240
- 7.5 数控机床的导轨 …………………… 246
  - 7.5.1 数控机床对导轨的要求…… 246
  - 7.5.2 数控机床导轨形状和组合形式…………………… 247
  - 7.5.3 数控机床常用导轨………… 249
  - 7.5.4 机床导轨的使用及防护…… 254
  - 7.5.5 齿轮间隙的调整…………… 256
- 7.6 数控机床回转工作台 ……………… 258
  - 7.6.1 数控回转工作台…………… 258
  - 7.6.2 分度工作台………………… 261
- 7.7 数控机床的自动换刀系统 ………… 264
  - 7.7.1 数控车床的自动换刀装置… 264
  - 7.7.2 数控加工中心自动换刀装置· 268
  - 7.7.3 刀具选择方式……………… 276
- 7.8 数控机床液压与气动装置………… 279
  - 7.8.1 数控机床液压及气压传动特点…………………… 279
  - 7.8.2 数控机床液压及气压传动的历史…………………… 280
  - 7.8.3 数控机床液压及气压执行装置…………………… 280
  - 7.8.4 液压与气压传动系统在数控机床上的应用………… 281
- 思考题与习题……………………………… 283

第8章 数控机床与先进制造技术 …… 285
- 8.1 概述 ………………………………… 285
  - 8.1.1 概念………………………… 285
  - 8.1.2 先进制造技术的特征……… 286
  - 8.1.3 先进制造技术的体系结构和分类………………… 287
- 8.2 直接数字控制（DNC） …………… 289
  - 8.2.1 DNC 技术的原理 ………… 289
  - 8.2.2 DNC 系统的组成 ………… 290
  - 8.2.3 DNC 系统的控制结构 …… 291
- 8.3 柔性制造系统 ……………………… 294
  - 8.3.1 柔性制造技术概述………… 294
  - 8.3.2 柔性制造系统的定义和特征……………………… 294
  - 8.3.3 柔性制造系统的组成……… 295
  - 8.3.4 柔性制造系统的类型和适应范围…………………… 296
  - 8.3.5 FMS 的工作过程 ………… 297
  - 8.3.6 FMS 的实例 ……………… 297
  - 8.3.7 FMS 的效益 ……………… 298
- 8.4 计算机集成制造系统（CIMS）…………………………… 299
  - 8.4.1 CIMS 的产生与发展 ……… 299
  - 8.4.2 CIMS 的基本组成与体系结构…………………… 301
  - 8.4.3 CIMS 中的先进制造模式… 303
  - 8.4.4 CIMS 的发展趋势 ………… 319
- 8.5 快速成形简介 ……………………… 320
  - 8.5.1 快速成形技术产生的背景… 320

8.5.2　快速成形技术的基本原理……320
8.5.3　快速成形技术的特点…………321
8.5.4　快速成形技术的类型…………321
8.5.5　快速成形技术的应用…………322
8.5.6　快速成形技术的发展方向……322
思考题与习题……………………………323
参考文献……………………………………324

第 1 章　数控技术概述

教学要求

通过本章的学习，了解数控机床的组成和应用范围。

引　例

数控技术是20世纪制造技术的重大成就之一，是吸收了计算机技术、自动控制技术、检测技术和机械加工技术精华的交叉和综合技术领域。图 1-1 所示的这类异形曲面复杂零件，只有通过高精度的数控加工装备（图 1-2）采用数控方法才能够顺利完成加工。

数控技术和数控装备是制造业现代化的重要基础。这个基础是否牢固直接影响一个国家的经济发展和综合国力，关系到一个国家的战略地位。因此，世界上各工业发达国家均采取重大措施来发展自己的数控技术及其产业。

在我国，数控技术与装备的发展也得到了高度重视，近年来取得了相当大的进步。特别是在通用微机数控领域，以 PC 平台为基础的国产数控系统，已经走在了世界前列。但是，我国在数控技术研究和产业发展方面也存在不少问题，特别是在技术创新能力、商品化进程、市场占有率等方面情况尤为突出。如何有效解决这些问题，使我国数控领域沿着可持续发展的道路，从整体上全面迈入世界先进行列，使我们在国际竞争中有举足轻重的地位，将是数控研究开发部门和生产厂家所面临的重要任务。

什么是数控技术？数控机床由什么组成？其工作原理及关键技术、数控机床的特点、数控机床的发展趋势等，本章及本书其他章节将对这些内容进行阐述。

图 1-1　异形曲面复杂零件

图 1-2　数控机床

1.1　机床数控技术的基本概念

数字控制（Numerical Control，NC）是近代发展起来的一种用数字化信号对机床运动及其加工过程进行自动控制的一种方法，简称数控（NC）。

数控技术（Numerical Control Technology）是指用数字量及字符发出指令并实现自动控制的技术，它是制造业实现自动化、柔性化和集成化生产的基础技术。计算机辅助设计与制造（CAD/CAM）、计算机集成制造系统（CIMS）、柔性制造系统（FMS）和智能制造（IM）等先进制造技术都是建立在数控技术之上的。由于计算机应用技术的发展，目前广泛采用通用或专用计算机实现数字程序控制，即计算机数控（Computer Numerical Control，CNC）。数控技术广泛应用于金属切削机床和其他机械设备，如数控铣床、数控车床、机器人、机械手和坐标测量机等。

数控机床（Numerical Control Machine Tools）是指用计算机通过数字信息来自动控制机械产品加工过程的一类机床。它把机械加工过程中的各种控制信息用数字化代码表示，通过信息载体输入数控装置，经运算处理由数控装置发出各种信号控制机床各运动部件的动作，并按图样要求的形状、尺寸及加工的动作顺序，自动控制机床各部件的动作将零件加工出来。国际信息处理联盟（International Federation of Information Processing）对数控机床的定义："数控机床是一个装有程序控制系统的机床，该系统能够逻辑地处理具有使用代码，或其他符号编码指令规定的程序。"数控机床是集计算机应用、自动控制、精密测量、微电子和机械加工等技术于一体的，采用数控装置或计算机全部或部分地取代一般通用机床在加工零件时对机床的各种动作（如起动、加工顺序、改变切削用量、主轴变速、选择刀具、冷却液开停及停车等），一种高效率、高精度、高柔性和高自动化的机、电、液一体化的数控设备。

1.2 数控机床的组成及工作原理

1.2.1 数控机床的组成

数控机床一般由输入/输出装置、数控装置、伺服系统、机床本体和检测反馈装置组成，如图 1-3 所示，图中实线部分为开环系统，虚线部分包含检测装置，构成闭环系统。

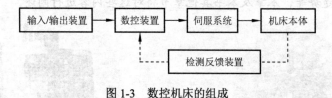

图 1-3　数控机床的组成

1. 输入/输出装置

输入/输出设备是 CNC 系统与外部设备进行信息交互的装置，主要用于零件数控程序的编译、存储、打印和显示等。数控机床常用的信息载体有标准穿孔带、磁带和磁盘等。信息载体上记载的加工信息由按一定规则排列的文字、数字和代码所组成。目前国际上通常使用 EIA（Electronic Industries Association）代码以及 ISO（International Organization For Standardization）代码，这些代码经输入装置送给数控装置。常用的输入装置有光电纸带输入机、磁带录音机、磁盘驱动器、优盘和光盘等。

除此之外，还可采用通信方式进行信息交换，现代数控系统一般都具有利用通信方式进行信息交换的能力。这种方式是实现 CAD/CAM 集成、FMS 和 CIMS 的基本技术。目前在数控机床上常采用的方式有以下几种。

（1）串行通信（RS232 等串口）。

（2）自动控制专用接口和规范（DNC 方式，MAP 协议等）。

（3）网络技术（Internet、LAN 等）。

2. 数控装置

数控装置是数控机床的核心，也是区别于普通机床最重要的特征之一。数控装置通常由一台通用或专用微型计算机构成，包括输入接口、存储器、中央处理器、输出接口和控制电路等部分，如图 1-4 所示。数控装置用来接受并处理控制介质的信息，并将代码加以识别、存储、运算，输出相应的命令脉冲，经过功率放大驱动伺服系统，使机床按规定要求动作。它能完成加工程序的输入、编辑及修改，实现信息存储、数据交换、代码转换、插补运算以及各种控制功能。

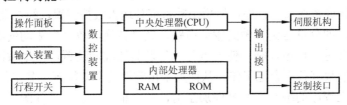

图 1-4 数控装置的组成

3. 伺服系统

伺服系统是数控系统的执行部分，主要由伺服电动机、驱动控制系统及位置检测反馈装置等组成，并与机床上的执行部件和机械传动部件组成数控机床的进给系统。常用的位移执行机构有功率步进电动机、直流伺服电动机和交流伺服电动机等。伺服系统将数控装置输出的脉冲信号放大，驱动机床移动部件运动或使执行机构动作，以加工出符合要求的零件。

伺服系统有开环、半闭环和闭环之分。在半闭环和闭环伺服系统中，还要使用位置检测反馈装置来间接或直接测量执行部件的实际进给位移，并与指令位移进行比较，按闭环原理，将其误差转换放大后控制运动部件的进给。伺服驱动系统性能的好坏直接影响数控机床的加工精度和生产率，因此要求伺服驱动系统具有良好的快速响应性能，能准确而迅速地跟踪数控装置的数字指令信号。

4. 检测反馈装置

检测反馈装置由检测元件和相应的检测与反馈电路组成。其作用是检测运动部件的位移、速度和方向，并将其转化为电信号反馈给数控装置，构成闭环控制系统。常用的检测元件有脉冲编码器、旋转变压器、感应同步器、光栅和磁尺等。开环控制系统没有检测反馈装置。

5. 辅助装置

辅助装置主要包括自动换刀装置（Automatic Tool Changer，ATC）、工件自动交换装置（Automatic Pallet Changer，APC）、工件夹紧放松机构、回转工作台、液压控制系统、润滑装置、冷却液装置、排屑装置、过载与限位保护装置等。

6. 机床本体

机床本体是指数控机床的机械结构实体部分。和普通机床相比，同样包括机床的主运动部件、进给运动部件、执行部件和基础部件，如底座、立柱、工作台（刀架）、滑鞍和导轨等。为了保证数控机床的快速响应特性，数控机床上普遍采用精密滚珠丝杠和直线运动导轨副。为了保证数控机床的高精度、高效率和高自动化加工，数控机床的机械结构具有较高的动态特性、动态刚度、阻尼精度、耐磨性和抗热变形等性能。在加工中心上，还具备有刀库和自动交换刀具的机械手。

1.2.2 数控机床的工作原理

数控机床在加工工艺与表面成形方法上与普通机床基本相同，在实现自动控制的原理和方法上区别很大。数控机床是用数字化信息来实现自动控制的。先将加工零件的几何信息和工艺信息编制成数控加工程序，然后由输入部分送入数控装置，经过数控装置的处理、运算，按各坐标轴的分量送到各轴的驱动电路，经过转换、放大去驱动伺服电动机，带动机床各轴运动，并进行反馈控制，使刀具与工件及其他辅助装置严格地按照加工程序规定的顺序、轨迹和参数有条不紊地工作，从而加工出零件的全部轮廓。其工作流程如下。

（1）数控加工程序的编制。在零件加工前，首先根据被加工零件图样所规定的零件形状、尺寸、材料及技术要求等，确定零件的工艺过程、工艺参数、几何参数以及切削用量等，然后根据数控机床编程手册规定的代码和程序格式编写零件加工程序单。对于较简单的零件，通常采用手工编程；对于形状复杂的零件，则在编程机上进行自动编程，或者在计算机上用CAD/CAM软件自动生成零件加工程序。

（2）输入。输入的任务是把零件程序、控制参数和补偿数据输入到数控装置中去。输入的方法有纸带阅读机输入、键盘输入、磁带和磁盘输入以及通信方式输入等。

（3）译码。数控装置接受的程序是由程序段组成的，程序段中包含零件轮廓信息、加工进给速度等加工工艺信息和其他辅助信息。计算机不能直接识别它们，译码就是按照一定的语法规则将上述信息解释成计算机能够识别的数据形式，并按一定的数据格式存放在指定的内存专用区域。在译码过程中对程序段还要进行语法检查，有错则立即报警。

（4）刀具补偿。零件加工程序通常是按零件轮廓轨迹编制的。刀具补偿的作用是把零件轮廓轨迹转换成刀具中心轨迹运动，而加工出所需要的零件轮廓。刀具补偿包括刀具半径补偿和刀具长度补偿。

（5）插补。插补的目的是控制加工运动，使刀具相对于工件做出符合零件轮廓轨迹的相对运动。具体地说，插补就是数控装置根据输入的零件轮廓数据，通过计算把零件轮廓描述出来，边计算边根据计算结果向各坐标轴发出运动指令，使机床在相应的坐标方向上移动，将工件加工成所需的轮廓形状。插补只有在辅助功能（换刀、换挡、冷却液等）完成之后才能进行。

（6）位置控制和机床加工。插补的结果是产生一个周期内的位置增量。位置控制的任务是在每个采样周期内，将插补计算出的指令位置与实际反馈位置相比较，用其差值去控制伺服电动机，电动机使机床的运动部件带动刀具按规定的轨迹和速度进行加工。在位控制中通常还应完成位置回路的增量调整、各坐标方向的螺距误差补偿和方向间隙补偿，以提高机床的定位精度。

1.3 数控机床的分类

1.3.1 按功能用途分类

1. 金属切削类数控机床

通过从工件上除去一部分材料得到所需零件的数控机床，如图1-5所示。这类机床的品种与传统的通用机床一样，有数控车床、数控钻床、数控铣床、数控镗床、数控磨床和加工中心等。根据其自动化程度的高低，又可将金属切削类数控机床分为普通数控机床、加工中心机床和柔性制造单元（FMC）。

普通数控机床和传统的通用机床一样，有车、铣、钻床等，这类数控机床的工艺特点和相应的通用机床相似，但它们具有加工复杂形状零件的能力。常见的加工中心机床有镗铣类加工中心和车削加工中心，它们是在相应的普通数控机床的基础上加装刀库和自动换刀装置而构成的。其工艺特点是：工件经一次装夹后，数控系统能控制机床自动地更换刀具，连续自动地对工件各加工面进行铣（车）、镗、钻等多工序加工。柔性制造单元是具有更高自动化程度的数控机床。它可以由加工中心和搬运机器人等自动物料存储运输系统组成，有的还具有加工精度、切削状态和加工过程的自动监控功能。

图1-5 金属切削类数控机床

2. 成形加工类数控机床

通过物理的方法改变工件形状才能得到所需零件的数控机床，如数控折弯机、数控冲床等，如图1-6所示。

图 1-6 成形加工类数控机床

3. 特种加工类数控机床

利用特种加工技术（电火花、激光技术等）得到所需零件的数控机床，如数控线切割机床、数控电火花加工机床、数控激光加工机床等，如图 1-7 所示。

图 1-7 特种加工类数控机床

4. 其他类型数控机床

一些广义上的数控装备，如工业机器人、数控三坐标测量机等，如图 1-8 所示。

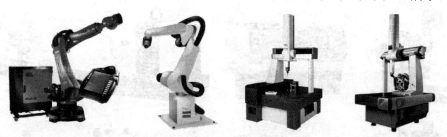

图 1-8 工业机器人和数控测量机

1.3.2 按运动轨迹分类

1. 点位控制数控机床

点位控制的数控机床用于加工平面内的孔系，主要有数控钻床、印制电路板钻孔机床、数控镗床、数控冲床和三坐标测量机等。这类机床的特点是在刀具相对于工件移动过程中，不进行切削加工，对运动的轨迹没有严格的要求，但要求坐标位置有较高的定位精度。这类数控机床仅能控制在加工平面内的两个坐标轴带动刀具与工件相对运动，从一个坐标位置快速移动到下一个坐标位置，然后控制第三个坐标轴进行钻、镗切削加工。

2. 直线控制数控机床

这类数控机床不仅要求具有准确的定位功能，还要求从一点到另一点按直线运动进行切削加工，刀具相对于工件移动的轨迹是平行机床各坐标轴的直线，或两轴同时移动构成

45°的斜线，并能控制位移速度、选择不同的切削用量，以适应不同刀具及材料的加工。这一类数控机床包括数控铣床、数控车床、数控磨床和加工中心，其数控装置的控制功能比点位数控机床复杂。这些机床有两个到三个可控轴，但受控制的轴只有一个。

3. 轮廓控制数控机床

这种数控机床能对两个或两个以上的坐标轴进行联动切削加工控制，以加工出任意斜率的直线、圆弧、抛物线及其他函数关系的曲线或曲面，如图1-9所示。为了满足刀具沿工件轮廓的相对运动轨迹符合工件加工轮廓的表面要求，必须将各坐标运动的位移控制和速度控制按照规定的比例关系精确地协调起来。因此要求其数控装置应有很好的补偿功能，如刀具补偿、丝杠螺距误差补偿、传动反向间隙补偿、直线和圆弧插补等。轮廓控制数控机床包括数控车床、数控磨床、数控铣床、数控线切割机和加工中心等。现代的数控机床基本上都是这种类型。若根据其联动轴数还可细分为二轴联动数控机床、二轴半联动数控机床、三轴联动数控机床、四轴联动数控机床和五轴联动数控机床等。

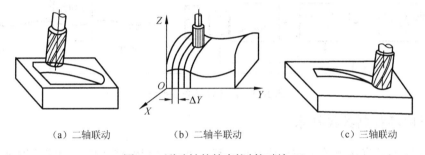

（a）二轴联动　　　　（b）二轴半联动　　　　（c）三轴联动

图1-9　联动轴的轮廓控制切削加工

1.3.3　按伺服系统的控制原理分类

按数控系统的进给伺服子系统有无位置测量装置可分为开环数控机床和闭环数控机床，在闭环数控系统中根据位置测量装置安装的位置又可分为全闭环和半闭环两种。

1. 开环控制数控机床

这种机床运动部件的位移没有检测反馈装置（见图1-10），数控装置发出信号而没有反馈信息，因此称为开环控制。开环控制数控机床容易掌握，但控制精度受到限制，主要取决于伺服驱动系统和机械传动机构的性能和精度。这类机床一般以功率步进电动机作为伺服驱动元件，具有结构简单、工作稳定、调试方便、维修简单和价格低廉等优点，在精度和速度要求不高、驱动力矩不大的场合得到广泛应用。一般用于经济型数控机床和旧机床的数控化改造。

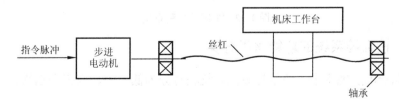

图1-10　开环控制系统框图

2. 全闭环控制数控机床

与开环控制数控机床不同，这类机床带有检测反馈装置（见图1-11），它可将测量出的实际位移值反馈到数控装置中与输入的指令位移值相比较，用差值进行控制，直至差值为零，以实现运动部件的精确定位，此即闭环控制系统。从理论上讲，闭环控制系统可以消除整个驱动和传动环节的误差、间隙和失动量，具有很高的位置控制精度。但由于位置环内的许多机械传动环节的摩擦特性、刚性和间隙都是非线性的，故很容易造成系统的不稳定，使闭环系统的设计、安装和调试都比较困难。闭环控制系统对机床结构的刚性、传动部件的间隙及导轨移动的灵敏性等都有严格的要求，故价格昂贵。这类机床的特点是位移精度高，但调试、维修都较复杂，成本较高，一般适用于精度很高的数控机床，如超精车床、超精磨床、镗铣床和大型数控机床等。

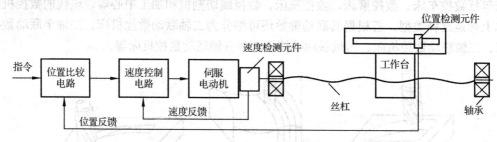

图1-11 闭环控制系统框图

3. 半闭环控制数控机床

这类机床不是直接测量工作台位移量，而是通过检测丝杠转角，间接地测量工作台位移量，然后再反馈给数控装置（见图1-12）。由于工作台位移没有完全包括在控制回路中，故称半闭环控制系统。由于在半闭环环路内不包括或只包括少量机械传动环节，因此可获得较好的控制性能，其系统的稳定性虽不如开环系统，但比闭环要好。另外，由于在位置环内各组成环节的误差可得到某种程度的纠正，而位置环外的各环节，如丝杠的螺距误差、齿轮间隙引起的运动误差均难以消除，因此，其精度比开环要好，比闭环要差。但可对这类误差进行补偿，因而仍可获得满意的精度。半闭环数控系统结构简单、调试方便、精度也较高，现在大多数中小型数控机床广泛采用半闭环控制系统。

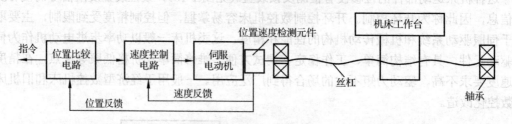

图1-12 半闭环控制系统

1.3.4 按数控系统的功能水平分类

按数控系统的功能水平，通常把数控系统相对分为低、中、高三个档次，其功能及指标见表1-1。

表 1-1 不同档次数控系统的功能和指标

功能	低档	中档	高档
系统分辨率	10μm	1μm	0.1μm
G00 速度	3～8m/min	10～24m/min	24～100m/min
伺服类型	开环及步进电动机	半闭环及直、交流伺服	闭环及直、交流伺服
联动轴数	2～3 轴	2～4 轴	5 轴或 5 轴以上
通信功能	无	RS232 或 DNC	RS232、DNC、MAP
显示功能	数码管显示	CRT：图形、人机对话	CRT：三维图形、自诊断
内装 PLC	无	有	强功能内装 PLC
主 CPU	8 位、16 位 CPU	16 位、32 位 CPU	32 位、64 位 CPU
结构	单片机或单板机	单微处理器或多微处理器	分布式多微处理器

（1）低档经济型数控系统。这类数控机床仅能满足一般精度要求的加工，能加工形状较简单的直线、斜线、圆弧及带螺纹的零件。采用的微机系统为单板机或单片机系统，具有数码显示、CRT 字符显示功能，机床进给由步进电动机实现开环驱动，控制的轴数和联动轴数在 3 轴或 3 轴以下。

（2）中档普及型数控系统。这类数控系统功能较多，除具有一般数控系统的功能外，还具有一定的图形显示功能及面向用户的宏程序功能等。采用的微机系统为 16 位或 32 位微处理机，具有 RS232C 通信接口，机床的进给多用交流或直流伺服驱动，一般系统能实现 4 轴或 4 轴以下的联动控制。

（3）高档数控系统。这类数控系统采用的微机系统为 32 位以上微处理机系统，机床的进给大多采用交流伺服驱动，除具有一般数控系统的功能以外，至少能实现 5 轴或 5 轴以上的联动控制。具有三维动画图形功能和宜人的图形用户界面，同时还具有丰富的刀具管理功能、宽调速主轴系统、多功能智能化监控系统和面向用户的宏程序功能，还有很强的智能诊断和智能工艺数据库，能实现加工条件的自动设定，且能实现与计算机的联网和通信。

1.4 数控加工的特点及应用范围

1.4.1 数控机床的特点

（1）加工精度高、质量稳定。数控机床是以数字形式给出指令进行加工的，目前数控机床的脉冲当量可达到 0.01～1μm，而且进给传动链的反向间隙与丝杆螺距误差等均可由数控装置进行补偿，因此，数控机床可以获得比机床本身精度更高的加工精度，且加工质量稳定。

（2）生产效率高。数控机床主轴转速和进给量的变化范围比普通机床大，目前数控机床的进给速度最大可达到 100m/min 以上，最小分辨率可达到 0.01μm，每一道工序都可选用最佳的切削用量，有利于提高数控机床的切削效率。还有自动变速、自动换刀和其他辅助操作自动化等功能，使辅助时间大为缩短，而且无需工序间的检验与测量，所以，一般比普通机床的生产率高 3～4 倍甚至更高。数控机床能高效优质完成普通机床不能或难以完成的复杂型面零件的加工，对复杂型面零件，其生产效率比通用机床加工高十几倍甚至几十倍。

（3）适应性强。由于数控机床能实现多个坐标的联动，所以数控机床能完成复杂型面的加工，特别是对于可用数学方程式和坐标点表示的形状复杂的零件，加工非常方便。当改变加工零件时，数控机床只需更换零件加工的 NC 程序，不必用凸轮、靠模、样板或其他模具等专用工艺装备，且可采用成组技术的成套夹具。因此，生产准备周期短，有利于机械产品的迅速更新换代。所以，数控机床的适应性非常强。

（4）功能复合程度高，一机多用。数控机床特别是带自动换刀的数控加工中心，在一次装夹的情况下，几乎可以完成零件的全部加工工序，一台数控机床可以代替数台普通机床。这样可以减少装夹误差，节约工序之间的运输、测量和装夹等辅助时间，还可以节省车间的占地面积，带来较高的经济效益。

（5）自动化程度高、劳动强度低。数控机床在输入按照预先编制好的程序并起动后，就自动地连续加工，直至零件加工完毕，操作者一般只需装卸工件、操作键盘，无须进行繁杂的重复性手工操作，因而大大降低了操作者的劳动强度和紧张程度，改善了劳动条件，还可以减少对熟练技术工人的需求，可以一人管理多台机床进行加工。

（6）有利于实行现代化生产管理。采用数控机床加工，能方便地计算零件加工工时、生产周期和加工费用，并简化了检验程序以及工夹具和半成品的管理工作。利用数控系统的通信功能，采用数控标准代码，易于实现计算机联网，实现 CAD/CAM 一体化。

（7）有利于向高级计算机控制与管理方面发展。任何事物都有两面性。数控机床虽有上述各种优点，同时在某些方面也存在不足之处。

① 单位工时的加工成本较高。

② 生产效率比刚性自动生产线低，因而只适宜于多品种小批量或中批量生产（占机械加工总量 70%～80%），而不适合于大批量生产。

③ 加工中的调整相对复杂。

④ 维修难度大，要求具有较高技术水平的人员来操作和维修。

⑤ 机床价格较高，初始投资大。

1.4.2 数控机床的应用

数控机床有普通机床所不具备的许多优点。其应用范围也在不断扩大，但它并不能完全代替普通机床，还不能以经济的方式解决机械加工中的所有问题。数控机床最适合加工具有以下特点的零件。

（1）多品种、小批量生产的零件。

（2）形状结构比较复杂的零件。

（3）需要频繁改型的零件。

（4）价值昂贵、不允许报废的关键零件。

（5）设计制造周期短的急需零件。

（6）批量较大、精度要求较高的零件。

1.5 数控机床的产生与发展趋势

1.5.1 数控机床的发展概况

1. 产生背景

随着科学技术和社会生产力的不断发展,人们对机械产品的质量和生产效率提出了越来越高的要求,而机械加工过程的自动化是实现上述要求的有效途径。从工业革命以来,人们实现机械加工自动化的手段有自动机床;组合机床;专用自动生产线。这些设备的使用大大地提高了机械加工自动化的程度,提高了劳动生产率,促进了制造业的发展,但它也存在固有的缺点:初始投资大,准备周期长,柔性差。

因此,上述方法仅适用批量较大的零件生产。然而,随着市场竞争的日趋激烈,产品更新换代周期缩短,批量大的产品越来越少,而小批量产品的生产所占的比重越来越大,约占总加工量的80%以上。在航空、航天、重型机床以及国防部门尤其如此。因此,迫切需要一种精度高、柔性好的加工设备来满足上述需求,这是机床数控技术产生和发展的内在动力。另一方面,电子技术和计算机技术的飞速发展则为数控机床的进步提供了坚实的技术基础。数控机床正是在这种背景下诞生和发展起来的。它极其有效地满足了上述要求,为小批量、精密复杂的零件生产提供了自动化加工手段。它的产生给自动化技术带来了新的概念,推动了加工自动化技术的发展。

2. 发展简史

1952年,美国帕森斯(Parsons)公司和麻省理工学院(MIT)合作研制了世界上第一台三坐标立式数控铣床,其控制系统由约2000个电子管组成。1955年,在Parsons专利的基础上,第一台工业用数控机床由美国Bendix公司生产出来,这是一台实用化的数控机床。随后,德、日、前苏联等国于1956年分别研制出本国第一台数控机床。我国于1958年由清华大学和北京第一机床厂合作研制了第一台数控铣床。

20世纪50年代末期,美国K&T公司开发了世界上第一台加工中心,从而揭开了加工中心的序幕。1967年,英国首先把几台数控机床连接成具有柔性的加工系统,这就是最初的柔性制造系统(FMS)。20世纪70年代,由于计算机数控(CNC)系统和微处理机数控系统的研制成功,使数控机床进入了一个较快的发展时期。

20世纪80年代,随着数控系统和其他相关技术的发展,数控机床的效率、精度、柔性和可靠性进一步提高,品种规格系列化,门类扩展齐全,FMS也进入了实用化。20世纪80年代初出现了投资较少、见效快的柔性制造单元(FMC)。

20世纪90年代以来,随着微电子技术、计算机技术的发展,以PC(Personal Computer)技术为基础的CNC逐步发展成为世界的主流,它是自有数控技术以来最有深远意义的一次飞跃。以PC为基础的CNC通常是指运动控制板或整个CNC单元(包括集成的PLC)插入到PC的标准插槽中,使用标准的硬件平台和操作系统。20世纪90年代初开发的下一代数控系统,都是基于PC或VME(Versatile Modul Eurocard)总线构成开放式体系结构的新一代数控系统。

数控机床系统的发展历程见表 1-2。它由当初的电子管式起步，经历了分立式晶体管式、小规模集成电路式、大规模集成电路式、小型计算机式、超大规模集成电路和微机式的数控系统等几个发展阶段。

表 1-2 数控系统的发展历程

发展阶段	数控系统的发展	世界产生年代	中国产生年代
硬件数控	第一代电子管数控系统	1952 年	1958 年
	第二代晶体管数控系统	1961 年	1964 年
	第三代集成电路数控系统	1965 年	1972 年
软件数控	第四代小型计算机数控系统	1968 年	1978 年
	第五代微处理器数控系统	1974 年	1981 年
	第六代基于工控 PC 的通用 CNC 系统	1990 年	1992 年

近年来，随着微电子和计算机技术的日益成熟，先后开发出了计算机直接数字控制系统（DNC）、柔性制造系统（FMS）和计算机集成制造系统（CIMS）。数控加工设备的应用范围也迅速延伸和扩展，除金属切削机床外，还扩展到铸造机械、锻压设备等各种机械加工设备，并延伸到非金属加工行业中的玻璃、陶瓷制造等各类设备。数控机床已成为国家工业现代化和国民经济建设中的基础与关键设备。

1.5.2 数控机床的发展趋势

1. 数控系统体系结构的发展

随着制造业的发展，中小批量生产的趋势日益增强，对数控机床的柔性和通用性提出了更高的要求，希望市场能提供不同加工需求、迅速高效、低成本地构筑面向用户的控制系统，并大幅度地降低维护和培训的成本，同时还要求新一代数控系统具有方便的网络功能，以适应未来车间面向任务和定单的生产组织和管理模式。为此，近 10 年来，随着计算机技术的飞速发展，各种不同层次的开放式数控系统应运而生，发展很快。目前正朝标准化开放体系结构的方向前进。单就体系结构而言，当今世界上的数控系统大致可分为 4 种类型：

1）传统专用型数控系统

如 FANUC 0 系统、MITSUBISHI M50 系统、Siemens 810 系统等。这是一种专用的封闭体系结构的数控系统。尽管也可以由用户做人机界面，但必须使用专门的开发工具（如 Siemens 的 WS800A），耗费较多的人力，而对它的功能扩展、改变和维修，都必须求助于系统供应商。目前，这类系统还是占领了制造业的大部分市场。但由于开放体系结构数控系统的发展，传统专用型数控系统的市场正在受到挑战，已逐渐减小。

2）"PC 嵌入 NC"结构的开放式数控系统

如 FANUC18i 和 16i 系统、Siemens 840D 系统、Num1060 系统、AB 9/360 等数控系统。这是由于一些数控系统制造商不愿放弃多年来积累的数控软件技术，又想利用计算机丰富的软件资源而开发的产品。然而，尽管它也具有一定的开放性，但由于它的 NC 部分仍然是传统的数控系统，其体系结构还是不开放的。因此，用户无法介入数控系统的核心。这类系统结构复杂、功能强大，但价格昂贵。

3)"NC 嵌入 PC"结构的开放式数控系统

它由开放体系结构运动控制卡+PC 机构成。这种运动控制卡通常选用高速 DSP 作为 CPU，具有很强的运动控制和 PLC 控制能力。它本身就是一个数控系统，可以单独使用。它开放的函数库供用户在 Windows 平台下自行开发构造所需的控制系统。因而这种开放结构运动控制卡被广泛应用于制造业自动化控制各个领域，如美国 Delta Tau 公司用 PMAC 多轴运动控制卡构造的 PMAC-NC 数控系统、日本 MAZAK 公司用三菱电机的 MELDASMAGIC 64 构造的 MAZATROL 640 CNC 等。

4)开放式数控系统

这是一种最新开放体系结构的数控系统。它提供给用户最大的选择和灵活性，它的 CNC 软件全部装在计算机中，而硬件部分仅是计算机与伺服驱动和外部 I/O 之间的标准化通用接口。就像计算机中可以安装各种品牌的声卡、CD-ROM 和相应的驱动程序一样。用户可以在基于 Windows、Linux 的平台上，利用开放的 CNC 内核，开发所需的各种功能，构成各种类型的高性能数控系统。与前几种数控系统相比，SOFT 型开放式数控系统具有最高的性能价格比，因而最有生命力。其典型产品有美国 MDSI 公司的 Open CNC、德国 Power Automation 公司的 PA8000 NT 等。

2. 数控技术和数控机床的发展

20 世纪 90 年代以来，随着国际上计算机技术突飞猛进的发展，数控技术正不断采用计算机、控制理论等领域的最新技术成就，使其朝着高速度、高效率、高精度、高可靠性、复合化、智能化、高柔性化及结构开放化等方向发展。

1)高速度、高效率、高精度、高可靠性

要提高加工效率，首先必须提高切削速度和进给速度，同时，还要缩短加工时间；要确保加工质量，必须提高机床部件运动轨迹的精度，而可靠性则是上述目标的基本保证。为此，必须要有高性能的数控装置作保证。

(1) 高速度、高效率。机床向高速化方向发展，可充分发挥现代刀具材料的性能，不但可大幅度提高加工效率、降低加工成本，而且还可提高零件的表面加工质量和精度。超高速加工技术对制造业实现高效、优质、低成本生产有广泛的适用性。

20 世纪 90 年代以来，欧、美、日各国争相开发应用新一代高速数控机床，加快机床高速化发展步伐。高速主轴单元（电主轴转速 100000～15000 r/min）、高速且高加/减速度的进给运动部件（快移速度 60～120 m/min，切削进给速度高达 60 m/min）、高性能数控和伺服系统以及数控工具系统都出现了新的突破，达到了新的技术水平。随着超高速切削机理、超硬耐磨长寿命刀具材料和磨料磨具、大功率高速电主轴、高加/减速度直线电动机驱动进给部件以及高性能控制系统（含监控系统）和防护装置等一系列技术领域中关键技术的解决，将开发出新一代高速数控机床。新一代数控机床（含加工中心）只有通过高速化大幅度缩短切削工时才可能进一步提高其生产率。超高速加工，特别是超高速铣削与新一代高速数控机床，特别是高速加工中心的开发应用紧密相关。

目前，由于采用了新型刀具，车削和铣削的切削速度已达到 5000～8000 m/min 以上；主轴转数在 30000 r/min（有的高达 100000 r/min）以上；工作台的移动速度、进给速度在分辨力为 1μm 时，在 100 m/min（有的到 200 m/min）以上，在分辨力为 0.1μm 时，在 24 m/min 以上；自动换刀速度在 1s 以内；小线段插补进给速度达到 12 m/min。根据高效率、大批量生产需求和电子驱动技术的飞速发展，高速直线电动机的推广应用，开发出一批高速、高效的高速响应的数控机床以满足汽车、农机、航空和军事等行业的需求。

（2）高精度。随着现代科学技术的发展，对超精密加工技术不断提出了新的要求。新材料及新零件的出现、更高精度等要求的提出都需要超精密加工工艺，发展新型超精密加工机床，完善现代超精密加工技术，以提高机电产品的性能、质量和可靠性。

从精密加工发展到超精密加工（特高精度加工），是世界各工业强国致力发展的方向。其精度从微米级到亚微米级，乃至纳米级（<10nm），其应用范围日趋广泛。当前，机械加工高精度的发展情况是：普通的加工精度提高了 1 倍，达到 5μm；精密加工精度提高了两个数量级，超精密加工精度进入纳米级（0.001μm），主轴回转精度要求达到 0.01～0.05μm，加工圆度为 0.1μm，加工表面粗糙度 $Ra=0.003μm$ 等。超精密加工主要包括超精密切削（车、铣）、超精密磨削、超精密研磨抛光以及超精密特种加工（三束加工及微细电火花加工、微细电解加工和各种复合加工等）。

提高数控机床的加工精度有两种方法：

① 减少数控系统的误差，可采取提高数控系统的分辨力、提高位置检测精度、在位置伺服系统中采用前馈控制与非线性控制等方法；

② 采用机床误差补偿技术，可采用齿隙补偿、丝杠螺距误差补偿、刀具补偿和设备热变形误差补偿等技术。

（3）高可靠性。数控机床的可靠性一直是用户最关心的主要指标。这里的高可靠性是指数控系统的可靠性要高于被控设备的可靠性一个数量级以上，但也不是可靠性越高越好，而是适度可靠，因为商品受性能价格比的约束。当前国外数控装置的平均无故障运行时间（MTBF）值已达 6000h 以上，驱动装置达 30000h 以上。

提高数控系统可靠性的措施有：采用更高集成度的电路芯片，利用大规模或超大规模的专用及混合式集成电路，以减少元器件的数量，提高可靠性；通过硬件功能软件化，以适应各种控制功能的要求，同时采用硬件结构机床本体的模块化、标准化、通用化及系列化设计，既可提高硬件生产批量，又便于组织生产和质量把关；通过自动运行启动诊断、在线诊断、离线诊断等多种诊断程序，实现对系统内硬件、软件和各种外部设备进行故障诊断和报警；利用报警提示，及时排除故障；利用容错技术，对重要部件采用"冗余"设计，以实现故障位部恢复；利用各种测试、监控技术，当发生生产超程、刀损、干扰和断电等各种意外时，自动进行相应的保护。

2）功能复合化

复合化是指工件在一台设备上一次装夹后，通过自动换刀等各种措施，来完成多工序和多表面的加工。在一台数控设备上能完成多工序切削加工（如车、铣、镗、钻等）的加工中心，可代替多机床和多装夹的加工，既能减少装卸时间，省去工件搬运时间，提高每台机床的能力，减少半成品库存量，又能保证形位精度，从而打破了传统的工序界限和工艺规程。从近期发展趋势看，加工中心主要是通过主轴头的立卧自动转换和数控工作台来完成五面和任意方位上的加工，此外还出现了与车削或磨削复合的加工中心。

美国 INGERSOLL 公司的 Masterhead 是工序集中而实现全部加工的典型代表。这是一种带有主轴库的龙门五面体加工中心（四轴联动），使其加工工艺范围大为扩大。意大利 Mandell 公司的五面加工中心，在其刀库中增加了一个可自动装卸的装在主轴箱上车刀架，利用机床上可高速回转的回转工作台进行车削加工（及作为立车使用）。日本 MAZAK 公司推出的 NTEGEX30 车铣中心，备有链式刀库，可选刀具数量较多，使用动力刀具时，可进行较重负荷的铣削，并具有 Y 轴功能（±90mm），该机床实质上为车削中心和加工中心的"复合体"。另外，现代数控系统的控制轴数已达 24 轴，联动轴数可达 6 轴。

3）控制智能化

随着人工智能技术不断发展，并为满足制造生产柔性化、制造自动化发展需求，数控技术智能化程度不断提高，具体体现在以下几个方面。

（1）加工过程自适应控制技术。通过监测加工过程中的刀具磨损、破损、切削力、主轴功率等信息并反馈，利用传统的或现代的算法进行调节运算，实时修调加工参数或加工指令，使设备处于最佳运行状态，以提高加工精度、降低工件表面粗糙度值以及设备运行的安全性。Mitsubishi Electric 公司的用于数控电火花成型机床的"Miracle Fuzzy"自适应控制器，即利用基于模糊逻辑的自适应控制技术，自动控制和优化加工参数；日本牧野公司在电火花数控系统 MAKINO_MCE20 中，用专家系统代替操作人员进行加工过程监控，从而降低了对操作者具备专门技能的要求。

（2）加工参数的智能优化与选择。将加工专家或技工的经验、切削加工的一般规律与特殊规律，按人工智能中知识表达的方式建立知识库存入计算机中，以加工工艺参数数据库为支撑，建立专家系统，并通过它提供经过优化的切削参数，使加工系统始终处于最优和最经济的工作状态，从而达到提高编程效率和加工工艺技术水平，缩短生产准备时间的目的。目前已开发出带自学习功能的神经网络电火花加工专家系统。日本大隈公司的 7000 系列数控系统带有人工智能式自动编程功能。

（3）故障自诊断功能。故障诊断专家系统是诊断装置发展的最新动向，其为数控设备提供了一个包括二次监测、故障诊断、安全保障和经济策略等方面在内的智能诊断及维护决策信息集成系统。采用智能混合技术，可在故障诊断中实现以下的功能：故障分类、信号提取与特征提取、故障诊断专家系统对否、维护管理。

（4）智能化交流伺服驱动装置。目前已开始研究能自动识别负载，并自动调整参数的智能化伺服系统，包括智能主轴交流驱动装置和智能化进给伺服装置。这种驱动装置能自动识别电机及负载的转动惯量，并自动对控制系统参数进行优化和调整，使驱动系统获得最佳运行。

4）结构开放化

由于数控技术中大量采用计算机的新技术，新一代数控系统体系结构向开放式系统发展。国际上主要数控系统和数控设备生产国及其厂家瞄准通用个人计算机（PC）所具有的开放性、低成本、高可靠性、软硬件资源丰富等特点，于 20 世纪 80 年代末、90 年代初提出 CNC 开放式的体系结构，以通用微机的体系结构为基础构成的总线式（多总线）模块、开放型、嵌入式的体系结构，其软硬件和总线规范均是对外开放的，为数控设备制造厂和用户进行集成给予了有力的支持，便于进行二次开发，以发挥其技术特色。

借助 PC 技术可方便地实现图形界面、网络通信，共享 PC 的资源，使 CNC 紧跟计算机技术的发展而升级换代。经由加固的工业级 PC 已在工业控制领域得到广泛应用，并逐渐成为主流，其技术上的成熟度使其可靠性大大超过了以往的专用 CNC 硬件。华中科技大学在"八五"期间研究开发出的具有自主版权的"华中 I 型"数控系统，即为软、硬件平台均对外开放的 PC 数控系统。目前，先进的数控系统为用户提供了强大的联网能力，除有 RS232C 串行口外，还带有远程缓冲功能的 DNC（直接数控）接口，甚至 MAP（MiniMAP）或 Ethernet（以太网）接口，可实现控制器与控制器之间的连接，以及直接连接主机，使 DNC 和单元控制功能得以实现，便于将不同制造厂的数控设备用标准化通信网络连接起来，促进系统集成化和信息综合化，使远程操作、遥控及故障诊断成为可能。

5）驱动并联化

除上述几个基本趋势外，值得一提的是数控机床的结构技术正在取得重大突破。近年来已出现了所谓 6 条腿结构的并联加工中心，如美国 GIDDINGS&LEWIS 公司的 VARIAX（"变异型"）加工中心、INGERSOLL 公司的 CTAHEDRALHEXAPOD（"八面体的六足动物"）加工中心等。这种新颖的加工中心是采用以可伸缩的 6 条"腿"（伺服轴）支撑并连接上平台（装有主轴头）与下平台（装有工作台）的构架结构形式，取代传统的床身、立柱等支撑结构，而没有任何导轨与滑板的所谓"虚轴机床"（VIRTUAL AXIS MACHINE）。其最显著的优点是机床基本性能高，精度和加工效率均可比传统加工中心要好。随着这种结构技术的成熟和发展，数控机床技术将进入一个有重大变革和创新的新时代。

并联结构机床是现代机器人与传统加工技术相结合的产物，其典型结构是由动、静平台和 6 个可伸缩运动杆件组成，各运动杆以球铰与平台连接，并由伺服电机滚珠丝杆副或直线电机实现杆件的伸缩运动，工具平台能同时做六个自由度的空间运动，如图 1-31 所示。

由于它没有传统机床所必需的床身、立柱、导轨等制约机床性能提高的结构，具有现代机器人的模块化程度高、重量轻和速度快等优点。其表现如下。

（1）切削力由杆件承担，仅受轴向载荷而没有弯扭载荷，机床变形小、承载能力强。

（2）无须以增加部件质量来提高刚度，机床重量轻、惯量小，可实现高的运动速度和加速度。

（3）以杆件作为运动部件，通用性好，模块化程度高，可方便地进行各种组合，形成不同的加工设备。

（4）没有导轨，可排除通常的磨损和几何误差等对加工精度的影响。

（5）结构对称，易于进行力、热变形的补偿。

图 1-13　并联机床

6）柔性化

柔性化技术是制造业适应动态市场需求及产品迅速更新的主要手段，是各国制造业发展的主流趋势，是先进制造领域的基础技术。其重点是以提高系统的可靠性、实用化为前提，以易于联网和集成为目标，在提高单机柔性化的同时，朝着单元柔性化和系统柔性化方向发展。数控机床及其柔性制造系统还能方便地与 CAD、CAM、CAPP、MTS 联结,向信息集成方向发展。

7)互联网络化

随着信息技术和数字计算机技术的发展,尤其是计算机网络的发展,世界正在经历着一场深刻的"革命"。在以网络化、数字化为基本特征的时代,网络化、数字化以及新的制造哲理深刻地影响新世纪的制造模式和制造观念。作为制造装备的数控机床也必须适应新制造模式和观念的变化,必须满足网络环境下制造系统集成的要求。

网络功能正逐渐成为现代数控机床、数控系统的基本特征之一。诸如现代数控机床的远程故障诊断、远程状态监控、远程加工信息共享、远程操作(危险环境的加工)、远程培训等都是以网络功能为基础的。如美国波音公司利用数字文件作为制造载体,首次利用网络功能实现了无图纸制造波音 777 新型客机,开辟了数字化制造的新纪元;2000 年 9 月,在美国芝加哥举行的国际机床博览会上,世界一些著名的数控系统公司都推出了具有网络集成能力的数控系统和数控机床。

思考题与习题

1-1 什么是数字控制技术?什么是数控机床?

1-2 数控机床由哪几部分组成?

1-3 简述数控机床的工作原理。

1-4 什么是点位控制、直线控制和轮廓控制?它们的主要特点与区别是什么?

1-5 什么是开环、闭环、半闭环系统?它们之间有什么区别?

1-6 数控机床的加工特点有哪些?试述数控机床的使用范围。

1-7 数控机床的发展趋势是什么?

第 2 章　数控加工程序的编制

> **教学要求**
>
> 通过本章学习，了解数控加工工艺分析和编程数值计算方法，掌握数控零件的手工编程知识，初步了解自动编程及数控仿真加工。

引 例

数控编程对于实现零件设计加工自动化、提高加工精度和加工质量、缩短产品研制周期等方面发挥着重要作用。数控编程大体经过了机器语言编程、高级语言编程、代码格式编程和人机对话编程与动态仿真这样几个阶段。20 世纪 50 年代，MIT 设计了一种专门用于机械零件数控加工程序编制的语言，称为 APT（Automatically Programmed Tool）。其后，APT 几经发展，采用 APT 语言编制数控程序具有程序简练，走刀控制灵活等优点，使数控加工编程从面向机床指令的"汇编语言"级，上升到面向几何元素。APT 仍有许多不便之处。

（1）采用语言定义零件几何形状，难以描述复杂的几何形状，缺乏几何直观性；缺少对零件形状、刀具运动轨迹的直观图形显示和刀具轨迹的验证手段；难以和 CAD 数据库和 CAPP 系统有效连接；不容易做到高度的自动化，集成化。

（2）1978 年，法国达索飞机公司开始开发集三维设计、分析、NC 加工一体化的系统，称为为 CATIA。随后很快出现了像 EUCLID, UGII, INTERGRAPH, Pro/Engineering, MasterCAM 及 NPU/GNCP 等系统，这些系统都有效地解决了几何造型、零件几何形状的显示，交互设计、修改及刀具轨迹生成，走刀过程的仿真显示、验证等问题，推动了 CAD 和 CAM 向一体化方向发展。

（3）到了 20 世纪 80 年代，在 CAD/CAM 一体化概念的基础上，逐步形成了计算机集成制造系统（CIMS）及并行工程（CE）的概念。目前，为了适应 CIMS 及 CE 发展的需要，数控编程系统正向集成化和智能化方向发展。

2.1　概　　述

使用数控机床加工零件，最主要的工作就是编制零件的数控加工程序。数控加工程序编制主要工作内容如下。

1. 分析零件图样

通过零件图样对零件材料、形状、尺寸、精度及毛坯形状和热处理进行分析，以便确定该零件是否适合在数控机床上加工，或适合在哪种类型的数控机床上加工，明确加工的内容及要求、确定加工方案、选择合适的数控机床、设计夹具、选择刀具、确定合理的走刀路线及选择合理的切削用量等。一般来说，只有那些属于批量小、形状复杂、精度要求高及生产周期要求短的零件，才最适合数控加工。

2. 工艺处理

在对零件图样作了全面的分析后，了解哪些是零件的技术关键，加工中的难点，数控编程的难易程度。确定零件的加工方法（如采用的工夹具、装夹定位方法等）、加工路线（如对刀方式、选择对刀点、换刀点、制订进给路线以及确定加工余量）及切削用量等工艺参数。制订数控加工工艺时，具体考虑以下几方面。

1）确定加工方案

除了考虑数控机床使用的合理性及经济性，并充分发挥数控机床的功能外，还须遵循数控加工的特点，按照工序集中的原则，尽可能在一次装夹中完成所有工序。

2）工夹具的设计和选择

确定采用的工夹具、装夹定位方法等，减少辅助时间。若使用组合夹具，生产准备周期短，夹具零件可以反复使用，经济效果好。此外，所用夹具应便于安装，便于协调工件和机床坐标系的尺寸关系。

3）正确选择编程原点及坐标系

对于数控机床来说，编程原点及坐标系的选择原则如下。

（1）所选的编程原点及坐标系应使程序编制简单。

（2）编程原点、对刀点应选在容易找正并在加工过程中便于检查的位置。

（3）引起的加工误差小。

4）选择合理的进给路线

进给路线的选择应从以下几个方面考虑。

（1）进给路线尽量短，并使数值计算容易，减少空行程，提高生产效率。

（2）合理选取起刀点、切入点和切入方式，保证切入过程平稳，没有冲击。

（3）保证加工零件精度和表面粗糙度的要求。

（4）保证加工过程的安全性，避免刀具与非加工面的干涉。

（5）有利于简化数值计算，减少程序段数目和编制程序工作量。

5）选择合理的刀具

根据零件材料的性能、机床的加工能力、加工工序的类型、切削用量，以及其他与加工有关的因素来选择刀具。

6）确定合理的切削用量

在工艺处理中必须正确确定切削用量。

3. 数据处理

根据零件图样上零件的几何尺寸及确定的加工路线、切削用量和刀具半径补偿方式等，计算刀具的运动轨迹，计算出数控机床所需输入的刀位数据。数据处理主要包括计算零件轮廓的基点和节点坐标等。

4. 编写零件的加工程序清单

在完成上述工艺处理和数值计算之后，根据计算出来的刀具运动轨迹坐标值和已确定的加工路线、刀具、切削用量以及辅助动作，依据数控系统规定使用的指令代码及程序段格式，逐段编写零件加工程序单。编程人员必须对所用的数控机床的性能、编程指令和代码都非常熟悉，才能正确编写出加工程序。

5. 程序输入数控系统

程序单编好之后，需要通过一定的方法将其输入给数控系统。常用的输入方法有以下三种。

1）手动数据输入

按所编程序清单的内容，通过操作数控系统键盘上的数字、字母、符号键进行输入，同时利用CRT显示内容进行检查，即将程序清单的内容直接通过数控系统的键盘手动输入到数控系统。对于不太复杂的零件常用手动数据输入（MDI）显得较为方便、及时。

2）用控制介质输入

控制介质输入方式是将加工程序记录在穿孔纸带、磁带、磁盘等介质上，用输入装置一次性输入。穿孔纸带方式由于是用机械的代码孔，不易受环境的影响，是数控机床传统的信息载体。穿孔纸带上的程序代码通过光电阅读机输入给数控系统，而磁带、磁盘上的程序代码是通过磁带收录机、磁盘驱动器等装置输入数控系统的。

3）通过机床的通信接口输入

将数控加工程序通过与机床控制系统的通信接口连接的电缆直接快速输入到机床的数控装置中，对于程序量较大的情况，输入快捷。

6. 校核加工程序和首件试切加工

通常数控零件加工程序输入完成后，必须经过校核和首件试切加工才能正式使用。校核一般是将加工程序中的加工信息输入给数控系统进行空运转检验，也可在数控机床上用笔代替刀具，以坐标纸代替零件进行画图模拟加工，以检验机床动作和运动轨迹的正确性。

但是，校核后的零件加工程序只能检验出运动是否正确，还不能确定因编程计算不准确或刀具调整不当造成加工误差的大小，即不能检查被加工零件的加工精度，因而还必须经过首件试切加工进行实际检查，进一步考察程序清单的正确性并检查工件是否达到加工精度。根据试切情况进行程序单的修改以及采取尺寸补偿措施等，当发现有加工误差时，应分析误差产生的原因，找出问题所在，加以修正，直到加工出满足要求的零件为止。

2.2 数控加工工艺基础

2.2.1 数控加工零件的选择

数控机床的应用范围正在不断扩大，但不是所有的零件都适宜在数控机床上加工。是否采用数控机床进行加工，主要取决于零件的复杂程度；而是否采用专用机床进行加工，主要取决于零件的生产批量。

数控机床通常加工零件的特点如下。

（1）多品种、小批量生产的零件或新产品试制中的零件。

（2）轮廓形状复杂，或对加工精度要求较高的零件。

（3）用普通机床加工时需用昂贵工艺装备（工具、夹具和模具）的零件。

（4）需要多次改型的零件。

（5）价值昂贵，加工中不允许报废的关键零件。

（6）需要最短生产周期的急需零件。

总之，从加工工艺的角度分析，选用数控机床功能必须适应被加工零件的形状、尺寸精度和生产节拍等要求，即所选用的数控机床必须能适应被加工零件群组的形状尺寸要求；必须满足被加工零件群组的精度要求；必须根据加工对象的批量和节拍要求来决定。

2.2.2 数控加工零件的工艺性分析

零件的工艺性是指所设计的零件在能够满足使用要求的前提下制造的可行性和经济性。被加工零件的数控加工工艺性分析主要包括产品的零件图样分析与结构工艺性分析。

1. 数控加工零件的图样分析

（1）尺寸标注方法分析。在数控编程中，所有点、线、面的尺寸和位置都是以编程原点为基准的。因此零件图上最好尽量以同一基准引注尺寸，或直接给出坐标尺寸，如图2-1（a）所示。这种标注方法既便于编程，也便于尺寸之间的相互协调。由于零件设计人员一般在尺寸标注中较多地考虑装配等使用特性方面，而不得不采用局部分散的标注方法，如图2-1（b）所示这样就会给工序安排与数控加工带来许多不便。

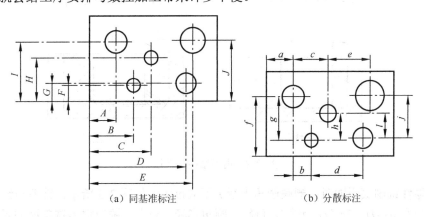

图2-1 零件尺寸标注方法示例

（2）零件图样的完整性与正确性分析。构成零件轮廓的几何元素（点、线、面）的条件（如相切、相交、垂直和平行等），是数控编程的重要依据。手工编程时，要依据这些条件计算每一个节点的坐标；自动编程时，则要根据这些条件才能对构成零件的所有几何元素进行定义，无论哪一个条件不明确，编程都无法进行。因此，在审查与分析图样时，一定要仔细，发现问题及时与设计人员联系。

(3) 零件技术要求分析。零件的技术要求主要是指尺寸精度、形状精度、位置精度、表面粗糙度及热处理等。

这些要求在保证零件使用性能的前提下,应经济合理。过高的精度和表面粗糙度要求会使工艺过程复杂、加工困难、成本提高。

(4) 零件材料分析。在满足零件功能的前提下,应选用廉价、切削性能好的材料。而且,材料选择应立足国内,不要轻易选用贵重或紧缺的材料。

2. 数控加工零件的结构工艺性分析

(1) 统一几何类型或尺寸。零件的内腔和外形最好采用统一的几何类型和尺寸。这样可以减少刀具规格和换刀次数,还可能应用控制程序或专用程序以缩短程序长度,使编程方便,生产效益提高。零件的形状尽可能对称,便于利用数控机床的镜向加工功能来编程,以节省编程时间。

(2) 内槽圆角的大小决定着刀具直径的大小,因而内槽圆角半径不应过小。如图 2-2 所示,零件结构工艺性的好坏与被加工轮廓的高低、转接圆弧半径的大小等有关。与图 2-2(a) 相比,图 2-2(b) 过渡圆弧半径较大,可采用直径较大的铣刀来加工。加工平面时,进给次数也相应减少,表面加工质量较高,所以其加工工艺性较好。通常 $R<0.2H$(H 为被加工轮廓面的最大高度)时,可判断零件该部位的工艺性不好。

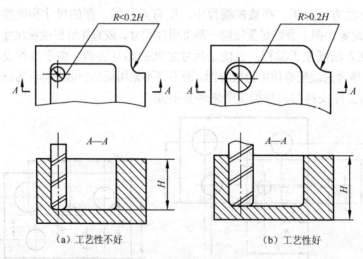

图 2-2 内槽结构工艺性

(3) 零件铣削底平面时,槽底圆角半径 r 不应过大。如图 2-3 所示,铣刀与铣削平面接触的最大直径 $d=D-2r$(D 为铣刀直径),圆角半径 r 越大,铣刀端刃铣削面积越小,铣刀端刃铣削平面的能力就越差,效率也越低,加工工艺性就越差。当 r 大到一定程度时,甚至必须用球头铣刀加工,这是应该尽量避免的。

(4) 应采用统一的基准定位。在数控加工中,若没有统一基准定位,会因工件的重新安装而导致加工后的两个面上轮廓位置及尺寸不协调现象。因此应采用统一的基准定位。零件上最好有合适的孔作为定位基准孔,若没有,要设置工艺孔作为定位基准孔(如在毛坯上增加工艺凸耳或在后续工序要铣去的余量上设置工艺孔)。此外,还应分析零件所要求的加工精度、尺寸公差等是否可以得到保证、有无引起矛盾的多余尺寸或影响工序安排的封闭尺寸等。

（5）为提高工艺效率，采用数控加工必须注意零件设计的合理性。必要时，还应在基本不改变零件性能的前提下，从以下几方面着手，对零件的结构形状与尺寸进行修改。

① 尽量使工序集中，以充分发挥数控机床的特点，提高精度与效率。

② 有利于采用标准刀具、减少刀具规格与种类。

③ 简化程序，减少编程工作量。

④ 减少机床调整，缩短辅助时间。

⑤ 保证定位刚度与刀具刚度，以提高加工精度。

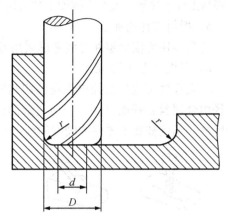

图 2-3　零件底面圆弧对结构工艺性的影响

2.2.3　加工方法的选择与加工方案的确定

1. 加工方法的选择

加工方法的选择原则是保证加工表面的加工精度和表面粗糙度的要求。根据零件的形状及轮廓特征可分别按以下情况选择加工方法。

1）旋转体零件外圆表面的加工

这类零件用数控车床或数控磨床来加工。由于车削零件毛坯多为棒料或锻坯，加工余量较大且不均匀，因此在编程中，粗车的加工线路往往是要考虑的主要问题。影响旋转体加工的因素，还有刀具的受力与强度，排屑与冷却等诸多因素，必须根据具体情况，酌情合理选择。

2）孔系零件的加工

这类零件孔数较多，孔间位置精度要求较高，宜用点位直线控制的数控钻床与镗床加工。这样不仅可以减轻工人的劳动强度，提高生产率，而且还易于保证精度。这类零件加工时，孔系的定位都用快速运动，有两坐标联动功能的数控机床，可以指令两轴同时运动，对没有联动的数控机床，则只能指令两个坐标轴依次运动。此外，在编制加工程序时，还应采用子程序调用的方法来减少程序段的数量，以减小加工程序的长度和提高加工的可靠性。

3）平面与曲面轮廓零件的加工

平面轮廓零件的轮廓多由直线和圆弧组成，一般在两坐标联动的铣床上加工。如图 2-4 所示，加工一个有固定斜角的斜平面可以采用不同的刀具，有不同的加工方法。

具有曲面轮廓的零件，主要是数控铣削，多用球头铣刀，以"行切法"加工，如图 2-5 所示。根据曲面形状、刀具形状以及精度要求等通常采用两轴半联动或三轴半联动。对精度和表面粗糙度要求高的曲面，当用三轴联动的"行切法"加工不能满足要求时，可用模具铣刀，选择四坐标或五坐标联动加工。

4）模具型腔的加工

一般情况下，该类零件型腔表面复杂、不规则，表面质量及尺寸精度要求高，且常采用硬、韧的难加工材料，此时可考虑选用数控电火花成形加工。用该法加工零件时，由于电极与工件不接触,没有机械加工时的切削力,故特别适宜加工低刚度工件和进行细微加工。

5) 板材零件的加工

这类零件可根据零件形状考虑采用数控剪板机、数控板料折弯机及数控冲压机加工。

6) 平板形零件的加工

该类零件可选择数控电火花线切割机床加工。这种加工方法除了工件内侧角部的最小半径由金属丝直径限制外,任何复杂的内、外侧形状都可以加工,而且加工余量少,加工精度高,无论被加工零件的硬度如何,只要是导体或半导体材料都能加工。

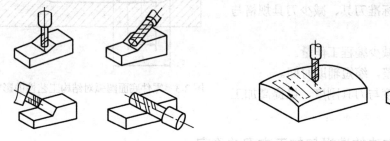

图 2-4 固定斜角斜平面的加工　　　　图 2-5 曲面的"行切法"加工

2. 加工方案的确定

零件上比较精密表面的加工,常常是通过粗加工、半精加工和精加工逐步达到的。对这些表面仅仅根据质量要求选择相应的最终加工方法是不够的,还应正确地确定从毛坯到最终成形的加工方案。

确定加工方案时,首先应根据主要表面的精度和表面粗糙度的要求,初步确定为达到这些要求所需要的加工方法。对于孔径不大的 IT7 级精度的孔,最终加工方法取精铰时,则精铰孔前通常要经过钻孔、扩孔和粗铰孔等加工。表 2-1 为 H13～H7 孔的加工方式,仅供参考。

表 2-1 H13～H7 孔的加工方式(孔长度≤直径的 5 倍)　　　(单位:mm)

孔的精度	孔的毛坯性质	
	在实体材料上加工孔	预先铸出或热冲出的孔
H13、H12	一次钻孔	用扩孔钻钻孔或镗刀镗孔
H11	孔径≤10:一次钻孔 孔径>10～30:钻孔及扩孔 孔径>30～80:钻孔、扩孔或钻、扩、镗孔	孔径≤80:粗扩、精扩或单用镗刀粗镗、精镗或根据余量一次镗孔或扩孔
H10 H9	孔径≤10:钻孔及铰孔 孔径>10～30:钻孔、扩孔及铰孔 孔径>30～80:钻孔、扩孔、铰孔或钻、扩、铰(或镗)孔	孔径≤80:用镗刀粗镗(一次或二次,根据余量而定)、铰孔(或精镗)
H8 H7	孔径≤10:钻孔、扩孔、铰孔 孔径>10～30:钻孔、扩孔及一次或两次铰孔 孔径>30～80:钻孔、扩孔(或用镗刀分几次粗镗)一次或两次铰孔(或精镗)	孔径≤80:用镗刀粗镗(一次或二次,根据余量而定)及半精镗、精镗或精铰

2.2.4 数控加工工序与工步的划分

与常规工艺路线拟定过程相似,数控加工工艺路线的设计,最初也需要找出零件所有的加工表面并逐一确定各表面的加工方法,其每一步相当于一个工步。然后将所有工步内容按一定原则排列成先后顺序。再确定哪些相邻工步可以划为一个工序,即进行工序的划分。最后再将所需的其他工序如常规工序、辅助工序、热处理工序等插入,衔接于数控加工工序序列之中,就得到了要求的工艺路线。

1. 工序的划分

在划分工序时,一定要视零件的结构与工艺性、机床的功能、零件数控加工内容的多少、安装次数及本单位生产组织状况灵活掌握。什么零件宜采用工序集中的原则还是采用工序分散的原则,也要根据实际需要和生产条件来确定,要力求合理。在数控机床上加工的零件,一般按工序集中原则划分工序。一般有以下几种划分方式。

1)按安装定位方式划分工序

一次安装应尽可能完成所有能加工的表面加工,以减少工件装夹次数、减少不必要的定位误差。该方法一般适合于加工内容不多的工件,加工完毕就能达到待检状态。例如,对同轴度要求很高的孔系,应在一次定位后,通过换刀完成该同轴孔系的全部加工,然后再加工其他坐标位置的孔,以消除重复定位误差的影响,提高孔系的同轴度。

2)按所用刀具划分工序

以同一把刀具完成的那一部分工艺过程为一道工序。这种方法适用于工件的待加工表面较多,机床连续工作时间过长,加工程序的编制和检查难度较大等情况。在专用数控机床和加工中心上常用这种方法。

3)按粗、精加工划分工序

考虑工件的加工精度要求、刚度和变形等因素来划分工序时,可按粗、精加工分开的原则来划分工序,即以粗加工中完成的那部分工艺过程为一道工序,精加工中完成的那部分工艺过程为另一道工序。一般来说,在一次安装中不允许将工件的某一表面粗、精不分地加工至精度要求后再加工工件的其他表面。如图 2-6 所示的零件,应先切除整个零件的大部分余量,再将其表面精车一遍,以保证加工精度和表面粗糙度的要求。

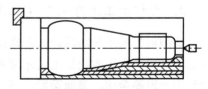

图 2-6 车削加工的零件

4)按加工部位划分工序

以完成相同型面的那一部分工艺过程为一道工序。有些零件加工表面多而复杂,构成零件轮廓的表面结构差异较大,可按其结构特点(如内型、外形、曲面或平面等)划分成多道工序。

2. 工步的划分

为了便于分析和描述较复杂的工序,在工序内又细分为工步。工步的划分主要从加工精度和效率两方面考虑。在一个工序内往往需要采用不同的刀具和切削用量,对不同的表面进行加工。下面以加工中心为例来说明工步划分的原则。

（1）同一表面按粗加工、半精加工、精加工依次完成，或全部加工表面按先粗后精加工分开进行。

（2）对于既有铣面又有镗孔的零件，可先铣面后镗孔。按此方法划分工步，可以提高孔的精度。因为铣削时切削力较大，工件易发生变形。先铣面后镗孔，使其有一段时间恢复，减少由变形引起的对孔的精度的影响。

（3）按刀具划分工步。某些机床工作台回转时间比换刀时间短，可采用按刀具划分工步，以减少换刀次数，提高加工效率。

综上所述，在划分工序与工步时，一定要视零件的结构与工艺性、机床的功能、零件数控加工内容的多少、安装次数以及生产组织等实际情况灵活掌握。

3. 加工顺序的安排

加工顺序安排得合理与否，将直接影响零件的加工质量、生产率和加工成本。应根据零件的结构和毛坯状况，结合定位及夹紧的需要综合考虑，重点应保证工件的刚度不被破坏，尽量减少变形。加工顺序的安排应遵循下列原则。

（1）尽量使工件的装夹次数、工作台转动次数、刀具更换次数及所有空行程时间减至最少，提高加工精度和生产率。

（2）先内后外原则，即先进行内型内腔加工，后进行外形加工。

（3）为了及时发现毛坯的内在缺陷，精度要求较高的主要表面的粗加工一般应安排在次要表面粗加工之前；大表面加工时，因内应力和热变形对工件影响较大，一般也需先加工。

（4）在同一次安装中进行的多个工步，应先安排对工件刚性破坏较小的工步。

（5）为了提高机床的使用效率，在保证加工质量的前提下，可将粗加工和半精加工合为一道工序。

（6）加工中容易损伤的表面（如螺纹等），应放在加工路线的后面。

（7）上道工序的加工不能影响下道工序的定位与夹紧，中间穿插有通用机床加工工序的也要综合考虑。

4. 数控加工工序与普通工序的衔接

数控加工的工艺路线设计常常仅是几道数控加工工艺过程，而不是指毛坯到成品的整个工艺过程。由于数控加工工序常常穿插于零件加工的整个工艺过程中，因此在工艺路线设计中一定要全面，瞻前顾后，使之与整个工艺过程协调吻合。如果协调衔接得不好，就容易产生矛盾，最好的办法是建立相互状态要求，例如：要不要留加工余量，留多少；定位面与定位孔的精度要求及形位公差；对校形工序的技术要求；对毛坯的热处理状态要求等。目的是达到相互能满足加工需要，且质量目标及技术要求明确，交接验收有依据。关于手续问题，如果是在同一个车间，可由编程人员与主管零件的工艺员共同协商确定，在制订工序工艺文件中互审会签，共同负责；若不是同一车间，则应用交接状态表进行规定，共同会签，然后反映在工艺规程中。

2.2.5 数控机床的刀具

刀具与工具的选择是数控加工工艺中重要的内容之一，它不仅影响机床的加工效率，而且直接影响加工质量。与传统的加工方法相比，数控加工对刀具和工具的要求更高。不仅要求精度高、刚度好、耐用度高，而且要求尺寸稳定、安装调整方便。

1. 数控加工刀具材料

（1）高速钢。高速钢又称为锋钢、白钢。它是含有钨（W）、钼（Mo）、铬（Cr）、钒（V）、钴（Co）等元素的合金钢，分为钨、钼两大系列，是传统的刀具材料。其常温硬度为62～65HRC，热硬性可提高到500℃～600℃。普通高速钢以W18Cr4V为代表。

（2）硬质合金。硬质合金是由硬度和熔点都很高的碳化物（WC，TiC，TaC，NbC等），用Co、Mo、Ni做黏结剂制成的粉末冶金产品。其常温硬度可达74～82HRC，能耐800℃～1000℃的高温。常用的硬质合金有钨钴（YG）合金（YG8、YG6、YG3）、钨钛（YT）合金（YT5、YT15、YT30）和钨钛钽（铌）（YW）（YW1，YW2）合金三大类。

（3）涂层硬质合金。涂层硬质合金刀具是在韧性较好的硬质合金刀具上涂覆一层或多层耐磨性好的TiN、TiCN、TiAlN和Al_2O_3等，涂层的厚度为2μm～18μm。

（4）陶瓷材料。陶瓷刀具具有高硬度（91～95HRA）、高强度（抗弯强度为750MPa～1000MPa）、耐磨性好、化学稳定性好、良好的抗黏结性能、摩擦因数低且价格低廉等优点。常用的有氧化铝基陶瓷、氮化硅基陶瓷和金属陶瓷等。

（5）立方氮化硼（CBN）。CBN是人工合成的高硬度材料，其硬度可达7300～9000HV，其硬度和耐磨性仅次于金刚石，有极好的高温硬度，与陶瓷刀具相比，其耐热性和化学稳定性稍差，但冲击韧度和抗破碎性能较好。它广泛适用于淬硬钢（HRC50以上）、珠光体灰铸铁、冷硬铸铁和高温合金等的切削加工。

（6）聚晶金刚石（PCD）。PCD作为最硬的刀具材料，硬度可达10000HV，具有最好的耐磨性，它能够以高速度（1000m/min）和高精度加工软的有色金属材料，但它对冲击敏感，容易碎裂，而且对黑色金属中铁的亲和力强，易引起化学反应，一般情况下只能用于加工非铁零件，如有色金属及其合金、玻璃纤维、工程陶瓷和硬质合金等极硬的材料。

2. 数控加工刀具

1）车削加工刀具

数控车床使用的刀具，无论是车刀、镗刀、切断刀还是螺纹加工刀具，除经济型数控车床外，目前已广泛地使用机夹式可转位车刀，其结构如图2-7所示。它由刀杆1、刀片2、刀垫3以及夹紧元件4组成。刀片每边都有切削刃，当某切削刃磨损钝化后，只需松开夹紧元件，将刀片转一个位置便可继续使用。

2）铣削加工刀具

铣刀种类很多，选择铣刀时，要使刀具的尺寸与被加工工件的表面尺寸和形状相适应。生产中，平面零件周边轮廓的加工，常采用立铣刀。铣平面时，应选硬质合金刀片铣刀；加工凸台、凹槽时，选高速钢立铣刀；加工毛坯表面或粗加

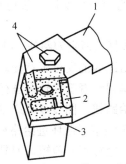

1—刀杆；2—刀片；3—刀垫；4—夹紧元件

图2-7 机夹式可转位车刀

工孔时，可选镶硬质合金的玉米铣刀。对一些立体型面和变斜角轮廓外形的加工，常采用球头铣刀、环形铣刀、鼓形铣刀、锥形铣刀和盘形铣刀等，如图2-8所示。

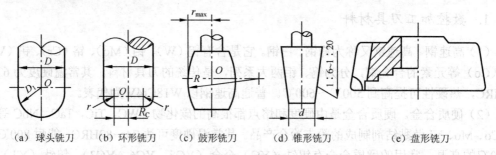

图2-8 常用铣刀

曲面加工常采用球头铣刀，但加工曲面较平坦部位时，刀具以球头顶端刃切削，切削条件较差，因而应采用环形铣刀。在单件或小批量生产中，为取代多坐标联动机床，常采用鼓形铣刀或锥形铣刀来加工变斜角零件。加镶齿盘铣刀，适用于在五坐标联动的数控机床上加工一些球面，其效率比用球头铣刀高近10倍，并可获得好的加工精度。

3）孔加工刀具

数控孔加工刀具常用的有钻头、镗刀、铰刀和丝锥等。在数控机床上钻孔大多采用普通麻花钻。在孔的精镗中，目前较多地选用精镗微调镗刀。数控机床上使用的铰刀多是通用标准铰刀。此外，还有机夹硬质合金刀片单刃铰刀和浮动铰刀等。

2.2.6 数控加工工序的设计

数控加工工序设计的主要任务是拟定本工序的具体加工内容、切削用量、定位夹紧方式及刀具运动轨迹，选择刀具、夹具、量具等工艺装备，为编制加工程序作好充分准备。以下为在工序设计中应着重注意的几个方面。

1. 确定走刀路线和安排工步顺序

走刀路线是刀具在整个加工工序中的运动轨迹，它不但包括了工步的内容，也反映出工步顺序。走刀路线是编写程序的重要依据之一，因此，在确定走刀路线时最好画一张工序简图，将已经拟定出的走刀路线画上去（包括进、退刀路线），这样可为编程带来不少方便。工步的划分与安排一般可根据走刀路线来进行，在确定走刀路线时，主要考虑下列几点。

（1）选择最短走刀路线，减少空行程时间，以提高加工效率。图2-9所示为几种不同粗车车削进给路线的安排示意图。其中图2-9（a）表示利用数控系统具有的封闭式复合循环功能控制车刀沿着工件轮廓进行进给的路线；图2-9（b）为利用其程序循环功能安排的"三角形"进给路线；图2-9（c）为利用其矩形循环功能而安排的"矩形"进给路线。经分析和判断后可知矩形循环进给路线的进给长度总和最短。因此，在同等条件下，其车削所需时间（不含空行程）最短，刀具的损耗最少。

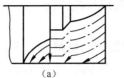 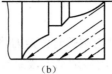 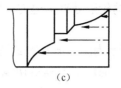

(a) （b） （c）

图 2-9 粗车车削进给路线示例

图 2-10 所示圆周均布孔的加工路线，采用图 2-10（b）所示的走刀路线可比图 2-10（a）节省近似一半的定位时间。

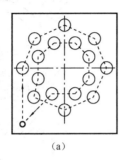 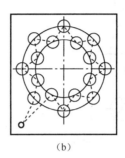

(a) （b）

图 2-10 圆周均布孔的加工路线

（2）为保证工件轮廓表面加工后的粗糙度要求，精加工时，最终轮廓应安排在最后一次走刀连续加工出来。

图 2-11 所示为加工内槽的三种加工路线。图 2-11（a）和图 2-11（b）分别用行切法和环切法加工内槽。两种加工路线的共同点是都能切净内腔中全部面积，不留死角，不伤轮廓，同时尽量减少重复进给的搭接量。不同点是行切法的加工路线比环切法短，但行切法会在每两次进给的起点与终点间留下残留面积，达不到所要求的表面粗糙度；用环切法获得的表面粗糙度要好于行切法，但环切法需要逐次向外扩展轮廓线，刀位点计算稍微复杂一些。综合行、环切法的优点，采用图 2-11（c）所示的加工路线，即先用行切法切去中间部分余量，最后用环切法切一刀，既能使总的加工路线较短，又能获得较好的表面粗糙度。

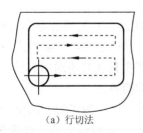 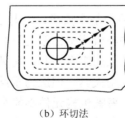 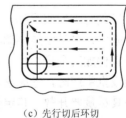

（a）行切法 （b）环切法 （c）先行切后环切

图 2-11 铣削内槽的三种加工路线

（3）刀具的进退刀（切入与切出）路线要认真考虑，以尽量减少在轮廓处停刀以避免切削力突然变化造成弹性变形而留下刀痕。一般应沿着零件表面的切向切入和切出，尽量避免沿工件轮廓面垂直方向进退刀而划伤工件。

当铣削平面零件外轮廓时，一般是采用立铣刀侧刃切削。刀具切入工件件时，应避免沿工件外轮廓的法向切入，而应沿切削起始点延伸线或切线方向（见图 2-12）逐渐切入工件，以免在切入处产生刀具的刻痕，保证工件曲线的平滑过渡。同理，在切离工件时，也应避免在工件的轮廓处直接退刀,要沿着切削终点延伸线或切线方向(见图 2-12)逐渐切离工件。

图 2-13 所示为圆弧插补方式铣削内圆弧时的走刀路线。当整圆加工完毕时,不要在切点处直接退刀,而应让刀具沿切线方向多运动一段距离,以免取消刀补时,刀具与工件表面相碰,造成工件报废。这样可以提高内孔表面的加工精度和加工质量。图中 R_1 为零件圆弧轮廓半径,R_2 为过渡圆弧半径。

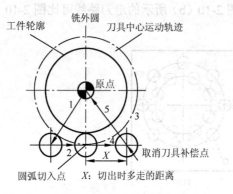 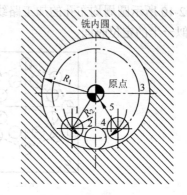

图 2-12 刀具切入和切出外圆的加工路线　　图 2-13 刀具切入和切出内圆的加工路线

(4)要选择工件在加工后变形较小的路线。例如对细长零件或薄板零件,应采用分几次走刀加工到最后尺寸,或采用对称去余量法安排走刀路线。

2. 定位基准与夹紧方案的确定

在确定定位基准与夹紧方案时应注意下列三点。
(1)力求设计、工艺与编程计算的基准统一。
(2)尽量减少装夹次数,尽可能做到在一次定位装夹后就能加工出全部待加工表面。
(3)避免采用占机人工调整式方案。

3. 夹具的选择

数控加工的特点对夹具提出了两个基本要求:一是要保证夹具的坐标方向与机床的坐标方向相对固定,二是要能协调零件与机床坐标系的尺寸。除此之外,主要考虑下列几点。
(1)当零件加工批量小时,尽量采用组合夹具、可调式夹具及其他通用夹具。
(2)当成批生产时,考虑采用专用夹具,但应力求结构简单。
(3)夹具尽量要开敞,其定位、夹紧机构元件不能影响加工中的走刀,以免产生碰撞。
(4)装卸零件要方便可靠,以缩短准备时间,有条件时,批量较大的零件应采用气动或液压夹具、多工位夹具等。

4. 刀具的选择

数控加工的特点对刀具的强度及耐用度要求较普通加工严格。因为刀具的强度不好,一是刀具不宜兼做粗、精加工,影响生产效率;二是在数控自动加工中极易产生打断刀具的事故;三是加工精度会大大下降。刀具的耐用度差,则要经常换刀、对刀,增加了辅助时间,也容易在工件轮廓上留下接刀刀痕,影响工件表面质量。

对数控机床刀具,不同的零件材质,存在有一个切削速度、切削深度、进给量三者互相适应的最佳切削参数。这对大零件、稀有金属零件、贵重零件更为重要,工艺编程人员在选择刀具时,要注意对工件的结构及工艺性认真分析,结合工件材料,毛坯余量及具体加工部位综合考虑。努力摸索这个最佳切削参数,以提高生产效率。

5. 确定对刀点与换刀点

对刀点就是刀具相对工件运动的起点。在编程时不管实际上是刀具相对工件移动,还是工件相对刀具移动,都是把工件看作静止,而刀具在运动。对刀点可以设在被加工零件上,也可以设在与零件定位基准有固定尺寸联系的夹具上的某一位置。选择对刀点时要考虑找正容易,编程方便,对刀误差小,加工时检查方便、可靠。具体选择原则如下。

(1)刀具的起点应尽量选在零件的设计基准或工艺基准上。如以孔定位的零件,应将孔的中心作为对刀点,以提高零件的加工精度。

(2)对刀点应选在便于观察和检测,对刀方便的位置上。

(3)对于建立了绝对坐标系统的数控机床,对刀点最好选在该坐标系的原点上,或者选在已知坐标值的点上,以便于坐标值的计算。

对刀误差可以通过试切加工结果进行调整。

图 2-14 所示为对刀点的设定,这样才能保证机床坐标系与工件坐标系的关系。换刀点是为加工中心、数控车床等多刀加工的机床而设置的,因为这些机床在加工过程中间要自动换刀。换刀点的位置根据换刀时刀具不碰撞工件、夹具、机床的原则确定。一般换刀点设置在工件或夹具的外部,并且应该具有一定的安全余量。

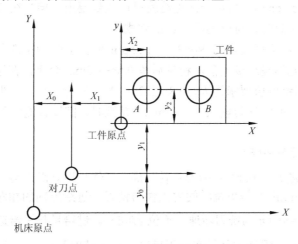

图 2-14 对刀点的设定

6. 确定切削用量

切削用量,都应在机床说明书给定的允许范围内选择,并应考虑机床工艺系统的刚性和机床功率的大小。

1)铣削切削用量

铣削加工的切削用量包括切削速度、进给速度、背吃刀量和侧吃刀量。在数控机床上加工零件时,切削用量都预先编入程序中,在正常加工情况下,人工不予改变。只有在试加工或出现异常情况时，才通过速率调节旋钮或电手轮调整切削用量。因此程序中选用的切削用量应是最佳的、合理的切削用量。只有这样才能提高数控机床的加工精度、刀具寿命和生产率，降低加工成本。从刀具耐用度出发，切削用量的选择方法是：先选取背吃刀量或侧吃刀量，其次选择进给速度，最后确定切削速度。

（1）背吃刀量 a_p 或侧吃刀量 a_e。

背吃刀量 a_p 为平行于铣刀轴线测量的切削层尺寸，单位为 mm。端铣时，a_p 为切削层深度；而圆周铣削时，为被加工表面的宽度。侧吃刀量 a_e 为垂直于铣刀轴线测量的切削层尺寸，单位为 mm。端铣时，a_e 为被加工表面宽度；而圆周铣削时，a_e 为切削层深度，如图 2-15 所示。

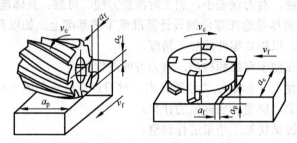

图 2-15　背吃刀量 a_p 和侧吃刀量 a_e

背吃刀量或侧吃刀量的选取主要由加工余量和对表面质量的要求决定：

① 当工件表面粗糙度值要求为 Ra=12.5～25μm 时，如果圆周铣削加工余量小于 5mm，端面铣削加工余量小于 6mm，粗铣一次进给就可以达到要求。但是在余量较大，工艺系统刚性较差或机床动力不足时，可分为两次进给完成。

② 当工件表面粗糙度值要求为 Ra=3.2～12.5μm 时，应分为粗铣和半精铣两步进行。粗铣时背吃刀量或侧吃刀量选取同前。粗铣后留 0.5～1.0mm 余量，在半精铣时切除。

③ 当工件表面粗糙度值要求为 Ra=0.8～3.2μm 时，应分为粗铣、半精铣、精铣三步进行。半精铣时背吃刀量或侧吃刀量取 1.5～2mm；精铣时，圆周铣侧吃刀量取 0.3～0.5 mm，面铣刀背吃刀量取 0.5～1 mm。

（2）进给量 f 与进给速度 v_f

铣削加工的进给量 f（mm/r）是指刀具转一周，工件与刀具沿进给运动方向的相对位移量；进给速度 v_f（mm/min）是单位时间内工件与铣刀沿进给方向的相对位移量。进给速度与进给量的关系为 $v_f=nf$（n 为铣刀转速，单位 r/min）。进给量与进给速度是数控铣床加工切削用量中的重要参数，根据零件的表面粗糙度、加工精度要求、刀具及工件材料等因素，参考切削用量手册选取或通过选取每齿进给量 f_z，再根据公式 $f=zf_z$（z 为铣刀齿数）计算。

每齿进给量 f_z 的选取主要依据工件材料的力学性能、刀具材料、工件表面粗糙度等因素。工件材料强度和硬度越高，f_z 越小；反之则越大。硬质合金铣刀的每齿进给量高于同类高速钢铣刀。工件表面粗糙度要求越高，f_z 就越小。每齿进给量的确定可参考表 2-2 选取。工件刚性差或刀具强度低时，应取较小值。

表 2-2 铣刀每齿进给量参考值

工件材料	每齿进给量 f_z/mm			
	粗铣		精铣	
	高速钢铣刀	硬质合金铣刀	高速钢铣刀	硬质合金铣刀
钢	0.10~0.15	0.10~0.25	0.02~0.05	0.10~0.15
铸铁	0.12~0.20	0.15~0.30		

(3) 切削速度 v_c 和主轴转速 n

铣削的切削速度 v_c 与刀具的耐用度、每齿进给量、背吃刀量、侧吃刀量以及铣刀齿数成反比,而与铣刀直径成正比。其原因是当 f_z、a_p、a_e 和 z 增大时,刀刃负荷增加,而且同时工作的齿数也增多,使切削热增加,刀具磨损加快,从而限制了切削速度的提高。为提高刀具耐用度允许使用较低的切削速度。但是加大铣刀直径则可改善散热条件,可以提高切削速度。铣削加工的切削速度 v_c 可参考有关切削用量手册中的经验公式通过计算选取。

主轴转速 n(单位 r/min)根据选定的切削速度 v_c(单位 m/min)和工件或刀具的直径 d 来计算:

$$n = \frac{1000v_c}{\pi d}$$

2) 数控车削加工切削用量

在车削加工中,切削速度(v_c)一般用主轴转速(n)来表示。主轴转速应根据工件被加工部分的直径 d 和允许的切削速度 v_c 来选择。切削速度可按式(2-1)计算或查表选取,还可根据实践经验确定。表 2-3 所示为硬质合金外圆车刀切削速度的参考值,供参考。

$$v_c = \frac{\pi d n}{1000} \tag{2-1}$$

表 2-3 硬质合金外圆车刀切削速度参考值

工件材料	热处理状态	a_p=0.3~2 mm	a_p=2~6 mm	a_p=6~10mm
		f=0.08~0.3 mm/r	f=0.3~0.6 mm/r	f=0.6~1 mm/r
		v_c/(m/min)		
低碳钢、易切钢	热轧	140~180	100~120	70~90
中碳钢	热轧	130~160	90~110	60~80
	调质	100~130	70~90	50~70
合金结构钢	热轧	100~130	70~90	50~70
	调质	80~110	50~70	40~60
工具钢	退火	90~120	60~80	50~70
灰铸铁	HBS<190	90~120	60~80	50~70
	HBS=190~250	80~110	50~70	40~60
高锰钢(含锰量13%)		10~20		
铜及铜合金		200~250	120~180	90~120
铝及铝合金		300~600	200~400	150~200
铸铝合金(含硅量13%)		100~180	80~150	60~100

注意:按照上述方法确定的切削用量进行加工,工件表面的加工质量未必十分理想。

因此，切削用量的具体数值还应根据机床性能、相关的手册并结合实际经验用模拟方法确定，使主轴转速、背吃刀量及进给速度三者能相互适应，以形成最佳切削用量。

对于不同的加工方法，需要选用不同的切削用量，数控车床切削用量的选择原则如下。

粗车时，首先应选择一个尽可能大的背吃刀量 a_p；其次选择一个较大的进给量 f；最后确定一个合理的切削速度 v_c。增大背吃刀量，可以减少进给次数，增大进给量有利于断屑。

精车时，对工件精度和表面粗糙度有着较高要求，加工余量不大且较均匀，因此选择精车切削用量时，应着重考虑如何保证工件的加工质量，并在此基础上尽量提高生产效率。因此精车时，应选用较小（但不能太小）的背吃刀量 a_p（一般取 0.1～0.5 mm）和进给量 f，并选用切削性能高的刀具材料和合理的几何参数，以尽可能提高切削速度 v_c。

2.2.7 数控加工工艺文件的编制

编写数控加工专用技术文件是数控加工工艺设计的重要内容之一。这些专用技术文件既是数控加工的依据、产品验收依据，也是需要操作者遵守、执行的规程；有的则是加工程序的具体说明或附加说明，目的是让操作者更加明确程序的内容、安装与定位方式、各个加工部位所选用的刀具及其他问题。

加强技术文件管理，数控加工专用技术文件也应该走标准化、规范化的道路，但目前还有较大困难，只能先做到按部门或按单位局部统一。下面介绍几种数控加工专用技术文件。

1. 数控加工工序卡

数控加工工序卡是根据机械加工工序卡制订的，它更详细地说明整个零件各个工序的要求，是用来具体指导工人操作的工艺文件。工序卡不仅应包含每一工步的加工内容，还应包含其程序段号、所用刀具类型及材料、刀具号、刀具补偿号及切削用量等内容。

2. 数控加工刀具卡

数控加工刀具卡也是用来编制零件加工程序和指导生产的主要工艺文件，主要包括刀具的信息资料，有刀具号、刀具名称及规格、刀辅具等。不同类型的数控机床刀具卡也不完全一样。

3. 数控加工走刀路线图

在数控加工中，刀具的刀位点相对于工件运动的轨迹称为加工路线。此外，确定加工路线时，还要考虑工件的加工余量和机床、刀具的刚度等情况，确定是一次走刀，还是多次走刀来完成加工，以及在铣削加工中是采用顺铣还是逆铣等。

4. 数控加工程序单

数控加工程序单是编程员根据工艺分析情况，经过数值计算，按照数控机床的程序格式和指令代码编制的。它是记录数控加工工艺过程、工艺参数、位移数据的清单以及手动数据输入、实现数控加工的主要依据，同时可帮助操作人员正确理解加工程序内容。不同的数控机床、不同的数控系统，数控加工程序单的格式也不同。

2.3 数控程序编制基础

2.3.1 数控编程的方法

数控编程大体经过了机器语言编程、高级语言编程、代码格式编程和人机对话编程与动态仿真这样几个阶段。

数控加工程序编制方法主要分为手工编程与自动编程两大类。

1. 手工编程

手工编程是指从零件图纸分析、工艺处理、数值计算、编写程序单、制作控制介质直到程序校核等各步骤的数控编程工作均由人工完成的全过程。手工编程适合于编写进行点位加工或直线与圆弧组成的几何形状不太复杂的零件的加工程序,以及程序坐标计算较为简单、程序段不多、程序编制易于实现的场合。它要求编程人员不仅要熟悉数控指令及编程规则,而且还要具备数控加工工艺知识和数值计算能力。这种方法比较简单,容易掌握,适应性较强。手工编程方法是编制加工程序的基础,也是机床现场加工调试的主要方法,对机床操作人员来讲是必须掌握的基本功。但对于形状复杂的零件,手工编程易于出错,难度较大,有时甚至无法编出程序,必须采用自动编程。

2. 自动编程

自动编程是指在计算机及相应的软件系统的支持下,自动生成数控加工程序的过程。它充分发挥了计算机快速运算和存储的功能。其特点是采用简单、习惯的语言对加工对象的几何形状、加工工艺、切削参数及辅助信息等内容按规则进行描述,再由计算机自动地进行数值计算、刀具中心运动轨迹计算、后置处理,产生出零件加工程序单,并且对加工过程进行模拟。对于形状复杂,具有非圆曲线轮廓、三维曲面等零件编写加工程序,采用自动编程方法效率高,可靠性好。在编程过程中,程序编制人员可及时检查程序是否正确,需要时可及时修改。自动编程使得一些计算繁琐、手工编程困难或无法编出的程序能够顺利地完成。

2.3.2 数控机床坐标系

1. 数控机床坐标轴的命名及方向的规定

目前国际上数控机床的坐标轴及方向的规定均已标准化,我国于 1982 年颁布了 JB 3051—1982《数控机床的坐标和运动方向的命名》标准,并于1999 年修订为 JB/T 3051—1999,修订后主要技术内容没有变化,标准内容已被 GB/T 19660—2005 涵盖,它与 ISO 841 等效。

标准规定,在加工过程中无论是刀具移动工件静止,还是工件移动刀具静止,一般都假定工件相对静止不动,而刀具在移动,并同时规定刀具远离工件的方向为坐标轴的正方向。

数控机床的坐标轴命名规定为机床的直线运动采用右手直角笛卡儿坐标系统,如图 2-16 所示。其坐标命名为 X、Y、Z,通称为基本坐标系。大拇指指向为 X 轴正方向,食指指向 Y 轴的正方向,中指指向为 Z 轴的正方向,三个坐标轴相互垂直。以 X、Y、Z 坐标轴或以与

X、Y、Z 坐标轴平行的坐标轴线为中心旋转的运动，分别称为 A 轴、B 轴、C 轴。

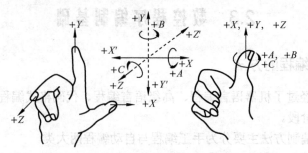

图 2-16　右手直角笛卡儿坐标系统

2. 数控机床坐标轴的确定

确定机床坐标轴时，一般是先确定 Z 轴，然后再确定 X 轴和 Y 轴。

Z 轴：通常把传递切削力的主轴规定为 Z 坐标轴。对于刀具旋转的机床，如镗床、铣床、钻床等，刀具旋转的轴称为 Z 轴。如果机床有几个主轴，则选一垂直于装夹平面的主轴作为主要主轴；如机床没有主轴（龙门刨床）则规定垂直于工件装夹平面为 Z 轴。Z 坐标的正向为刀具远离工件的方向。

X 轴：X 轴通常平行于工件装夹面并与 Z 轴垂直。对于工件旋转的机床（如车、磨床等），X 坐标的方向在工件的径向上；对于刀具旋转的机床则作如下规定：当 Z 轴水平时（如卧式数控铣床），从刀具主轴后向工件看，X 坐标的正向为右方向。当 Z 轴处于铅垂面时（如立式数控铣床），站在工作台前向立柱看，X 坐标的正向为右方向；对于龙门式机床，从刀具主轴右侧看，X 坐标的正向为右方向。

Y 轴：Y 轴垂直于 X 轴和 Z 轴，其方向可根据已确定的 X 轴和 Z 轴，按右手直角笛卡儿坐标系确定。

旋转轴：旋转轴的定义也按照右手定则，绕 X 轴旋转为 A 轴，绕 Y 轴旋转为 B 轴，绕 Z 轴旋转为 C 轴。A、B、C 以外的转动轴用 D、E 表示。

附加轴：当机床直线运动多于三个坐标轴时，则用 U、V、W 轴分别表示平行于 X、Y、Z 轴的第二组直线运动坐标轴，用 P、Q、R 分别表示平行于 X、Y、Z 轴的第三组直线运动坐标轴。

数控机床的坐标轴如图 2-17 所示。

(a) 后置刀架数控车床　　　(b) 立式数控铣床

图 2-17　几种典型机床的坐标系

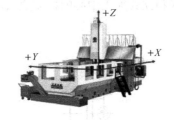

(c）卧式数控铣床　　　　　　　　（d）龙门刨床

图 2-17　几种典型机床的坐标系（续）

3. 工件坐标系

工件坐标系又称为编程坐标系，是由编程人员在编制零件加工程序时，以工件上某一固定点为原点建立的坐标系。工件坐标系的原点称为工件零点（零件原点或程序零点），而编程时的刀具轨迹坐标是按零件轮廓在工件坐标系的坐标确定的。

工件坐标系是以工件设计尺寸为依据建立的坐标系，工件坐标系是由编程人员在编制程序时用来确定刀具和程序的起点，工件坐标系的原点可由编程人员根据具体情况确定，但坐标轴的方向应与机床坐标系一致，并且与之有确定的尺寸关系。机床坐标系与工件坐标系的关系如图 2-18 所示。一般数控设备可以预先设定多个工作坐标系（G54～G59），这些坐标系存储在机床存储器内，工作坐标系都是以机床原点为参考点，分别以各自与机床原点的偏移量表示，需要提前输入机床数控系统，或者说是在加工前设定好的坐标系。

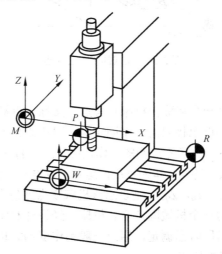

图 2-18　机床坐标系与工件坐标系的关系

4. 数控机床上的有关点

1）机床原点

机床原点（也称为机床零点）是机床上设置的一个固定的点，即机床坐标系的原点。它在机床装配、调试时就已调整好，一般情况下不允许用户进行更改，因此它是一个固定的点。机床原点又是数控机床进行加工或位移的基准点。有一些数控车床将机床原点设在卡盘中心处，如图 2-19 所示 M 点，还有一些数控机床将机床原点设在刀架位移的正向极限点位置。数控铣床和立式加工中心的机床原点，一般在机床的左前下方，如图2-20和图2-21所示的 M 点。

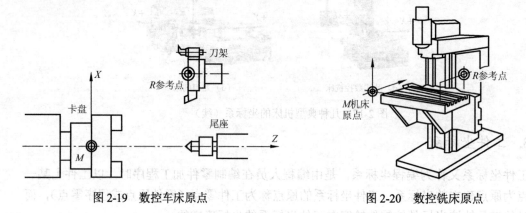

图2-19　数控车床原点　　　　　　　图2-20　数控铣床原点

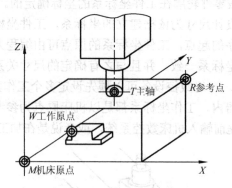

图2-21　立式加工中心原点

2）机床参考点

与机床坐标系相关的另一个点称作机床参考点，又称为机械原点（R），它指机床各运动部件在各自的正方向自动退至极限的一个固定点，可由限位开关精密定位，至参考点时所显示的数值则表示参考点与机床零点间的工作范围，X_R、Y_R 与 Z_R 数值即被记忆在 CNC 系统中并在系统中建立了机床零点，作为系统内运算的基准点。有的机床在返回参考点（称"回零"）时，显示为零（X_0，Y_0，Z_0），则表示该机床零点被建立在参考点上。实际上，机床参考点是机床上最具体的一个机械固定点。机床一经设计和制造出来，机械原点就已经被确定下来，该点在机床出厂时已调定，用户一般不作变动。机床启动时，通常要进行机动或手动回零，就是回到机械原点。

3）工件零点

工件零点即工件坐标系的原点，也称为编程零点。编程时，一般选择工件图样上的设计基准作为编程零点，例如回转体零件的端面中心、非回转体零件的角边、对称图形的中心，作为几何尺寸绝对值的基准。

4）起刀点

起刀点是指刀具起始运动的刀位点，也是程序开始执行时的刀位点。当用夹具时常与工件零点有固定联系尺寸的圆柱销等进行对刀，这时则用对刀点作为起刀点。

5）刀位点

所谓刀位点是指加工和编制程序时，用于表示刀具特征的点，也是对刀和加工的基准点，如图 2-22 所示。镗刀和车刀的刀位点通常指刀具的刀尖；钻头的刀位点通常指钻尖；立铣刀、端面铣刀和键槽铣刀的刀位点指刀具底面的中心；而球头铣刀的刀位点指球头中心。

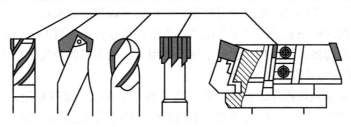

图 2-22　数控刀具的刀位点

2.3.3　加工程序结构与格式

1. 程序结构

数控程序由程序编号、程序内容和程序结束段组成。
例如：
程序编号：O0001；
程序内容：N001 G92 X40.0 Y30.0；
　　　　　N002 G90 G00 X28.0 T01 S800 M03；
　　　　　N003 G01 X-8.0 Y8.0 F200；
　　　　　N004 X0 Y0；
　　　　　N005 X28.0 Y30.0；
　　　　　N006 G00 X40.0；
程序结束段：N007 M02；

其中第一个程序段 O0001 是整个程序的程序号，也叫程序名，由地址 O 和四位数字组成。每一个独立的程序都应有程序号，它可以作为识别、调用该程序的标志。

不同数控系统程序编号地址码不同，如日本 FANUC 数控系统采用 O 作为程序编号地址码；美国的 AB8400 数控系统采用 P 作为程序编号地址码；德国的 SMK8M 数控系统采用%作为程序编号地址码等。

程序内容部分是整个程序的核心，由若干个程序段组成，每个程序段由一个或多个指令字构成，每个指令字由地址符和数字组成，它代表机床的一个位置或一个动作，程序段通常由 N 及后缀的数字（称为顺序号或程序段号）开头；每一程序段结束标记用 CR 或 LF 或";"结束，不同数控系统结束标记不同。

程序结束段以程序结束指令 M02 或 M30 作为整个程序结束的符号。

2. 程序段格式

程序段格式是指一个程序段中字的排列书写方式和顺序，以及每个字和整个程序段的长度限制和规定。不同的数控系统往往有不同的程序段格式，格式不符合规定，则数控系统不能接受。

常见的程序段格式有以下两类。

1) 分隔符固定顺序式

这种格式是用分隔符"HT"（在 EIA 代码中用"TAB"）代替地址符，而且预先规定了所有可能出现的代码字的固定排列顺序，根据分隔符出现的顺序，就可判定其功能。不需要的字或与上一程序段相同功能的字可以不写，但其分隔符必须保留。

我国数控线切割机床采用的"3B"或"4B"格式指令就是典型的分隔符固定顺序格式。分隔符固定顺序式的格式不直观，编程不便，常用于功能不多的数控装置（数控系统）中。

2) 地址符可变程序段格式

这种格式又称字地址程序段格式。程序段中每个字都以地址符开始，其后跟符号和数字，代码字的排列顺序没有严格的要求，不需要的代码字及与上段相同的续效字可以不写。这种格式的特点是程序简单、可读性强、易于检查。因此现代数控机床广泛采用这种格式。字地址程序段的一般格式为

N_ G_ X_ Y_ Z_ …F_ S_ T_ M_；

式中，N 为程序段号字；G 为准备功能字；X、Y、Z 为坐标功能字；F 为进给功能字；S 为主轴转速功能字；T 为刀具功能字；M 为辅助功能字。

2.4 程序编制中的数值计算

对零件图形进行数值计算（又称为数学处理）是编程前的一个关键性的环节，数值计算就是根据零件图样的要求，按照已确定的加工路线和允许的编程误差，计算出数控系统所需输入的数据。图形数值计算主要包括三个方面的内容：基点和节点的坐标计算、刀位点轨迹的计算和辅助计算。

2.4.1 基点坐标的计算

零件的轮廓是由许多不同的几何元素组成的，如直线、圆弧、二次曲线及列表点曲线等。各几何元素间的联结点称为基点，显然，相邻基点间只能是一个几何元素。

零件轮廓或刀位点轨迹的基点坐标计算，一般采用代数法或几何法。代数法是通过列方程组的方法求解基点坐标，这种方法虽然已根据轮廓形状，将直线和圆弧的关系归纳成若干种方式，并变成标准的计算形式，方便了计算机求解，但手工编程时采用代数法进行数值计算还是比较繁琐。根据图形间的几何关系利用三角函数法求解基点坐标，计算比较简单、方便，与列方程组解法比较，工作量明显减少，因此重点掌握三角函数法求解基点坐标即可。

2.4.2 非圆曲线节点坐标的计算

当零件的形状是由直线段或圆弧之外的其他曲线构成，而数控装置又不具备该曲线的插补功能时，其数值计算就比较复杂。将组成零件轮廓曲线，按数控系统插补功能的要求，在满足允许的编程误差的条件下，用若干直线段或圆弧来逼近给定的曲线，逼近线段的交点或切点称为节点。编写程序时，应按节点划分程序段。逼近线段的近似区间愈大，则节点数目愈少，相应地程序段数目也会减少，但逼近线段的误差 δ 应小于或等于编程允许误

差 $\delta_允$,即 $\delta \leqslant \delta_允$。考虑到工艺系统及计算误差的影响,$\delta_允$ 一般取零件公差的 1/5～1/10。

1. 非圆曲线节点坐标计算的主要步骤

数控加工中把除直线与圆弧之外可以用数学方程式表达的平面轮廓曲线,称为非圆曲线。其数学表达式可以直角坐标的形式给出,也可以是以极坐标形式给出,还可以是以参数方程的形式给出。通过坐标变换,后面两种形式的数学表达式,可以转换为直角坐标表达式。非圆曲线类零件包括平面凸轮类、样板曲线、圆柱凸轮以及数控车床上加工的各种以非圆曲线为母线的回转体零件,等等。其数值计算过程,一般可按以下步骤进行。

(1) 选择插补方式。即应首先决定是采用直线段逼近非圆曲线,还是采用圆弧段或抛物线等二次曲线逼近非圆曲线。

(2) 确定编程允许误差,即应使 $\delta \leqslant \delta_允$。

(3) 选择数学模型,确定计算方法。在决定采取什么算法时,主要应考虑的因素有两条,其一是尽可能按等误差的条件,确定节点坐标位置,以便最大限度地减少程序段的数目;其二是尽可能寻找一种简便的算法,简化计算机编程,省时快捷。

(4) 根据算法,画出计算机处理流程图。

(5) 用高级语言编写程序,上机调试程序,并获得节点坐标数据。

2. 常用的算法

用直线段逼近非圆曲线,目前常用的节点计算方法有等间距法、等程序段法、等误差法和伸缩步长法;用圆弧段逼近非圆曲线,常用的节点计算方法有曲率圆法、三点圆法、相切圆法和双圆弧法。

1) 等间距直线段逼近法

等间距法就是将某一坐标轴划分成相等的间距。如图 2-23 所示,已知非圆曲线方程 $y=f(x)$,从曲线 X 轴的起点坐标开始,以等间距 Δx 来划分曲线起点到终点的区间,可得一系列 X 轴的坐标点的值,设起点的 X 坐标值为 $x_0=a$,则有 $x_1=a+\Delta x$, $x_2=a+2\Delta x$, $x_3=a+3\Delta x$,…, $X_i=a+i\Delta x$…

将这些 X 坐标值代入方程 $y=f(x)$,则求得一系列 Y 坐标值:$y_i=f(x_i)$($i=1, 2, 3, …$)那么 (x_i, y_i)($i=1, 2, 3……$)就是所求得的节点坐标值,相邻两点的直线段就是逼近线段。

等间距法的关键是合理确定 Δx,既要满足允许误差的要求,又要使节点尽可能少。通常采用试算和校验的方法确定 Δx,方法步骤如下:

(1) 取 Δx 初值,一般取 0.1。

(2) 计算 (x_i, y_i)($i=1, 2, 3…$)。

(3) 误差验算。

设任一逼近直线 mn,其方程为 $ax+by+c=0$
式中
$$a = y_n - y_m$$
$$b = x_n - x_m$$
$$c = y_m x_n - x_m y_n$$

则与 mn 平行且距离为 δ 的直线 $m'n'$ 的方程为:

$$ax+by=c\pm\delta\sqrt{a^2+b^2}$$

式中 δ 为直线 mn 与 m'n' 间的距离。

求解联立方程：
$$ax+by=c\pm\delta\sqrt{a^2+b^2}$$
$$y=f(x)$$

若方程组没有解，则表明逼近误差小于 $\delta_{允}$，Δx 取值合适，正好满足误差要求。若方程组只有一个解，则不满足 $\delta\leq\delta_{允}$，则减小 Δx 的取值。一般 $\delta_{允}$ 为零件公差的 $1/10\sim 1/5$。

等间距法计算虽简单，但由于必须保证曲线曲率最大处的逼近误差小于允许值，因此涉及的程序可能过多。

2) 等程序段法直线逼近的节点计算

等程序段法就是使每个程序段的线段长度相等。如图 2-24 所示，使所有逼近线段的长度相等。计算步骤如下：

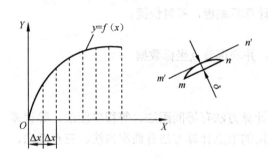
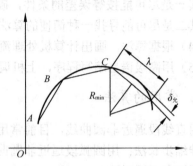

图 2-23 等间距法直线段逼近　　　　图 2-24 等程序段法直线段逼近

（1）确定允许的弦长。用等弦长逼近，最大误差 δ_{max} 一定在曲线的曲率半径最小 R_{min} 处，则 $l=2\sqrt{R_{min}^2-(R_{min}-\delta_{允})^2}\approx 2\sqrt{2R_{min}\delta_{允}}$

（2）求 R_{min}。曲线 $y=f(x)$ 任一点的曲率半径为

取 $dR/dx=0$，即 $3y'y''^2-(1+y'^2)y'''=0$

根据 $y=f(x)$ 求得 y'、y''、y'''，从而可得到 X 轴坐标，再代入曲率半径公式求得 R_{min}。

（3）以曲线起点 A 为圆心，做半径为 l 的圆交曲线 $y=f(x)$ 于 B 点，联立求解：
$$(x-x_a)^2+(y-y_a)^2=l^2$$
$$y=f(x)$$

得节点坐标 x_B、y_B。

（4）顺序以 B、C、…为圆心，重复步骤（3），即可求得其余各节点坐标值。

3) 等误差法（变步长法）直线段逼近得节点计算

任意相邻两节点间的逼近误差为等误差。各程序段误差 δ 均相等，程序段数目最少。但计算过程比较复杂，必须由计算机辅助才能完成计算。在采用直线段逼近非圆曲线的拟合方法中，是一种较好的拟合方法。

如图 2-25 所示，计算步骤如下：

（1）以起点（x_a, y_a）为圆心，以 δ 允为半径作圆，称为允差圆，其方程为 $(x-x_a)^2+(y-y_a)^2=\delta_{允}^2$，记为 $y=F(x)$

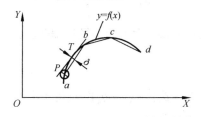

图 2-25 等误差法直线段逼近

（2）作圆与曲线的公切线 PT，求其斜率 k。

$$k=(y_T-y_P)/(x_T-x_P)$$

为求 y_T、y_P、x_T、x_P，求解联立方程：

$$y_P = F(x_P) \quad \text{（允差圆方程）}$$
$$y_T - y_P = F'(x_P)(x_T - x_P) \quad \text{（圆在 P 点的切线方程）}$$
$$y_T = f(x_T) \quad \text{（曲线方程）}$$
$$y_T - y_P = f'(x_P)(x_T - x_P) \quad \text{（圆在 T 点的切线方程）}$$

（3）以 A 为起点，作平行于公切线 PT 的直线 AB，交曲线于 B 点。AB 的方程为

$$y - y_a = k(x - x_a)$$

（4）求 B 点的坐标值。

联立求解曲线方程和 AB 的方程：$y = f(x)$
$$y - y_a = k(x - x_a)$$

（5）按上述步骤顺序求得 C，D，…各节点的坐标。

4）曲率圆法圆弧逼近的节点计算

曲率圆法是用彼此相交的圆弧逼近非圆曲线。其基本原理是从曲线的起点开始，作与曲线内切的曲率圆，求出曲率圆的中心。根据图 2-26 所示，计算步骤如下：

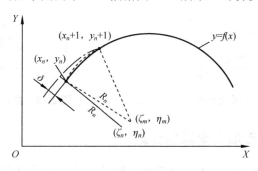

图 2-26 曲率圆法圆弧段逼近

（1）以曲线的起点（x_n, y_n）开始作曲率圆，其参数分别如下。

圆心：

$$\delta_n = x_n - y_n'\frac{1+(y_n')^2}{y_n''} \qquad \eta_n = y_n + \frac{1+(y_n')^2}{y_n''}$$

半径:

$$R_n = \frac{[1+(y'_n)^2]^{3/2}}{y''_n}$$

(2) 以点 (δ_n, η_n) 为圆心, ($R_n \pm \delta_允$) 为半径作偏差圆, 求偏差圆于曲线的交点 (x_{n+1}, y_{n+1})。

解联立方程:

$$(x-\delta_n)^2 + (y-\eta_n)^2 = (R_n \pm \delta_允)^2$$
$$y = f(x)$$

(3) 求过 (x_n, y_n) 和 (x_{n+1}, y_{n+1}) 两点, 半径为 R_n 的圆的圆心, 即求

$$(x-x_n)^2 + (y-y_n)^2 = R_n^2$$
$$(x-x_{n+1})^2 + (y-y_{n+1})^2 = R_n^2$$

的交点 (δ_m, η_m), 该圆即为逼近圆。起点 (x_n, y_n), 终点 (x_{n+1}, y_{n+1}), 半径 R_n, 圆心 (δ_m, η_m)。

(4) 重复上述步骤, 依次求得其他逼近圆。

5) 三点圆法圆弧逼近的节点计算

三点圆法是在等误差直线段逼近求出各节点的基础上, 通过连续三点作圆弧, 并求出圆心点的坐标或圆的半径, 如图 2-27 所示。

6) 相切圆法圆弧逼近的节点计算

如图 2-28 所示。采用相切圆法, 每次可求得两个彼此相切的圆弧, 由于在前一个圆弧的起点处与后一个终点处均可保证与轮廓曲线相切, 因此, 整个曲线是由一系列彼此相切的圆弧逼近实现的。可简化编程, 但计算过程繁琐。

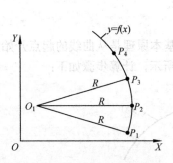

图 2-27 三点圆法圆弧段逼近

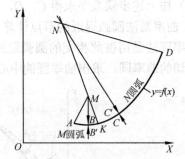

图 2-28 相切圆法圆弧段逼近

2.4.3 列表曲线型值点坐标的计算

实际零件的轮廓形状, 除了可以用直线、圆弧或其他非圆曲线组成之外, 有些零件图的轮廓形状是通过实验或测量的方法得到的。零件的轮廓数据在图样上是以坐标点的表格形式给出的, 这种由列表点 (又称为型值点) 给出的轮廓曲线称为列表曲线。

在列表曲线的数学处理方面, 常用的方法有牛顿插值法、三次样条曲线拟合、圆弧样条拟合与双圆弧样条拟合等。由于以上各种拟合方法在使用时, 往往存在着某种局限性, 目前处理列表曲线的方法通常是采用二次拟合法。

为了在给定的列表点之间得到一条光滑的曲线，对列表曲线逼近一般有以下要求。

（1）方程式表示的零件轮廓必须通过列表点。

（2）方程式给出的零件轮廓与列表点表示的轮廓凹凸性应一致，即不应在列表点的凹凸性之外再增加新的拐点。

（3）光滑性。为使数学描述不过于复杂，通常一个列表曲线要用许多参数不同的同样方程式来描述，希望在方程式的两两连接处有连续的一阶导数或二阶导数，若不能保证一阶导数连续，则希望连接处两边一阶导数的差值应尽量小。

2.4.4 刀位点轨迹的计算

刀位点是标志刀具所处不同位置的坐标点，不同类型刀具的刀位点不同。

（1）数控车床使用假想刀尖点时偏置计算。在数控车削加工中，为了对刀的方便，总是以"假想刀尖"点来对刀。所谓假想刀尖点，是指图 2-29 中 M 点的位置。由于刀尖圆弧的影响，仅仅使用刀具长度补偿，而不对刀尖圆弧半径进行补偿，在车削锥面或圆弧面时，会产生欠切的情况。

（2）铣削时简单立体型面零件的数值计算。用球头刀或圆弧盘铣刀加工立体型面零件，刀痕在行间构成了被称为切残量的表面不平度 h，又称为残留高度。残留高度对零件的加工表面质量影响很大，必须引起注意。如图 2-30 所示。

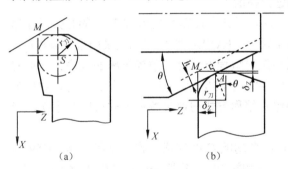

图 2-29　假想刀尖点编程时的补偿计算

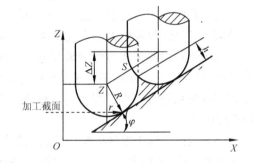

图 2-30　行距与切残量的关系

对于具有刀具半径补偿功能的数控机床，只要在编写程序时，在程序的适当位置写入建立刀具补偿的有关指令，就可以保证在加工过程中，使刀位点按一定的规则自动偏离编程轨迹，达到正确加工的目的。这时可直接按零件轮廓形状，计算各基点和节点坐标，并作为编程时的坐标数据。

当机床所采用的数控系统不具备刀具半径补偿功能时，在编程过程中，需对刀具的刀位点轨迹进行数值计算，按零件轮廓的等距线编程。

2.4.5 辅助计算

辅助计算包括增量计算和辅助程序段的数值计算。

（1）增量计算是数控系统中某些数据要求以增量方式输入时，所进行的从绝对坐标数据到增量坐标数据的转换。

（2）辅助程序段是指刀具从对刀点到切入点或从切出点返回到对刀点而特意安排的程序段。切入点位置的选择应依据零件加工余量而定，适当离开零件一段距离。切出点位置的选择，应避免刀具在快速返回时发生撞刀。使用刀具补偿功能时，建立刀补的程序段应在加工零件之前写入，加工完成后应取消刀具补偿。某些零件的加工，要求刀具"切向"切入和"切向"切出。以上程序段的安排，在绘制走刀路线时，即应明确地表达出来。数值计算时，按照走刀路线的安排，计算出各相关点的坐标。

2.5 数控车削加工程序编制

2.5.1 数控车床编程特点与坐标系

1. 数控车床的编程特点

（1）数控车床上工件的毛坯大多为圆棒料，加工余量较大，一个表面往往需要进行多次反复的加工。如果对每个加工循环都编写若干个程序段，就会增加编程的工作量。为了简化加工程序，一般情况下，数控车床的数控系统中都有车外圆、车端面和车螺纹等不同形式的循环功能。

（2）数控车床的数控系统中都有刀具补偿功能。在加工过程中，对于刀具位置的变化、刀具几何形状的变化及刀尖的圆弧半径的变化，都无须更改加工程序，只要将变化的尺寸或圆弧半径输入到存储器中，刀具便能自动进行补偿。

（3）数控车床的编程有直径、半径两种方法。所谓直径编程是指 X 轴上的有关尺寸为直径值，半径编程是指 X 轴上的有关尺寸为半径值。FANUC 数控车床是采用直径编程的。

（4）绝对编程方式与增量编程方式。采用绝对编程方式时，数控车床的程序目标点的坐标以地址 X、Z 表示；采用增量编程方式时，目标点的坐标以 U、W 表示。此外，数控车床还可以采用混合编程，即在同一程序段中绝对编程方式与增量编程方式可同时出现，如 G00X50W0。

（5）数控车床工件坐标系的设定大都使用准备功能 G50 完成，也可以用 G54~G59 预置工件坐标系，G50 与 G54~G59 不能出现在同一程序段中，否则 G50 会被 G54~G59 取代。

2. 数控车床坐标系的建立

在编写工件的加工程序时，首先要建立机床坐标系，然后设定工件坐标系。在数控车床通电之后，当完成了返回参考点的操作后，CRT 屏幕上立即显示刀架中心在机床坐标系中的坐标值，即建立起了机床坐标系。MJ-460 数控车床的机床坐标系及机床参考点与机床原点的相对位置如图 2-31 所示。

注意：在以下三种情况下，数控系统失去了对机床参考点的记忆，因此必须使刀架重新返回机床参考点。

（1）机床关机后，又重新接通电源开关时。

（2）机床解除急停状态后。

（3）机床超程报警信号解除之后。

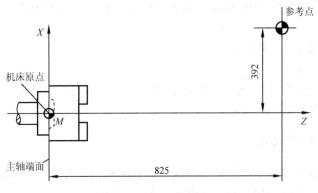

图 2-31 数控车床坐标系

3. 数控车床工件坐标系的建立

数控车床的工件坐标系是用于确定工件几何图形上各要素的位置而建立的坐标系,是编程人员在编程时使用的,如图 2-32 所示,纵向为 Z 轴方向,正方向是远离卡盘而指向尾座的方向;径向为 X 轴方向,与 Z 轴相垂直,正方向亦为刀架远离主轴轴线的方向。工件坐标系的原点就是工件原点,是人为设定的,工件原点 O_p 一般取在工件端面与中心线的交点处。

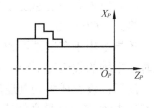

图 2-32 数控车床编程坐标系

4. 工件坐标系的设定

建立工件坐标系使用 G50 功能指令。

功能:该指令以程序原点为工件坐标系的中心(原点),指定刀具出发点的坐标值。

格式:G50 X__ Z__ ;

说明:X、Z 是刀具出发点在工件坐标系中的坐标值;通常 G50 编在加工程序的第一段;运行程序前,刀具必须位于 G50 指定的位置。

工件坐标系设定后,CRT 屏幕上显示的是车刀刀尖相对工件原点的坐标值。编程时,工件的各尺寸坐标都是相对工件原点而言的。因此,数控车床的工件原点也称为程序原点或编程原点。

2.5.2 数控车床常用编程指令

不同的数控车床,其编程指令基本相同,但也有个别的指令定义有所不同。数控车床常用的功能指令有准备功能 G 代码、辅助功能 M 代码、刀具功能 T 代码、主轴转速功能 S 代码、进给功能 F 代码。

下面以 FANUC-0i 为例介绍数控车床的编程。

1. 进给功能设定(G98、G99)

(1)每分钟进给量 G98(模态指令)

格式:G98　F__ ;

说明：G98 进给量单位为 mm/min，指定 G98 后，在 F 后用数值直接指定刀具每分钟的进给量。

（2）每转进给量 G99（模态指令）

格式：G99 F__；

说明：G99 进给量单位为 mm/r，指定 G98 后，在 F 后用数值直接指定刀具转的刀具进给量。G99 为数控车床的初始状态。

2. 主轴转速功能设定

主轴转速功能有恒线速度控制和恒转速度控制两种指令方式，并可限制主轴最高转速。

（1）主轴最高转速限制指令 G50（模态指令），单位：r/mm

格式：G50 S__；

该指令可防止因主轴转速过高，离心力太大，产生危险及影响机床寿命。

（2）恒表面切削速度控制指令 G96（模态指令），单位：m/min

格式：G96 S__；

该指令用于车削端面或工件直径变化较大的场合。采用此功能，可保证当工件直径变化时，主轴的线速度不变，从而保证切削速度不变，提高了加工质量。

注意：设置成恒切削速度时，为了防止计算出的主轴转速过高发生危险，在设置前应用 G50 指令将主轴最高转速设置在某一限定值。

（3）主轴速度以转速设定指令 G97，单位 r/min。

格式：G97 S__；

该指令用于切削螺纹或工件直径变化较小的场合。采用此功能，可设定主轴转速并取消恒线速度控制。

3. 基本移动 G 指令

1）快速移动指令 G00（模态指令）

功能：使刀具以点位控制方式，从刀具所在点快速移动到目标点。

格式：G00 X（U）_ Z（W）_ ；

说明：

（1）X、Z 绝对坐标方式时的目标点坐标；U、W 增量坐标方式时的目标点坐标。G00 可以简化写成 G0。绝对坐标（X, Z）和增量坐标（U, W）可以混编，不运动的坐标轴可以省略。

（2）常见 G00 轨迹如图 2-33 所示，从 A 到 B 有四种方式：直线 AB、直角线 ACB、直角线 ADB、折线 AEB。折线的起始角 β 是固定的（22.5° 或 45°），它决定于各坐标轴的脉冲当量。

（3）G00 快速移动速度由机床设定，可通过操作面板上的速度修调开关进行调节。

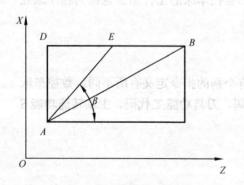

图 2-33 数控车床 G00 轨迹

2）直线插补指令 G01（模态指令）

功能：使刀具以给定的进给速度，从所在点出发，直线移动到目标点。

格式：G01 X（U）_ Z（W）_ F_ ；

说明：

（1）X、Z：绝对坐标方式时的目标点坐标；U、W：增量坐标方式时的目标点坐标。

（2）F 是进给速度。

3）圆弧插补指令 G02、G03（模态指令）

功能：使刀具从圆弧起点，沿圆弧移动到圆弧终点；其中 G02 为顺时针圆弧插补，G03 为逆时针圆弧插补。

圆弧的顺、逆方向的判断：沿与圆弧所在平面（如 XOZ）相垂直的另一坐标轴的负方向（如-Y）看去，顺时针为 G02，逆时针为 G03。图 2-34 为数控车床上圆弧的顺逆方向。

格式：G02（G03）X（U）_ Z（W）_ I_ K_ F_ ；

或 G02（G03）X（U）_ Z（W）_ R_ F_ ；

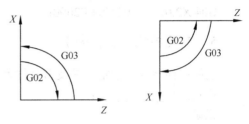

图 2-34　圆弧的顺逆方向

说明：

（1）X（U）、Z（W）是圆弧终点坐标；

（2）I、K 分别是圆心相对圆弧起点的增量坐标，I 为半径值编程（也有的机床厂家指定 I、K 都为起点相对于圆心的坐标增量）；

（3）R 是圆弧半径，不带正负号；

（4）刀具相对工件以 F 指令的进给速度，从当前点向终点进行插补加工。

例：顺时针圆弧插补，如图 2-35 所示。

绝对坐标方式 G02 X64.5 Z-18.4 I15.5 K-2.5 F0.2；或 G02 X64.5 Z-18.4 R15.9 F0.2；

例：逆时针圆弧插补，如图 2-36 所示。

增量坐标方式 G03 U36.8 W-18.4 I0 K-18.4 F0.2；或 G03 U36.8 W-18.4 R18.4 F0.2；

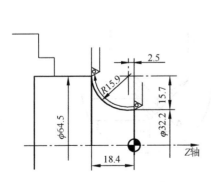

图 2-35　G02 顺时针圆弧插补

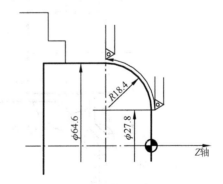

图 2-36　G03 逆时针圆弧插补

4．暂停指令（G04）

功能：该指令可使刀具做短时间的停顿。

格式：G04 X（U）_（P）_ ；

说明：

（1）X、U 指定时间，允许小数点，单位为 s（秒）；

（2）P 指定时间，不允许小数点，后跟整数值，单位 ms（毫秒）。

应用场合：

（1）车削沟槽或钻孔时，为使槽底或孔底得到准确的尺寸精度及光滑的加工表面，在加工到槽底或孔底时，应暂停适当时间；

（2）使用 G96 车削工件轮廓后，改成 G97 车削螺纹时，可暂停适当时间，使主轴转速稳定后再执行车螺纹，以保证螺距加工精度要求。

例如，若要暂停 2s，可写成如下几种格式：

G04 X2.0；   或 G04 P2000；

5. 刀具功能（T 指令）

功能：该指令可指定刀具及刀具位置补偿。

格式：T__ __ __ __；

说明：

（1）前两位表示刀具序号（0~99），后两位表示刀具补偿号（0~99）；

（2）刀具的序号可以与刀盘上的刀位号相对应；

（3）刀具补偿包括形状补偿和磨损补偿，刀具补偿值一般作为参数设定并有手动输入（MDI）方式输入数控装置；

（4）刀具序号和刀具补偿号不必相同，但为了方便通常使它们一致；

（5）取消刀具补偿的 T 指令格式：T00 或 T__ __00。

例：T0202 表示选择第二号刀具，二号偏置量。

T0300 表示选择第三号刀具，刀具偏置取消。

刀具位置补偿又称刀具偏置补偿，包含刀具几何位置及磨损补偿，如图 2-37 所示。

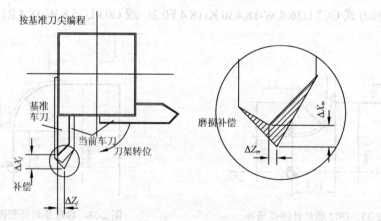

图 2-37　刀具几何位置补偿及磨损补偿

刀具几何位置补偿用于补偿各刀具安装好后，其刀位点（如刀尖）与编程时理想刀具或基准刀具刀位点的位置偏移。通常是在所用的多把车刀中选定一把车刀作基准刀，对刀编程主要是以该车刀为准。

磨损补偿主要是针对某把车刀而言的,当某把车刀批量加工一批零件后,刀具自然磨损后而导致刀尖位置尺寸的改变,此即为该刀具的磨损补偿。批量加工后,各把车刀都应考虑磨损补偿(包括基准车刀),只要修改每把刀具在相应存储器中的数值即可。例如某工件加工后外圆直径比要求的尺寸大(或小)了 0.1mm,则可以用 U-0.1(或 U0.1)修改相应刀具的补偿值。

6. 刀尖圆弧半径自动补偿(G41、G42、G40)

编制数控车床加工程序时,理论上是将车刀刀尖看成一个点,如图 2-38 所示的 P 点就是理论刀尖。但为了提高刀具的使用寿命和降低加工工件的表面粗糙度,通常将刀尖磨成半径不大的圆弧(一般圆弧半径 R 是 0.4~1.6mm),如图所示 X 向和 Z 向的交点 P 称为假想刀尖,该点是编程时确定加工轨迹的点,数控系统控制该点的运动轨迹。然而实际切削

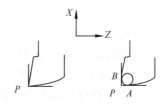

图 2-38 圆头刀假想刀尖

时起作用的切削刃是圆弧的切点 A、B,它们是实际切削加工时形成工件表面的点。很显然假想刀尖点 P 与实际切削点 A、B 是不同点,所以如果在数控加工或数控编程时不对刀尖圆角半径进行补偿,仅按照工件轮廓进行编制的程序来加工,势必会产生加工误差,图 2-39 所示为未用刀尖半径补偿造成的少切和过切现象。目前的数控车床都具备刀具半径自动补偿功能。编程时,只需按工件的实际轮廓尺寸编程即可,不必考虑刀具的刀尖圆弧半径的大小。加工时由数控系统将刀尖圆弧半径加以补偿,便可加工出所要求的工件来。图 2-40 所示为车刀刀尖类型。

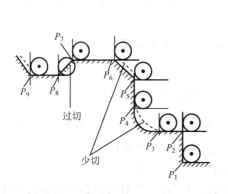

图 2-39 刀尖圆角 R 造成的少切和过切现象

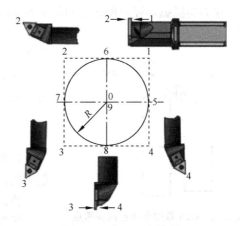

图 2-40 车刀刀尖类型

刀尖圆弧半径补偿指令 G41、G42、G40(模态指令)
功能:
G41 指刀具半径左补偿,指站在刀具路径上向切削前进方向看,刀具在工件的左方;
G42 指刀具半径右补偿,指站在刀具路径上向切削前进方向看,刀具在工件的左方;
G40 是为取消刀具半径补偿指令,按程序路径进给。
图 2-41 表示根据刀具与工件的相对位置及刀具的运动方向如何选用 G41 或 G42 指令。

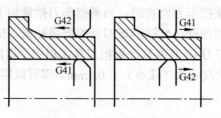

图 2-41 G41、G42 指令

格式：

G40G00（G01）X（U）_Z（W）_；先取消以前可能加载的刀径补偿（如果以前未用过 G41 或 G42，则可以不写这一行）

G41（G42）G01（G00）X（U）_Z（W）_；在要引入刀补的含坐标移动的程序行前加上 G41 或 G42

说明：

（1）G41、G42、G40 必须与 G01 或 G00 指令组合完成，不能用 G02、G03、G71～G73 指定。G01 程序段有倒角控制功能时也不能进行刀补。在调用新刀具前，必须先用 G40 取消刀补；

（2）G41、G42 不带参数，其补偿号（代表所用刀具对应的刀尖半径补偿值）由 T 代码指定。其刀尖圆弧补偿号与刀具偏置补偿号对应；

（3）X（U）、Z（W）是 G01、G00 运动的目标点坐标；

（4）G01 虽是进给指令，但刀径补偿引入和卸载时，刀具位置的变化是一个渐变的过程。在刀尖圆弧半径补偿建立和取消程序段中只能用于空行程段；

（5）当输入刀补数据时给的是负值，则 G41、G42 互相转化；

（6）G41、G42 指令不要重复规定，否则会产生一种特殊的补偿。

7. 参考点返回指令（G28）

功能：G28 指令刀具，先快速移动到指令值所指令的中间点位置，然后自动回到参考点。

格式：G28X（U）_Z（W）_；

说明：X（U）、Z（W）为参考点返回时经过的中间点的坐标值。如图 2-42 所示。

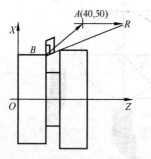

图 2-42 G28 数控车床返回参考点

8. 英制和米制输入指令（G20、G21）

格式：G20（G21）；

说明：

（1）G20 表示英制输入，G21 表示米制输入。G20 和 G21 是两个可以互相取代的代码。机床出厂前一般设定为 G21 状态，机床的各项参数均以米制单位设定，所以数控车床一般适用于米制尺寸工件加工，如果一个程序开始用 G20 指令，则表示程序中相关的一些数据均为英制（单位为英寸）；如果程序用 G21 指令，则表示程序中相关的一些数据均为米制（单位为 mm）。

（2）在一个程序内，不能同时使用 G20 或 G21 指令，且必须在坐标系确定前指定。

（3）机床断电后的状态为 G21 状态。

9. 辅助功能

辅助功能又称为 M 功能，主要控制机床主轴或其他机电装置的动作，还可用于其他辅助动作，如程序暂停、程序结束等。

1）M00 程序暂停

格式：M00；

说明：

（1）执行 M00 功能后，机床的所有动作均被切断，机床处于暂停状态。重新启动程序启动按钮后，系统将继续执行后面的程序段。例如：

N10 G00   X100.0 Z200.0；

N20 M00；

N30 X50.0 Z110.0；

执行到 N20 程序段时，进入暂停状态，数控车床重新启动后将从 N30 程序段开始继续进行。若对机床电器进行尺寸检验、排屑或插入必要的手工动作时，则用此功能很方便。

（2）M00 须单独设一程序段。

（3）若在 M00 状态下，按复位键，则程序将回到开始位置。

2）M01 选择停止

格式：M01；

说明：（1）在机床的操作面板上有一"任选停止"开关，当该开关打到"ON"位置时，程序中如遇到 M01 代码时，其执行过程同 M00 相同，当上述开关打到"OFF"位置时，数控系统对 M01 不予理睬。如"任选停止"开关打到断开位置，数控车床则当系统执行到 N20 程序段时，不影响原有的任何动作，而是接着往下执行 N30 程序段。

（2）此功能通常用来进行尺寸检验，而且 M01 应作为一个程序段单独设定。

3）M02 程序结束

格式：M02；

主程序结束，切断机床所有动作，并使程序复位。必须单独作为一个程序段设定。

4）M03 主轴正转

格式：M03 S_；

说明：启动主轴正转（逆时针）。S 表示主轴转速。

5）M04 主轴反转

格式：M04 S_；

说明：启动主轴反转（顺时针）。S 表示主轴转速。

6）M05 主轴停止

格式：M05；

说明：使主轴停止转动。

7）M08、M09 切削液开关

格式：M08（M09）；

说明：

(1) M08 表示打开切削液，M09 表示关闭切削液。

(2) M00、M01 和 M02、M30 也可以将切削液关掉，如果机床有安全门则打开安全门时，切削液也会关闭。

8) M30 复位并返回程序开始

格式：M30；

说明：

(1) 在记忆（MEMORY）方式下操作时，此指令表示程序结束，数控车床停止运行，机床电器并且程序自动返回开始位置。

(2) 在记忆重新启动（MEMO-RY ESETART）方式下操作时，机床先是停止自动运行，而后又从程序的开头再次运行。

2.5.3 螺纹加工指令 G32、G92、G76

数控车床可以加工直螺纹、锥螺纹、端面螺纹。加工方法上分为单行程螺纹切削、简单螺纹切削循环和螺纹切削复合循环。

数控系统提供的螺纹加工指令包括单一螺纹指令和螺纹固定循环指令。

1. 等螺距螺纹 G32

该指令是单一螺纹加工指令，属于模态指令车刀进给运动严格根据输入的螺纹导程进行，但刀具的切入、切出、返回均需编入程序，用于加工等距直螺纹、锥形螺纹、涡形螺纹。

格式：G32 X（U）__Z（W）__F__；

说明：

(1) 指令中的 X（U）、Z（W）为螺纹终点坐标，F 为螺纹导程。若程序段中给出了 X 的坐标值，且与加工螺纹的起始点的 X 坐标值不等，则加工圆锥螺纹；若程序段中没有指定 X 则加工圆柱螺纹。

(2) 由于机床伺服系统本身具有滞后特性，在起始段和终止段发生螺距不规则现象，所以必须设置引入距离 δ_1 和引出距离 δ_2。使用 G32 指令前需确定的参数如图 2-43 所示，一般 $\delta_1=（3\sim5）P$、$\delta_2=（1/4\sim1/2）\delta_1$。

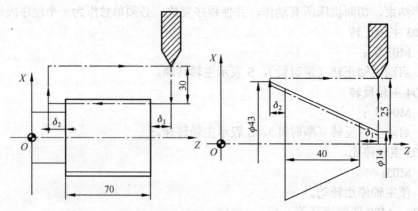

图 2-43 切削螺纹时的引入、引出距离

（3）螺纹加工中的走刀次数和背吃刀量会影响螺纹的加工质量，螺纹的牙型较深、螺距较大时，可以用分层切削，常用螺纹切削的进给次数与背吃刀量见表2-4。

（4）在编制切螺纹程序时应当使用主轴转速（r/min）均匀控制的功能（G97），并且要考虑螺纹部分某些特性。在螺纹切削方式下移动速率控制和主轴速率控制功能将被忽略。而且在送进保持按钮起作用时，其移动进程在完成一个切削循环后就停止了。

表2-4 常用螺纹切削的进给次数与背吃刀量

普通螺纹 牙深=0.6495×P（P为螺纹螺距）								
螺距（mm）		1.0	1.5	2	2.5	3	3.5	4
牙深（半径值，mm）		0.649	0.974	1.299	1.624	1.949	2.273	2.598
切削次数及背吃刀量（直径值，mm）	1次	0.7	0.8	0.9	1.0	1.2	1.5	1.5
	2次	0.4	0.6	0.6	0.7	0.7	0.7	0.8
	3次	0.2	0.4	0.6	0.6	0.6	0.6	0.6
	4次		0.16	0.4	0.4	0.4	0.4	0.6
	5次			0.1	0.4	0.4	0.4	0.4
	6次				0.15	0.4	0.4	0.4
	7次					0.2	0.2	0.4
	8次						0.15	0.3
	9次							0.2

例：如图2-44所示，用G32进行圆柱螺纹切削。螺纹的螺距是2mm，分五次进行螺纹的切削，根据表2-4，确定每次切削量分别为0.9mm，0.6 mm，0.4 mm，0.4 mm，0.1 mm，编程如下：

G00 X29.1 Z6；

G32 Z-53 F2；（第一次车螺纹）

G00 X32；

Z6；

X28.5；

G32 Z－53 F2；（第二次车螺纹）

G00 X32；

Z6；

X27.9；

G32 Z-53 F2；（第三次车螺纹）

G00 X32；

Z6；

X27.5；……

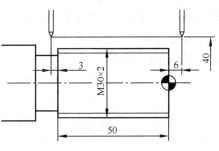

图2-44 螺纹切削

采用G32指令编程，比较繁琐，计算量大。

2. 螺纹切削固定循环G92

功能：适用于对直螺纹和锥螺纹进行循环切削，每指定一次，螺纹切削自动进行一次循环，循环动作为"切入—螺纹切削—退刀—返回"。

格式：G92 X（U）＿Z（W）＿R＿F＿；

说明：X、Z 为螺纹终点的坐标值；U、W 为起点坐标到终点坐标的增量值；R 为锥螺纹终点半径与起点半径的差值，R 值有正负之分，圆柱螺纹 R=0 时，可以省略；F 为螺距值。

例：如图 2-59 所示，用 G92 指令指令编程。

G00 X40 Z6；（刀具定位到循环起点）

G92 X29.1 Z-53 F2；（第一次车螺纹）

X28.5；（第二次车螺纹）

X27.9；（第三次车螺纹）

X27.5；（第四次车螺纹）

X27.4；（最后一次车螺纹）

G00 X150 Z150；（刀具回换刀点）

3. 车螺纹复合循环指令 G76

G76 螺纹切削多次循环指令较 G32、G92 指令简洁，在程序中只须指定一次有关参数，则螺纹加工过程自动进行。在编程时优先考虑应用该指令，车削过程中，除第一次车削深度外，其余各次车削深度自动计算。

格式：G76 P（m）（r）（α）Q（Δdmin）R（d）；
　　　G76 X（U）＿Z（W）＿R（i）P（k）Q（Δd）F（L）；

说明：

m 为精车重复次数（1～99），该值是模态的；

r 为螺纹尾端倒角值，当螺距用 L 表示时，可以从 0.01L 到 9.9L 设定，单位为 0.1L（用两位数 00～99 表示），该参数是模态的；

$α$ 为刀具角度，可以选择 80°、60°、55°、30°、29° 和 0° 六种中的一种，由两位数规定，该值是模态的；

例：当 $m=2$、$r=1.2L$、$α=60°$ 时，表示为 P021260。

$Δd_{min}$ 最小车削深度（用半径值表示）；此数值不可用小数点方式表示，例如 $Δd_{min}=0.02mm$，需写成 Q20；

d 为精车余量，用半径值表示；

X（U）、Z（W）螺纹终点坐标；

i 为螺纹锥度值，如果 $i=0$，就可以进行普通直螺纹的切削；

k 为螺纹高度，用半径表示；注意：OT 的 k 不可用小数点方式表示数值；

$Δd$ 第一次车削深度（半径值）；该值不能用小数点方式表示，例如 $Δd=0.6mm$，需写成 Q600；

L 为螺距。

注意：由 P 至 Q 所指定顺序号中的程序段中，不能使用下列指令：G04 暂停指令；G00、G01、G02、G03 以外的 G 功能；T 功能；M98 及 M99。

例如：加工圆柱螺纹，导程 6mm，外径 36mm，内径 36mm，内径 28.64mm，第一次背吃刀量 1.8mm，螺纹总高度 3.68mm，牙顶角 60°，单边切削，设工件坐标系原点在工件的端面，圆柱螺纹终点坐标（28.64，25）。

程序段：
G76 P021260 Q100 R0.2;
G76 X28.640Z25.0 P3.680Q1800F0.6;

2.5.4 车削固定循环功能

当零件外径、内径或端面的加工余量较大时，采用车削固定循环功能可以简化编程，缩短程序的长度，使程序更为清晰可读。车削固定循环功能分为单一固定循环和复合固定循环。

1. 单一固定循环 G90、G94

1）内径、外径车削循环指令 G90

功能：适用于在零件的内、外柱面（圆锥面）上毛坯余量较大或直接从棒料车削零件时进行精车前的粗车，以去除大部分毛坯余量，属于单一固定循环。

（1）直线车削循环。

格式：G90X（U）_Z（W）_F_;

其轨迹如图 2-45 所示，由 4 个步骤组成。刀具从定位点 A 开始沿 $ABCDA$ 的方向运动，其中 $X（U）$、$Z（W）$ 给出 C 点的位置。图中 1（R）表示第一步是快速运动，2（F）表示第二步按进给速度切削，其余 3（F）、4（R）的意义相似。

（2）锥体车削循环。

格式：G90X（U）_Z（W）_R_F_;

其轨迹如图 2-46 所示，刀具从定位点 A 开始沿 $ABCDA$ 的方向运动，其中 $X（U）$、$Z（W）$ 给出 C 点的位置，R 值的正负由 B 点和 C 点的 X 坐标之间的关系确定，图中 B 点的 X 坐标比 C 点的 X 坐标小，所以 R 应取负值。

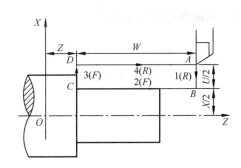

图 2-45 G90 直线切削圆柱面循环动作

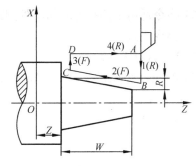

图 2-46 G90 切削圆锥面循环动作

2）端面车削循环 G94

（1）平端面切削循环 G94。

格式：G94 X（U）_Z（W）_F_;

图 2-47 为平端面车削循环。刀尖从起始点 A 开始按 1、2、3、4 顺序循环，2（F）、3（F）表示 F 代码指令的工进速度，1（R）、4（R）表示刀具快速移动。

（2）锥面切削循环 G94。

格式：G94 X（U）_Z（W）_R_F_;

图 2-48 为切削带有锥度的端面循环。刀尖从起始点 A 开始按 1、2、3、4 顺序循环，

格式中的 R 是端面斜线在 Z 轴的投影距离，有正负之分。

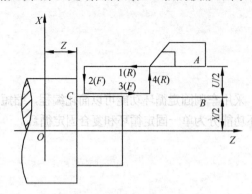
图 2-47 G94 平端面车削循环动作

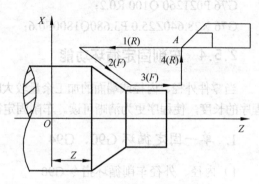
图 2-48 G94 锥面切削循环指令

2. 复合固定循环 G71、G72、G73、G70

当工件的形状较复杂，如有台阶、锥度、圆弧等，若使用基本切削指令或循环切削指令，粗车时为了考虑精车余量，在计算粗车的坐标点时，可能会很复杂。如果使用复合固定循环指令，只需要依指令格式设定粗车时每次的切削深度、精车余量、进给量等参数，在接下来的程序段中给出精车时的加工路径，则 CNC 控制器即可自动计算粗车的刀具路径，自动进行粗加工，因此在编制程序时可以节省很多时间。

使用粗加工固定循环 G71、G72、G73 指令后，必须使用 G70 指令进行精车，使工件达到所要求的尺寸精度和表面粗糙度。

1) 轴向粗车复合循环指令 G71

（1）适用场合。

G71 指令适用于棒料毛坯粗车外圆或粗车内径，以切除毛坯的较大余量。

（2）指令格式。

G71 U（Δd）R（e）;
G71 P（ns）Q（nf）U（Δu）W（Δw）F（Δf）S（Δs）T（t）;
N（ns）…;
S（s）F（f）
        ⋮
        ⋮
N（nf）…;

（3）说明。

Δd——粗加工每次背吃刀量（用半径值表示），无符号（即一定为正值）；

e——每次切削结束的退刀量，该参数为模态值，直到指定另一个值前保持不变

ns——精车开始程序段的顺序号；

nf——精车结束程序段的顺序号；

Δu——X 方向精加工余量（用直径值表示），粗车内孔轮廓时，为负值；

Δw——Z 方向精加工余量；

Δf——粗车时的进给量；

ΔS——粗车时的主轴功能;

t——粗车时所用的刀具;

S——精车时的主轴功能;

f——精车时的进给量。

（4）G71 指令的刀具路径。

该指令加工路线如图 2-49 所示。

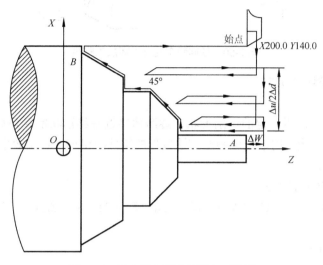

图 2-49　轴向粗车复合循环加工路线

（5）使用 G71 指令注意事项。

① 由循环起始点到精加工轮廓起始点只能使用 G00、G01 指令，且不可有 Z 轴方向移动指令。

② 车削的路径必须是单调递增或递减的，即不可有内凹的轮廓外形。

③ 粗车循环过程中从 N（ns）到 N（nf）之间的程序段中的 F、S 功能均被忽略，只有 G71 指令中指定的 F、S 功能有效。

④ 在粗车削循环过程中，刀尖半径补偿功能无效。

2）径向粗车复合循环（G72）

（1）适用场合。

适于 Z 向余量小，X 向余量大的棒料粗加工，G72 与 G71 指令加工方式相同，只是车削循环是沿着平行于 X 轴进行的。

（2）指令格式。

G72 W（Δd）R（e）;

G72 P（ns）Q（nf）U（Δu）W（Δw）F（Δf）S（Δs）T（t）;

N（ns）…;

S（s）F（f）;

　　⋮

　　⋮

N（nf）…;

其中各参数的含义与 G71 指令中的相同。该指令加工路线如图 2-50 所示。

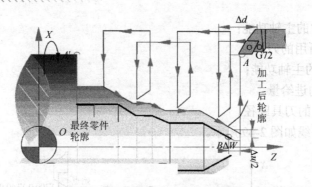

图 2-50 径向粗车复合循环加工路线

3）仿形粗车循环（G73）

（1）适用场合。

仿形粗车循环是按照一定的切削形状，逐渐地接近最终形状的循环切削方式。一般用于车削零件毛坯的形状已用锻造或铸造方法成形的零件的粗车，加工效率很高。

（2）指令格式。

G73 U（Δi）W（Δk）R（d）；
G73 P（ns）Q（nf）U（Δu）W（Δw）F（Δf）S（Δs）T（t）；
N（ns）…；
S（s）F（f）；
　　︰
　　︰
N（nf）…；

（3）说明。

ns、nf、Δu、Δw、F 和 S 与 G71 指令中的相同；

Δi——X 轴的退刀距离和方向（用半径值表示），当向 $+X$ 方向退刀时，该值为正，反之为负；

Δk——Z 轴的退刀距离和方向，当向 $+Z$ 轴方向退刀时，该值为正，反之为负；

d——粗车循环次数。

（4）刀具路径（如图 2-51 所示）。

（5）Δi、Δk 的确定。

Δi、Δk 为第一次车削时退离工件轮廓的距离和方向，确定该值时应参考毛坯的粗加工余量大小，以使第一次走刀车削时就有合理的切削深度。

计算方法：

Δi（X 轴退刀距离）＝（X 轴粗加工余量）－（每一次切削深度）
Δk（Z 轴退刀距离）＝（Z 轴粗加工余量）－（每一次切削深度）

4）精加工循环指令（G70）

使用 G71、G72、G73 指令完成零件的粗车加工之后，可以用 G70 指令进行精加工，切除粗车循环中留下的余量。

（1）指令的格式。

G70 P（ns）Q（nf）；

（2）说明：ns—精车程序第一个程序段顺序号；nf—精车程序最后一个程序段顺序号。

（3）使用 G70 指令注意事项。

① 必须先使用 G71、G72 或 G73 指令后，才可使用 G70 指令。

② G70 指令指定了 ns 至 nf 间精车的程序段中，不能调用子程序。

③ ns 至 nf 间精车的程序段所指令的 F 及 S 是给 G70 精车时使用。

④ 精车时的 S 也可以于 G70 指令前制定，在换精车刀时同时指令。

⑤ 使用 G71、G72 或 G73 及 G70 指令的程序必须存储于 CNC 控制器的内存中，即有复合循环指令的程序不能通过计算机以边加工的方式控制 CNC 机床。

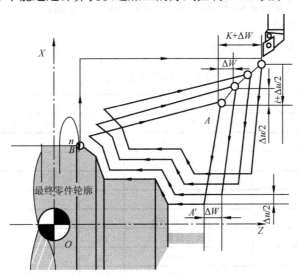

图 2-51 仿形粗车循环加工路线

2.5.5 数控车削加工编程实例

试加工如图 2-52 所示的复杂轴类零件。

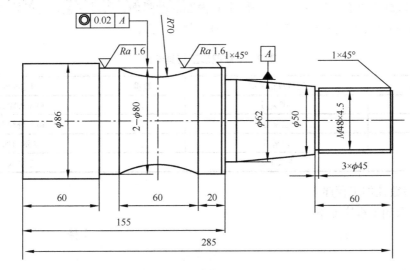

图 2-52 复杂轴类零件的加工

1）零件分析

该零件由外圆柱面、外圆锥面、圆弧面、倒角、退刀槽及螺纹组成,外形较为复杂,零件毛坯材料为45钢调质棒料,尺寸$\phi 90\times 290$mm。因为零件较笨重,数控加工时需使用顶尖,所以可用普通车床首先完成外圆$\phi 86$及端面加工,并钻出中心孔,以备在数控车床加工时使用。数控加工时选择工作右端面中心为加工原点。

2）确定工件的装夹方式

零件为实心轴类零件,在普通车床完成外圆直径$\phi 86$加工后,数控车床可以使用普通三爪可卡盘夹$\phi 86$外圆,同时顶尖顶紧工件右端面中心孔,在一次装夹中完成右侧所有外形加工,这样同时可以保证$\phi 80$和$\phi 62$两个外圆的同轴度要求。

3）确定加工工序路线

零件的加工工序卡见表2-5所示。

表2-5 零件加工工序卡

零件名称	轴	数量（个）		材料		45钢
工序	名称	工步及工艺要求	刀具号	主轴转速（r/min）		进给速度（mm/r）
1	下料	$\phi 90\times 290$mm				
2	热处理	调质处理HB220~250				
3	车	1	车两端面保证总长285mm			
		2	钻中心孔			
		3	车外圆至$\phi 86$mm			
4	数控车	1	粗车外轮廓	T01	650	0.3
		2	精车外轮廓	T02	800	0.15
		3	车退刀槽	T03	400	0.15
		4	车螺纹	T04	300	
5	检验					

4）合理选择刀具

表2-6为数控加工刀具表。工件外圆上有内凹的圆弧面,所以在粗、精车外圆时统一使用30°尖刀,以防止车刀后面在车削圆弧过程中发生干涉。

表2-6 数控加工刀具卡片

刀具号	刀具规格名称	数量	加工内容
T01	30°尖刀	1	粗车外轮廓
T02	左偏刀	1	精车外轮廓
T03	切断刀	1	切退刀槽
T04	螺纹车刀	1	车螺纹

5）编写数控加工程序

数控车床加工程序如下。

    程序   注释

O0006   程序号
N005 G00 X150 Z150;   刀架运动到换刀点
N010 T0101;   选择T01号刀具,并调用01号刀具偏置

N015 M03 S650 M08；	主轴正转，转速 650r/min，切削液开
N020 G00 Z1；	纵轴快速进给到接近工件右端面
N025 X87；	横向快速进给到接近工件附近
N030 G71 U2 R0.3；	背吃刀量 2mm，退刀量 0.3mm
N035 G71 P040 Q095 U0.5 W0.3 F0.3；	调用粗加工循环
N040 G00 X45.8；	快速进给到切削位置
N045 G01 X47.8 Z-1 F0.15；	车右端面倒角
N050 Z-60；	车螺纹外圆
N055 X50；	车第一个台阶面
N060 X62 Z-120；	车锥面外圆
N065 Z-135；	车ϕ62 外圆
N070 X80 C1；	车第二个台阶面同时车倒角
N075 W-20；	车右侧ϕ80 外圆
N080 G02 U0 W-60 R70 F0.15；	车圆弧 R70
N085 G01 W-10 F0.15；	车左侧ϕ80 外圆
N090 X86 C0.5；	车第三个台阶面并倒角 0.5×45°
N095 Z-285；	车ϕ86 圆
N100 M09；	切削液停
N105 G00 X150；	横向快速退刀
N110 Z150；	纵向快速退刀
N115 M03 S800T0202；	调整主轴转速，换精加工刀具
N120 G00 Z1；	纵轴快速进给到工件右端面附近
N125 X87；	横轴快速进给到工件附近
N130 M08；	切削液开
N135 G70 P040 Q095；	精加工循环
N140 M09；	切削液关
N145 G00 X150；	横轴快速退刀
N150 Z150；	纵轴快速退刀
N155 M03 S400 T0303；	调整主轴转速，换切断刀具
N160 G00 Z-60；	纵轴快速进给到退刀槽
N165 X52；	横轴快速进给到退刀槽
N170 M08；	切削液开
N175 G01 X45 F0.15；	车退刀槽
N180 G00 X50；	横轴快速退刀
N185 M09；	切削液关
N190 G00 X150 Z150；	快速退刀到换刀位置
N195 M03 S300 T0404；	调整主轴转速，换螺纹切刀
N200 G00 Z2；	纵轴快速进给到螺纹外圆端面附近
N205 X50；	横轴快速进给到螺纹外圆附近

N210 M08;   切削液开
N215 G92 X47.2 Z-58.5 F1.5;   切螺纹循环第一刀
N220 X46.6;   切螺纹循环第二刀
N225 X46.2;   切螺纹循环第三刀
N230 X45.8;   切螺纹循环第四刀
N235 M09;   切削液关
N240 G00 X150;   横轴快速退刀
N245 Z150;   纵向快速退刀
N250 M05 M30;   主轴停止，程序结束

在使用精车和粗车循环时应该注意，在循环程序段内部第一句程序中，数控系统不允许刀具在 Z 轴上移动，只能在 X 轴上移动。例如本例中程序段 N040 G00 X45.8；为循环程序第一句，如果在这一句中指令刀具在 Z 轴上移动，程序是不能正常运行的。

2.6 数控铣削和加工中心加工程序编制

加工中心（Machining Center）简称 MC，是从数控铣床发展而来的，与数控铣床的最大区别在于增加了刀库和自动换刀装置。下面以配置 FANUC 0i-MC 系统的数控铣床为例，介绍其常用编程指令和方法。

2.6.1 数控铣床及加工中心编程特点与坐标系

1. 数控铣床系统的初始状态

当数控机床开机完成，数控系统将处于初始状态。数控系统的一系列默认功能被激活，如默认的 G 代码功能，如表 2-7 中标注"*"的 G 代码被激活。数控系统的初始状态与数控系统参数设置有关，机床在出厂或调试时对其进行了设置，一般不对其修改。由于开机后数控系统的状态可通过 MDI 方式进行改变，且随着程序的执行也会发生变化，为了保证程序的运行安全，建议在编写程序开始就写入初始化状态指令。

表 2-7 FANUC-0i 系统数控铣床、加工中心常用 G 指令

代码	组	意义	代码	组	意义	代码	组	意义
*G00	01	快速点定位	G20	06	英制单位	G43	08	刀具长度正补偿
G01	01	直线插补	*G21	06	公制单位	G44	08	刀具长度负补偿
G02	01	顺圆插补	*G27	00	回参考点检查	*G49	08	刀具长度补偿取消
G03	01	逆圆插补	G28	00	回参考点	*G50	11	比例缩放
G04	00	暂停延时	G29	00	参考点返回	G51	11	取消比例缩放
G09	00	准确停止检查	G30	00	返回 2、3、4 参考点	G52	00	局部坐标系
G10	00	可编程参数输入	G33	01	螺纹切削	G53	00	选择机床坐标系
*G17	02	XY 平面选择	*G40	07	刀具半径补偿取消	*G54	12	选择 G54 工件坐标系
G18	02	ZX 平面选择	G41	07	刀具半径左补偿	G55	12	选择 G55 工件坐标系
G19	02	YZ 平面选择	G42	07	刀具半径右补偿	G56	12	选择 G56 工件坐标系

续表

代码	组	意义	代码	组	意义	代码	组	意义
G57		选择 G57 工件坐标系	G76		精镗孔循环	G89		镗孔循环
G58		选择 G58 工件坐标系	*G80		取消固定循环	*G90	03	绝对坐标编程
G59		选择 G59 工件坐标系	G81		简单钻孔循环	G91		增量坐标编程
G61		准确停止方式	G82		锪孔循环	G92	00	工件坐标系设定
G62	15	自动拐角倍率	83	09	深孔钻循环	*G94	05	每分钟进给方式
G63		攻螺纹模式	G84		右旋螺纹攻丝循环	G95		每转进给方式
*G64		切削模式	G85		镗孔循环	*G98	10	固定循环返回起始点
G65	00	宏程序调用	G86		镗孔循环	G99		固定循环返回 R 点
G73	09	高速深孔钻循环	G87		背镗孔循环	—		
G74		左旋螺纹攻丝循环	G88		镗孔循环	—		

注：(1) 表内 00 组为非模态指令，只在本程序段内有效。其他组为模态指令，一次指定后持续有效，直到被本组其他代码所取代。(2) 标有*的 G 代码为数控系统通电启动后的默认状态。

数控铣床加工中心编程初始化一般格式为

G54　G90　G40　G49　G80　G17　G21

注意：数控铣床系统，默认进给单位为 mm/min；主轴转速单位为 r/min。

2. 工件坐标系的设置

1) 工件坐标系设定指令 G92

格式：G92 X____ Y____ Z____；

说明：

（1）G92 指令是规定工件坐标系坐标原点的指令，工件坐标系坐标原点又称为程序零点，坐标值 X、Y、Z 为刀具刀位点在工件坐标系中（相对于程序零点）的初始位置。执行 G92 指令时，机床不动作，即 X、Y、Z 轴均不移动。

（2）坐标值 X、Y、Z 均不得省略，否则对未被设定的坐标轴将按以前的记忆执行，这样刀具在运动时，可能达不到预期的位置，甚至造成事故。

例：G92 X20 Y10 Z10

其确立的加工原点在距离刀具起始点 $X=-20$，$Y=-10$，$Z=-10$ 的位置上，如图 2-53 所示。

2) 工件坐标系指令 G54～G59

格式：G54/…/G59；

说明：

（1）若在工作台上同时加工多个零件时，可以设定不同的程序零点，可建立 G54～G59 共 6 个加工工件坐标系。与 G54～G59 相对应的工件坐标系，分别称为第 1 工件坐标系至第 6 工件坐标系，其中 G54 坐标系是机床开机并返回参考点后就有的坐标系，所建立的坐标系称为第 1 工件坐标系，如图 2-54 所示。

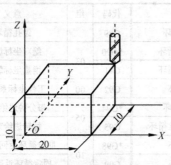

图 2-53　G92 建立工件坐标系

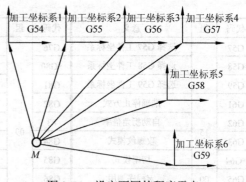

图 2-54　设定不同的程序零点

（2）G54~G59 不像 G92 那样需要在程序段中给出预置寄存的坐标数据。操作者在安装工件后，测量工件坐标系原点相对于机床坐标系点的偏移量，并把工件坐标系在各轴方向上相对于机床坐标系的位置偏移量写入工件坐标偏置存储器中，系统在执行程序时，就可以按照工件坐标系中的坐标值来运动了。

例：如图 2-55 所示，使用 G54 编程，并要求刀具运动到工件坐标系中 $X=100$、$Y=50$、$Z=200$ 的位置，编程为 G90 G54 G00 X100. Y50. Z200.。

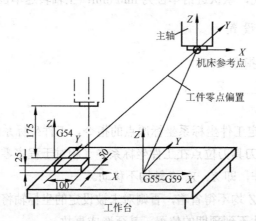

图 2-55　工件坐标系与机床坐标系之间的关系

（3）由 G54~G59 所得到的 6 个工件坐标系，可以通过 G92 坐标系设定指令来移动。编程中若出现 6 个工件坐标系仍不够用的情况，也可以用编程指令 G10 来移动。

注意：

① G92 与 G54~G59 指令虽然都是用于程序建立工件坐标系的，但在使用中是有区别的。G92 指令是通过程序来设定、选用加工坐标系的，执行该指令时刀具当前位置必须在指定的位置，否则工件坐标系会随之偏移，即数控系统是通过刀具的当前位置来反推得到工件坐标系原点的。G92 设定的工件坐标系原点数控系统不进行存储，数控系统重启后工件坐标系原点即失效。

② G54~G59 指令是调用事先输入数控系统的偏移量来确定工件坐标系原点，一旦设定，工件坐标系原点在机床坐标系中的位置就不会变化，它与刀具的当前位置无关，除非认为改变系统中的偏置值。其坐标值存储在系统内存中，数控系统重启后其数值依然有效，工件原点不会产生变化。

因此，在实际加工中，一般采用 G54～G59 指令来建立工件坐标系。

3. 安全高度

对于铣削加工，起刀点和对刀点必须离开工件或夹具中最高的表面一个安全高度，保证刀具在停止状态时，不与工件、夹具等发生碰撞。在安全高度位置时刀位点所在的平面称为安全平面。

4. 进、退刀方式的确定

对于铣削加工，刀具切入、切出工件的方式不仅影响工件加工的质量，同时直接关系到加工的安全。对于加工二维外轮廓，一般要求立铣刀从安全高度下降到切削高度的过程，刀具应离开工件毛坯边缘一定距离，不能直接下刀切削到工件，以免发生危险。到达切削高度后开始切削工件时，一般要求刀具沿工件轮廓切线切入、切出或从非重要表面切入切出，如一些面与面的相交处切入、切出。

对于型腔的粗铣加工，一般应预先钻一个工艺孔至型腔底面（留有一定精加工余量），并扩孔以便所使用立铣刀能从工艺孔进刀，进行形腔粗加工。也可以采用斜坡下刀和螺旋下刀的方式来进行形腔的粗加工。进刀段、退刀段通常沿轮廓的切线方向。通常在此建立或取消刀具半径补偿，因此，可把此段设为直线或直线加圆弧。一般刀具下刀切削深度后尽可能避免采用快速运动（G00）。

2.6.2 数控铣床及加工中心常用编程指令

1. 绝对坐标与增量坐标

在数控铣床编程中，绝对坐标与增量坐标的表示方法与数控车床截然不同，它是通过 G 指令来指定的（G90 表示绝对坐标编程，G91 表示增量坐标编程）。在同一程序中可使用 G90 和 G91 两种方式混合编程，但是在同一程序段不能同时使用 G90 和 G91 两种方式混合编程。

2. 基本插补指令

基本插补指令用于控制机床按照指令轨迹做进给运动，包括快速定位、直线插补和圆弧插补等指令。

1）快速定位（G00 或 G0）

该指令控制刀具从当前所在位置快速移动到指令给定的目标位置。该指令不控制刀具的运动轨迹和运动速度。运动轨迹和运动速度由系统参数设定。故该指令用于快速定位，不能用于切削加工。

指令格式：

G00 X_ Y_ Z_；

其中：X、Y、Z 值表示目标点坐标。

G00 可以指令一轴、两轴或三轴移动。

2）直线插补（G01 或 G1）

该指令控制刀具以直线运动轨迹从刀具当前位置按给定的进给速度运动到目标点位置。该指令不仅控制刀具的运动轨迹而且控制刀具运动的速度。

指令格式：

G01X_Y_Z_F_；

其中：X、Y、Z 值表示目标点坐标；

F 表示进给速度（默认单位为：mm/min）。

3）圆弧插补指令（G02、G03 或 G2、G3）

(1) 平面选择（G17、G18、G19）。

在三维坐标系中，每两个坐标轴确定一个平面，第三个坐标轴始终垂直于该平面，并定义刀具进给深度。

在编程时要求知道控制系统在哪一个平面上加工，从而可以判断圆弧插补指令、顺、逆方向，正确地计算刀具半径补偿。各平面及平面指定指令如下：

G17——表示切削平面为 XY 平面。

G18——表示切削平面为 ZX 平面。

G19——表示切削平面为 YZ 平面。

G17、G18、G19 为模态指令，系统默认为 G17 平面。

(2) 圆弧插补指令（G02、G03 或 G2、G3）。

圆弧插补指令控制刀具在指定的平面内，从刀具当前点（圆弧起点）沿圆弧，运动到指令给定的目标位置（圆弧终点）。圆弧的半径可以直接给出或通过圆弧起点和圆弧圆心点数控系统自动计算。G02（或 G2）为顺圆弧插补或螺旋插补，刀具沿顺时针方向走刀切削圆弧；G03（或 G3）为逆圆弧插补或螺旋插补，刀具沿逆时针方向切削圆弧。其判断方法为：在右手笛卡尔直角坐标系中，从垂直与圆弧所在平面轴的正方向往负方向看，顺时针为 G02，逆时针为 G03，如图 2-56 所示。

指令格式：

① 半径编程。

G17 $\begin{Bmatrix} G02 \\ G03 \end{Bmatrix}$ X_Y_R_F_；

G18 $\begin{Bmatrix} G02 \\ G03 \end{Bmatrix}$ X_Z_R_F_；

G19 $\begin{Bmatrix} G02 \\ G03 \end{Bmatrix}$ Y_Z_R_F_；

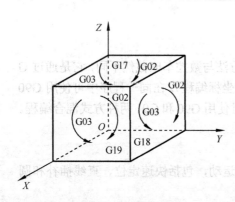

图 2-56　圆弧插补方向

② 圆心坐标编程。

G17 $\begin{Bmatrix} G02 \\ G03 \end{Bmatrix}$ X_Z_I_J_F_；

G18 $\begin{Bmatrix} G02 \\ G03 \end{Bmatrix}$ X_Z_I_K_F_；

G19 $\begin{Bmatrix} G02 \\ G03 \end{Bmatrix}$ Y_Z_J_K_F_；

其中：

X、Y、Z——圆弧的终点坐标，可用 G90 或 G91（绝对坐标或增量坐标）表示；

I、J、K——圆弧起点到圆心点在 X、Y、Z 轴方向的增量值；

R——圆弧半径，用圆弧半径编程时，当圆弧圆心角 $\alpha \leqslant 180°$ 时，R 取正值；若圆心角 $180° < \alpha < 360°$ 时，R 取负值，当 $\alpha = 360°$ 时则不能用 R 编程，只能用圆心坐标编程。

F——进给速度。

（3）螺旋插补（G02、G03 或 G2、G3）。

螺旋线插补可以用于螺旋下刀、圆周铣削、螺纹铣削或油槽等加工。

指令格式：

G17 $\begin{Bmatrix} G02 \\ G03 \end{Bmatrix}$ X_ Y_ R_ Z_ F_ ;

G17 $\begin{Bmatrix} G02 \\ G03 \end{Bmatrix}$ X_ Z_ I_ J_ Z_ F_ ;

G18 $\begin{Bmatrix} G02 \\ G03 \end{Bmatrix}$ X_ Z_ R_ Y_ F_ ;

G18 $\begin{Bmatrix} G02 \\ G03 \end{Bmatrix}$ X_ Z_ I_ K_ Y_ F_ ;

G19 $\begin{Bmatrix} G02 \\ G03 \end{Bmatrix}$ Y_ Z_ R_ X_ F_ ;

G19 $\begin{Bmatrix} G02 \\ G03 \end{Bmatrix}$ Y_ Z_ J_ K_ X_ F_ ;

其中，X、Y、Z 是由 G17/G18/G19 平面选定的两个坐标为螺旋线投影圆弧的终点，意义同圆弧插补，第 3 坐标是与选定平面相垂直轴的终点。其余参数同圆弧插补，该指令对另一个不在圆弧平面上的坐标轴施加运动指令。

注意：一段螺旋插补程序只能加工一段小于等于 360°的螺旋线。

3. 暂停指令（G04 或 G4）

该指令控系统按进给保持给定时间后再继续执行后续程序，该指令为非模态指令，只在本程序段有效。G04 的程序段不能有其他指令。

指令格式：

G04 X_ ;

或

G04 P_ ;

说明：X、P 均表示暂停时间，其中 X 后面可用带小数点的数，单位为 s。

如 G04X1. 表示在执行到这程序段后，要经过 1S 后，才执行下一程序段。

地址 P 后不允许带用小数点的数，单位为 mS。

如要暂停 1S，用 P 表示为：G04P1000。

G04 指令可使刀具作短暂的无进给光整加工，以获得圆整而光滑的表面。如：加工盲孔时，在刀具进给到最后深度时，用暂停指令使刀具作无进给光整切削，然后退刀，以保证孔底表面质量。

4. 与参考点有关的指令（G27、G28、G29、G30）

1）返回参考点检查（G27）

数控机床通常是长时间连续运转，为了提高加工中的可靠性即保证尺寸的正确性，可用 G27 指令来检查工件原点的正确性。

指令格式为 G90（G91）G27X_Y_Z_；

其中：使用 G90 编程时，X、Y、Z 值指参考点在工件坐标系的绝对值（即工件坐标系偏置值取反）；

使用 G91 编程时，X、Y、Z 值表示机床参考点相对刀具当前点的增量坐标。（即刀具当前点的机械坐标值取反）

用法：当执行加工完成一个循环，在程序结束前执行 G27 指令，则刀具将以快速定位（G00）方式自动返回机床参考点，如果刀具到达参考点位置，则操作面板上的参考点返回指示灯亮；若某轴返回参考点有误，则该轴对应的指示灯就不亮，系统报警。

2）自动返回参考点（G28）

该指令可使坐标轴自动返回参考点。

指令格式：G90（G91）G28X_Y_Z_；

其中：X、Y、Z 值为返回参考点时所经过的中间点。

执行该指令，指定的受控轴将快速定位到中间，然后再从中间点返回到参考。一般在加工之前和加工结束可以让机床自动返回参考点。为了安全考虑一般先使 Z 轴返回参考点，然后 X、Y 轴再返回参考点。

例如：G91G28Z0.;   以刀具当前点为中间点使 Z 轴返回参考点
　　　G91G28X0.Y0.   以刀具当前点为中间点使 X、Y 轴返回参考点

3）从参考点返回（G29）

执行该指令使刀具由机床参考点经过中间点到达目标点。

指令格式：G29X_Y_Z_；

其中：X、Y、Z 的值为刀具的目标点坐标。

这里经过的中间点是由 G28 指令所指定的中间点，故刀具可以经过一个安全路径到达欲切削加工的目标点位置。所以用 G29 指令之前，必须先用 G28 指令。G29 指令不能单独使用。

4）第 2、3、4 参考点返回（G30）

执行该指令使刀具由当前位置经过中间点返回到第 2、3、4 参考点。G30 指令与 G28 指令类似，差别是 G28 返回第 1 参考点（机床原点），而 G30 是返回第 2、3、4 参考点，如换刀点等。

指令格式：

$$G30 \begin{Bmatrix} P2 \\ P3 \\ P4 \end{Bmatrix} X\_Y\_Z\_;$$

其中：P2、P3、P4 即选择第 2、3 或 4 参考点，选择第 2 参考点点时，可以省略不写 P2；

X、Y、Z 值为返回参考点时所经过的中间点。

第 2、3、4 参考点的机械坐标位置在参数中设定。G30 指令通常在自动换刀时使用，一般 Z 轴的换刀位置与 Z 轴机床原点不重合，换刀时需要先回到换刀即位置第 2 参考点。

5. 辅助功能（M 功能）

辅助功能（M 功能）指令在一个程序段中，最多可以有一个，当在一个程序段中出现了两个或以上的 M 指令时，则最后一个 M 代码有效。表 2-8 列出了 FANUC-O 系统的 M 功能及其含义。

表 2-8 FANUC-Oi 系统数控铣床、加工中心 M 功能一览表

M 代码	功能	说明
M00	程序停止	NC 执行到 M00 时，中断程序的执行，按循环启动按钮可以继续执行程序
M01	条件程序停止	NC 执行到 M01 时，若 M01 有效开关置为上位，则 M01 与 M00 指令有同样效果，如果 M01 有效开关置下位，则 M01 指令不起任何作用
M02	程序结束	遇到 M02 指令时，NC 认为该程序已经结束，停止程序的运行并发出一个复位信号
M03	主轴正转	使用该指令使主轴以当前指定的主轴转速逆时针（CCW）旋转
M04	主轴反转	使用该指令使主轴以当前指定的主轴转速顺时针（CW）旋转
M05	主轴停止	执行该指令后，主轴停止转动
M06	刀具交换	主轴刀具与刀库上位于换刀位置的刀具交换，该指令中同时包含了 M19 指令，执行时先完成主轴准停的动作，然后才执行换刀动作
M08	冷却开启	执行该指令时，应先使切削液开关位于 AUTO 的位置
M09	冷却关闭	
M18	主轴定向解除	用于解除因 M19 引起的主轴准停状态
M19	主轴定向	主轴停止时被定位在一个确定的角度，以便于换刀
M29	刚性攻丝	指令 M29Sx x x x；机床进入刚性攻丝模式，在刚性攻丝模式下，Z 轴的进给和主轴的转速建立起严格的位置关系，这样，使螺纹孔的加工可以非常方便地进行
M30	程序结束并返回程序头	程序结束，并返回程序头。在程序中，M30 除了起到与 M02 同样的作用外，还使程序返回程序头
M98	调用子程序	程序段中用 P 表示主程序地址及调用次数
M99	子程序结束返回/重复执行	

6. 刀具补偿

在数控铣床系统中刀具补偿包含两种补偿：刀具半径补偿和刀具长度补偿。

1）刀具半径补偿指令

建立刀具半径补偿格式：$\begin{Bmatrix} G17 \\ G18 \\ G19 \end{Bmatrix} \begin{Bmatrix} G00 \\ G01 \end{Bmatrix} \begin{Bmatrix} G41 \\ G42 \end{Bmatrix} \begin{Bmatrix} X\_Y\_ \\ Z\_X\_ \\ Y\_Z\_ \end{Bmatrix} D\_;$

取消刀具半径补偿格式：$\begin{Bmatrix} G00 \\ G01 \end{Bmatrix} G40 \begin{Bmatrix} X\_Y\_; \\ Z\_X\_; \\ Y\_Z\_; \end{Bmatrix}$

说明：

G17、G18、G19——补偿平面选择指令。选择进行刀具半径补偿的工作平面。例如，当执行 G17 指令后，刀具半径补偿仅对 X、Y 轴的移动进行补偿，而对 Z 轴不起作用。平面选择的切换必须在补偿取消的方式下进行，否则将产生报警。

G00、G01——刀具移动指令。建立和取消刀具半径补偿的程序段必须与 G01 或 G00 指令一起使用，不能使用 G02 或 G03 圆弧插补指令。

G40—取消刀具半径补偿指令。

G41—刀具半径左补偿指令。控制刀具沿着走刀路线前进方向，向左侧偏移一个刀具半径的补偿量。

G42—刀具半径右补偿指令。控制刀具沿着走刀路线前进方向，向右侧偏移一个刀具半径的补偿量。在同一程序中 G41 或 G42 指令不要重复指定。

X_Y_—X、Y 是 G00 或 G01 建立刀具半径补偿直线段运动的编程目标点坐标值。

D_—刀具半径补偿号或刀具偏置寄存器号。

2）刀具长度补偿指令

建立刀具长度补偿指令格式：$\begin{Bmatrix} G00 \\ G01 \end{Bmatrix} \begin{Bmatrix} G43 \\ G44 \end{Bmatrix} Z\_H\_;$

其中：G43 表示刀具长度正补偿。

G44 表示刀具长度负补偿。

H 和刀具半径补偿指令中的 D 一样，为刀具长度补偿寄存器号，一般为 H00~H99，H00 恒为空。

Z 为指令 Z 轴移动的坐标值。

取消刀具长度补偿指令格式：$\begin{Bmatrix} G00 \\ G01 \end{Bmatrix} G49\ (Z\_);$

2.6.3 数控铣床及加工中心固定循环指令

孔的加工是数控加工中最常见加工工序，数控铣床和加工中心通常都具有钻孔、镗孔、铰孔和攻螺纹等功能。由于孔的形状结构简单且基本相同，孔的加工动作路线也相对固定，用单一动作指令（G00、G01）编程时需要多个程序段，编程比较繁琐。现在各种数控系统中，孔的加工指令都是采用加工循环指令进行编程，即将加工孔的一系列动作预先设计成一个 G 代码，编程时根据需要指定一个 G 代码及相关参数，就能完成一个孔的加工。连续加工多个孔时，如果孔的动作无需变更，则程序中第二个孔及以后孔所有模态数据可以省略不写，这样可以简化编程。

1. 孔加工循环指令

表 2-9 为 FANUC 0i MC 系统中，固定循环指令表。

表 2-9 固定循环指令

指令	Z轴进给动作	孔底动作	退刀动作	功能
G73	间歇进给（退）		快速移动	高速深孔钻循环
G74	切削进给	停刀→主轴正转	切削进给	左旋螺纹攻丝循环
G76	切削进给	主轴定向停止	快速移动	精镗孔循环
G80				固定循环取消
G81	切削进给		快速移动	钻孔循环，中心孔钻削循环
G82	切削进给	进给暂停	快速移动	钻孔循环，锪镗孔循环
G83	间歇进给（退）		快速移动	深孔钻循环
G84	切削进给	停刀→主轴反转	切削进给	右旋螺纹攻丝循环
G85	切削进给		切削进给	精镗孔循环
G86	切削进给	主轴停止	快速移动	镗孔循环
G87	切削进给	主轴正转	快速移动	背镗孔循环
G88	切削进给	进给停止→主轴停止	手动操作	镗孔循环
G89	切削进给	进给暂停	切削进给	镗孔循环

2. 固定循环基本动作

孔加工固定循环通常由一下六个基本动作构成，如图 2-57 所示。图中虚线表示快速进给，实线表示切削进给，箭头表示刀具运动方向（以下各图相同）。

动作 1：从安全位置快速移动，快速定位到孔的中心位置 X、Y 坐标点，Z 轴不变。

动作 2：刀具快速下刀到 R 点。

动作 3：进给速度加工到孔底 E 点。

动作 4：孔底动作。有主轴连续旋转、反转、正转、停止、位移和进给暂停等方式。

动作 5：返回到 R 点。有快速退刀、进给速度退刀、手动退刀等方式。

动作 6：经过 R 点快速返回到初始点。

（1）初始平面（又称为返回平面）。初始平面是为了安全下刀而规定的一个平面。初始平面到工件表面的距离可以任意设定在一个安全的高度上，它的高度（Z 值）由固定循环指令的前一段程序指定。默认状态下，每一个孔加工完成后刀具都回到初始平面上的初始点（即 G98 方式）。当使用同一把刀具加工一系列孔时，孔与孔间不存在任何障碍时可以使用 G99 指令，最后一个使用 G98 指令。

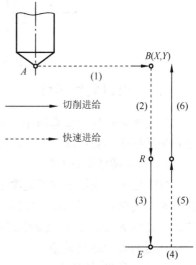

图 2-57 固定循环基本动作

（2）R 点平面（又称为参考平面或参考平面）。这个平面是刀具下刀时自快进给转为切削进给的高度平面，距工件表面的距离主要考虑工件表面尺寸的变化，一般可取 2～5mm。G99 指令使刀具返回到该平面。

（3）孔底平面。加工盲孔时孔底平面就是孔的底面，孔深就是就加工深度 Z 值（一般为负值）。加工通孔时一般使刀具伸出工件底面一段距离，此距离一般为 0.3D（D 为刀具直径），主要是为了避免在孔底留下锥形残留保证孔径尺寸。钻削加工时还应注意钻头钻尖对孔深的影响。

（4）数据形式。固定循环指令中 R 与 Z 的数据指定与 G90 和 G91 指令有关。选择 G90 方式时 R 值与 Z 值一律相对于编程坐标系来计算的（即 R 值与 Z 值一律取其终点坐标值）；选择 G91 方式时 R 与 Z 值的计算都是相对于上一点来计算的（即 R 值是指 R 点相对于起始点的增量值，为负值；Z 值是指 Z 的终点坐标相对于 R 点绝对坐标的增量值，为负值）。如图 2-58 所示。

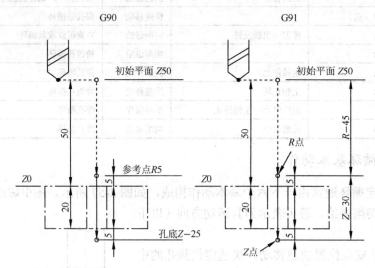

图 2-58　绝对和增量值编程 R 与 Z 的计算

3. 钻削固定循环指令

钻孔固定循环主要有钻中心孔、简单孔的固定循环指令 G81；加工台阶孔、锪孔时的固定循环指令 G82；深孔加工时的固定循环指令 G73 和 G83。

1）钻孔循环指令 G81

G81 指令一般用于加工孔深小于 5 倍直径的浅孔或中心孔，是最基本的固定循环指令，执行常规的钻孔加工动作。如图 2-59 所示。刀具沿着 X、Y 轴快速定位到孔的中心位置；快速移动到 R 点；从 R 点切削进给到 Z 点进行钻孔加工，到达孔底，主轴继续旋转；刀具快速回退到 R 点或初始点。

格式：$\begin{Bmatrix}G98\\G99\end{Bmatrix}\begin{Bmatrix}G91\\G90\end{Bmatrix}$ G81 X_ Y_ Z_ R_ F_ K_ ;

说明：

X、Y——目标孔的中心 X、Y 坐标位置。亦可用 G91 增量值指定；

R——R 点位置，按 G90 编程时编入绝对坐标值，按 G91 编程时，编入相当于初始点的增量坐标值；

Z——孔底 Z 坐标值。亦可用 G91 增量值指定；

F——钻孔切削进给速度。默认单位为 mm/min。

K——固定循环重复次数，只循环一次时 K 可以不指定，其他钻孔固定循环相同。一般在 G91 方式下使用以简化编程。

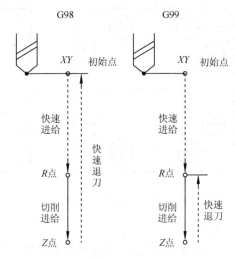

图 2-59　G81 指令动作示意

例：如图 2-60 所示，用 G81 指令编制孔的加工程序，编程原点设在工件上表面的对称中心，加工时采用机用平口钳装夹，加工路线从右下角开始顺时针加工，用 G90 方式编程。参考程序如下：

程序	注释
O15	程序名
G54G90G40G49G80G17G21；	程序初始化，调用坐标 G54 参数，建立工件坐标系
M3S1000；	主轴正向启动，转速为 1000r/min
G00X22.5Y-12.5；	快速定位到下刀点，第一个孔的中心位置
Z100.0M08；	刀具快速下刀到初始平面，切削液打开
G99G90G81X22.5Y12.5Z-20.0R5.0F50；	G81 指令加工孔 1，绝对坐标编程，加工结束返回到 R 点 Z5.0
X12.5Y-22.5；	G81 指令加工孔 2，加工结束返回到 R 点 Z5.0
X-125.0；	G81 指令加工孔 3，加工结束返回到 R 点 Z5.0
X-22.5Y-12.5；	G81 指令加工孔 4，加工结束返回到 R 点 Z5.0
Y12.5；	G81 指令加工孔 5，加工结束返回到 R 点 Z5.0
X-12.5Y22.5；	G81 指令加工孔 6，加工结束返回到 R 点 Z5.0
X12.5；	G81 指令加工孔 7，加工结束返回到 R 点 Z5.0
X22.5Y12.5；	G81 指令加工孔 8，加工结束返回到 R 点 Z5.0
G80；	取消钻孔循环，刀具返回到起始点
M05；	主轴停止
M09；	冷却液关闭
G91G28Z0.0；	Z 轴返回参考点
G91G28X0.0Y0.0；	X、Y 轴返回参考点
M30	程序结束

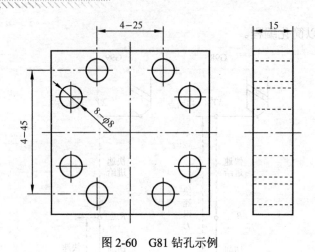

图 2-60　G81 钻孔示例

2）钻孔、锪孔循环指令 G82

钻台阶孔及锪孔时，为了获得较好的表面质量和尺寸精度，往往需要进给到孔底后刀具在孔底暂停一段时间（主轴旋转），然后快速退刀。

格式：$\begin{Bmatrix}G98\\G99\end{Bmatrix}\begin{Bmatrix}G91\\G90\end{Bmatrix}$G82X_Y_Z_P_R_F_;

说明：G82 与 G81 的动作基本相同，与 G81 唯一不同就是孔底增加了暂停。暂停时间由参数 P 指定，其单位为 ms，如 P1000 表示主轴在孔底进给暂停 1000ms，即 1s。

3）深孔钻削循环指令 G73 和 G83

深孔加工中除了合理选择切削用量外，还需要解决排屑、冷却钻头和使加工周期最小化三个主要问题。这就需要改变钻孔进给动作，即在钻孔过程中每钻到一定深度后将刀具退出排屑再继续钻削，直至完成孔的加工。根据退刀的位置不同有高速深孔钻削循环 G73 和深孔钻削循环 G83。

（1）高速深孔钻削循环指令 G73。

格式：$\begin{Bmatrix}G98\\G99\end{Bmatrix}\begin{Bmatrix}G91\\G90\end{Bmatrix}$G73X_Y_Z_Q_R_F_;

说明：Q 表示每次切削进给的切削深度。它必须用增量值指定，且必须是正值，负值被忽略。

G73 指令动作路线如图 2-61 所示，分多次循环间歇切削进给，每次进给的深度由 Q 值设定，且每次进给到指定深度后都快速回退一段距离 d，d 值由系统参数 No.5114 设定，编程时无需指定。间歇进给次数由数控系统根据程序中的 Z、R 和 Q 值进行自动计算和控制。

（2）深孔钻削循环指令 G83。

格式：$\begin{Bmatrix}G98\\G99\end{Bmatrix}\begin{Bmatrix}G91\\G90\end{Bmatrix}$G83X_Y_Z_Q_R_F_;

说明：

① G83 指令与 G73 指令编程格式一样，只是该指令每次加工到 Q 指的深度后都退到 R 点，如图 2-62 所示。这样更便于排屑和充分冷却。因此深孔加工，特别是长径比比较大的深孔，为了保证顺利断屑和排屑，使刀具得到充分的冷却，应优先采用 G83 指令。

② 每次退到 R 点，在下一次切削进给中，刀具先快速下刀至上次钻孔结束之前的 $Q+d$

的距离后转为切削进给。d 值由系统参数 No.5115 设定,编程时用户无须指定。

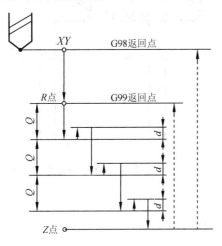

图 2-61　G73 高速深孔钻循环动作

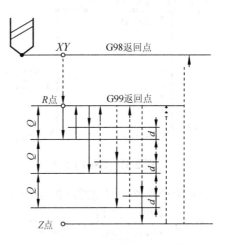

图 2-62　G83 深孔钻循环动作

4. 镗孔固定循环指令的应用

镗孔的通用性强,可以粗镗、半精镗、精镗加工不同尺寸的孔及通孔、盲孔、台阶孔等。粗镗主要是对孔进行粗加工,一般留 2~3mm 的单边余量作为半精镗加工,半精镗留 0.3~0.4mm 的单边余量。精镗加工的目的是保证孔的尺寸、形状精度以及表面粗糙度。镗孔时因刀具沿主轴轴线旋转和上下进给,具有修正形状误差(如圆度)和位置误差(如垂直度)的能力,精度可以达 IT7~IT8,表面粗糙度为 $Ra6.3$~$0.8\mu m$,精镗时精度可达到 IT6,表面粗糙度可达 $Ra0.4$~$0.8\mu m$。

镗孔固定循环主要有粗镗孔循环 G86;半精镗、铰孔、扩孔循环 G85;阶梯孔镗削循环 G89;手动退刀镗孔循环 G88;精镗孔循环 G76。

1)粗镗孔循环指令 G86

格式:$\begin{Bmatrix} G98 \\ G99 \end{Bmatrix} \begin{Bmatrix} G91 \\ G90 \end{Bmatrix} G86X\_Y\_Z\_R\_F\_;$

说明:G86 指令编程格式与 G81 相同,但该指令的动作与 G81 不同之处是进给到孔底后,主轴停止,返回到 R 点(G99)或起始点(G98)后主轴再重新启动,其循环动作如图 2-63 所示。该指令常用于精度或表面粗糙度要求不高孔的镗削加工。

2)半精镗、铰孔、扩孔固定循环指令 G85

格式:$\begin{Bmatrix} G98 \\ G99 \end{Bmatrix} \begin{Bmatrix} G91 \\ G90 \end{Bmatrix} G85X\_Y\_Z\_R\_F\_;$

说明:G85 指令编程格式与 G81 相同,但该指令的动作路线与 G81 不同之处是在返回形成中,如图 2-64 所示,从孔底到 R 点不是快速退刀而是以切削速度退刀。该指令除了用于较精密的镗孔加工外,还可用于铰孔、扩孔加工。

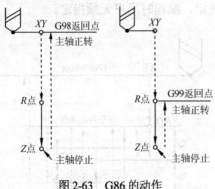
图 2-63 G86 的动作

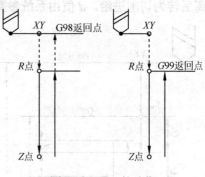
图 2-64 G85 的动作

3) 阶梯孔镗削固定循环指令 G89

格式：$\begin{Bmatrix} G98 \\ G99 \end{Bmatrix} \begin{Bmatrix} G91 \\ G90 \end{Bmatrix}$ G89X_Y_Z_P_R_F_;

说明：P 为进给暂停时间，加工到孔底时有进给保持动作；G89 与 G85 指令动作类似，也是以切削速度退至 R 点，不同之处是刀具到达孔底后有一个进给保持动作，即主轴仍旧旋转进给暂停，所以指令参数中增加了进给暂停时间功能字 P，在孔底执行进给暂停。该指令常用于阶梯孔的镗削加工。动作如图 2-65 所示。

4) 手动退刀镗孔指令 G88

格式：$\begin{Bmatrix} G98 \\ G99 \end{Bmatrix} \begin{Bmatrix} G91 \\ G90 \end{Bmatrix}$ G88X_Y_Z_P_R_F_;

说明：G88 指令编程格式与 G89 编程格式相同，要指定暂停时间 P，但其动作路线有所不同。如图 2-66 所示，当加工到孔底后同样进给保持 Pms，但不同之处是暂停 Pms 后主轴停止，这时需通过手动方式将刀具从孔底退到 R 点，在 R 点主轴自动启动，并执行快速移动到初始位置。这种方式虽能相应提高孔的加工精度，但加工效率较低。

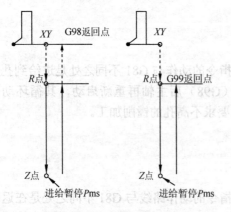
图 2-65 G89 动作

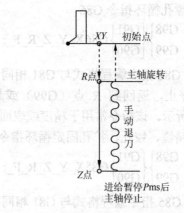
图 2-66 G88 动作

5) 精镗孔循环指令 G76

格式：$\begin{Bmatrix} G98 \\ G99 \end{Bmatrix} \begin{Bmatrix} G91 \\ G90 \end{Bmatrix}$ G76X_Y_Z_P_Q_R_F_;

说明：P 为刀具在孔底的暂停时间；Q 准停后主轴在孔底偏移量。如图 2-67 所示，刀具加工到孔底后，主轴准确定向停止，刀具向刀尖相反的方向移动程序中指定的 Q 值，使刀尖离开工件表面，保证刀具在退刀时不划伤工件，然后快速退刀至 R 点或起始点，刀具自动恢复正转。G76 指令主要用于精密孔的镗削加工，但需要主轴有准确定向停止功能。

注意：偏移量 Q 值应为正值，如果 Q 为负值，符号被忽略。偏移方向可用参数 No.5101 的#4（RD1）和#5（RD2）中设定，一般设定为 X 正方向。指定 Q 值时不能太大，以避免碰撞工作。

需特别指出的是，镗刀装到主轴上后，一定在 CRT/MDI 方式下执行 M19 指令使主轴准停后，检查刀尖所处的方向是否与设定的偏移向一致，如果不一致，需将刀具从主轴上卸下，调换 180°重新安装刀具使其一致。

6）背镗孔固定循环指令 G87

格式：G98 $\begin{Bmatrix} G91 \\ G90 \end{Bmatrix}$ G87 X_ Y_ Z_ P_ Q_ R_ F_；

说明：G87 指令虽然和 G76 指令格式一样，但动作有很大不同，如图 2-68 所示，镗刀快速定位到孔中心位置（X、Y 坐标）；主轴准确停止，刀具向刀尖的反方向偏移 Q；镗刀快速运动到孔底位置；刀具正方向偏移 Q 到加工位置主轴正转；刀具向上进给，到参考平面 R；主轴再次准停，刀具朝刀尖反方向偏移 Q，刀具快速返回到初始位置，刀具朝刀尖正方向偏移 Q，主轴恢复正转，循环结束。

注意：
- G87 指令不能用 G99 返回 R 点的方式编程。

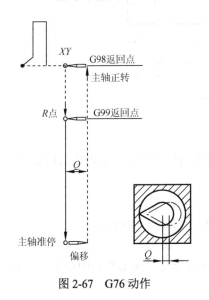

图 2-67 G76 动作　　　　图 2-68 G87 动作

5. 取消固定循环指令 G80

格式：G80；

说明：当循环指令不再使用时，应用 G80 指令取消循环，恢复一般基本指令状态（如 G00、G01、G02、G03 等），此时循环指令中的孔加工数据（如 Z 点、R 点值等）也被取消，刀具回到起始点。

2.6.4 数控铣床及加工中心编程实例

零件如图 2-69 所示,毛坯为 136mm×100mm×32mm 板材,六面已加工过,工件材料为 45 钢。

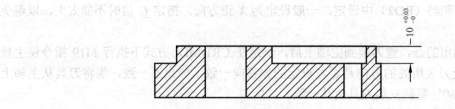

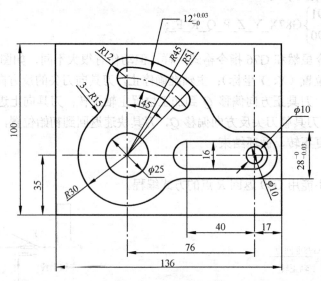

图 2-69 加工中心编程实例

1. 工艺分析

1) 零件毛坯为矩形,六个面已经加工过,长宽方向尺寸到位。采用平口钳装夹,工件原点设置在工件中心上表面。

2) 加工工序及刀具

(1) 铣削工件上表面,保证厚度尺寸 30mm,选用 $\phi 125$ 的面铣刀。

(2) 铣削凸台轮廓,选择 $\phi 25$ 的圆柱立铣刀。

(3) 铣槽,选择 $\phi 12$ 的键槽铣刀。加工 12 宽度的槽时,先沿槽的中心加工,加工 16 宽度的槽时按照轮廓进行精加工

(4) 钻孔 $\phi 10$ 和 $\phi 25$ 底孔,选用 $\phi 10$ 的钻头。

(5) 钻孔 $\phi 25$,选用 $\phi 25$ 的钻头。零件加工工序卡和数控加工工具卡分别见表 2-10 和表 2-11。

表 2-10 零件加工工序卡

零件名称		数量（个）		材料		45 钢
工序	名称	工步及工艺要求		刀具号	主轴转速（r/min）	进给速度（mm/min）
1	毛坯	136mm×100mm×32mm				
2	铣削	1	铣削工件上表面，保证厚度尺寸 30mm	T01	800	120
		2	铣削凸台轮廓	T02	500	80
		3	铣槽	T03	1000	100
		4	钻孔φ10 和φ25 中心孔	T04	2000	50
		5	钻孔φ10 和φ25 底孔	T05	800	50
		6	钻孔φ25	T06	300	50
3	检验					

表 2-11 数控加工刀具卡片

刀具号	刀具规格名称	数量	加工内容
T01	φ125 面铣刀	1	铣削工件上表面
T02	φ25 圆柱立铣刀	1	铣削凸台轮廓
T03	φ12 键槽铣刀	1	铣槽
T04	φ5 中心钻	1	钻φ10 和φ25 定位孔
T05	φ10 钻头	1	钻φ10 孔和φ25 底孔
T06	φ25 钻头	1	钻φ25 孔

2. 确定走刀路线

在工序之前，零件的六个表面已经加工过不存在淬硬层问题。为了得到较好的表面质量和保护刀具，在铣削时采用顺铣比较合理。其走刀路线如图 2-70 所示

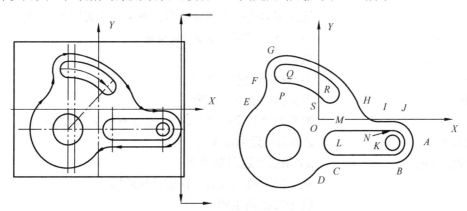

图 2-70 走刀路线

3. 数值计算

将工件坐标系建立在工件上表面对称中心上，按照图 2-70 的走刀路径计算各点坐标：

基点	X	Y	基点	X	Y
A	65.0	−15.0	J	51.0	−1.0
B	51.0	−29.0	K	51.0	−23.0
C	9.409	−29.0	L	11.0	−23.0
D	−2.06	−34.333	M	11.0	−7.0
E	−42.171	9.6	N	51.0	−7.0
F	−36.447	26.4	P	−25.0	24.0
G	−25.0	42.0	Q	−25.0	36.0
H	27.172	7.958	R	11.062	21.062
I	40.901	−1.0	S	2.577	12.577

4. 编写程序

参考程序

程序	注释
O3022	程序名
G54G90G40G49G80G17G21;	初始化
G91G28Z0.;	Z轴自动返回参考点
G91G28X0.Y0.;	XY轴自动返回参考点
T01;	T01为ϕ125面铣刀，用于加工上表面
M6;	将T01换到主轴上
M3S800;	主轴正向启动，转速为800r/min
G90G0X135.Y-20.;	快速定位到下刀点
G43G0Z100.H01;	调用H01补偿值，建立刀具长度补偿，采用Z轴对刀数据作为补偿值
Z5.;	快速下刀到进给高度，即距离工件上表面5mm处
G1Z-2.F100;	刀具下到切削深度Z-2.0位置
G1X-135.F120;	铣削平面
G1Z5.;	刀具抬起到进给高度
G0Z100.;	刀具抬起到安全高度
G49Z0.;	取消刀具长度补偿。（G54坐标系中Z值为0）
G91G28Z0.;	Z轴自动返回参考点
G91G28X0.Y0.;	XY轴自动返回参考点
T02;	ϕ25的圆柱立铣刀，铣削外形轮廓
M06;	将T02换到主轴上
G54G90G40G49G80G17G21;	初始化
M3S500;	主轴正向启动，转速为500r/min
G0X90.Y70.;	快速定位到下刀点
G43G0Z100H02.;	调用H02补偿值，建立刀具长度补偿，采用Z轴对刀数据作为补偿值
Z5.;	快速下刀到进给高度，即距离工件上表面5mm处

G1Z-10.F100;	刀具下到切削深度 Z-10.0 位置
G41G1X65.D01;	调用 D01 补偿值，建立刀具半径左补偿
Y-15.;	凸台轮廓加工
G2X51.Y-29.R14.;	凸台轮廓加工
G1X9.409;	凸台轮廓加工
G3X-2.06Y-34.333R15.;	凸台轮廓加工
G2X-42.171Y9.6R-30.;	凸台轮廓加工
G3X-36.447Y26.4R15.;	凸台轮廓加工
G2X-25.Y42.R12.;	凸台轮廓加工
X27.172Y7.958R57.;	凸台轮廓加工
G3X40.901Y-1.R15.;	凸台轮廓加工
G1X51.;	凸台轮廓加工
G2X65.Y-15.R14.;	凸台轮廓加工
G1Y-70.;	凸台轮廓加工
G40X90.;	凸台轮廓加工完成，刀具退出取消刀具半径补偿
Z5.;	刀具抬起到进给高度
G0Z100.;	刀具抬起到安全高度
G49Z0.;	取消刀具长度补偿。（G54 坐标系中 Z 值为 0）
G91G28Z0.;	Z 轴自动返回参考点
G91G28X0.Y0.;	XY 轴自动返回参考点
T03;	ϕ12 的键槽铣刀，铣削两槽
M06;	将 T03 换到主轴上
G54G90G40G49G80G17G21;	初始化
M3S1000;	主轴正向启动，转速为 1000r/min
G0X-25.Y30.;	快速定位到下刀点
G43G0Z100.H03;	调用 H03 补偿值，建立刀具长度补偿，采用 Z 轴对刀数据作为补偿值
Z5.;	快速下刀到进给高度，即距离工件上表面 5mm 处
G1Z-10.F100;	刀具下到切削深度 Z-10.0 位置
G2X6.82Y16.82R45.;	铣圆弧槽
G1Z5.;	刀具抬起到进给高度
G0X45.Y-15.;	定位到下刀点
G1Z-10.F100;	下刀切削深度
G41G1X52.Y-22.D03;	调用 D03 补偿值，建立刀具半径左补偿
G3X59.Y-15.R7.;	加工腰型槽引入
G3X51.Y-7.R8.;	加工腰型槽
G1X11.;	加工腰型槽
G3X11.Y-23.R8.;	加工腰型槽
G1X51.Y-23.;	加工腰型槽

G3X59.Y-15.R8.;	加工腰型槽
G3X52.Y-8.R7.;	加工圆弧槽引出
G1G40X45.Y-15.;	圆弧槽加工结束取消刀具半径补偿
Z5.;	刀具抬起到进给高度
G1X90.Y70.;	定位到腰型槽加工下刀点
G90G41G1X65.D05;	调用D05补偿值，建立刀具半径左补偿精加工凸台
Y-15.;	凸台轮廓精加工
G2X51.Y-29.R14;	凸台轮廓精加工
G1X9.409;	凸台轮廓精加工
G3X-2.06Y-34.333R15.;	凸台轮廓精加工
G2X-42.171Y9.6R-30.;	凸台轮廓精加工
G3X-36.447Y26.4R15.;	凸台轮廓精加工
G2X-25.Y42.R12.;	凸台轮廓精加工
X27.172Y7.958R57.;	凸台轮廓精加工
G3X40.901Y-1.R15.;	凸台轮廓精加工
G1X51.;	凸台轮廓精加工
G2X65.Y-15.R14.;	凸台轮廓精加工
G1Y-70.;	凸台轮廓精加工
G40X90;	凸台轮廓精加工结束，取消刀具半径补偿
G1Z5.;	刀具抬起到进给高度
G0Z100.;	刀具抬起到安全高度
G49Z0.;	取消刀具长度补偿（G54坐标系中Z值为0）。
G91G28Z0.;	Z轴自动返回参考点
G91G28X0.Y0.;	XY轴自动返回参考点
T04;	$\phi5$中心钻
M6;	将T04换到主轴上
G54G90G40G49G80G17G21;	初始化
M3S2000;	主轴正向启动，转速为2000r/min
G0X51.Y-15.;	快速定位到第一个孔的中心位置
G43G0Z100H04.;	调用H04补偿值，建立刀具长度补偿
G81Z-5.R5.F50;	钻第一个孔
X-25.Y-15.;	钻第二个孔
G80;	取消钻孔循环
G49Z0.;	取消刀具长度补偿
G91G28Z0.;	Z轴自动返回参考点
G91G28X0.Y0.;	X、Y轴自动返回参考点
T05;	$\phi10$钻头，加工$\phi10$孔与$\phi25$底孔
M6;	将T05换主轴上
G54G90G40G49G80G17G21;	初始化

M3S800；	主轴正向启动，转速为 800r/min
G0X51.Y-15.；	快速定位到第一个孔的中心位置
G43G0Z100H05.；	调用 H05 补偿值，建立刀具长度补偿
G81Z-35.R5.F50；	钻第一个孔
X-25.Y-15.；	钻第二个孔
G80；	取消钻孔循环
G49Z0.；	取消刀具长度补偿
G91G28Z0.；	Z 轴自动返回参考点
G91G28X0.Y0.；	X、Y 轴自动返回参考点
T06；	$\phi 25$ 钻头，加工 $\phi 25$ 孔
M6；	将 T06 换主轴上
G54G90G40G49G80G17G21；	初始化
M3S300；	主轴正向启动，转速为 800r/min
G0X-25.Y-15.0；	快速定位到 $\phi 25$ 孔的中心位置
G43G0Z100.H06；	调用 H06 补偿值，建立刀具长度补偿
G81Z-35.R5.F100；	钻 $\phi 25$ 孔
G80；	取消钻孔循环
G49Z0.；	取消刀具长度补偿
G91G28Z0.；	Z 轴自动返回参考点
G91G28X0.Y0.；	X、Y 轴自动返回参考点
M30；	程序结束

2.7 自动编程简介

2.7.1 概述

　　自动编程是指用计算机编制数控加工程序的过程。自动编程的优点是效率高，正确性好。自动编程由计算机代替人完成复杂的坐标计算和书写程序单的工作，它可以解决许多手工编制无法完成的复杂零件编程难题，但其缺点是必须具备自动编程系统或自动编程软件。自动编程较适合形状复杂零件的加工程序编制，如模具加工、多轴联动加工等场合。

　　CAD/CAM 软件编程加工过程为：图样分析、零件分析、三维造型、生成加工刀具轨迹；后置处理生成加工程序、程序校验、程序传输并进行加工。

2.7.2 主要 CAD/CAM 系统

1. UG（Unigraphics）

　　UG 起源于麦道飞机制造公司，是由 EDS 公司开发的集成化 CAD/CAE/CAM 系统，是当前国际、国内最为流行的工业设计平台。其庞大的模块群为企业提供了从产品设计、产品分析、加工装配、检验，到过程管理、虚拟动作等全系列的支持，其主要模块有数控造型、数控加工、产品装配等通用模块和计算机辅助工业设计、钣金设计加工、模具设计加工、管路设计布局等专用模块。该软件的容量较大,对计算机的硬件配置要求也较高,所以早期版本在我国使用不很广泛,但随着计算机配置的不断升级,该软件在国际、国内的CAD/CAE/CAM 市场上已占有了很大的份额。

2. Pro/Engineer

Pro/Engineer 是由美国 PTC(参数科技公司)于 1989 年开发的,它开创了三维 CAD/CAM 参数化的先河,采用单一数据库的设计,是基于特征、全参数、全相关性的 CAD/CAE/CAM 系统。它包含零件造型、产品装配、数控加工、模具开发、钣金件设计、外形设计、逆向工程、机构模拟、应力分析等功能模块,因而广泛应用于机械、汽车、模具、工业设计、航天、家电、玩具等行业,在国内外尤其是制造业发达的地区有着庞大的用户群。

3. SolidWorks

SolidWorks 是一个在微机平台上运行的通用设计的 CAD 软件,它具有高效方便的计算机辅助该软件有极强的图形格式转换功能,几乎所有的 CAD/CAE/CAM 软件都可以与 SolidWorks 软件进行数据转换,美中不足的是其数控加工功能不够强大而且操作也比较烦琐,所以该软件常作为数控自动化编程中的造型软件,再将造型完成的三维实体通过数据转换到 UG、Masteream、Cimatron 软件中进行自动化编程。

4. MasterCam

Mastercam 是由美国 CNCSoftware 公司推出的基于 PC 平台,集二维绘图、三维曲面设计、体素拼合、数控编程、刀具路径模拟及真实感模拟为一身的 CAD/CAM 软件,该软件尤其对于复杂曲面的生成与加工具有独到的优势,但其对零件的设计、模具的设计功能不强。由于该软件对运行环境要求较低、操作灵活易掌握、价格便宜,因此受到我国中小数控企业的欢迎。

5. Cimatron

Cimatron 系统是源于以色列为了设计开发喷气式战斗机所发展出来的软件。它由以色列的 Cimatron 公司提供的一套集成 CAD/CAE/CAM 的专业软件,它具有模具设计、三维造型、生成工程图、数控加工等功能。该软件在我国得到了广泛的使用,特别是在数控加工方面更是占有很大的比重。

6. CAXA 制造工程师

CAXA 制造工程师是我国北航海尔软件有限公司研制开发的全中文、面向数控铣床与加工中心的三维 CAD/CAM 软件,它既具有线框造型、曲面造型和实体造型的设计功能,又具有生成二至五轴的加工代码的数控加工功能,可用于加工具有复杂三维曲面的零件。由于该软件是我国自行研制的数控软件,采用了全中文的操作界面,学习与操作都很方便,而且价格也较低,所以该软件近几年在国内得到了较大程度的推广。另外,CAXA 系列软件中的"CAXA 线切割"也是一种方便实用的线切割自动编程软件。

2.7.3 自动编程实例

下面以采用 MasterCAM X5 为例简单演示自动编程的过程，零件如图 2-71 所示。

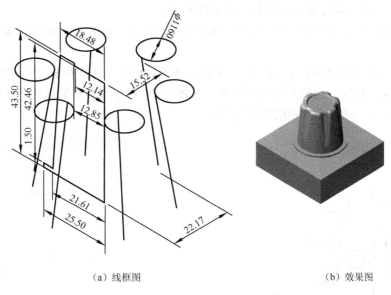

（a）线框图　　　　　　　　　　　　（b）效果图

图 2-71　自动编程实例

1. 加工工艺分析及加工工序

（1）采用平口钳装夹。

（2）选择刀具。选择以下 3 种刀具进行加工：1 号刀为 ϕ16R1 圆鼻刀（硬质合金刀），用于粗加工；2 号刀为 ϕ10R5 球刀，用于精加工侧面；3 号刀为 ϕ16 平底立铣刀，用于精加工底、顶平面和侧面清根。

（3）加工工序。该零件的加工工序为毛坯精加工→精加工侧面→精加工底平面→精加工顶部内面及底面→清根。

2. 模型建立

1）作基本线框

（1）在开始菜单运行 MasterCAM X5，设定当前图层为 1，构图面和视角均为【前视图】，构图深度 Z 为 0。并设定所需的线型、线宽和颜色等，如图 2-72 所示。

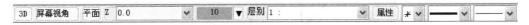

图 2-72　图层、视角、构图面及当前图素特殊性设置

在菜单栏选择【绘图】→【任意线】→【绘制任意线】命令在提示栏（Ribbon Bar）中选择【连续线】，选择【快速绘点】依次输入坐标值："0，0"，回车；"-25.5"，回车；"1.5"，回车；"-21.61"，回车；"-18.48，43.5"，回车；"-12.85"，回车；"-12.14，42.46"，回车；"0"，回车；"0，0"，回车，在前视作出如图 2-73 基本线框 1。最后按"ESC"键退出或单击结束命令。

(2) 设定当前图层为2，关闭第1层；构图面和视图面均为右视图，构图深度Z为0。作图2-73所示基本线框2。

(3) 设定当前构图层3，关闭第2层；构图面和视图均为俯视图，构图深度Z为43.5（即顶面）。作图2-73所示ϕ11.6的圆（基本线框3）。

(4) 打开第2层；构图面为俯视图，视角为等角视图。屏幕显示所示的基本线框2和基本线框3。

(5) 旋转复制直线和ϕ11.6圆。在菜单栏选择【转换】→【旋转】，点选直线和圆，按"Enter"键确定，同时弹出旋转设置对话框，按图2-74所示设置旋转选项，选择原点为旋转中心，选择 ✓ （确认），完成线框的绘制。

图2-73 基本线框绘制

图2-74 设置旋转选项

2）建立实体

(1) 作旋转实体。

设定当前图层为4，打开第1层，关闭其他层，视角为等角视图。

在菜单栏选择【实体】→【实体旋转】弹出串联选项对话框，按提示点选层1中的串联，选择 ✓ 确认，再点选图2-75所示的直线为旋转轴，选择 ✓ 确认完成实体旋转。

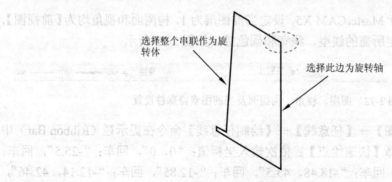

图2-75 选择旋转体和旋转轴

(2) 扫描切割实体。

打开第 2、3 层。

在菜单栏选择【实体】→【扫描实体】弹出串联选项对话框,按图 2-76 所示选择 ϕ11.6 的圆作为扫描体,在选择图所示的直线作为扫描路径,完成扫描切割实体。用同样的方法完成其余扫描切割实体。

(3) 增加方形基座

在主菜单选择【绘制】→【基本实体/曲面】→【画立方体】,弹出立方体设置对画框,按照如图 2-77 所示进行设置。在绘图取选择原点作为立方提的定位点,选择 ✓ 完成立方体的创建。

将上一步所作的立方体与之前的实体作布尔(加)运算,并进行倒圆角 $R3$。最后效果如图 2-71 (b) 所示。

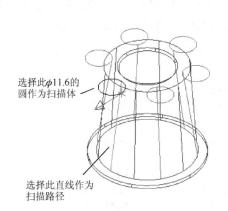

图 2-76 选择扫描体和扫描路径

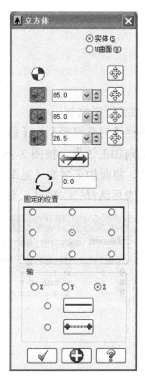

图 2-77 立方体绘制设置

3. 创建刀具路径

1) 创建刀具路径的准备工作

(1) 选择机床类型及数控系统。

在菜单栏选择【机床类型】→【铣床】→【默认】机床形式和控制系统。在【操作管理】选择【刀具路径】→【属性】→【材料设置】选择边界盒设定毛坯的形状及尺寸。

(2) 设置加工原点。

由于绘图时将原点设置在顶面下 43.5 的地方,为避免在加工过程中由于安全高度设置错误而导致刀具在区域间移动时发生碰撞,通常将加工原点设置在工件的最高点。设置的方法有两种：一是将图形利用平移的方法，将整个图形移至指定位置；另一种是在不移动图形的情况下，通过设置 Tplane（刀具平面）的方法直接定义加工原点。下面以后一种方法设置本例的加工原点。

单击状态栏中的【平面】选择【构图平面和刀具平面原点 0，0，0】，输入坐标"0,0,43.5"即顶面的中心坐标，回车，则加工原点被定义至（0,0,43.5），按键盘上的 F9 键，可以看到刀具平面，如图 2-78 所示的坐标。

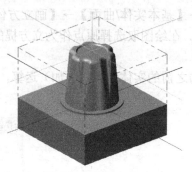

图 2-78　设定刀具平面效果

2）粗加工程序编制

在菜单栏【刀具路径】→【曲面粗加工】→【粗加工挖槽加工】，选择所有曲面按 Enter 键确认，选则加工边界，按图 2-79 所示选择 ϕ16R1 的原鼻刀（合金刀）为粗加工刀具并设置刀具参数、曲面加工参数（见图 2-80）、粗加工参数（见图 2-81）和挖槽参数（见图 2-82）等。设置完成后选择✓确认，计算机开始计算刀具路径，效果如图 2-83 所示。

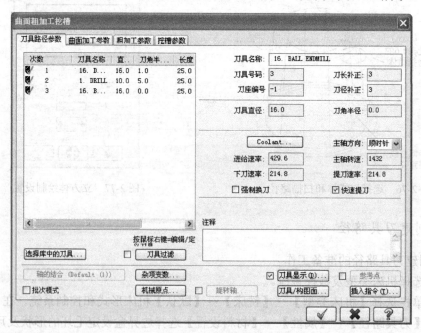

图 2-79　刀具参数设置

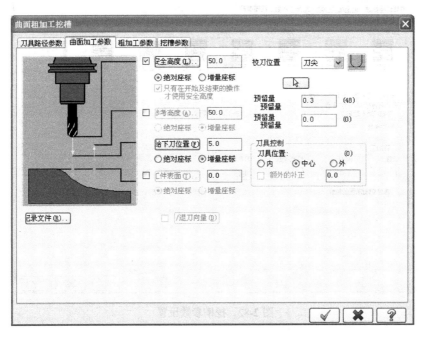

图 2-80　曲面加工参数

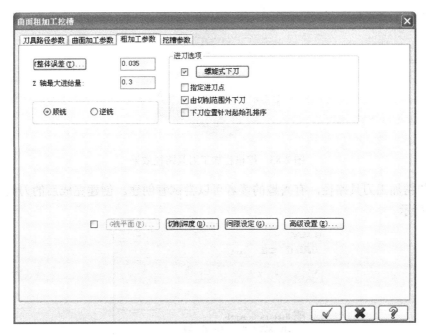

图 2-81　粗加工参数设置

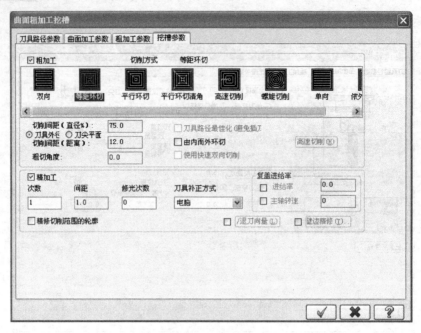

图 2-82 挖槽参数设置

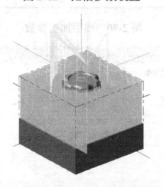

图 2-83 挖槽粗加工刀具路径效果

曲面的精加工刀具路径,有兴趣的读者可以尝试着创建。创建完成后的刀具路径列表如图 2-84 所示。

图 2-84 刀具路径列表

4. 后置处理程序

通过 CAD/CAM 软件创建的刀具路径文件，数控机床并不能识别，而要通过后置处理程序将刀具路径文件处理成具体设备能够识别的指令。MasterCAM 提供了常用数控系统的后置处理程序。在此仅以曲面粗加工挖槽为例做后置处理。

首先在刀具路径操作管理其中选择需要后置处理的刀具路径，然后选择 G1 弹出后置处理程式对话框，进行设置后选择 ✓ 确认，计算机开始自动处理程序结果如图 2-85 所示。

图 2-85 后置处理结果

但现在生成的 NC 档案还包含一些非加工信息，并不能直接传入数控机床用于实际的加工，必须进行必要的编辑。否则将造成工件报废甚至更大事故。

思考题与习题

2-1 什么是数控加工工艺？其主要内容是什么？

2-2 试述数控加工艺的特点。

2-3 数控加工工艺处理有哪些内容？

2-4 哪些类型的零件最适宜在数控机床上加工？零件上的哪些加工内容适宜采用数控加工？

2-5 对数控加工零件作工艺性分析包括哪些内容？

2-6 试述数控机床加工工序划分的原则和方法？与普通机床相比，数控机床工序的划分有何异同？

2-7 在数控工艺路线设计中，应注意哪些问题？

2-8 什么是数控加工的走刀路线？确定走刀路线时通常要考虑什么问题？

2-9 数控加工对刀具有何要求？常用数控刀具材料有哪些？选用数控刀具的注意事项

有哪些？

2-10 环切法和行切法各有何特点？分别适用于什么场合？

2-11 常用数控铣削刀具有哪些？数控铣削时如何选择合适的刀具？

2-12 简述数控编程的内容和步骤。

2-13 数控加工程序编制方法有哪些？它们分别适用什么场合？

2-14 如何确定数控机床坐标系和运动方向？

2-15 为什么要进行刀具轨迹补偿？刀具补偿的实现要分为哪三大步骤？

2-16 什么是刀具长度补偿？长度补偿的作用是什么？

2-17 要加工如图 2-86 所示零件，毛坯为 $\phi 45mm \times 100mm$ 棒材，材料为 45 号钢，请编制加工工艺并完成零件的加工程序。为保证零件的形位精度能符合图样要求，该零件采用一次装夹方式，将各部位加工至尺寸要求后再切断。

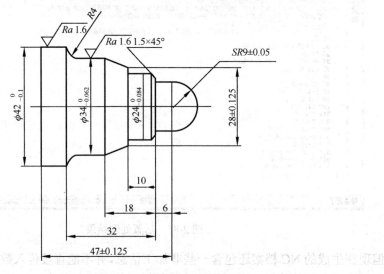

图 2-86 习题 2-17

2-18 加工如图 2-87 所示零件的端面及轮廓。毛坯为 $\phi 40 \times 110$ 的棒料。A、B、C、点相对于工件坐标系的坐标值是 A ($X27.368$，$Z-45.042$)；B ($X25.019$，$Z-54.286$)；C ($X26.806$，$Z-60.985$)，试编制工艺及程序。

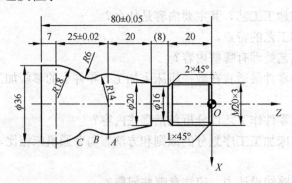

图 2-87 习题 2-18

2-19 在数控铣床或加工中心上加工如图 2-88 所示零件，已知该零件的毛坯为 ϕ80mm×20mm 的圆形盘料，外圆及上下面已经加工到位，材料为 45 号钢，试编写加工程序。

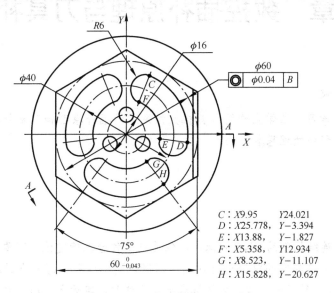

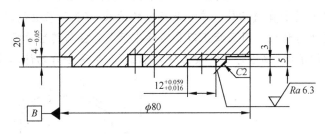

图 2-88 习题 2-19

2-20 在数控铣床或加工中心上加工如图 2-89 所示零件，已知该零件的毛坯 117mm×117mm×38mm 板料，材料为 45 号钢，试编写加工程序。

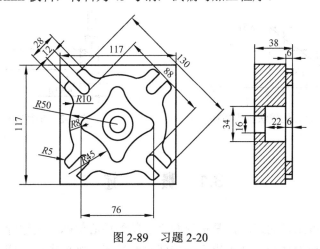

图 2-89 习题 2-20

第 3 章 数控插补原理与刀具补偿原理

> **教学要求**
>
> 通过本章学习，让学生理解计算机数控系统的插补原理和刀具补偿原理，认识计算机数控系统的程序处理基本方法。

引 例

编程对于连续切削的 CNC 机床，不仅要求工作台准确定位，还要求刀具相对于工件以给定的速度沿着指定的路径进行切削，以保证切削过程中每一点的精度和粗糙度，这取决于 CNC 装置的插补功能。数控机床加工曲线时，实际上是用一系列小段折线逼近要加工曲线的，如图 3-1 所示直线插补，这就是插补的结果。CNC 装置的刀具补偿就是将刀具垂直于刀具轨迹进行移位，用来修正刀具实际半径或直径与其程序规定值之间的差，如图 3-2 刀具半径补偿示例，编程时只需按工件轮廓编程，系统会自动计算刀具中心轨迹。

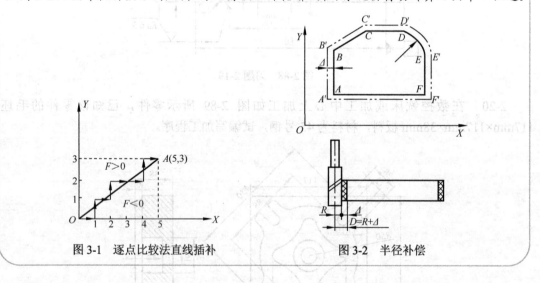

图 3-1　逐点比较法直线插补　　　　　　图 3-2　半径补偿

3.1　概　　述

如何控制刀具或工件的运动，是机床数字控制的核心问题。要进行平面曲线加工，需要两个运动坐标的协调运动；要走出空间曲线运动轨迹，则要求三个或三个以上运动坐标的协调运动。运动控制不仅控制刀具相对于工件运动的轨迹，而且还要控制运动的速度。直线和圆弧是构成工件轮廓的基本线条，所以大多数 CNC 系统一般都具有直线和圆弧插补功能,对于其他类型的轮廓,可以采用小段的直线或圆弧来拟合。只有在某些要求较高的系统中,才具有抛物线、螺旋线等插补功能。

所谓插补,是指数据密化的过程。是在对数控系统输入有限点(如直线的起点、终点,圆弧的起点、终点、半径、圆心等)的情况下,根据线段的特征,运用一定的算法,自动地在 有限坐标点之间生成一系列的坐标数据,从而自动地对各坐标轴进行脉冲分配,完成整个线段的轨迹运行,加工出所要求的轮廓曲线。

对于轮廓控制系统来说,插补是最重要的计算任务,插补程序的运行时间和计算精度是影响 CNC 系统的性能指标,可以说插补是整个 CNC 系统控制软件的核心。中间点的获取是根据相应的算法由数控系统软件或硬件自动完成,并以此来协调制各坐标轴的运动,从而获得所要求的运动轨迹。

插补是整个数控系统软件中一个极其重要的功能模块,其算法的选择直接影响系统的精度、速度及加工能力等。经过几十年的发展,插补算法不断成熟。插补过程主要通过硬件与软件完成,当前应用得较多为软件方式。而在软件方式中大致分为两大类:基准脉冲插补和数据采样插补。

3.1.1 基准脉冲插补

基准脉冲插补又称为脉冲增量插补,该插补算法主要为各坐标轴进行脉冲分配计算。在数控系统中,一个脉冲所产生的坐标轴位移量叫做脉冲当量,通常用 δ 表示。脉冲当量 δ 是脉冲分配的基本单位,按机床设计的加工精度选定。普通精度的机床一般取 $\delta = 0.01\text{mm}$,较精密的机床取 $\delta = 0.001\text{mm}$ 或 0.005mm。基准脉冲插补特点如下。

(1)每次插补的结果仅产生一个单位的行程增量,即一个脉冲当量,以一个个脉冲的方式输出给步进电动机,其基本思想是用折线来逼近曲线和直线。

(2)插补速度与进给速度密切相关,而且还受到步进电动机最高运行频率的限制。当脉冲当量为 $10\mu\text{m}$ 时,采用该插补算法所能获得的最高进给速度约为 $4\sim5\text{m/min}$。

(3)脉冲增量插补的实现方法简单,通常仅用加法和移位运算方法就可完成插补,比较容易用硬件来实现,而且,用硬件实现这类运算的速度很快。

基准脉冲插补适用于以步进电动机为驱动装置的开环数控系统。

3.1.2 数据采样插补

数据采样插补又称时间标量插补或数字增量插补。这类插补的特点是数控装置产生的不是单个脉冲,而是数字量。插补运算分为两步完成,第一步为粗插补,它是在给定起点和终点的曲线之间插入若干个点,即用若干条微小直线段来逼近给定曲线,每一微小直线段的长度 Δl 都相等,且与给定进给速度有关。粗插补在每一微小直线段的长度 Δl 与进给速度 F 和插补周期 T 有关,即 $\Delta l = FT$。第二步为精插补,它是在粗插补算出的每一微小线段上再作"数据点的密化",这一步相当于对直线进行脉冲当量插补。在实际使用中粗插补运算简称插补,通常由软件实现,而精插补可以用软件,也可以用硬件实现。

数据采样插补方法适用于闭环和半闭环的直线驱动或交流伺服电动机为驱动装置的位置采样控制系统。

3.2 基准脉冲插补

基准脉冲插补通常有以下几种：逐点比较法、数字积分法、比较积分法、矢量判断法、最小偏差法、数字脉冲乘法器法等。

3.2.1 逐点比较法插补

逐点比较法的基本原理是被控对象在按要求的轨迹运动时，每走一步都要与规定的轨迹进行比较，由比较结果决定下一步移动的方向。逐点比较法既可以作直线插补又可以作圆弧插补。这种算法的特点是运算直观，插补误差小于一个脉冲当量，输出脉冲均匀，调节方便，因此在两坐标数控机床中应用较为普遍。

1. 逐点比较法直线插补

1）逐点比较法的直线插补原理

在图 3-3 所示的 xOy 平面第一象限内有直线段 OE，以原点 O 为起点，以 $E(x_e, y_e)$ 为终点，直线方程为

$$\frac{y}{x} = \frac{y_e}{x_e}$$

改写为

$$yx_e - xy_e = 0$$

如果加工轨迹脱离直线，则轨迹点的 x、y 坐标不满足上述直线方程。在第一象限中，对位于直线上方的点 A，则有

$$y_a x_e - x_a y_e > 0$$

对位于直线下方的点 B，则有

$$y_b x_e - x_b y_e < 0$$

因此可以取判别函数 F 来判断点与直线的相对位置，F 为

$$F = yx_e - xy_e$$

当加工点落在直线上时，$F = 0$；
当加工点落在直线上方时，$F > 0$；
当加工点落在直线下方时，$F < 0$。

我们称 $F = yx_e - xy_e$ 为"直线插补偏差判别式"或"偏差判别函数"，F 的数值称为"偏差"。

例如图 3-4 所示的待加工直线 OA，可运用下述法则，根据偏差判别式，求得图中近似直线（由折线组成）。若刀具加工点的位置 $P(x_i, y_j)$ 处在直线上方（包括在直线上），即满足 $F_{i,j} \geq 0$ 时向 x 轴方向发出一个正向运动的进给脉冲（$+\Delta x$），使刀具沿 x 轴坐标动一步（一个脉冲当量 δ），逼近直线；若刀具加工点的位置 $P(x_i, y_j)$ 处在直线下方，即满足 $F_{i,j} < 0$ 时，向 y 轴发出一个正向运动的进给脉冲（$+\Delta y$），使刀具沿 y 轴移动一步逼近直线。

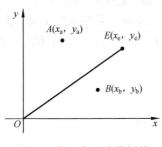
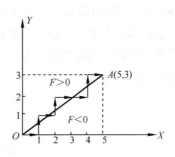

图 3-3　第一象限直线插补　　　　　　图 3-4　直线插补轨迹

但是按照上述法则进行运算判别，要求每次判别 $F_{i,j}$ 都要进行乘法与减法运算，这在具体电路或程序中实现不方便。一个简便的方法是：每走一步到新加工点，加工偏差用前一点的加工偏差递推出来，这种方法称为"递推法"。

若 $F_{i,j} \geqslant 0$ 时，则向 x 轴发出一进给脉冲，刀具从这点向 x 方向迈进一步，新加工点 $P(x_{i+1}, y_j)$ 的偏差值为

$$F_{i+1,j} = x_e y_j - (x_i + 1) y_e = x_e y_j - x_i y_e - y_e = F_{i,j} - y_e$$

即

$$F_{i+1,j} = F_{i,j} - y_e \tag{3-1}$$

若某一时刻加工点 $P(x_i, y_j)$ 的 $F_{i,j} < 0$ 时，则向 y 轴发出一进给脉冲，刀具从这点向 y 方向迈进一步，新加工点 $P(x_i, y_{j+1})$ 的偏差值为

$$F_{i,j+1} = x_e(y_j + 1) - x_i y_e = x_e y_j - x_i y_e + x_e = F_{i,j} + x_e$$

即

$$F_{i,j+1} = F_{i,j} + x_e \tag{3-2}$$

根据式（3-1）及式（3-2）可以看出，新加工点的偏差值完全可以用前一点的偏差递推出来。

2）节拍控制和运算程序流程图

直线插补的节拍控制。综上所述，逐点比较法直线插补的全过程，每走一步要进行以下四个拍节。

第一节拍——偏差判别。判别刀具当前位置相对于给定轮廓的偏离情况，以此决定刀具移动方向。

第二节拍——进给。根据偏差判别结果，控制刀具相对于工件轮廓进给一步，即向给定的轮廓靠拢，减少偏差。

第三节拍——偏差计算。由于刀具进给已改变了位置，因此应计算出刀具当前位置的新偏差，为下一次判别作准备。

第四节拍——终点判别。判别刀具是否已到达被加工轮廓线段的终点。若已到达终点，则停止插补；若未到达终点，则继续插补。如此不断重复上述四个节拍就可以加工出所要求的轮廓。

3）不同象限的直线插补

对第二象限，只要用 $|x|$ 取代 x，就可以变换到第一象限，至于输出驱动，应使 x 轴步进电动机反向旋转，而 y 轴步进电动机仍为正向旋转。

同理,第三、四象限的直线也可以变换到第一象限。插补运算时,用$|x|$和$|y|$代替x、y。输出驱动则:在第三象限,点在直线上方,向$-y$方向进给,点在直线下方,向$-x$方向进给;在第四象限,点在直线上方,向$-y$方向进给,点在直线下方,向$+x$方向进给。四个象限的进给方向如图3-5所示。

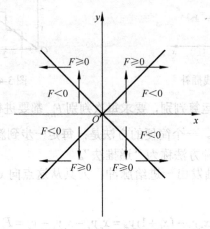

图3-5 四个象限进给方向

4)直线插补举例

例3-1 设欲加工第一象限直线OE,终点坐标为$x_e=5$,$y_e=3$,试用逐点比较法插补该直线。

解:总步数$n=5+3=8$

开始时刀具在直线起点,即在直线上,故$F_0=0$,表3-1列出了直线插补运算过程,插补轨迹见图3-2。

表3-1 直线插补运算过程

序号	偏差判别	进给	偏差计算	终点判别
0			$F_0=0$	$n=5+3=8$
1	$F_0=0$	$+\Delta x$	$F_1=F_0-y_e=0-3=-3$	$n=8-1=7$
2	$F_1<0$	$+\Delta y$	$F_2=F_1+x_e=-3+5=2$	$n=7-1=6$
3	$F_2>0$	$+\Delta x$	$F_3=F_2-y_e=2-3=-1$	$n=6-1=5$
4	$F_3<0$	$+\Delta y$	$F_4=F_3+x_e=-1+5=4$	$n=5-1=4$
5	$F_4>0$	$+\Delta x$	$F_5=F_4-y_e=4-3=1$	$n=4-1=3$
6	$F_5>0$	$+\Delta x$	$F_6=F_5-y_e=1-3=-2$	$n=3-1=2$
7	$F_6<0$	$+\Delta y$	$F_7=F_6+x_e=-2+5=3$	$n=2-1=1$
8	$F_7>0$	$+\Delta x$	$F_8=F_7-y_e=3-3=0$	$n=1-1=0$

2. 逐点比较法圆弧插补

1)逐点比较法的圆弧插补原理

加工圆弧时,我们利用加工点到圆心的距离与该圆弧半径相比较来反映加工点的偏差。设要加工如图3-6所示第一象限逆时针走向的圆弧AB,半径为R,以原点为圆心,起点坐标为$A(x_0,y_0)$,点$P(x_i,y_j)$的加工偏差有以下三种情况。

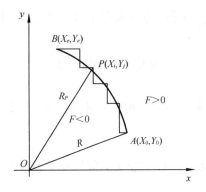

图 3-6 逐点比较法圆弧插补

若加工点 $P(x_i, y_j)$ 落在圆弧上，则 $(x_i^2 - x_0^2) + (y_j^2 - y_0^2) = 0$

若加工点 $P(x_i, y_j)$ 落在圆弧外侧，则 $(x_i^2 - x_0^2) + (y_j^2 - y_0^2) > 0$

若加工点 $P(x_i, y_j)$ 落在圆弧内侧，则 $(x_i^2 - x_0^2) + (y_j^2 - y_0^2) < 0$

取加工偏差判别式为

$$F_{i,j} = (x_i^2 - x_0^2) + (y_j^2 - y_0^2)$$

若点 $P(x_i, y_j)$ 在圆弧外侧或圆弧上，即满足 $F_{i,j} \geq 0$ 的条件时，则向 x 轴发出一负向运动的进给脉冲（$-\Delta x$）；若点 $P(x_i, y_j)$ 在圆弧内侧，即满足 $F_{i,j} < 0$ 的条件时，则向 y 轴发出一正向运动的进给脉冲（$+\Delta y$）。为了简化偏差判别式的运算，仍用递推法来推算下一步新的加工偏差。

设加工点 $P(x_i, y_j)$ 在圆弧外侧或在圆弧上，则加工偏差为

$$F_{i,j} = (x_i^2 - x_0^2) + (y_j^2 - y_0^2) \geq 0$$

则 x 轴须向负向进给一步（$-\Delta x$），移到新的加工点 $P(x_{i+1}, y_j)$，其加工偏差为

$$F_{i+1,j} = (x_i - 1)^2 - x_0^2 + y_j^2 - y_0^2 = x_i^2 - 2x_i + 1 + y_j^2 - y_0^2 - x_0^2$$
$$= F_{i,j} - 2x_i + 1 \tag{3-3}$$

若加工点 $P(x_i, y_j)$ 在圆弧的内侧，则 $F_{i,j} < 0$。那么 y 轴须向正向进给一步（$+\Delta y$），移到新的加工点 $P(x_i, y_{j+1})$，其加工偏差为

$$F_{i,j+1} = x_i^2 - x_0^2 + (y_j + 1)^2 - y_0^2 = x_i^2 - x_0^2 + y_j^2 + 2y_j + 1 - y_0^2$$
$$= F_{i,j} + 2y_i + 1 \tag{3-4}$$

根据式（3-3）及式（3-4）可以看出，新加工点的偏差值可以用前一点的偏差值递推出来。递推法把圆弧偏差运算式由平方运算化为加法和乘 2 运算，而对二进制来说，乘 2 运算是容易实现的。

2）圆弧插补的运算过程

圆弧插补的运算过程与直线插补的过程基本一样，不同的是，圆弧插补时，动点坐标的绝对值总是一个增大，另一个减小。如对于第一象限逆圆来说，动点坐标的增量公式为

$$x_{i+1} = x_i - 1 \qquad y_{j+1} = y_j + 1$$

圆弧插补运算每进给一步也需要进行偏差判别、进给、偏差计算、终点判断四个工作

节拍。运算中 F 寄存偏差值 $F_{i,j}$；x 和 y 分别寄存 x 和 y 动点的坐标值，开始分别存放 x_0 和 y_0；n 寄存终点判别值：

$$n = |x_e - x_0| + |y_e - y_0|$$

3）圆弧插补举例

例 3-2 设有第一象限逆圆弧 AB，起点为 A（5，0），终点为 B（0，5），用逐点比较法插补 AB。

解：$n = |5-0| + |0-5| = 10$

开始加工时刀具在起点 A，$F_0 = 0$。加工运算过程见表3-2，插补轨迹见图3-7。

表3-2 圆弧插补运算过程

序号	偏差判别	进给	偏差计算		终点判别
0			$F_0=0$	$x_0=5$, $y_0=0$	$n=10$
1	$F_0=0$	$-\Delta x$	$F_1=F_0-2x+1=0-2\times5+1=-9$	$x_1=4$, $y_1=0$	$n=10-1=9$
2	$F_1<0$	$+\Delta y$	$F_2=F_1+2y+1=-9+2\times0+1=-8$	$x_2=4$, $y_2=1$	$n=8$
3	$F_2<0$	$+\Delta y$	$F_3=-8+2\times1+1=-5$	$x_3=4$, $y_3=2$	$n=7$
4	$F_3<0$	$+\Delta y$	$F_4=-5+2\times2+1=0$	$x_4=4$, $y_4=3$	$n=6$
5	$F_4=0$	$-\Delta x$	$F_5=0-2\times4+1=-7$	$x_5=3$, $y_5=3$	$n=5$
6	$F_5<0$	$+\Delta y$	$F_6=-7+2\times3+1=0$	$x_6=3$, $y_6=4$	$n=4$
7	$F_6=0$	$-\Delta x$	$F_7=0-2\times3+1=-5$	$x_7=2$, $y_7=4$	$n=3$
8	$F_7<0$	$+\Delta y$	$F_8=-5+2\times4+1=4$	$x_8=2$, $y_8=5$	$n=2$
9	$F_8>0$	$-\Delta x$	$F_9=4-2\times2+1=1$	$x_9=1$, $y_9=5$	$n=1$
10	$F_9>0$	$-\Delta x$	$F_{10}=1-2\times1+1=0$	$x_{10}=0$, $y_{10}=5$	$n=0$

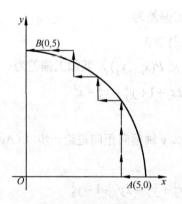

图 3-7 圆弧插补轨迹

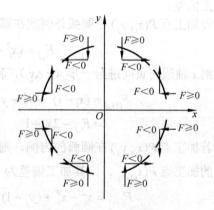

图 3-8 圆弧四象限进给方向

4）圆弧插补的象限处理与坐标变换

（1）圆弧插补的象限处理。上面仅讨论了第一象限的逆圆弧插补，实际上圆弧所在的象限不同，顺逆不同，则插补公式和进给方向均不同。圆弧插补有8种情况，如图3-8所示。

现将圆弧8种情况偏差计算及进给方向列于表3-3中，其中用 R 表示圆弧，S 表示顺时针，N 表示逆时针，四个象限分别用数字1、2、3、4标注，例如 $SR1$ 表示第一象限顺圆，$NR3$ 表示第三象限逆圆。

表 3-3 xOy 平面内圆弧插补的进给与偏差计算

线 型	偏差	偏差计算	进给方向与坐标
SR2，NR3	$F \geq 0$	$F \leftarrow F+2x+1$	$+\Delta x$
SR1，NR4	$F < 0$	$x \leftarrow x+1$	
NR1，SR4	$F \geq 0$	$F \leftarrow F-2x+1$	$-\Delta x$
NR2，SR3	$F < 0$	$x \leftarrow x-1$	
NR4，SR3	$F \geq 0$	$F \leftarrow F+2y+1$	$+\Delta y$
NR1，SR2	$F < 0$	$y \leftarrow y+1$	
SR1，NR2	$F \geq 0$	$F \leftarrow F-2y+1$	$-\Delta y$
NR3，SR4	$F < 0$	$y \leftarrow y-1$	

（2）圆弧自动过象限。所谓圆弧自动过象限，是指圆弧的起点和终点不在同一象限内，如图 3-9 所示。为实现一个程序段的完整功能，需设置圆弧自动过象限功能。

要完成过象限功能，首先应判别何时过象限。过象限有一显著特点，就是过象限时刻正好是圆弧与坐标轴相交的时刻，因此在两个坐标值中必有一个为零，判断是否过象限只要检查是否有坐标值为零即可。

过象限后，圆弧线型也改变了，以图 3-9 为例，由 $SR\,2$ 变为 $SR\,1$。但过象限时象限的转换是有一定规律的。当圆弧起点在第一象限时，逆时针圆弧过象限后转换顺序是 $NR\,1 \rightarrow NR\,2 \rightarrow NR\,3 \rightarrow NR\,4 \rightarrow NR\,1$，每过一次象限，象限顺序号加 1，当从第四象限向第一象限过象限时，象限顺序号从 4 变为 1；顺时针圆弧过象限的转换顺序是 $SR\,1 \rightarrow SR\,4 \rightarrow SR\,3 \rightarrow SR\,2 \rightarrow SR\,1$，即每过一次象限，

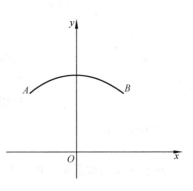

图 3-9 圆弧过象限

象限顺序号减 1，当从第一象限向第四象限过象限时，象限顺序号从 1 变为 4。

（3）坐标变换。前面所述的逐点比较法插补是在 xOy 平面中讨论的。对于其他平面的插补可采用坐标变换方法实现。用 y 代替 x，z 代替 y，即可实现 yOz 平面内的直线和圆弧插补；用 z 代替 y 而 x 坐标不变，就可以实现 xOz 平面内的直线与圆弧插补。

3.2.2 数字积分法插补

1. 数字积分法的基本原理

数字积分法又称数字微分分析法（Digital Differential Analyzer；DDA）。这种插补方法可以实现一次、二次、甚至高次曲线的插补，也可以实现多坐标联动控制。只要输入不多的几个数据，就能加工出圆弧等形状较为复杂的轮廓曲线。作直线插补时，脉冲分配也较均匀。

从几何概念上来说，函数 $y = f(t)$ 的积分运算就是求函数曲线所包围的面积 S，如图 3-10 所示。

$$S = \int_0^t y\,dt \tag{3-5}$$

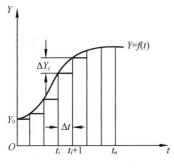

图 3-10 函数 $y = f(t)$ 的积分

此面积可以看作许多长方形小面积之和,长方形的宽为自变量 Δt,高为纵坐标 y_i。

则
$$S=\int_0^t y\mathrm{d}t = \sum_{i=0}^n y_i\Delta t \qquad (3\text{-}6)$$

这种方法又称为矩形积分法,数学运算时,如果取 $\Delta t=1$,即一个脉冲当量,可以简化为

$$S = \sum_{i=0}^n y_i \qquad (3\text{-}7)$$

由此,函数的积分运算变成了变量求和运算。若所选取的脉冲当量足够小,则用求和运算来代替积分运算所引起的误差一般不会超过允许的数值。

2. DDA 直线插补

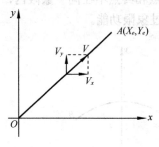

图 3-11 直线插补

1) DDA 直线插补原理

设 xOy 平面内直线 OA,起点 (0,0),终点为 (x_e, y_e),如图 3-11 所示。若以匀速 V 沿 OA 位移,则 V 可分为动点在 x 轴和 y 轴方向的两个速度 V_x、V_y,根据积分原理计算公式,在 x 轴和 y 轴方向上微小位移增量 Δx、Δy 应为

$$\begin{cases} \Delta x = V_x \Delta t \\ \Delta y = V_y \Delta t \end{cases} \qquad (3\text{-}8)$$

对于直线函数来说,V_x、V_y,V 和 L 满足下式

$$\begin{cases} \dfrac{V_x}{V} = \dfrac{x_e}{L} \\ \dfrac{V_y}{V} = \dfrac{y_e}{L} \end{cases}$$

从而有

$$\begin{cases} V_x = kx_e \\ V_y = ky_e \end{cases} \qquad (3\text{-}9)$$

其中:$k = \dfrac{V}{L}$

因此坐标轴的位移增量为

$$\begin{cases} \Delta x = kx_e \Delta t \\ \Delta y = ky_e \Delta t \end{cases} \qquad (3\text{-}10)$$

各坐标轴的位移量为

$$\begin{cases} x = \int_0^t kx_e \mathrm{d}t = k\sum_{i=1}^n x_e \Delta t \\ y = \int_0^t ky_e \mathrm{d}t = k\sum_{i=1}^n y_e \Delta t \end{cases} \qquad (3\text{-}11)$$

所以,动点从原点走向终点的过程,可以看作各坐标轴每经过一个单位时间间隔 Δt,分别以增量 kx_e、ky_e 同时累加的过程。据此可以作出直线插补原理图,如图 3-12 所示。

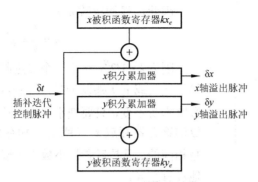

图 3-12　xOy 平面直线插补原理

平面直线插补器由两个数字积分器组成，每个坐标的积分器由累加器和被积函数寄存器组成。终点坐标值存在被积函数寄存器中，Δt 相当于插补控制脉冲源发出的控制信号。每发生一个插补迭代脉冲（即来一个 Δt），使被积函数 kx_e 和 ky_e 向各自的累加器里累加一次，累加的结果有无溢出脉冲 Δx（或 Δy），取决于累加器的容量和 kx_e 或 ky_e 的大小。

假设经过 n 次累加后（取 $\Delta t=1$），x 和 y 分别（或同时）到达终点（x_e，y_e），则下式成立

$$\begin{cases} x = \sum_{i=1}^{n} kx_e \Delta t = kx_e n = x_e \\ y = \sum_{i=1}^{n} ky_e \Delta t = ky_e n = y_e \end{cases} \quad (3\text{-}12)$$

由此得到 $nk=1$，即 $n=1/k$

上式表明比例常数 k 和累加（迭代）次数 n 的关系，由于 n 必须是整数，所以 k 一定是小数。

k 的选择主要考虑每次增量 Δx 或 Δy 不大于 1，以保证坐标轴上每次分配进给脉冲不超过一个，也就是说，要使下式成立

$$\begin{cases} \Delta x = kx_e < 1 \\ \Delta y = ky_e < 1 \end{cases} \quad (3\text{-}13)$$

若取寄存器位数为 N 位，则 x_e 及 y_e 的最大寄存器容量为 2^N-1，故有

$$\begin{cases} \Delta x = kx_e = k(2^N-1) < 1 \\ \Delta y = ky_e = k(2^N-1) < 1 \end{cases} \quad (3\text{-}14)$$

所以 $\quad k < \dfrac{1}{2^N - 1}$

一般取 $\quad k = \dfrac{1}{2^N}$

可满足

$$\begin{cases} \Delta x = kx_e = \dfrac{2^N-1}{2^N} < 1 \\ \Delta y = ky_e = \dfrac{2^N-1}{2^N} < 1 \end{cases} \quad (3\text{-}15)$$

因此，累加次数 n 为

$$n = \frac{1}{k} = 2^N$$

因为 $k=1/2^N$，对于一个二进制数来说，使 kx_e（或 ky_e）等于 x_e（或 y_e）乘以 $1/2^N$ 是很容易实现的，即 x_e（或 y_e）数字本身不变，只要把小数点左移 N 位即可。所以一个 N 位的寄存器存放 x_e（或 y_e）和存放 kx_e（或 ky_e）的数字是相同的，只是后者的小数点出现在最高位数 N 前面，其他没有差异。

DDA 直线插补的终点判别较简单，因为直线程序段需要进行 2^N 次累加运算，进行 2^N 次累加后就一定到达终点，故可由一个与积分器中寄存器容量相同的终点计数器 J_E 实现，其初值为 0。每累加一次，J_E 加 1，当累加 2^N 次后，产生溢出，使 $J_E=0$，完成插补。

2) DDA 直线插补软件流程

用 DDA 法进行插补时，x 和 y 两坐标可同时进给，即可同时送出 Δx、Δy 脉冲，同时每累加一次，要进行一次终点判断。软件流程见图 3-13，其中 J_{Vx}、J_{Vy} 为积分函数寄存器，J_{Rx}、J_{Ry} 为余数寄存器，J_E 为终点计数器。

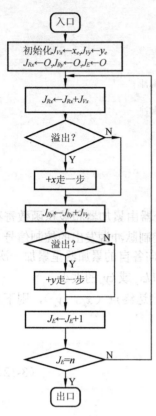

图 3-13 DDA 直线插补软件流程

3) DDA 直线插补举例

例 3-3 设有一直线 OA，起点在坐标原点，终点的坐标为 (4, 6)。试用 DDA 法直线插补此直线。

解：$J_{Vx}=4$，$J_{Vy}=6$，选寄存器位数 $N=3$，则累加次数 $n=2^3=8$，运算过程如表 3-4 所示，插补轨迹如图 3-14 所示。

表 3-4 DDA 直线插补运算过程

累加次数 n	x 积分器 $J_{Rx}+J_{Vx}$	溢出 Δx	y 积分器 $J_{Ry}+J_{Vy}$	溢出 Δy	终点判断 J_E
0	0	0	0	0	0
1	0+4=4	0	0+6=6	0	1
2	4+4=8+0	1	6+6=8+4	1	2
3	0+4=4	0	4+6=8+2	1	3
4	4+4=8+0	1	2+6=8+0	1	4
5	0+4=4	0	0+6=6	0	5
6	4+4=8+0	1	6+6=8+4	1	6
7	0+4=4	0	4+6=8+2	1	7
8	4+4=8+0	1	2+6=8+0	1	8

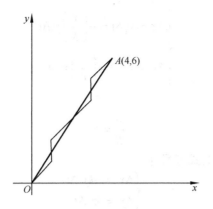

图 3-14　DDA 直线插补轨迹

3. DDA 圆弧插补

1）DDA 圆弧插补原理

从上面的叙述可知，数字积分直线插补的物理意义是使动点沿速度矢量的方向前进，这同样适合于圆弧插补。

以第一象限为例，设圆弧 AE，半径为 R，起点 $A(x_0, y_0)$，终点 $E(x_e, y_e)$，$N(x_i, y_i)$ 为圆弧上的任意动点，动点移动速度为 v，分速度为 v_x 和 v_y，如图 3-15 所示。圆弧方程为

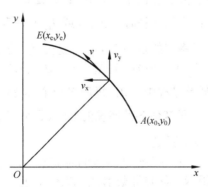

图 3-15　第一象限逆圆 DDA 插补

$$\begin{cases} x_i = R\cos\alpha \\ y_i = R\sin\alpha \end{cases} \tag{3-16}$$

动点 N 的分速度为

$$\begin{cases} v_x = \dfrac{dx_i}{dt} = -v\sin\alpha = -v\dfrac{y_i}{R} = -\left(\dfrac{v}{R}\right)y_i \\ v_y = \dfrac{dy_i}{dt} = v\cos\alpha = v\dfrac{x_i}{R} = \left(\dfrac{v}{R}\right)x_i \end{cases} \tag{3-17}$$

在单位时间 Δt 内，x、y 位移增量方程为

$$\begin{cases} \Delta x_i = v_x \Delta t = -\left(\dfrac{v}{R}\right) y_i \Delta t \\ \Delta y_i = v_y \Delta t = \left(\dfrac{v}{R}\right) x_i \Delta t \end{cases} \quad (3\text{-}18)$$

当 v 恒定不变时，则有

$$\frac{v}{R} = k$$

式中，k 为比例常数。上式可写为

$$\begin{cases} \Delta x_i = -k y_i \Delta t \\ \Delta y_i = k x_i \Delta t \end{cases} \quad (3\text{-}19)$$

与 DDA 直线插补一样，取累加器容量为 2^N，$k = 1/2^N$，N 为累加器、寄存器的位数，则各坐标的位移量为

$$\begin{cases} x = \int_0^t -ky\,\mathrm{d}t = -\dfrac{1}{2^N} \sum_{i=1}^{n} y_i \Delta t \\ y = \int_0^t kx\,\mathrm{d}t = \dfrac{1}{2^N} \sum_{i=1}^{n} x_i \Delta t \end{cases} \quad (3\text{-}20)$$

由此可构成图 3-16 所示的 DDA 圆弧插补原理框图。DDA 圆弧插补与直线插补的主要区别有两点：一是坐标值 x、y 存入被积函数器 J_{Vx}、J_{Vy} 的对应关系与直线不同，即 x 不是存入 J_{Vx} 而是存入 J_{Vy}、y 不是存入 J_{Vy} 而是存入 J_{Vx}；二是 J_{Vx}、J_{Vy} 寄存器中寄存的数值与 DDA 直线插补有本质的区别：直线插补时，J_{Vx}（或 J_{Vy}）寄存的是终点坐标 x_e（或 y_e），是常数，而在 DDA 圆弧插补时寄存的是动点坐标，是变量。因此在插补过程中，必须根据动点位置的变化来改变 J_{Vx} 和 J_{Vy} 中的内容。在起点时，J_{Vx} 和 J_{Vy} 分别寄存起点坐标 y_0、x_0。对于第一象限逆圆来说，在插补过程中，J_{Ry} 每溢出一个 Δy 脉冲，J_{Vx} 应该加 1；J_{Rx} 每溢出一个 Δx 脉冲，J_{Vy} 应减 1。对于其他各种情况的 DDA 圆弧插补，J_{Vx} 和 J_{Vy} 是加 1 还是减 1，取决于动点坐标所在象限及圆弧走向。

DDA 圆弧插补时，由于 x、y 方向到达终点的时间不同，需对 x、y 两个坐标分别进行终点判断。实现这一点可利用两个终点计数器 J_{Ex} 和 J_{Ey}，把 x、y 坐标所需输出的脉冲数 $|x_0 - x_e|$、$|y_0 - y_e|$ 分别存入这两个计数器中，x 或 y 积分累加器每输出一个脉冲，相应的减法计数器减 1，当某一个坐标的计数器为零时，说明该坐标已到达终点，停止该坐标的累加运算。当两个计数器均为零时，圆弧插补结束。

2）DDA 圆弧插补举例

例 3-4 设有第一象限逆圆弧 AB，起点 A（5，0），终点 E（0，5），设寄存器位数 N 为 3，试用 DDA 法插补此圆弧。

解：$J_{Vx} = 0$，$J_{Vy} = 5$，寄存器容量为 $2^N = 2^3 = 8$。运算过程见表 3-5，插补轨迹见图 3-17。

表 3-5　DDA 圆弧插补插补计算举例

累加器 n	x 积分累加器				y 积分累加器			
	J_{Vx}	J_{Rx}	Δx	J_{Ex}	J_{Vy}	J_{Ry}	Δy	J_{Ey}
0	0	0	0	5	5	0	0	5
1	0	0	0	5	5	5	0	5
2	0	0	0	5	5	8+2	1	4
3	1	1	0	5	5	7	0	4
4	1	2	0	5	5	8+4	1	3
5	2	4	0	5	5	8+1	1	2
6	3	7	0	5	5	6	0	2
7	3	8+2	1	4	5	8+3	1	1
8	4	6	0	4	4	7	0	1
9	4	8+2	1	3	4	8+3	1	0
10	5	7	0	3	3	停	0	0
11	5	8+4	1	2	3	—	—	—
12	5	8+1	1	1	2	—	—	—
13	5	6	0	1	1	—	—	—
14	5	8+3	1	0	1	—	—	—
15	5	停	0	0	0	—	—	—

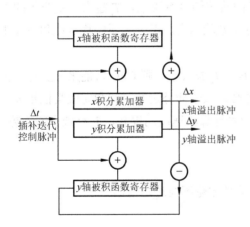

图 3-16　DDA 圆弧插补原理框图

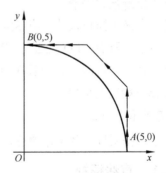

图 3-17　DDA 圆弧插补轨迹

3）不同象限的脉冲分配

不同象限的顺圆、逆圆的 DDA 插补运算过程与原理框图与第一象限逆圆基本一致。其不同点在于，控制各坐标轴的 Δx 和 Δy 的进给脉冲分配方向不同，以及修改 J_{Vx} 和 J_{Vy} 内容时，是"+1"还是"-1"要由 y 和 x 坐标的增减而定。各种情况下的脉冲分配方向及±1修正方式如表 3-6 所示。

表 3-6 DDA 圆弧插补时不同象限的脉冲分配及坐标修正

	SR1	SR2	SR3	SR4	NR1	NR2	NR3	NR4
J_{Vx}	−1	+1	−1	+1	+1	−1	+1	−1
J_{Vy}	+1	−1	+1	−1	−1	+1	−1	+1
Δx	+	+	−	−	−	−	+	+
Δy	−	+	+	−	+	−	−	+

3.3 数字采样插补

随着数控系统中计算机的引入，插补实时性和计算复杂性之间的矛盾已不再那么突出了。因此，现代数控系统中就采用了结合计算机采样思想的数据采样插补法。

数据采样法实际上是一种粗插补过程，它所产生的微小线段仍然比较大，必须进一步对其密化（即精插补）。粗插补算法较复杂，大多用高级语言编制；精插补算法较简单，多用汇编语言或硬件插补器实现。

粗插补产生微小线段的周期称为插补周期 T_s，精插补的周期称为位置控制周期 T_c，它是伺服位置环的采样控制周期。对于特定的系统，T_s、T_c 是两个固定不变的时间参数，且 $T_s = nT_c$，n 为自然数。

T_s 对系统稳定性没有影响，但对被加工轮廓的轨迹精度有影响，T_s 越大，则产生的微小线段越长($\Delta l = FT_s$，F 为程编速度)，插补计算误差就越大。而 T_c 对系统稳定性和被加工轮廓的轨迹精度都有影响。

可见，为减小插补误差，应尽量减小 T_s。但是，T_s 若太小，则 CPU 可能来不及进行位置计算、显示、监控、I/O 处理等 CNC 任务，T_s 必须大于插补运行时间和完成其他相关任务所需时间之和。目前，T_s 一般在 10ms 左右，随着计算机速度的提高，T_s 有减小的趋势。

T_c 选择一般有两种情况：

$T_c = T_s$ 或取 $T_c = 0.5T_s$。

以上是数据采样法的基本原理，下面讨论插补具体轮廓线时的情形。

3.3.1 直线插补

如图 3-18 所示为第一象限直线，下面分析其插补规律。

刀尖从点 N_{i-1} 移动到点 N_i，沿轮廓直线方向的增量为 $DL = F \times T_s$，沿 X 向的增量为 DX，沿 Y 方向的增量为 DY，它们之间的关系是：

$$DX = DL \times X_e/L, \quad DY = DL \times Y_e/L$$

其中，L 为轮廓直线的长度，它满足等式 $L^2 = Xe^2 + Ye^2$

N_i 点的动态坐标可以用前一个点的坐标动态表示：$X = X + DX$，$Y = Y + DY$

由此，可设计第一象限数据采样直线插补软件流程图，见图 3-19。

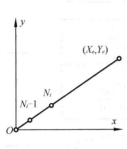

图 3-18　第一象限直线

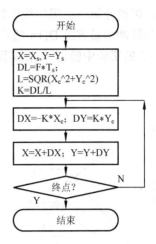

图 3-19　第一象限数据采样直线插补软件流程图

3.3.2　圆弧插补

数据采样法圆弧插补的基本思路是在满足加工精度的前提下，用切线、弦线或割线来代替圆弧实现进给，即用直线逼近圆弧。

1. 切线法（一阶 DDA 算法）

图 3-20 为第一象限逆圆，现分析其切线法插补规律。

设当前点在 N_{i-1}，按切线方向前进一个粗插补周期后到达 N_i 点，走过的粗插补单位长度为　$L=F\times T_s$，其中：F 为进给速度，粗插补周期为 T_s。

显然，　$X_{i-1}=R\cos\psi_{i-1}$　　　（R 为圆弧半径）

$Y_{i-1}=R\sin\psi_{i-1}$

$X_i=R\cos(\psi_{i-1}+\theta)$

$Y_i=R\sin(\psi_{i-1}+\theta)$

从而

$X_i=X_{i-1}\cos\theta - Y_{i-1}\sin\theta$

$Y_i=Y_{i-1}\cos\theta + X_{i-1}\sin\theta$

因为 θ 很小，所以

$\sin\theta = \theta - \theta_3/3! + \theta_5/5! - \cdots\cdots$

$\cos\theta = 1 - \theta_2/2! + \theta_4/4! - \cdots\cdots$

取一阶近似（一阶 DDA 名称的由来），得

$\sin\theta = \theta = F\times T_s/R = K$

$\cos\theta = 1$

因此

$X_i = X_{i-1} - KY_{i-1}$

$Y_i = Y_{i-1} + KX_{i-1}$

$X_i = \Delta X_i - X_{i-1} = -KY_{i-1}$

$Y_i = \Delta Y_i - Y_{i-1} = KX_{i-1}$

由此，可设计第一象限切线法数据采样圆弧插补软件流程图，见图 3-21。

本法与脉冲增量方式 DDA 插补在本质上是相同的，前者是后者的推广。由于误差太大（可以在随后的实验中验证），在实际的 CNC 系统中并不使用。

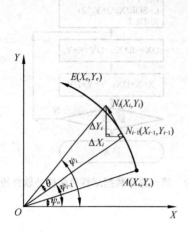

图 3-20　切线法逆圆插补示意

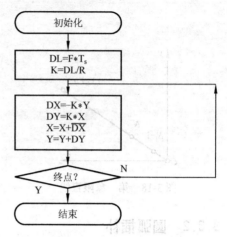

图 3-21　切线法圆弧插补流程图

2. 弦线法（直接函数算法）

图 3-22 为第一象限顺圆，弦线法插补规律（请参考有关书籍自行分析）如下。分区情况见图 3-23。由此，不难得到其流程图，如图 3-24 所示。弦线法的精度比切线法高。

Ⅰ区：

$$\Delta X_i = (Y_{i-1} + \Delta Y_{i-1} \times 0.5) \times FT_s/R$$
$$\Delta Y_i = -Y_{i-1} + (R_2 - (X_{i-1} + \Delta X_i)2)1/2$$
$$X_i = X_{i-1} + \Delta X_i$$
$$Y_i = Y_{i-1} + \Delta Y_i$$

Ⅱ区：

$$\Delta Y_i = (X_{i-1} + \Delta X_{i-1} \times 0.5) \times FT_s/R$$
$$\Delta X_i = -X_{i-1} + (R_2 - (Y_{i-1} + \Delta Y_i)2)1/2$$
$$X_i = X_{i-1} + \Delta X_i$$
$$Y_i = Y_{i-1} + \Delta Y_i$$

Ⅲ区：

$$\Delta X_i = (Y_{i-1} + Y_{i-1} \times 0.5) \times FT_s/R$$
$$\Delta Y_i = -Y_{i-1} - (R_2 - (X_{i-1} + X_i)2)1/2$$
$$X_i = X_{i-1} + X_i$$
$$Y_i = Y_{i-1} + Y_i$$

Ⅳ区：

$$\Delta Y_i = (X_{i-1} + \Delta X_{i-1} \times 0.5) \times FT_s/R$$
$$\Delta X_i = -X_{i-1} - (R_2 - (Y_{i-1} + Y_i)2)1/2$$
$$X_i = X_{i-1} + X_i$$
$$Y_i = Y_{i-1} + Y_i$$

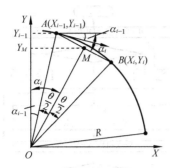

图 3-22 弦线法顺圆插补示意

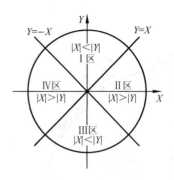

图 3-23 分区图

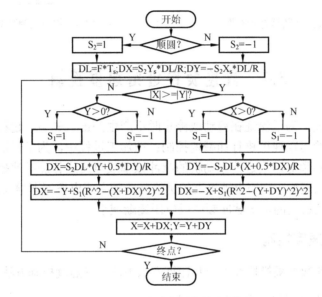

图 3-24 弦线法圆弧插补流程图

3. 割线法（二阶 DDA 算法）

采用一阶算法时可得到：$\sin\theta = \theta - \theta_3/3! + \theta_5/5! - \cdots$
$$\cos\theta = 1 - \theta_2/2! + \theta_4/4! - \cdots$$

现在取两阶近似，即为二阶 DDA 算法：

$$\sin\theta = \theta - \theta_3/3! \approx \theta$$
$$\cos\theta = 1 - \theta_2/2! \approx 1 - 0.5 \times \theta_2$$

图 3-25 逆圆第一象限插补时，可计算得到：

$$\Delta X_i = K \times Y_{i-1} - 0.5 \times X_{i-1} K_2$$
$$\Delta Y_i = -K \times X_{i-1} - 0.5 \times Y_{i-1} K_2$$
$$X_i = X_{i-1} + X_i$$
$$Y_i = Y_{i-1} + Y_i$$

按此编制程序流程图 3-26。割线法的精度比弦线法高。

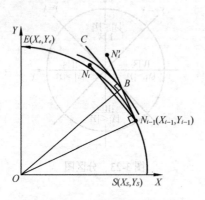
图 3-25 割线法逆圆插补示意图

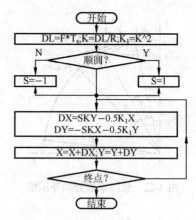
图 3-26 割线法圆弧插补流程图

3.4 数控装置进给速度控制

在高速运动阶段，为了保证在启动或停止时不产生冲击、失步、超程或振荡，数控系统需要对机床的进给运动速度进行加减速控制；在加工过程中，为了保证加工质量，在进给速度发生突变时必须对送到进给电动机的脉冲频率或电压进行加减速控制。在启动或速度突然升高时，应保证加在伺服电动机上的进给脉冲频率或电压逐渐增大；当速度突降时，应保证加在伺服电动机上的进给脉冲频率或电压逐渐减小。

3.4.1 进给速度控制

脉冲增量插补和数据采样插补由于其计算方法不同，其速度控制方法也有所不同。

1. 脉冲增量插补算法的进给速度控制

脉冲增量插补的输出形式是脉冲，其频率与进给速度成正比。因此可通过控制插补运算的频率来控制进给速度。常用的方法有软件延时法和中断控制法。

（1）软件延时法。根据编程进给速度，可以求出要求的进给脉冲频率，从而得到两次插补运算之间的时间间隔 t，它必须大于 CPU 执行插补程序的时间 $t_{程}$，t 与 $t_{程}$ 之差即为应调节的时间 $t_{延}$，可以编写一个延时子程序来改变进给速度。

例 3-5 设某数控装置的脉冲当量 $\delta = 0.01$mm，插补程序运行时间 $t_{程} = 0.1$ms，若编程进给速度 $f = 300$mm/min，求调节时间 $t_{延}$。

解 由 $v = 60\delta f$ 得

$$f = \frac{v}{60\delta} = \frac{300}{60 \times 0.01} = 500 \ (1/\text{s})$$

则插补时间间隔

$$t = \frac{1}{f} = 0.002\text{s} = 2\text{ms}$$

调节时间 $t_{延} = t - t_{程} = (2 - 0.1)$ ms = 1.9ms

用软件编一程序实现上述延时，即可达到进给速度控制的目的。

（2）中断控制法。由进给速度计算出定时器/计数器（CTC）的定时时间常数，以控制 CPU 中断。定时器每申请一次中断，CPU 执行一次中断服务程序，并在中断服务程序中完成一次插补运算并发出进给脉冲。如此连续进行，直至插补完毕。

这种方法使得 CPU 可以在两个进给脉冲时间间隔内做其他工作，如输入、译码、显示等。进给脉冲频率由定时器定时常数决定。时间常数的大小决定了插补运算的频率，也决定了进给脉冲的输出频率。该方法速度控制比较精确，控制速度不会因为不同计算机主频的不同而改变，所以在很多数控系统中被广泛应用。

2. 数据采样插补算法的进给速度控制

数据采样插补根据编程进给速度计算出一个插补周期内合成速度方向上的进给量。

$$f_s = \frac{FTK}{60 \times 1000} \tag{3-21}$$

式中，f_s 为系统在稳定进给状态下的插补进给量，称为稳定速度（mm/min）；F 为编程进给速度（mm/min）；T 为插补周期（ms）；K 为速度系数，包括快速倍率，切削进给倍率等。

为了调速方便，设置了速度系数 K 来反映速度倍率的调节范围，通常 K 取 0~200%，当中断服务程序扫描到面板上倍率开关状态时，给 K 设置相应参数，从而对数控装置面板手动速度调节作出正确响应。

3.4.2 加减速度控制

在 CNC 装置中，加减速控制多数都采用软件来实现，这给系统带来了较大的灵活性。这种用软件实现的加减速控制可以放在插补前进行，也可以放在插补后进行，放在插补前的加减速控制称为前加减速控制，放在插补后的加减速控制称为后加减速控制。

前加减速控制，仅对编程速度 F 指令进行控制，其优点是不会影响实际插补输出的位置精度，其缺点是需要预测减速点，而这个减速点要根据实际刀具位置与程序段终点之间的距离来确定，预测工作需要完成的计算量较大。

后加减速控制与前加减速相反，它是对各运动轴分别进行加减速控制，这种加减速控制不需要专门预测减速点，而是在插补输出为零时才开始减速，经过一定的延时逐渐靠近程序段终点。该方法的缺点是，由于它是对各运动轴分别进行控制，所以在加减速控制以后，实际的各坐标轴的合成位置就可能不准确。但这种影响仅在加减速过程中才会有，当系统进入匀速状态时，这种影响就不存在了。

1. 前加减速控制

（1）稳定速度和瞬时速度。所谓稳定速度，就是系统处于稳定进给状态时，一个插补周期内的进给量 f_s，可用式（3-21）表示。通过该计算公式将编程速度指令或快速进给速度 f 转换成每个插补周期的进给量，并包括速率倍率调整的因素在内。如果计算出的稳定速度超过系统允许的最大速度（由参数设定），那么取最大速度为稳定速度。

所谓瞬时速度，指系统在每个插补周期内的进给量。当系统处于稳定进给状态时，瞬时速度 f_i 等于稳定速度 f_s，当系统处于加速（或减速）状态时，$f_i < f_s$（或 $f_i > f_s$）。

（2）线性加减速处理。当机床启动、停止或在切削加工过程中改变进给速度时，数控系统自动进行线性加、减速处理。加、减速速率分为进给和切削进给两种，它们必须作为机床的参数预先设置好。设进给速度为 F（mm/min），加速到 F 所需的时间 t（ms），则加/减速 a 按下式计算

$$a = \frac{1}{60 \times 1000} \times \frac{F}{t} = 1.67 \times 10^{-5} \frac{F}{t} (\text{mm}/\text{ms}^2) \tag{3-22}$$

① 加速处理：系统每插补一次，都应进行稳定速度、瞬时速度的计算和加/减速处理。当计算出的稳定速度 f_s' 大于原来的稳定速度 f_s 时，需进行加速处理。每加速一次，瞬时速度为

$$f_{i+1} = f_i + aT \tag{3-23}$$

式中，T 为插补周期。

新的瞬时速度 f_{i+1} 作为插补进给量参与插补运算，对各坐标轴进行分配，使坐标轴运动直至新的稳定速度为止。

② 减速处理：系统每进行一次插补计算，系统都要进行终点判别，计算出刀具距终点的瞬时距离 s_i，并判别是否已到达减速区域 s。若 $s_i \leqslant s$，表示已到达减速点，则要开始减速。在稳定速度 f_s 和设定的加/减速度 a 确定后，可由下式决定减速区域

$$S = \frac{f_s^2}{2a} + \Delta s \tag{3-24}$$

式中，Δs 为提前量，可作为参数预先设置好。若不需要提前一段距离开始减速，则可取 $\Delta s = 0$，每减速一次后，新的瞬时速度

$$f_{i+1} = f_i - aT \tag{3-25}$$

新的瞬时速度 f_{i+1} 作为插补进给量参与插补运算，控制各坐标轴移动，直至减速到新的稳定速度或减速到0。

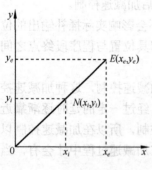

图 3-27 直线插补终点判别

（3）终点判别处理。每进行一次插补计算，系统都要计算 s_i，然后进行终点判别。若即将到达终点，就设置相应标志；若本程序段要减速，则要在到达减速区域时设减速标志，并开始减速处理。终点判别计算分为直线和圆弧插补两个方面。

① 直线插补：如图 3-27 所示，设刀具沿直线 OE 运动，E 为直线程序段终点，N 为某一瞬时点。在插补计算时，已计算出 x 轴和 y 轴插补进给量 Δx 和 Δy，所以 N 点的瞬时坐标可由上一插补点的坐标 x_{i-1} 和 y_{i-1} 求得

$$\begin{cases} x_i = x_{i-1} + \Delta x \\ y_i = y_{i-1} + \Delta y \end{cases} \tag{3-26}$$

瞬时点离终点 E 的距离 s_i 为

$$s_i = NE = \sqrt{(x_e - x_i)^2 + (y_e - y_i)^2} \tag{3-27}$$

② 圆弧插补：如图 3-28 所示，设刀具沿圆弧 AE 作顺时针运动，N 为某一瞬间插补点，其坐标值 x_i 和 y_i 已在插补计算中求出。N 离开终点 E 的距离 s_i 为

$$s_i = \sqrt{(x_e - x_i)^2 + (y_e - y_i)^2} \tag{3-28}$$

终点判别的原理框图如图 3-29 所示。

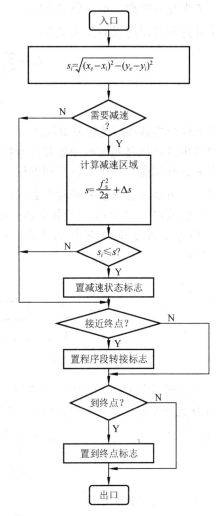

图 3-28　圆弧插补终点判别　　　　图 3-29　终点判断原理框图

2. 后加减速控制

后加减速控制主要有指数加减速控制算法和直线加减速控制算法。

1）指数加减速控制算法

在切削进给或手动进给时，跟踪响应要求较高，一般采用指数加减速控制，将速度突变处理成速度随时间指数规律上升或下降，见图 3-30。

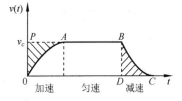

图 3-30　指数加减速

指数加减速控制时速度与时间的关系：

加速时　　　　　　　　　　$v(t) = v_c(1 - e^{-\frac{t}{T}})$　　　　　　　　　（3-29）

匀速时　　　　　　　　　　$v(t) = v_c$　　　　　　　　　　　　　　　（3-30）

减速时　　　　　　　　　　$v(t) = v_c e^{-\frac{t}{T}}$　　　　　　　　　　　（3-31）

式中，T 为时间常数，v_c 为稳定速度。

上述过程可以用累加公式来实现

$$E_i = \sum_{k=0}^{i-1}(v_c - v_k)\Delta t \tag{3-32}$$

$$v_i = E_i \frac{1}{T} \tag{3-33}$$

下面结合指数加减速控制算法的原理图（图 3-31）来说明公式的含义。Δt 为采样周期，它在算法中的作用是对加减速运算进行控制，即每个采样周期进行一次加减速运算。误差寄存器 E 的作用是对每个采样周期的输入速度 v_c 与输出速度 v 之差 $E = v_c - v$ 进行累加。累加结果，一方面保存在误差寄存器 E 中，另一方面与 $1/T$ 相乘，乘积作为当前采样周期加减速控制的输出 v。同时 v 又反馈到输入端，准备在下一个采样周期中重复以上过程。公式中的 E_i 和 v_i 分别为第 i 个采样周期误差寄存器 E 中的值和输出速度值，迭代初值分别为 $E_0 = 0$ 和 v_0。

图 3-31　指数加减速控制原理图

下面来证明式（3-32）和式（3-33）实现的指数加减速控制算法。

当 Δt 足够小时，式（3-32）和式（3-33）可写成

$$E(t) = \int_0^t [v_c - v(t)]\mathrm{d}t \tag{3-34}$$

$$v(t) = \frac{1}{T}E(t) \tag{3-35}$$

对以上两式分别求导得

$$\frac{\mathrm{d}E(t)}{\mathrm{d}t} = v_c - v(t) \tag{3-36}$$

$$\frac{\mathrm{d}v(t)}{\mathrm{d}t} = \frac{1}{T}\frac{\mathrm{d}E(t)}{\mathrm{d}t} \tag{3-37}$$

将式（3-36）和式（3-37）合并得

$$T\frac{\mathrm{d}v(t)}{\mathrm{d}t} = v_c - v(t)$$

或

$$\frac{\mathrm{d}v(t)}{v_c - v(t)} = \frac{\mathrm{d}t}{T} \tag{3-38}$$

上式两端积分后得

$$\frac{v_c - v(t)}{v_c - v(0)} = \mathrm{e}^{-\frac{1}{T}} \tag{3-39}$$

加速时：$v(0) = 0$，故 $v(t) = v_c(1 - \mathrm{e}^{-\frac{t}{T}})$ \tag{3-40}

匀速时：$t \to \infty$，故　　$v(t) = v_c$ \tag{3-41}

减速时：$v(0) = 0$，且输入为 0，由式（3-36）得

$$\frac{dE(t)}{dt} = v_c - v(t) = -v(t) \tag{3-42}$$

代入式（3-37）得

$$\frac{dv(t)}{dt} = -\frac{v(t)}{T} \tag{3-43}$$

即

$$\frac{dv(t)}{v(t)} = -\frac{dt}{T} \tag{3-44}$$

两端积分后

$$v(t) = v_0 e^{-\frac{t}{T}} = v_c e^{-\frac{t}{T}} \tag{3-45}$$

上面的推导过程证明了用式（3-32）和式（3-33）可以实现指数加减速控制。下面进一步导出其实用的指数加减速算法公式。

参照式（3-32）和式（3-33），令

$$\Delta S_i = v_i \Delta t$$
$$\Delta S_c = v_c \Delta t$$

则 ΔS_c 为每个采样周期加减速的输入位置增量，即每个插补周期内粗插补计算出的坐标位置增量值。S_i 则为第 i 个插补周期加减速输出的位置增量值。

将以上两式代入式（3-32）和式（3-33）得

$$E_i = \sum_{k=0}^{i-1}(\Delta S_c - \Delta S_i) = E_{i-1} + (\Delta S_c - \Delta S_{i-1}) \tag{3-46}$$

$$\Delta S_i = E_i \frac{1}{T} \quad (\text{取 } \Delta t = 1) \tag{3-47}$$

以上两组公式就是数字增量式指数加减速实用迭代公式。

2）直线加减速控制算法

快速进给时速度变化范围大，要求平稳性好，一般采用直线加减速控制，使速度突然升高时，沿一定斜率的直线上升，速度突然降低时，沿一定斜率的直线下降，见图 3-32 中的速度变化曲线 $OABC$。

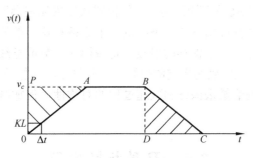

图 3-32 直线加减速

直线加减速控制分 5 个过程：

① 加速过程：若输入速度 v_c 与上一个采样周期的输出速度 v_{i-1} 之差大于一个常值 KL，即 $v_c - v_{i-1} > KL$，则必须进行加速控制，使本次采样周期的输出速度增加 KL 值

$$v_i = v_{i-1} + KL \tag{3-48}$$

式中，KL 为加减速的速度阶跃因子。

显然在加速过程中，输出速度 v_i 沿斜率为 $K' = \dfrac{KL}{\Delta t}$ 的直线上升。这里 Δt 为采样周期。

② 加速过渡过程：当输入速度 v_c 与上次采样周期的输出速度 v_{i-1} 之差满足下式时

$$0 < v_c - v_{i-1} < KL \tag{3-49}$$

说明速度已上升至接近匀速。这时可改变本次采样周期的输出速度 v_i，使之与输入速度相等，即

$$v_i = v_c \tag{3-50}$$

经过这个过程后，系统进入稳定速度状态。

③ 匀速过程　在这个过程中，输出速度保持不变，即

$$v_i = v_{i-1} \tag{3-51}$$

④ 减速过渡过程　当输入速度 v_c 与上一个采样周期的输出速度 v_{i-1} 之差满足下式时

$$0 < v_{i-1} - v_c < KL \tag{3-52}$$

说明应开始减速处理。改变本次采样周期的输出速度 v_i，使之减小到与输入速度 v_c 相等，即

$$v_i = v_c \tag{3-53}$$

⑤ 减速过程：若输入速度 v_c 小于一个采样周期的输出速度 v_{i-1}，但其差值大于 KL 值时，即

$$v_{i-1} - v_c > KL \tag{3-54}$$

则要进行减速控制，使本次采样周期的输出速度 v_i 减小一个 KL 值，即

$$v_i = v_{i-1} - KL \tag{3-55}$$

显然在减速过程中，输出速度沿斜率为 $K' = -\dfrac{KL}{\Delta t}$ 的直线下降。

后加减速控制的关键是加速过程和减速过程的对称性，即在加速过程中输入到加减速控制器的总进给量必须等于该加减速控制器减速过程中实际输出的进给量之和，以保证系统不产生失步和超程。因此，对于指数加减速和直线加减速，必须使图 3-30 和图 3-32 中区域 OPA 的面积等于区域 DBC 的面积。为此，用位置误差累加寄存器 E 来记录由于加速延迟而失去的进给量之和。当发现剩下的总进给量小于 E 寄存器中的值时，即开始减速，在减速过程中，又将误差寄存器 E 中保存的值按一定规律（指数或直线）逐渐放出。以保证在加减速过程全程结束时，机床到达指定的位置。由此可见，后加减速控制不需预测减速点，而是通过误差寄存器的进给量来保证加减速过程的对称性，使加减速过程中的两块阴影面积相等。

3.5　刀具补偿原理

在轮廓加工中，由于刀具总有一定的半径（如铣刀半径或线切割机的钼丝半径），刀具中心的运动轨迹并不等于所要加工零件的实际轮廓。也就是说，数控机床进行轮廓加工时，必须考虑刀具半径。如图 3-33 所示，在进行外轮廓加工时，刀具中心需要偏移零件的外轮廓面一个半径值。这种偏移习惯上称为刀具半径补偿。

需要指出的是，刀具半径的补偿通常不是由程序编制人员来完成的，程序编制人员只是按零件的加工轮廓编制程序，同时用指令 G41、G42、G40 告诉 CNC 系统刀具是沿零件内轮廓还是外轮廓运动。实际的刀具半径补偿是在 CNC 系统内部由计算机自动完成的。CNC 系统根据零件轮廓尺寸（直线或圆弧以及其起点和终点）和刀具运动的方向指令（G41，G42，G40），以及实际加工中所用的刀具半径值自动地完成刀具半径补偿计算。

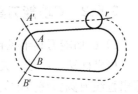

图 3-33 刀具中心的偏移

根据 ISO 标准，当刀具中心轨迹在编程轨迹（零件轮廓）前进方向右边时称为右刀具补偿，简称右刀补，用 G42 表示；反之，则称为左刀补，用 G41 表示；当不需要进行刀具补偿时用 G40 表示。

加工中心和数控车床在换刀后还需考虑刀具长度补偿。因此刀具补偿有刀具半径补偿和刀具长度补偿两部分计算。刀具长度的补偿计算较简单，本节着重讨论刀具半径补偿。

在零件轮廓加工过程中，刀具半径补偿的执行过程分为三步。

（1）刀补建立。刀具从起点出发沿直线接近加工零件，依据 G41 或 G42 使刀具中心在原来的编程轨迹的基础上伸长或缩短一个刀具半径值，即刀具中心从与编程轨迹重合过渡到与编程轨迹偏离一个刀具半径值，如图 3-34 所示。

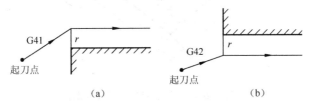

图 3-34 建立刀具补偿

（2）刀补进行。刀补指令是模态指令，一旦刀补建立后一直有效，直至刀补取消。在刀补进行期间，刀具中心轨迹始终偏离编程轨迹一个刀具半径值的距离。在轨迹转接处，采用圆弧过渡或直线过渡。

（3）刀补撤销。刀具撤离工件，回到起刀点。与刀补建立时相似，刀具中心轨迹从与编程轨迹相距一个刀具半径值过渡到与编程轨迹重合。刀补撤销用 G40 指令。

刀具半径补偿仅在指定的二维坐标平面内进行。而平面是由 G 代码 G17（$x-y$ 平面）、G18（$z-x$ 平面）、G19（$y-z$ 平面）指定的。刀具半径值则由刀具号 H（D）确定。

3.5.1 刀具半径补偿计算

刀具半径补偿计算就是要根据零件尺寸和刀具半径计算出刀具中心的运动轨迹。对于一般的 CNC 系统，其所能实现的轮廓控制仅限于直线和圆弧。对直线而言，刀具半径补偿后的刀具中心运动轨迹是一与原直线相平行的直线，因此直线轨迹的刀具补偿计算只需计算出刀具中心轨迹的起点和终点坐标。对于圆弧而言，刀具半径补偿后的刀具中心运动轨迹是一与原圆弧同心的圆弧。因此圆弧的刀具半径补偿计算只需计算出刀补后圆弧起点和终点的坐标值以及刀补后的圆弧半径值。有了这些数据，轨迹控制（直线或圆弧插补）就能够实施。

3.5.2 C功能刀具半径补偿计算

1）C功能刀具半径补偿的基本概念

极坐标法、r^2法、矢量判断法等一般刀具半径补偿方法（也称为B刀具补偿），只能计算出直线或圆弧终点的刀具中心值，而对于两个程序段之间在刀补后可能出现的一些特殊情况没有给予考虑。

实际上，当程序编制人员按零件的轮廓编制程序时，各程序段之间是连续过度的，没有间断点，也没有重合段。但是，当进行了刀具半径补偿（B刀具补偿）后，在两个程序段之间的刀具中心轨迹就可能会出现间断点和交叉点。如图3-35所示，粗线为编程轮廓，当加工外轮廓时，会出现间断$A' \sim B'$；当加工内轮廓时，会出现交叉点C''。

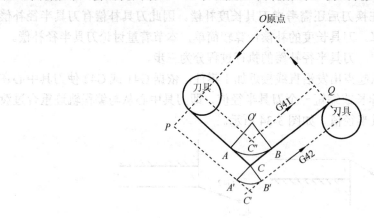

图3-35 B刀具补偿的交叉点和间断点

对于只有B刀具补偿的CNC系统，编程人员必须事先估计出在进行刀具补偿后可能出现的间断点和交叉点的情况，并进行人为的处理。如遇到间断点时，可以在两个间断点之间增加一个半径为刀具半径的过渡圆弧段$A'B'$。遇到交叉点时，事先在两程序段之间增加一个过渡圆弧段AB，圆弧的半径必须大于所使用的刀具的半径。显然，这种仅有B刀具补偿功能的CNC系统对编程人员是很不方便的。

随着CNC技术的发展，系统工作方式、运算速度及存储容量都有了很大的改进和增加，由数控系统根据编程轨迹，采用直线或圆弧过渡，直接求出刀具中心轨迹交点的刀具半径补偿方法已经能够实现了，这种方法被称为C功能刀具半径补偿（简称C刀具补偿）。

2）C刀具补偿的基本设计思想

B刀具补偿对编程限制的主要原因是在确定刀具中心轨迹时，都采用了读一段，算一段，再走一段的控制方法。这样，就无法预计到由于刀具半径所造成的下一段加工轨迹对本段加工轨迹的影响。于是，对于给定的加工轮廓轨迹来说，当加工内轮廓时，为了避免刀具干涉，合理地选择刀具的半径以及在相邻加工轨迹转接处选用恰当的过渡圆弧等问题，就不得不靠程序员自己来处理。

为了解决下一段加工轨迹对本段加工轨迹的影响，需要在计算完本段轨迹后，提前将下一段程序读入，然后根据它们之间转接的具体情况，再对本段的轨迹作适当的修正，得到正确的本段加工轨迹。

在图3-36（a）中，是普通NC系统的工作方法，程序轨迹作为输入数据送到工作寄存器 AS 后，由运算器进行刀具补偿运算，运算结果送输出寄存器 OS，直接作为伺服系统的控制信号。图 3-36（b）中是改进后的 NC 系统的工作方法。与图（a）相比，增加了一组数据输入的缓冲器 BS，节省了数据读入时间。往往是 AS 中存放着正在加工的程序段信息，而 BS 中已经存放了下一段所要加工的信息。图 3-36（c）中是在 CNC 系统中采用 C 刀具补偿方法的原理框图。与从前方法不同的是，CNC 装置内部又设置了一个刀具补偿缓冲区 CS。零件程序的输入参数在 BS、CS、AS 中的存放格式是完全一样的。当某一程序在 BS、CS 和 AS 中被传送时，它的具体参数是不变的。这主要是为了输出显示的需要。实际上，BS、CS 和 AS 各自包括一个计算区域，编程轨迹的计算及刀具补偿修正计算都是在这些计算区域中进行的。当固定不变的程序输入参数在 BS、CS 和 AS 间传送时。对应的计算区域的内容也就跟随一起传送。因此，也可以认为这些计算区域对应的是 BS、CS 和 AS 区域的一部分。

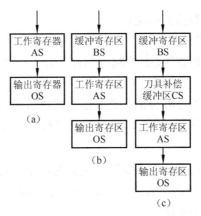

图 3-36 几种数控系统的工作流程

（a）一般方法　（b）改进后的方法　（c）采取 C 刀具补偿的方法

这样，在系统启动后，第一段程序先被读入 BS，在 BS 中算得的第一段编程轨迹被送到 CS 暂存后，又将第二段程序读入 BS，算出第二段的编程轨迹。接着，对第一、第二两段编程轨迹的连接方式进行判别，根据判别结果，再对 CS 中的第一段编程轨迹作相应的修正。修正结束后，顺序地将修正后的第一段编程轨迹由 CS 送到 AS，第二段编程轨迹由 BS 送入 CS。随后，由 CPU 将 AS 中的内容送到 OS 进行插补运算，运算结果送伺服驱动装置予以执行。当修正了的第一段编程轨迹开始被执行后，利用插补间隙，CPU 又命令第三段程序读入 BS，随后，又根据 BS、CS 中的第三、第二段编程轨迹的连接方式，对 CS 中的第二段编程轨迹进行修正。依此进行，可见在刀补工作状态，CNC 装置内部总是同时存有三个程序段的信息。

在具体实现时，为了便于交点的计算以及对各种编程情况进行综合分析，从中找出规律，必须将 C 功能刀具补偿方法所有的编程输入轨迹都当作矢量来看待。

显然，直线段本身就是一个矢量。而圆弧在这里意味着要将起点、终点的半径及起点到终点的弦长都看作矢量，零件刀具半径也作为矢量看待。所谓刀具半径矢量，是指在加工过程中，始终垂直于编程轨迹，大小等于刀具半径值，方向指向刀具中心的一个矢量。在直线加工时，刀具半径矢量始终垂直于刀具移动方向。在圆弧加工时，刀具半径矢量始终垂直于编程圆弧的瞬时切点的切线，它的方向是一直在改变的。

3）刀具长度补偿的计算

所谓刀具长度补偿，就是把工件轮廓按刀具长度在坐标轴（车床为 X、Z 轴）上的补偿分量平移。对于每一把刀具来说，其长度是一定的，它们在某种刀具夹座上的安装位置也是一定的。因此在加工前可预先分别测得装在刀架上的刀具长度在 X 和 Z 方向的分量，即 ΔX 刀偏和 ΔZ 刀偏。通过数控装置的 MDI 工作方式将 ΔX 和 ΔZ 输入到 CNC 装置，从 CNC 装置的刀具补偿表中调出刀偏值进行计算。数控车床需对 X 轴、Z 轴进行刀长补偿计算，数控铣床只需对 ΔZ 轴进行刀长补偿计算。

思考题与习题

3-1 何谓插补？有哪两类插补算法？

3-2 试述逐点比较法的四个节拍。

3-3 欲用逐点比较法插补直线 $\overline{OE}$，起点为 O（0，0），终点为 E（6，10），试写出插补计算过程并绘出轨迹。

3-4 用你熟悉的计算机语言编写第一象限逐点比较法直线插补软件。

3-5 利用逐点比较法插补圆弧 $\overline{PQ}$，起点为 P（4，0），终点为 Q（0，4），试写出插补过程并绘出轨迹。

3-6 试推导出逐点比较法插补第 I 象限顺圆弧的偏差函数递推公式，并写出插补圆弧 AB 的过程，绘出其轨迹。设轨迹的起点 A（0，6），终点为 B（6，0）。

3-7 圆弧终点判别有哪些方法？

3-8 圆弧自动过象限如何实现？

3-9 逐点比较法如何实现 xy 平面所有象限的直线和圆弧插补？

3-10 试述 DDA 插补的原理。

3-11 设有一直线 $\overline{OA}$，起点在坐标原点，终点 A 的坐标为（3，5），试用 DDA 法插补此直线。

3-12 设欲加工第一象限逆圆 AE，起点 A（7，0），终点 E（0，7）设寄存器位数为 4，用 DDA 法插补。

3-13 简述 DDA 稳速控制的方法及其原理。

3-14 数据采样插补是如何实现的？

3-15 何为刀具半径补偿？其执行过程如何？

3-16 B 刀补与 C 刀补有何区别？

3-17 设某一 CNC 系统的插补周期 $T=8\text{ms}$，进给速度 $F=300\text{mm}/\text{min}$，试计算插补步长 L。

3-18 圆弧插补的径向误差 $e_r<1\mu\text{m}$，插补周期 $T=8\text{ms}$，插补圆弧半径为 100mm，问允许最大进给速度 $v(\text{mm}/\text{min})$ 为多少？

3-19 脉冲增量插补的进给速度控制常用哪些方法？

3-20 加减速控制有何作用？有哪些实现方法？

第4章 计算机数控装置

> **教学要求**
>
> 通过本章学习,让学生了解计算机数控系统的基本知识,掌握计算机数控系统的软硬件结构,了解可编程序控制器在数控机床上的应用。

> **引 例**
>
> **如何认识PLC与数控机床的关系?**
>
> 机床数控系统有两大部分,一是NC、二是PLC。PLC用于数控机床的外围辅助电气的控制,称为可编程序机床控制器,在很多数控系统中将其称之为PMC(Programmable Machine tool Controller)。可以从以下几个方面正确认识PLC与数控机床的关系。
>
> PLC在数控机床中的控制功能:
>
> (1)操作面板的控制。操作面板分为系统操作面板和机床操作面板。系统操作面板的控制信号先是进入NC,然后由NC送到PLC,控制数控机床的运行。机床操作面板控制信号,直接进入PLC,控制机床的运行。
>
> (2)机床外部开关输入信号。将机床侧的开关信号输入到送入PLC,进行逻辑运算。这些开关信号,包括很多检测元件信号(如行程开关、接近开关、模式选择开关等)。
>
> (3)输出信号控制。PLC输出信号经外围控制电路中的继电器、接触器、电磁阀等输出给控制对象。
>
> (4)T功能实现。系统送出T指令给PLC,经过译码,在数据表内检索,找到T代码指定的刀号,并与主轴刀号进行比较。如果不符,就发出换刀指令,刀具换刀,换刀完成后,系统发出完成信号。
>
> (5)M功能实现。系统送出M指令给PLC,经过译码,输出控制信号,控制主轴正反转和启动停止等。M指令完成,系统发出完成信号。

4.1 概　　述

数控机床的计算机数控装置主要由硬件和软件两大部分组成。数控系统通过控制软件配合系统硬件,合理地组织、管理数控系统的输入、数据处理、插补和输出信息,控制执行部件,使数控机床按照操作者的要求,有条不紊地进行加工。

4.1.1 CNC 系统的组成

CNC 系统主要由硬件和软件两大部分组成，其核心是计算机数字控制装置。它通过系统控制软件配合系统硬件，合理地组织、管理数控系统的输入、数据处理、插补和输出信息，控制执行部件，使数控机床按照操作者的要求进行自动加工。CNC 系统采用了计算机作为控制部件，通常由常驻在其内部的数控系统软件实现部分或全部数控功能，从而对机床运动进行实时控制。只要改变计算机数控系统的控制软件就能实现一种全新的控制方式。

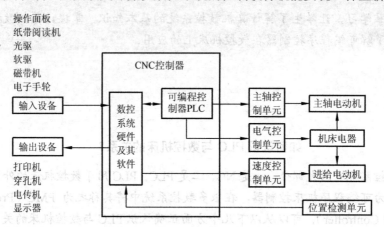

图 4-1　CNC 系统的结构框图

各种数控机床的 CNC 系统一般由以下几个部分组成：中央处理单元 CPU、只读存储器 ROM、随机存储器 RAM、输入/输出设备（I/O）、操作面板、可编程控制器、显示器和键盘等。

在图 4-1 所示的整个计算机数控系统的结构框图中，数控系统主要是指 CNC 控制器。CNC 控制器是由数控系统硬件、软件构成的专用计算机与可编程控制器 PLC 组成。前者主要处理机床轨迹运动的数字控制，后者主要处理开关量的逻辑控制。

4.1.2 CNC 系统的功能和一般工作过程

1. CNC 系统的功能

CNC 系统由于现在普遍采用了微处理器，通过软件可以实现很多功能。数控系统有多种系列，性能各异。数控系统的功能通常包括基本功能和选择功能。基本功能是数控系统必备的功能，选择功能是供用户根据机床特点和用途进行选择的功能。CNC 系统的功能主要反映在准备功能 G 指令代码和辅助功能 M 指令代码上。根据数控机床的类型、用途、档次的不同，CNC 系统的功能有很大差别，下面介绍其主要功能。

1）控制功能

CNC 系统能控制的轴数和能同时控制（联动）的轴数是其主要性能之一。控制轴有移动轴和回转轴，有基本轴和附加轴。通过轴的联动可以完成轮廓轨迹的加工。一般数控车床只需二轴控制，二轴联动；一般数控铣床需要三轴控制、三轴联动或 2.5 轴联动；一般加工中心为多轴控制，三轴联动。控制轴数越多，特别是同时控制的轴数越多，要求 CNC 系统的功能就越强，同时 CNC 系统也就越复杂，编制程序也越困难。

2）准备功能

准备功能也称 G 指令代码，它用来指定机床运动方式的功能，包括基本移动、平面选择、坐标设定、刀具补偿、固定循环等指令。对于点位式的数控机床，如数控钻床、数控冲床等，需要点位移动控制系统。对于轮廓控制的数控机床，如数控车床、数控铣床、加工中心等，需要控制系统有两个或两个以上的进给坐标具有联动功能。

3）插补功能

CNC 系统是通过软件插补来实现刀具运动轨迹控制的。由于轮廓控制的实时性很强，软件插补的计算速度难以满足数控机床对进给速度和分辨率的要求，同时由于 CNC 不断扩展其他方面的功能也要求减少插补计算所占用的 CPU 时间。因此，CNC 的插补功能实际上被分为粗插补和精插补，插补软件每次插补一个轮廓步长的数据为粗插补，伺服系统根据粗插补的结果，将轮廓步长分成单个脉冲的输出称为精插补。有的数控机床采用硬件进行精插补。

4）进给功能

根据加工工艺要求，CNC 系统的进给功能用 F 指令代码直接指定数控机床加工的进给速度。

（1）切削进给速度。以每分钟进给的毫米数指定刀具的进给速度，如 100mm/min。对于回转轴，以每分钟进给的角度指定刀具的进给速度。

（2）同步进给速度。以主轴每转进给的毫米数规定的进给速度，如 0.02mm/r。只有主轴上装有位置编码器的数控机床才能指定同步进给速度，用于切削螺纹的编程。

（3）进给倍率。操作面板上设置了进给倍率开关，倍率可以从 0~200%之间变化，每档间隔 10%。使用倍率开关不用修改程序就可以改变进给速度，并可以在试切零件时随时改变进给速度或在发生意外时随时停止进给。

5）主轴功能

主轴功能就是指定主轴转速的功能。

（1）转速的编码方式。一般用 S 指令代码指定。一般用地址符 S 后加两位数字或四位数字表示，单位分别为 r/min 和 mm/min。

（2）指定恒定线速度。该功能可以保证车床和磨床加工工件端面的质量和在加工不同直径外圆时具有相同的切削速度。

（3）主轴定向准停。该功能使主轴在径向的某一位置准确停止，有自动换刀功能的机床必须选取有这一功能的 CNC 装置。

6）辅助功能

辅助功能用来指定主轴的启动、停止和转向；切削液的开和关；刀库的开启和停止等，属开关量的控制，它用 M 指令代码表示，现代数控机床一般用可编程序控制器 PLC 控制。各种型号的数控装置具有的辅助功能差别很大，而且有许多是自定义的。

7）刀具功能

刀具功能用来选择所需的刀具，刀具功能字以地址符 T 为首，后面跟二位或四位数字，代表刀具的编号。

8）补偿功能

补偿功能是通过输入到 CNC 系统存储器的补偿量，根据编程轨迹重新计算刀具的运动轨迹和坐标尺寸，从而加工出符合要求的工件。补偿功能主要有以下种类：

（1）刀具的尺寸补偿。如刀具长度补偿、刀具半径补偿和刀尖圆弧半径补偿。这些功能可以补偿刀具磨损量，以便换刀时对准正确位置，简化编程。

（2）丝杠的螺距误差补偿、反向间隙补偿和热变形补偿。通过事先检测出丝杠螺距误差和反向间隙，并输入到 CNC 系统中，在实际加工中进行补偿，从而提高数控机床的加工精度。

9）字符、图形显示功能

CNC 控制器可以配置数码管显示器 LED、单色或彩色阴极射线管显示器 CRT 或液晶显示器 LCD，通过软件和硬件接口实现字符和图形的显示。通常可以显示程序、参数、各种补偿量、坐标位置、故障信息、人机对话编程菜单、零件图形及刀具实际运动轨迹的坐标等。

10）自诊断功能

为了防止故障的发生或在发生故障后可以迅速查明故障的类型和部位，以减少停机时间，CNC 系统中设置了各种诊断程序。不同的 CNC 系统设置的诊断程序是不同的，诊断的水平也不同。诊断程序一般可以包含在系统程序中，在系统运行过程中进行检查和诊断；也可以作为服务性程序，在系统运行前或故障停机后进行诊断，查找故障的部位。有的 CNC 系统可以进行远程通信诊断。

11）通信功能

为了适应柔性制造系统（FMS）和计算机集成制造系统（CIMS）的需求，CNC 装置通常具有 RS232C 通信接口，有的还备有 DNC 接口。也有的 CNC 还可以通过制造自动化协议（MAP）接入工厂的通信网络。

12）人机交互图形编程功能

为了进一步提高数控机床的编程效率，对于 NC 程序的编制，特别是较为复杂零件的 NC 程序都要通过计算机辅助编程，尤其是利用图形进行自动编程，以提高编程效率。因此，对于现代 CNC 系统一般要求具有人机交互图形编程功能。有这种功能的 CNC 系统可以根据零件图直接编制程序，即编程人员只需送入图样上简单表示的几何尺寸就能自动地计算出全部交点、切点和圆心坐标，生成加工程序。有的 CNC 系统可根据引导图和显示说明进行对话式编程，并具有自动工序选择、刀具和切削条件的自动选择等智能功能。有的 CNC 系统还备有用户宏程序功能（如日本 FANUC 系统）。这些功能有助于那些未受过 CNC 编程专门训练的机械工人能够很快地进行程序编制工作。

2. CNC 系统的一般工作过程

（1）输入。输入 CNC 控制器的通常有零件加工程序、机床参数和刀具补偿参数。机床参数一般在机床出厂时或在用户安装调试时已经设定好，所以输入 CNC 系统的主要是零件加工程序和刀具补偿数据。输入方式有纸带输入、键盘输入、磁盘输入、上级计算机 DNC 通讯输入等。CNC 输入工作方式有存储方式和 DNC 方式。存储方式是将整个零件程序一次全部输入到 CNC 内部存储器中，加工时再从存储器中把一个一个程序调出。该方式应用较多。DNC 方式是 CNC 一边输入一边加工的方式，即在前一程序段加工时，输入后一个程序段的内容。

（2）译码。译码是以零件程序的一个程序段为单位进行处理，把其中零件的轮廓信息

（起点、终点、直线或圆弧等），F、S、T、M 等信息按一定的语法规则解释（编译）成计算机能够识别的数据形式，并以一定的数据格式存放在指定的内存专用区域。编译过程中还要进行语法检查，发现错误立即报警。

（3）刀具补偿。刀具补偿包括刀具半径补偿和刀具长度补偿。为了方便编程人员编制零件加工程序，编程时零件程序是以零件轮廓轨迹来编程的，与刀具尺寸无关。程序输入和刀具参数输入分别进行。刀具补偿的作用是把零件轮廓轨迹按系统存储的刀具尺寸数据自动转换成刀具中心（刀位点）相对于工件的移动轨迹。

刀具补偿包括 B 机能和 C 机能刀具补偿功能。在较高档次的 CNC 中一般应用 C 机能刀具补偿，C 机能刀具补偿能够进行程序段之间的自动转接和过切削判断等功能。

（4）进给速度处理。数控加工程序给定的刀具相对于工件的移动速度是在各个坐标合成运动方向上的速度，即 F 代码的指令值。速度处理首先要进行的工作是将各坐标合成运动方向上的速度分解成各进给运动坐标方向的分速度，为插补时计算各进给坐标的行程量做准备；另外对于机床允许的最低和最高速度限制也在这里处理。有的数控机床的 CNC 软件的自动加速和减速也放在这里。

（5）插补。零件加工程序程序段中的指令行程信息是有限的。如对于加工直线的程序段仅给定起、终点坐标；对于加工圆弧的程序段除了给定其起、终点坐标外，还给定其圆心坐标或圆弧半径。要进行轨迹加工，CNC 必须从一条已知起点和终点的曲线上自动进行"数据点密化"的工作，这就是插补。插补在每个规定的周期（插补周期）内进行一次，即在每个周期内，按指令进给速度计算出一个微小的直线数据段，通常经过若干个插补周期后，插补完一个程序段的加工，也就完成了从程序段起点到终点的"数据密化"工作。

（6）位置控制。位置控制装置位于伺服系统的位置环上，如图 4-2 所示。它的主要工作是在每个采样周期内，将插补计算出的理论位置与实际反馈位置进行比较，用其差值控制进给电动机。位置控制可由软件完成，也可由硬件完成。在位置控制中通常还要完成位置回路的增益调整、各坐标方向的螺距误差补偿和反向间隙补偿等，以提高机床的定位精度。

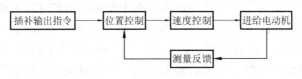

图 4-2　位置控制的原理

（7）I/O 处理。CNC 的 I/O 处理是 CNC 与机床之间的信息传递和变换的通道。其作用一方面是将机床运动过程中的有关参数输入到 CNC 中；另一方面是将 CNC 的输出命令（如换刀、主轴变速换挡、加冷却液等）变为执行机构的控制信号，实现对机床的控制。

（8）显示。CNC 系统的显示主要是为操作者提供方便，显示装置有 LED 显示器、CRT 显示器和 LCD 显示器，一般位于机床的控制面板上。通常有零件程序的显示、参数的显示、刀具位置显示、机床状态显示、报警信息显示等。有的 CNC 装置中还有刀具加工轨迹的静态和动态模拟加工图形显示。

上述的 CNC 的工作流程如图 4-3 所示。

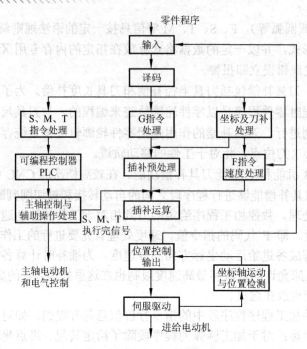

图 4-3 CNC 的工作流程

4.2 CNC 装置的硬件结构

随着大规模集成电路技术和表面安装技术的发展，CNC 系统硬件模块及安装方式不断改进。从 CNC 系统的总体安装结构看，有整体式结构和分体式结构两种。

所谓整体式结构是把 CRT 和 MDI 面板、操作面板以及功能模块板组成的电路板等安装在同一机箱内。这种方式的优点是结构紧凑，便于安装，但有时可能造成某些信号连线过长。分体式结构通常把 CRT 和 MDI 面板、操作面板等做成一个部件，而把功能模块组成的电路板安装在一个机箱内，两者之间用导线或光纤连接。许多 CNC 机床把操作面板也单独作为一个部件，这是由于所控制机床的要求不同，操作面板相应地要改变，做成分体式有利于更换和安装。

CNC 操作面板在机床上的安装形式有吊挂式、床头式、控制柜式、控制台式等多种。

从组成 CNC 系统的电路板的结构特点来看，有两种常见的结构，即大板式结构和模块化结构。大板式结构的特点是，一个系统一般都有一块大板，称为主板。主板上装有主 CPU 和各轴的位置控制电路等。其他相关的子板（完成一定功能的电路板），如 ROM 板、零件程序存储器板和 PLC 板都直接插在主板上面，组成 CNC 系统的核心部分。由此可见，大板式结构紧凑，体积小，可靠性高，价格低，有很高的性能/价格比，也便于机床的一体化设计，大板结构虽有上述优点，但它的硬件功能不易变动，不利于组织生产。另外一种柔性比较高的结构就是总线模块化的开放系统结构，其特点是将 CPU、存储器、输入输出控制分别做成插件板（称为硬件模块），甚至将 CPU、存储器、输入输出控制组成独立微型计算机级的硬件模块，相应的软件也是模块结构，固化在硬件模块中。硬、软件模块形成一个特定的功能单元，称为功能模块。功能模块间有明确定义的接口，接口是固定的，成为工厂标准或工业标准，彼此可以进行信息交换。这种积木式组成 CNC 系统，使设计简单，有良好的适应性和扩展性，试制周期短，调整维护方便，效率高。

从 CNC 系统使用的 CPU 及结构来分，CNC 系统的硬件结构一般分为单 CPU 和多 CPU 结构两大类。初期的 CNC 系统和现在的一些经济型 CNC 系统一般采用单 CPU 结构，而多 CPU 结构可以满足数控机床高进给速度、高加工精度和许多复杂功能的要求，适应于并入 FMS 和 CIMS 运行的需要，从而得到了迅速的发展，也反映了当今数控系统的新水平。

4.2.1 单 CPU 系统的硬件结构

单 CPU 结构 CNC 系统的基本结构包括：CPU、总线、I/O 接口、存储器、串行接口和 CRT/MDI 接口等，还包括数控系统控制单元部件和接口电路，如位置控制单元、PLC 接口、主轴控制单元、速度控制单元、穿孔机、纸带阅读机接口及其他接口等。图 4-4 所示为一种单 CPU 结构的 CNC 系统框图。

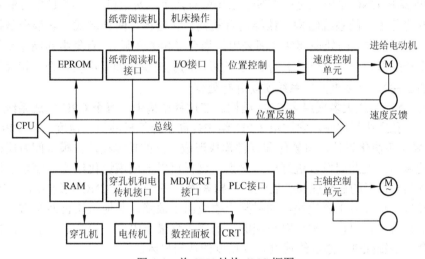

图 4-4 单 CPU 结构 CNC 框图

CPU 主要完成控制和运算两方面的任务。控制功能包括内部控制，对零件加工程序的输入、输出控制，以及对机床加工现场状态信息的记忆控制等。运算任务是完成一系列的数据处理工作：译码、刀补计算、运动轨迹计算、插补运算和位置控制的给定值与反馈值的比较运算等。在经济型 CNC 系统中，常采用 8 位微处理器芯片或 8 位、16 位的单片机芯片。中高档的 CNC 通常采用 16 位、32 位甚至 64 位的微处理器芯片。

在单 CPU 的 CNC 系统中通常采用总线结构。总线是微处理器赖以工作的物理导线，按其功能可以分为三组总线，即数据总线（DB）、地址总线（AD）和控制总线（CB）。

CNC 装置中的存储器包括只读存储器（ROM）和随机存储器（RAM）两种。系统程序存放在只读存储器 EPROM 中，由生产厂家固化，即使断电，程序也不会丢失。系统程序只能由 CPU 读出，不能写入。运算的中间结果，需要显示的数据，运行中的状态、标志信息等存放在随机存储器 RAM 中。它可以随时读出和写入，断电后，信息就消失。加工的零件程序、机床参数、刀具参数等存放在有后备电池的 CMOS RAM 中，或者存放在磁泡存储器中，这些信息在这种存储器中能随机读出，还可以根据操作需要写入或修改，断电后，信息仍然保留。

CNC 装置中的位置控制单元主要对机床进给运动的坐标轴位置进行控制。位置控制的硬件一般采用大规模专用集成电路位置控制芯片或控制模板实现。

CNC 接受指令信息的输入有多种形式，如光电式纸带阅读机、磁带机、磁盘、计算机通信接口等形式，以及利用数控面板上的键盘操作的手动数据输入（MDI）和机床操作面板上手动按钮、开关量信息的输入。所有这些输入都要有相应的接口来实现。而 CNC 的输出也有多种，如程序的穿孔机、电传机输出、字符与图形显示的阴极射线管 CRT 输出、位置伺服控制和机床强电控制指令的输出等，同样要有相应的接口来执行。

单 CPU 结构 CNC 系统的特点：CNC 的所有功能都是通过一个 CPU 进行集中控制、分时处理来实现的；该 CPU 通过总线与存储器、I/O 控制元件等各种接口电路相连，构成 CNC 的硬件；结构简单，易于实现；由于只有一个 CPU 的控制，功能受字长、数据宽度、寻址能力和运算速度等因素的限制。

4.2.2 多 CPU 系统的硬件结构

多 CPU 结构 CNC 系统是指在 CNC 系统中有两个或两个以上的 CPU 能控制系统总线或主存储器进行工作的系统结构。该结构有紧耦合和松耦合两种形式。紧耦合是指两个或两个以上的 CPU 构成的处理部件之间采用紧耦合（相关性强），有集中的操作系统，共享资源。松耦合是指两个或两个以上的 CPU 构成的功能模块之间采用松耦合（相关性弱或具有相对的独立性），有多重操作系统实现并行处理。

现代的 CNC 系统大多采用多 CPU 结构。在这种结构中，每个 CPU 完成系统中规定的一部分功能，独立执行程序，它比单 CPU 结构提高了计算机的处理速度。多 CPU 结构的 CNC 系统采用模块化设计，将软件和硬件模块形成一定的功能模块。模块间有明确的符合工业标准的接口，彼此间可以进行信息交换。这样可以形成模块化结构，缩短了设计制造周期，并且具有良好的适应性和扩展性，结构紧凑。多 CPU 的 CNC 系统由于每个 CPU 分管各自的任务，形成若干个模块，如果某个模块出了故障，其他模块仍然照常工作。并且插件模块更换方便，可以使故障对系统的影响减少到最小限度，提高了可靠性。性能价格比高，适合于多轴控制、高进给速度、高精度的数控机床。

1. 多 CPU CNC 系统的典型结构

1）共享总线结构

在这种结构的 CNC 系统中，只有主模块有权控制系统总线，且在某一时刻只能有一个主模块占有总线，如有多个主模块同时请求使用总线会产生竞争总线问题。

共享总线结构的各模块之间的通信，主要依靠存储器实现，采用公共存储器的方式。公共存储器直接插在系统总线上，有总线使用权的主模块都能访问，可供任意两个主模块交换信息。其结构如图 4-5 所示：

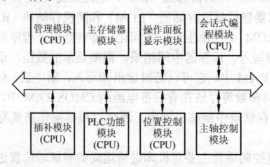

图 4-5 共享总线的多 CPU 结构的 CNC 结构框图

2）共享存储器结构

在该结构中，采用多端口存储器来实现各 CPU 之间的互连和通信，每个端口都配有一套数据、地址、控制线，以供端口访问。由多端控制逻辑电路解决访问冲突。如图 4-6 所示。

当 CNC 系统功能复杂要求 CPU 数量增多时，会因争用共享存储器而造成信息传输的阻塞，降低系统的效率，其扩展功能较为困难。

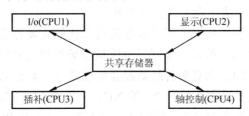

图 4-6　共享存储器的多 CPU 结构框图

2. 多 CPU CNC 系统基本功能模块

（1）管理模块　该模块是管理和组织整个 CNC 系统工作的模块，主要功能包括：初始化、中断管理、总线裁决、系统出错识别和处理、系统硬件与软件诊断等功能。

（2）插补模块　该模块是在完成插补前，进行零件程序的译码、刀具补偿、坐标位移量计算、进给速度处理等预处理，然后进行插补计算，并给定各坐标轴的位置值。

（3）位置控制模块　对坐标位置给定值与由位置检测装置测到的实际位置值进行比较并获得差值、进行自动加减速、回基准点、对伺服系统滞后量的监视和漂移补偿，最后得到速度控制的模拟电压（或速度的数字量），去驱动进给电动机。

（4）PLC 模块　零件程序的开关量（S、M、T）和机床面板的信号在这个模块中进行逻辑处理，实现机床电气设备的启停，刀具交换，转台分度，工件数量和运转时间的计数等。

（5）命令与数据输入输出模块　指零件程序、参数和数据、各种操作指令的输入输出，以及显示所需要的各种接口电路。

（6）存储器模块　是程序和数据的主存储器，或是功能模块数据传送用的共享存储器。

4.2.3　开放式 CNC 系统

1. 标准的软件化、开放式控制器是真正的下一代控制器

传统的数控系统采用专用计算机系统，软硬件对用户都是封闭的，主要存在以下问题。

（1）由于传统数控系统的封闭性，各数控系统生产厂家的产品软硬件不兼容，使得用户投资安全性受到威胁，购买成本和产品生命周期内的使用成本高。同时专用控制器的软硬件的主流技术远远地落后于 PC 的技术，系统无法"借用"日新月异的 PC 技术而升级。

（2）系统功能固定，不能充分反映机床制造厂的生产经验，不具备某些机床或工艺特征需要的性能，用户无法对系统进行重新定义和扩展，也很难满足最终用户的特殊要求。作为机床生产厂家希望生产的数控机床有自己的特色以区别于竞争对手的产品，以利于在激烈的市场竞争中占有一席之地，而传统的数控系统是做不到的。

（3）传统数控系统缺乏统一有效和高速的通道与其他控制设备和网络设备进行互连，信息被锁在"黑匣子"中，每一台设备都成为自动化的"孤岛"，对企业的网络化和信息化

发展是一个障碍。

(4) 传统数控系统人机界面不灵活,系统的培训和维护费用昂贵。许多厂家花巨资购买高档数控设备,面对几本甚至十几本沉甸甸的技术资料不知从何下手。由于缺乏使用和维护知识,购买的设备不能充分发挥其作用。一旦出现故障,面对"黑匣子"无从下手,维修费用十分昂贵。有的设备由于不能正确使用以至于长期处于瘫痪状态,花巨资购买的设备非但不能发挥作用反而成了企业的沉重包袱。

在计算机技术飞速发展的今天,商业和办公自动化的软硬件系统开放性已经非常好,如果计算机的任何软硬件出了故障,都可以很快从市场买到它并加以解决,而这在传统封闭式数控系统中是做不到的。为克服传统数控系统的缺点,数控系统正朝着开放式数控系统的方向发展。目前其主要形式是基于 PC 的 NC,即在 PC 的总线上插上具有 NC 功能的运动控制卡完成实时性要求高的 NC 内核功能,或者利用 NC 与 PC 通讯改善 PC 的界面和其他功能。这种形式的开放式数控系统在开放性、功能、购买和使用总成本以及人机界面等方面较传统数控有很大的改善,但它还包含有专用硬件、扩展不方便。国内外现阶段开发的开放式数控系统大都是这种结构形式的。这种 PC 化的 NC 还有专用硬件,还不是严格意义上的开放式数控系统。

开放式数控系统是制造技术领域的革命性飞跃。其硬件、软件和总线规范都是对外开放的,由于有充足的软、硬件资源可被利用,系统软硬件可随着 PC 技术的发展而升级,不仅使数控系统制造商和用户进行的系统集成得到有力的支持,而且针对用户的二次开发也带来方便,促进了数控系统多档次、多品种的开发和广泛应用,既可通过升级或裁剪构成各种档次的数控系统,又可通过扩展构成不同类型数控机床的数控系统,开发周期大大缩短。

要实现控制系统的开放,首先得有一个大家遵循的标准。国际上一些工业化国家都开展了这一方面的研究,旨在建立一种标准规范,使得控制系统软硬件与供应商无关,并且实现可移植性、可扩展性、互操作性、统一的人机界面风格和可维护性以取得产品的柔性、降低产品成本和使用的隐形成本、缩短产品供应时间。这些计划包括(a)欧共体的 ESPRIT 6379 OSACA(Open System Architecture for Control with Automation Systems)计划,开始于 1992 年,历时 6 年,有由控制供应商、机床制造企业和研究机构等组成的 35 个成员。(b) 美国空军开展了 NGC(下一代控制器)项目的研究,美国国家标准技术协会 NIST 在 NGC 的基础上进行了进一步研究工作,提出了增强型机床控制器 EMC(Enhanced Machine Controller),并建立了 Linux CNC 实验床验证其基本方案;美国三大汽车公司联合研究了 OMAC,他们联合欧洲 OSACA 组织和日本的 JOP(Japan FA Open Systems Promotion Group)建立了一套国际标准的 API,是一个比较实用且影响较广的标准;(c)日本联合六大公司成立了 OSEC(Open System Environment for Controller)组织,该组织讨论的重点是 NC(数字控制)本身和分布式控制系统。该组织定义了开放结构和生产系统的界面规范,推进工厂自动化控制设备的国际标准。

2000 年,国家经贸委和机械工业局组织进行"新一代开放式数控系统平台"的研究开发。2001 年 6 月完成了在 OSACA 的基础上编制"开放式数控系统技术规范"和建立了开放式数控系统软、硬件平台,并通过了国家级验收。此外还有一些学校、企业也在进行开放式数控系统的研究开发

2. 开放式数控系统所具有的主要特点

1) 软件化数控系统内核扩展了数控系统的柔性和开放性,降低了系统成本。

随着计算机性能的提高和实时操作系统的应用,软件化 NC 内核将被广泛接受。它使得数控系统具有更大的柔性和开放性,方便系统的重构和扩展,降低系统的成本。数控系统的运动控制内核要求有很高的实时性(伺服更新和插补周期为几十微秒~几百微秒),其实时性实现有两种方法:硬件实时和软件实时。

在硬件实时实现上,早期 DOS 系统可直接对硬中断进行编程来实现实时性,通常采用在 PC 上插 NC I/O 卡或运动控制卡。由于 DOS 是单任务操作系统,非图形界面,因此在 DOS 下开发的数控系统功能有限,界面一般,网络功能弱,有专有硬件,只能算是基于 PC 化的 NC,不能算是真正的开放式数控系统,如华中 I 型,航天 CASNUC901 系列,四开 SKY 系列等;Windows 系统推出后,由于其不是实时系统,要达到 NC 的实时性,只有采用多处理器,常见的方式是在 PC 上插一块基于 DSP 处理器的运动控制卡,NC 内核实时功能由运动控制卡实现,称为 PC 与 NC 的融合。这种方式给 NC 功能带来了较大的开放性,通过 Windows 的 GUI 可实现很好的人机界面,但是运动控制卡仍属于专有硬件,各厂家产品不兼容,增加成本(1-2 万元),且 Windows 系统工作不稳定,不适合于工业应用(WindowsNT 工作较稳定)。目前大多宣称为开放式的数控系统属于这一类,如功能非常强大的 MAZAK 的 Mazatrol Fusion 640,美国 A2100,Advantage 600,华中 HNC-2000 数控系统等。

在软件实时实现上,只需一个 CPU,系统简单,成本低,但必须有一个实时操作系统。实时系统根据其响应的时间可分为硬实时(Hard real time,小于 100μs),严格实时(Firm real time 小于 1 μs)和软实时(Soft real time,毫秒级),数控系统内核要求硬实时。现有两种方式:一种是采用单独实时操作系统如 QNX,Lynx,VxWorks 和 WindowsCE 等,这类实时操作系统比较小,对硬件的要求低,但其功能相对 Windows 等较弱。如美国 Clesmen 大学采用 QNX 研究的 Qmotor 系统;另一种是在标准的商用操作系统上加上实时内核,如 WindowsNT 加 VenturCOM 公司的 RTX 和 Linux 加 RTLinux 等。这种组合形式既满足了实时性要求,又具有商用系统的强大功能。LINUX 系统具有丰富的应用软件和开发工具,便于与其他系统实现通讯和数据共享,可靠性比 Windows 系统高,LINUX 系统可以三年不关机,这在工业控制中是至关重要的。目前制造系统在 WINDOWS 下的应用软件比较多,为解决 Windows 应用软件的使用,可以通过网络连接前端 PC 扩展运行 WINDOWS 应用软件,既保证了系统的可靠性又达到了已有软件资源的应用。WindowsNT+RTX 组合的应用较成功的有美国的 OpenCNC 和德国的 PA 公司(自己开发的实时内核),这两家公司均有产品推出,另外 SIMENS 公司的 SINUMERIK® 840Di 也是一种采用 NT 操作系统的单 CPU 的软件化数控系统。Linux 和 RTLinux 是源代码开放的免费操作系统,发展迅猛,是我国力主发展的方向。

2) 数控系统与驱动和数字 I/O(PLC 的 I/O)连接的发展方向是现场总线

传统数控系统驱动和 PLC I/O 与控制器是直接相连的,一个伺服电动机至少有 11 根线,当轴数和 I/O 点多时,布线相当多,出于可靠性考虑,线长有限(一般 3~5m),扩展不易,可靠性低,维护困难,特别是采用软件化数控内核后,通常只有一个 CPU,控制器一般在操作面板端,离控制箱(放置驱动器等)不能太远,给工程实现带来困难,所以一般 PC 数控系统多采用一体化机箱,但这又不为机床厂家和用户接受。而现场总线用一根通信线或光纤将所有的驱动和 I/O 级连起来,传送各种信号,以实现对伺服驱动的智能化控制。这种方式连线少,可靠性高,扩展方便,易维护,易于实现重配置,是数控系统的发展方向。现在数控系统中采用的现场总线标准有 PROFIBUS(传输速率 12Mbps),如 Siemens 802D 等;光纤现场总线 SERCOS(最高为 16Mbps,但目前大多系统为 4Mbps),如 Indramat System2000 和北京机电院的 CH-2010/S,北京和利时公司也研究了 SERCOS 接口的演示系统;CAN 现场总线,如华中数控和南京四开的系统等,但目前基于 SERCOS 和 PROFIBUS 的数控系统都比较贵。而 CAN 总线传输速率慢,最大传输速率为 1Mbps 时,传输距离为 40m。

3) 网络化是基于网络技术的 E-Manufacturing 对数控系统的必然要求。

传统数控系统缺乏统一、有效和高速的通道与其他控制设备和网络设备进行互连,信息被锁在"黑匣子"中,每一台设备都成为自动化的"孤岛",对企业的网络化和信息化发展是一个障碍。CNC 机床作为制造自动化的底层基础设备,应该能够双向高速地传送信息,实现加工信息的共享、远程监控、远程诊断和网络制造,基于标准 PC 的开放式数控系统可利用以太网技术实现强大的网络功能,实现控制网络与数据网络的融合,实现网络化生产信息和管理信息的集成以及加工过程监控、远程制造、系统的远程诊断和升级;在网络协议方面,制造自动化协议 MAP(Manufacturing Automation Protocol)由于其标准包含内容太广泛,应用层未定义,难以开发硬件和软件,每个站需有专门的 MAP 硬件,价格昂贵,缺乏广泛的支持而逐渐淡出市场。现在广为大家接受的是采用 TCP/IP INTERNET 协议,美国 HAAS 公司的 Creative Control Group 将这一以太网的数控网络称为 DCN(Direct CNC Networking)。数控系统网络功能方面,日本的 MAZAKA 公司的 Mazatrol Fusion 640 系统有很强的网络功能,可实现远程数据传输、管理和设备故障诊断等。

3. 基于 LINUX 的开放式结构数控系统

1) 系统组成

该系统是一个基于标准 PC 硬件平台和 LINUX 与 RTLinux 结合的软件平台之上,设备驱动层采用现场总线互连、与外部网络或 INTRANET 采用以太网连接,形成一个可重构配置的纯软件化结合多媒体和网络技术的高档开放式结构数控系统平台。

该平台数控系统运行于没有运动控制卡的标准 PC 硬件平台上,软件平台采用 LINUX 和 RTLINUX 结合,一些时间性要求严的任务,如运动规划、加减速控制、插补、现场总线通信、PLC 等,由 RTLINUX 实现,而其他一些时间性不强的任务在 LINUX 中实现,详见图 4-7 软件结构框图。

基于标准 PC 的控制器与驱动设备和外围 I/O 的连接采用磁隔离的高速 RS422 标准现场总线,该总线每通道的通讯速率为 12Mbps 时,采用普通双绞线通信距离可达 100m。主机端为 PCI 总线卡,有四个通道(实际现只用两个通道:一个通道连接机床操作面板,另一通道连接设备及 I/O),设备端接口通过 DSP 芯片转换成标准的电动机控制信号。每个通道的控制节点可达 32 个,每个节点可控制 1 根轴(通过通信协议中的广播同步信号使各轴间实现同步联动)或一组模拟接口(测量接口,系统监控传感器接口等)或一组 PLC I/O(最多可达 256 点),PLC 的总点数可达 2048 点(可参见图 4-8 设备层现场总线网络拓扑结构)。

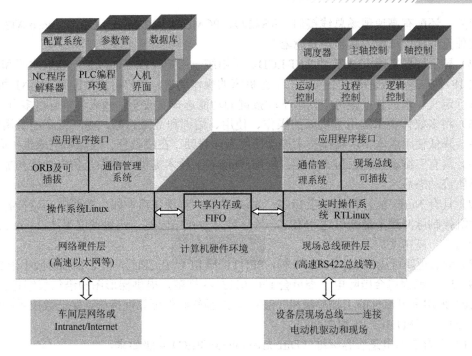

图 4-7 软件结构框图

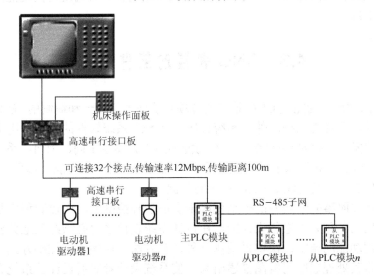

图 4-8 设备层现场总线网络拓扑结构

2) 系统主要特点

（1）控制器具有动态地自动识别系统接口卡的功能，系统可重配置以满足不同加工工艺的机床和设备的数控要求，驱动电动机可配数字伺服、模拟伺服和步进电动机。

（2）网络功能。通过以太网实现数控系统与车间网络或 INTRANET/INTERNET 的互连，利用 TCP/IP 协议开放数控系统的内部数据，实现与生产管理系统和外部网络的高速双向数据交流。具有常规 DNC 功能（采用百兆网其速率比传统速率为 112K 的 232 接口 DNC 快将近一千倍）、生产数据和机床操作数据的管理功能、远程故障诊断和监视功能。

（3）系统除具有标准的并口、串口（RS232）、PS2（键盘、鼠标口）、USB 接口、以太网接口外，还配有高速现场总线接口（RS422）、PCMCIA IC Memory Card（Flash ATA）接口、红外无线接口（配刀具检测传感器）。

（4）显示屏幕采用 12.1 英寸 TFT-LCD。采用统一用户操作界面风格，通过水平和垂直两排共 18 个动态软按键满足不同加工工艺机床的操作要求，用户可通过配置工具对动态软按键进行定义。垂直软按键可根据水平软按键的功能选择而改变，垂直菜单可以多页。

（5）将多媒体技术应用于机床的操作、使用、培训和故障诊断，提高机床的易用性和可维性，降低使用成本。多媒体技术提供使用操作帮助、在线教程、故障和机床维护向导；

（6）具有三维动态加工仿真功能；利用 OpenGL 技术提供三维加工仿真功能和加工过程刀具轨迹动态显示。

（7）具有 Nurbs 插补和自适应 Look ahead 功能，实现任意曲线、曲面的高速插补。输出电动机控制脉冲频率最高可达 4MHz，当分辩力为 $0.1\mu m$ 时，快进速度可达 24 m/min，适合于高速、高精度加工。

（8）伺服更新可达 500μs（控制 6 轴，PENTIUM III 以上 CPU），PLC 扫描时间小于 2ms。

（9）PLC 编程符合国际电工委员会 IEC-61131-3 规范，提供梯形图和语句表编程。

（10）采用高可靠性的工控单板机（SBC），加强软硬件可靠性措施，保证数控系统的平均无故障时间（MTBF）达到 20000h。

（11）符合欧洲电磁兼容标准（Directive 89/336/EEC）4 级要求。

（12）数控系统本身的价格（不包括伺服驱动和电动机）可为现有同功能的普及型和高档数控系统的 1/2。

4.3 CNC 装置的软件结构

CNC 系统的软件是为完成 CNC 系统的各项功能而专门设计和编制的，是数控加工系统的一种专用软件，又称为系统软件（系统程序）。CNC 系统软件的管理作用类似于计算机的操作系统的功能。不同的 CNC 装置，其功能和控制方案也不同，因而各系统软件在结构上和规模上差别较大，各厂家的软件互不兼容。现代数控机床的功能大都采用软件来实现，所以，系统软件的设计及功能是 CNC 系统的关键。

数控系统是按照事先编制好的控制程序来实现各种控制的，而控制程序是根据用户对数控系统所提出的各种要求进行设计的。在设计系统软件之前必须细致地分析被控制对象的特点和对控制功能的要求，决定采用哪一种计算方法。在确定好控制方式、计算方法和控制顺序后，将其处理顺序用框图描述出来，使系统设计者对所设计的系统有一个明确而又清晰的轮廓。

在 CNC 系统中，软件和硬件在逻辑上是等价的，即由硬件完成的工作原则上也可以由软件来完成。但是它们各有特点：硬件处理速度快，造价相对较高，适应性差；软件设计灵活、适应性强，但是处理速度慢。因此，CNC 系统中软、硬件的分配比例是由性能价格比决定的。这也在很大程度上涉及软、硬件的发展水平。一般说来，软件结构首先要受到硬件的限制，软件结构也有独立性。对于相同的硬件结构，可以配备不同的软件结构。实际上，现代 CNC 系统中软、硬件界面并不是固定不变的，而是随着软、硬件的水平和成本，以及 CNC 系统所具有的性能不同而发生变化。图 4-9 给出了不同时期和不同产品中的三种典型的 CNC 系统软、硬件界面。

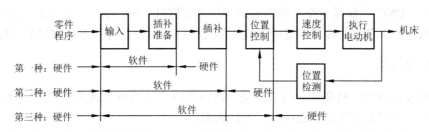

图 4-9　CNC 中三种典型的软、硬件功能界面

4.3.1　CNC 软件结构特点

1．CNC 系统的多任务性

CNC 系统作为一个独立的过程数字控制器应用于工业自动化生产中，其多任务性表现在它的管理软件必须完成管理和控制两大任务。其中系统管理包括输入，I/O 处理，通信、显示、诊断及加工程序的编制管理等程序。系统的控制部分包括译码、刀具补偿、速度处理、插补和位置控制等软件，如图 4-10 所示。

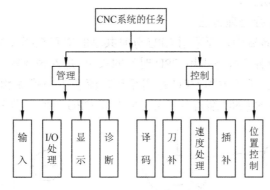

图 4-10　CNC 任务分解

同时，CNC 系统的这些任务必须协调工作。也就是在许多情况下，管理和控制的某些工作必须同时进行。例如，为了便于操作人员能及时掌握 CNC 的工作状态，管理软件中的显示模块必须与控制模块同时运行；当 CNC 处于 NC 工作方式时，管理软件中的零件程序输入模块必须与控制软件同时运行。而控制软件运行时，其中一些处理模块也必须同时进行。如为了保证加工过程的连续性，即刀具在各程序段间不停刀，译码、刀补和速度处理模块必须与插补模块同时运行，而插补又要与位置控制必须同时进行等，这种任务并行处理关系如图 4-11 所示。

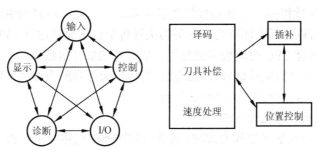

图 4-11　CNC 的任务并行处理关系需求

事实上，CNC 系统是一个专用的实时多任务计算机系统，其软件必然会融合现代计算机软件技术中的许多先进技术，其中最突出的是多任务并行处理和多重实时中断技术。

2. 并行处理

并行处理是指计算机在同一时刻或同一时间间隔内完成两种或两种以上性质相同或不相同的工作。并行处理的优点是提高了运行速度。

并行处理分为"资源重复"法、"时间重叠"法和"资源共享"法等并行处理方法。

资源重复是用多套相同或不同的设备同时完成多种相同或不同的任务。如在 CNC 系统硬件设计中采用多 CPU 的系统体系结构来提高处理速度。

资源共享是根据"分时共享"的原则，使多个用户按照时间顺序使用同一套设备。

时间重叠是根据流水线处理技术，使多个处理过程在时间上相互错开，轮流使用同一套设备的几个部分。

目前 CNC 装置的硬件结构中，广泛使用"资源重复"的并行处理技术。如采用多 CPU 的体系结构来提高系统的速度。而在 CNC 装置的软件中，主要采用"资源分时共享"和"资源重叠的流水处理"方法。

1) 资源分时共享并行处理方法

在单 CPU 的 CNC 装置中，要采用 CPU 分时共享的原则来解决多任务的同时运行。各个任务何时占用 CPU 及各个任务占用 CPU 时间的长短，是首先要解决的两个时间分配的问题。在 CNC 装置中，各任务占用 CPU 是用循环轮流和中断优先相结合的办法来解决。图 4-12 所示为一个典型的 CNC 装置各任务分时共享 CPU 的时间分配。

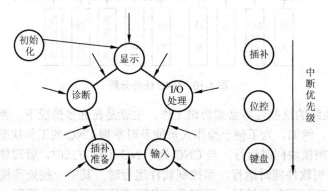

图 4-12 CPU 分时共享的并行处理

系统在完成初始化任务后自动进入时间分配循环中，在环中依次轮流处理各任务。而对于系统中一些实时性很强的任务则按优先级排队，分别处于不同的中断优先级上作为环外任务，环外任务可以随时中断环内各任务的执行每个任务允许占有 CPU 的时间受到一定的限制，对于某些占有 CPU 时间较多的任务，如插补准备（包括译码、刀具半径补偿和速度处理等），可以在其中的某些地方设置断点，当程序运行到断点处时，自动让出 CPU，等到下一个运行时间内自动跳到断点处继续运行。

2) 资源重叠流水并行处理方法

当 CNC 装置在自动加工工作方式时，其数据的转换过程将由零件程序输入、插补准备、插补、位置控制四个子过程组成。如果每个子过程的处理时间分别为 Δt_1、Δt_2、Δt_3、Δt_4，那么一个零件程序段的数据转换时间将是 $t=\Delta t_1+\Delta t_2+\Delta t_3+\Delta t_4$。如果以顺序方式处理每个零件的程序段，则第一个零件程序段处理完以后再处理第二个程序段，依次类推。图 4-13（a）表示了这种顺序处理时的时间空间关系。从图中可以看出，两个程序段的输出之间将有一个时间为 t 的间隔。这种时间间隔反映在电动机上就是电动机的时停时转，反映在刀具上就是刀具的时走时停，这种情况在加工工艺上是不允许的。

消除这种间隔的方法是用时间重叠流水处理技术。采用流水处理后的时间空间关系如图 4-13（b）所示。

流水处理的关键是时间重叠，即在一段时间间隔内不是处理一个子过程，而是处理两个或更多的子过程。从图中可以看出，经过流水处理以后，从时间 Δt_4 开始，每个程序段的输出之间不再有间隔，从而保证了刀具移动的连续性。流水处理要求处理每个子过程的运算时间相等，然而 CNC 装置中每个子过程所需的处理时间都是不同的，解决的方法是取最长的子过程处理时间为流水处理时间间隔。这样在处理时间间隔较短的子过程时，当处理完后就进入等待状态。

在单 CPU 的 CNC 装置中，流水处理的时间重叠只有宏观上的意义。即在一段时间内，CPU 处理多个子过程，但从微观上看，每个子过程是分时占用 CPU 时间。

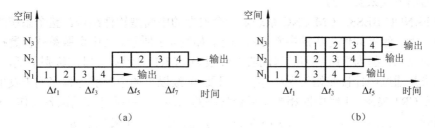

图 4-13　时间重叠流水处理

3. 实时中断处理

CNC 系统软件结构的另一个特点时实时中断处理。CNC 系统程序以零件加工为对象，每个程序段中有许多子程序，它们按照预定的顺序反复执行，各个步骤间关系十分密切，有许多子程序的实时性很强，这就决定了中断成为整个系统不可缺少的重要组成部分。CNC 系统的中断管理主要由硬件完成，而系统的中断结构决定了软件结构。

CNC 的中断类型如下。

（1）外部中断。主要有纸带光电阅读机中断、外部监控中断（如紧急停、量仪到位等）和键盘操作面板输入中断。前两种中断的实时性要求很高，将它们放在较高的优先级上，而键盘和操作面板的输入中断则放在较低的中断优先级上。在有些系统中，甚至用查询的方式来处理它。

（2）内部定时中断。主要有插补周期定时中断和位置采样定时中断。在有些系统中将两种定时中断合二为一。但是在处理时，总是先处理位置控制，然后处理插补运算。

（3）硬件故障中断。它是各种硬件故障检测装置发出的中断。如存储器出错，定时器出错，插补运算超时等。

（4）程序性中断。它是程序中出现的异常情况的报警中断。如各种溢出、除零等。

4.3.2 CNC 软件结构模式

CNC 系统的软件结构决定于系统采用的中断结构。在常规的 CNC 系统中，已有的结构模式有中断型结构和前后台型两种结构模式。

1. 中断型结构模式

中断型软件结构的特点是除了初始化程序之外，整个系统软件的各种功能模块分别安排在不同级别的中断服务程序中，整个软件就是一个大的中断系统。其管理的功能主要通过各级中断服务程序之间的相互通讯来解决。

一般在中断型结构模式的 CNC 软件体系中，控制 CRT 显示的模块为低级中断（0 级中断），只要系统中没有其他中断级别请求，总是执行 0 级中断，即系统进行 CRT 显示。其他程序模块，如译码处理、刀具中心轨迹计算、键盘控制、I/O 信号处理、插补运算、终点判别、伺服系统位置控制等处理，分别具有不同的中断优先级别。开机后，系统程序首先进入初始化程序，进行初始化状态的设置、ROM 检查等工作。初始化后，系统转入 0 级中断 CRT 显示处理。此后系统就进入各种中断的处理，整个系统的管理是通过每个中断服务程序之间的通信方式来实现的。

例如 FANUC-BESK 7CM CNC 系统是一个典型的中断型软件结构。整个系统的各个功能模块被分为八级不同优先级的中断服务程序，如表 4-1 所示。其中伺服系统位置控制被安排成很高的级别，因为机床的刀具运动实时性很强。CRT 显示被安排的级别最低，即 0 级，其中断请求是通过硬件接线始终保持存在。只要 0 级以上的中断服务程序均未发生的情况下，就进行 CRT 显示。1 级中断相当于后台程序的功能，进行插补前的准备工作。1 级中断有 13 种功能，对应着口状态字中的 13 个位，每位对应于一个处理任务。

表 4-1 FANUC-BESK 7CM CNC 系统的各级中断功能

中断级别	主要功能	中断源
0	控制 CRT 显示	硬件
1	译码、刀具中心轨迹计算，显示器控制	软件，16ms 定时
2	键盘监控，I/O 信号处理，穿孔机控制	软件，16ms 定时
3	操作面板和电传机处理	硬件
4	插补运算、终点判别和转段处理	软件，8ms 定时
5	纸带阅读机读纸带处理	硬件
6	伺服系统位置控制处理	4ms 实时钟
7	系统测试	硬件

在进入 1 级中断服务时，先依次查询口状态字的 0～12 位的状态，再转入相应的中断服务（表 4-2）。其处理过程见图 4-14。口状态字的置位有两种情况：一是由其他中断根据需要置 1 级中断请求的同时置相应的口状态字；二是在执行 1 级中断的某个口子处理时，置口状态字的另一位。当某一口的处理结束后，程序将口状态字的对应位清除。2 级中断服务程序的主要工作是对数控面板上的各种工作方式和 I/O 信号处理。3 级中断则是对用户选用的外部操作面板和电传机的处理。4 级中断最主要的功能是完成插补运算。7CM 系统中采用了"时间分割法"（数据采样法）插补。此方法经过 CNC 插补计算输出的是一个插补周期 T（8ms）的 F 指令值，这是一个粗插补进给量，而精插补进给量则是由伺服系统的硬

件与软件来完成的。一次插补处理分为速度计算、插补计算、终点判别和进给量变换四个阶段。5 级中断服务程序主要对纸带阅读机读入的孔信号进行处理。这种处理基本上可以分为输入代码的有效性判别、代码处理和结束处理三个阶段。6 级中断主要完成位置控制、4ms 定时计时和存储器奇偶校验工作。7 级中断实际上是工程师的系统调试工作，非使用机床的正式工作。中断请求的发生，除了第 6 级中断是由 4ms 时钟发生之外，其余的中断均靠别的中断设置，即依靠各中断程序之间的相互通讯来解决。例如第 6 级中断程序中每两次设置一次第 4 级中断请求（8ms）；每四次设置一次第 1、2 级中断请求。插补的第 4 级中断在插补完一个程序段后，要从缓冲器中取出一段并作刀具半径补偿，这时就置第 1 级中断请求，并把 4 号口置 1。

表 4-2　FANUC-BESK 7CM CNC 系统 1 级中断的 13 种功能

口状态字	对应口的功能
0	显示处理
1	公英制转换
2	部分初始化
3	从存储区（MP、PC 或 SP 区）读一段数控程序到 BS 区
4	轮廓轨迹转换成刀具中心轨迹
5	"再启动"处理
6	"再启动"开关无效时，刀具回到断点"启动"处理
7	按"启动"按钮时，要读一段程序到 BS 区的预处理
8	连续加工时，要读一段程序到 BS 区的预处理
9	纸带阅读机反绕或存储器指针返回首址的处理
A	启动纸带阅读机使纸带正常进给一步
B	置 M、S、T 指令标志及 G96 速度换算
C	置纸带反绕标志

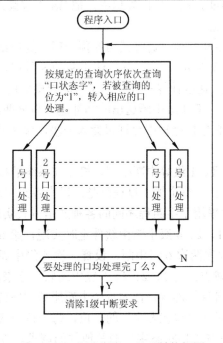

图 4-14　1 级中断各口处理转换框图

下面介绍 FANUC-BESK 7CM 中断型 CNC 系统的工作过程及其各中断程序之间的相互关联。

1) 开机

开机后，系统程序首先进入初始化程序，进行初始化状态的设置，ROM 检查工作。初始化结束后，系统转入 0 级中断服务程序，进行 CRT 显示处理。每 4ms 的间隔，进入 6 级中断。由于 1 级、2 级和 4 级中断请求均按 6 级中断的定时设置运行，从此以后系统就进入轮流对这几种中断的处理。

2) 启动纸带阅读机输入纸带

作好纸带阅读机的准备工作后，将操作方式置于"数据输入"方式，按下面板上的主程序 MP 键。按下纸带输入键，控制程序在 2 级中断"纸带输入键处理程序"中启动一次纸带阅读机。当纸带上的同步孔信号读入时产生 5 级中断请求。系统响应 5 级中断处理，从输入存储器中读入孔信号，并将其送入 MP 区，然后再启动一次纸带阅读机，直到纸带结束。

3) 启动机床加工

（1）当按下机床控制面板上的"启动"按钮后，在 2 级中断中，判定"机床启动"为有效信息，置 1 级中断 7 号口状态，表示启动按钮后要求将一个程序段从 MP 区读入 BS 区中。

（2）程序转入 1 级中断，在处理到 7 号口状态时，置 3 号口状态，表示允许进行"数控程序从 MP 区读入 BS 区"的操作。

（3）在 1 级中断依次处理完后返回 3 号口处理，把一数控程序段读入 BS 区，同时置已有新加工程序段读入 BS 区标志。

（4）程序进入 4 级中断，根据"已有新加工程序段读入 BS 区"的标志，置"允许将 BS 内容读入 AS"的标志，同时置 1 级中断 4 号口状态。

（5）程序再转入 1 级中断，在 4 号口处理中，把 BS 内容读入 AS 区中，并进行插补轨迹计算，计算后置相应的标志。

（6）程序再进入 4 级中断处理，进行其插补预处理，处理结束后置"允许插补开始"标志。同时由于 BS 内容已读入 AS，因此置 1 级中断的 8 号口，表示要求从 MP 区读一段新程序段到 BS 区。此后转入速度计算→插补计算→进给量处理，完成第一次插补工作。

（7）程序进入 6 级中断，把 4 级中断送出的插补进给量分两次进给。

（8）再进入 1 级中断，8 号口处理中允许再读入一段，置 3 号口。再 3 号口处理中把新程序段从 MP 区读入 BS 区。

（9）反复进行 4 级、6 级、1 级等中断处理，机床在系统的插补计算中不断进给，显示器不断显示出新的加工位置值。整个加工过程就是由以上各级中断进行若干次处理完成的。由此可见，整个系统的管理采用了中断程序间的各种通信方式实现的。其中包括：

① 设置软件中断。第 1、2、4 级中断由软件定时实现，第 6 级中断由时钟定时发生，每 4ms 中断一次。这样每发生两次 6 级中断，设置一次 4 级中断请求，每发生四次 6 级中断，设置一次 1、2 级中断请求。将 1、2、4、6 级中断联系起来。

② 每个中断服务程序自身的连接是依靠每个中断服务程序的"口状态字"位。如 1 级中断分成 13 个口，每个口对应"口状态字"的一位，每一位对应处理一个任务。进行 1 级中断的某口的处理时可以设置"口状态字"的其他位的请求，以便处理完某口的操作时立

即转入到其他口的处理。

③ 设置标志。标志是各个程序之间通信的有效手段。如 4 级中断每 8ms 中断一次，完成插补预处理功能。而译码、刀具半径补偿等在 1 级中断中进行。当完成了其任务后应立刻设置相应的标志，若未设置相应的标志，CNC 会跳过该中断服务程序继续往下进行。

2. 前后台型结构模式

该结构模式的 CNC 系统的软件分为前台程序和后台程序。前台程序是指实时中断服务程序，实现插补、伺服、机床监控等实时功能。这些功能与机床的动作直接相关。后台程序是一个循环运行程序，完成管理功能和输入、译码、数据处理等非实时性任务，也叫背景程序，管理软件和插补准备在这里完成。

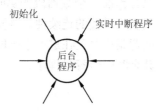

图 4-15 前后台软件结构

后台程序运行中，实时中断程序不断插入，与后台程序相配合，共同完成零件加工任务。图 4-15 所示为前后台软件结构中，实时中断程序与后台程序的关系图。这种前后台型的软件结构一般适合单处理器集中式控制，对 CPU 的性能要求较高。程序启动后先进行初始化，再进入后台程序环，同时开放实时中断程序，每隔一定的时间中断发生一次，执行一次中断服务程序，此时后台程序停止运行，实时中断程序执行后，再返回后台程序。

美国 A-B7360 CNC 软件是一种典型的前后台型软件。其结构框图如图 4-16 所示。该图的右侧是实时中断程序处理的任务，主要的可屏蔽中断有 10.24ms 实时时钟中断、阅读机中断和键盘中断。其中阅读机中断优先级最高，10.24ms 实时时钟中断优先级次之，键盘中断优先级最低。阅读机中断仅在输入零件程序时启动了阅读机后才发生，键盘中断也仅在键盘方式下发生，而 10.24ms 中断总是定时发生的。左侧则是背景程序处理的任务。背景程序是一个循环执行的主程序，而实时中断程序按其优先级随时插入背景程序中。

当 A-B7360 CNC 控制系统接通电源或复位后，首先运行初始化程序，然后，设置系统有关的局部标志和全局性标志；设置机床参数；预清机床逻辑 I/O 信号在 RAM 中的映像区；设置中断向量；并开放 10.24ms 实时时钟中断，最后进入紧停状态。此时，机床的主轴和坐标轴伺服系统的强电时断开的，程序处于对"紧停复位"的等待循环中。由于 10.24ms 时钟中断定时发生，控制面板上的开关状态随时被扫描，并设置了相应的标志，以供主程序使用。一旦操作者按了"紧停复位"按钮，接通机床强电时，程序下行，背景程序启动。首先进入 MCU 总清（即清除零件程序缓冲区、键盘 MDI 缓冲区、暂存区、插补参数区等），并使系统进入约定的初始控制状态（如 G01、G90 等），接着根据面板上的方式进行选择，进入相应的方式服务环中。各服务环的出口又循环到方式选择例程，一旦 10.24ms 时钟中断程序扫描到面板上的方式开关状态发生了变化，背景程序便转到新的方式服务环中。无论背景程序处于何种方式服务中，10.24ms 的时钟中断总是定时发生的。

在背景程序中，自动/单段是数控加工中的最主要的工作方式，在这种工作方式下的核心任务是进行一个程序段的数据预处理，即插补预处理。即一个数据段经过输入译码、数据处理后，就进入就绪状态，等待插补运行。所以图 4-16 中段执行程序的功能是将数据处理结果中的插补用信息传送到插补缓冲器，并把系统工作寄存器中的辅助信息（S、M、T 代码）送到系统标志单元，以供系统全局使用。在完成了这两种传送之后，背景程序设立一个数据段传送结束标志及一个开放插补标志。在这两个标志建立之前，定时中断程序尽管照常发生，但是不执行插补及辅助信息处理等工作，仅执行一些例行的扫描、监控等功能。这两个标志的设置体现了背景程序对实时中断程序的控制和管理。这两个标志建立后，实时中断程序即开始执行插补、伺服输出、辅助功能处理，同时，背景程序开始输入下一程序段，并进行新一个数据段的预处理。在这里，系统设计者必须保证在任何情况下，在执行当前一个数据段的实时插补运行过程中必须将下一个数据段的预处理工作结束，以实现加工过程的连续性。这样，在同一时间段内，中断程序正在进行本段的插补和伺服输出，而背景程序正在进行下一段的数据处理。即在一个中断周期内，实时中断开销一部分时间，其余时间给背景程序。

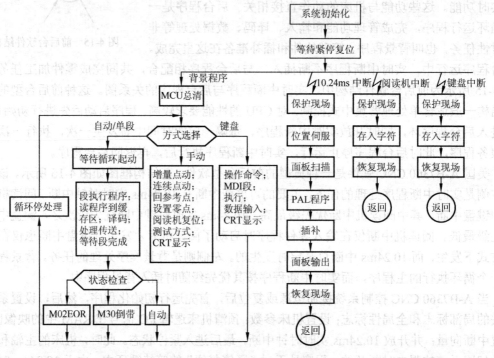

图 4-16 7360 CNC 软件总框图

一般情况下，下一段的数据处理及其结果传送比本段插补运行的时间短，因此，在数据段执行程序中有一个等待插补完成的循环，在等待过程中不断进行 CRT 显示。由于在自动/单段工作方式中，有段后停的要求，所以在软件中设置循环停请求。若整个零件程序结束，一般情况下要停机。若仅仅本段插补加工结束而整个零件程序未结束，则又开始新的循环。循环停处理程序是处理各种停止状态的，例如在单段工作方式时，每执行完一个程序段时就设立循环停状态，等待操作人员按循环启动按钮。如果系统一直处于正常的加工状态，则跳过该处理程序。

关于中断程序，除了阅读机和键盘中断是在其特定的工作情况下发生外，主要是 10.24ms 的定时中断。该时间是 7360 CNC 的实际位置采样周期，也就是采用数据采样插补方法（时间分割法）的插补周期。该实时时钟中断服务程序是系统的核心。CNC 的实时控制任务包括位置伺服、面板扫描、机床逻辑（可编程应用逻辑 PAL 程序）、实时诊断和轮廓插补等都在其中实现。

4.4 可编程机床控制器 PMC

机床数控系统除了对机床各坐标轴的位置进行连续控制（即插补运算）外，还需要对机床主轴正反转与起停，工件的夹紧与松开，刀具更换，工位工作台交换，液压与气动控制，切削液开关，润滑等辅助工作进行顺序控制，顺序控制由可编程控制器完成。

早期的编程控制器（Programmable Logic Controller）简称 PLC，随着计算机技术的不断发展，为了与个人计算机"PC"或脉冲编码器"PLC"等术语相区别，除通称可编程控制器为"PLC"外，不少厂家还采用了与 PLC 不同的其他名称如：微机可编程控制器（Microprocessor Programmable Controller-MPC）、可编程接口控制器（Programmable Interface Controller-PIC）、可编程机器控制器（Programmable Machine Controller-PMC）、可编程顺序控制器（Programmable Seguence Controller-PSC），目前使用 PMC 的较多。

4.4.1 PLC 的概述

可编程控制器是一类以微处理器为基础的通用型自动控制装置。它一般以顺序控制为主，回路调节为辅，能够完成逻辑、顺序、计时、计数和算术运算等功能。即能控制开关量，也能控制模拟量。随着技术的不断发展，PLC 的功能也在不断增长，主要表现在以下几点。

（1）控制规模不断扩大，单台 PLC 可控制成千乃至上万个点，多台 PLC 进行同位链接可控制数万个点。

（2）指令系统功能增强，能进行逻辑运算、计时、计数、算术运算、PID 运算、数制转换、ASCⅡ码处理。高档 PLC 还能处理中断、调用子程序等。使得 PLC 能够实现逻辑控制、模拟量控制、数值控制和其他过程监控，以至在某些方面可以取代小型计算机控制。

（3）处理速度提高，每个点的平均处理时间从 $10\mu s$ 左右提高到 $1\mu s$ 以内。

（4）编程容量增大，从几 K 字节增大到几十 K，甚至上百 K 字节。

（5）编程语言多样化，大多数使用梯形图语言和语句表语言，有的还可使用流程图语言或高级语言。

（6）增加通信与联网功能，多台 PLC 之间能互相通信，互相交换数据，PLC 还可以与上位计算机通信，接受计算机的命令，并将执行结果告诉计算机。通信接口多采用 RS-422/RS-232C 等标准接口，以实现多级集散控制。

目前，为了适应不同的需要，进一步扩大 PLC 在工业自动化领域的应用范围，PLC 正朝着以下两个方向发展。其一是低档 PLC 向小型、简易、廉价方向发展，使之广泛地取代继电器控制；其二是中、高档 PLC 向大型、高速、多功能方向发展，使之能取代工业控制微机的部分功能，对大规模的复杂系统进行综合性的自动控制。

在数控机床上采用 PLC 代替继电器控制，使数控机床结构更紧凑，功能更丰富，响应速度和可靠性大大提高。在数控机床、加工中心等自动化程度高的加工设备和生产制造系统中，PLC 是不可缺少的控制装置。

1. PLC 的基本功能

在数控机床出现以前，顺序控制技术在工业生产中已经得到广泛应用。许多机械设备的工作过程都需要遵循一定的步骤或顺序。顺序控制即是以机械设备的运行状态和时间为依据，使其按预先规定好的动作次序顺序地进行工作的一种控制方式。

数控机床所用的顺序控制装置（或系统）主要有两种，一种是传统的"继电器逻辑电路"，简称 RLC（Relay Logic Circuit）。另一种是"可编程序控制器"，即 PLC。

RLC 是将继电器、接触器、按钮、开关等机电式控制器件用导线连接而成的以实现规定的顺序控制功能的电路。在实际应用中，RLC 存在一些难以克服的缺点。如只能解决开关量的简单逻辑运算，以及定时、计数等有限几种功能控制，难以实现复杂的逻辑运算、算术运算、数据处理，以及数控机床所需要的许多特殊控制功能，修改控制逻辑需要增减控制元器件和重新布线，安装和调整周期长，工作量大；继电器、接触器等器件体积较大，每个器件工作触点有限。当机床受控对象较多，或控制动作顺序较复杂时，需要采用大量的器件，因而整个 RLC 体积庞大，功耗高，可靠性差等。由于 RLC 存在上述缺点，因此只能用于一般的工业设备和数控车床、数控钻床、数控镗床等控制逻辑较为简单的数控机床。

与 RLC 比较，PLC 是一种工作原理完全不同的顺序控制装置。PLC 具有如下基本功能。

（1）PLC 是由计算机简化而来的。为适应顺序控制的要求，PLC 省去了计算机的一些数字运算功能，而强化了逻辑运算控制功能，是一种功能介于继电器控制和计算机控制之间的自动控制装置。

PLC 具有与计算机类似的一些功能器件和单元，它们包括：CPU、用于存储系统控制程序和用户程序的存储器、与外部设备进行数据通信的接口及工作电源等。为与外部机器和过程实现信号传送，PLC 还具有输入、输出信号接口。PLC 有了这些功能器件和单元，即可用于完成各种指定的控制任务。PLC 系统的基本功能结构框图如图 4-17 所示。

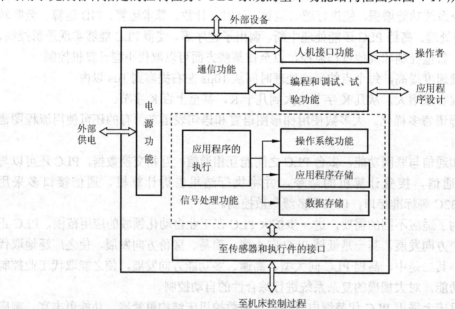

图 4-17　PLC 系统的基本功能结构

（2）具有面向用户的指令和专用于存储用户程序的存储器。用户控制逻辑用软件实现。适用于控制对象动作复杂，控制逻辑需要灵活变更的场合。

（3）用户程序多采用图形符号和逻辑顺序关系与继电器电路十分近似的"梯形图"编辑。梯形图形象直观，工作原理易于理解和掌握。

（4）PLC 可与专用编程机、编程器、个人计算机等设备连接，可以很方便地实现程序的显示、编辑、诊断、存储和传送等操作。

（5）PLC 没有继电器那种接触不良、触点熔焊、磨损和线圈烧断等故障。运行中无振动、无噪音，且具有较强的抗干扰能力，可以在环境较差（如：粉尘、高温、潮湿等）的条件下稳定、可靠地工作。

（6）PLC 结构紧凑、体积小、容易装入机床内部或电气箱内，便于实现数控机床的机电一体化。

PLC 的开发利用，为数控机床提供了一种新型的顺序控制装置，并很快在实际应用中显示了强大的生命力。现在 PLC 已成为数控机床的一种基本的控制装置。与 RLC 比较，采用 PLC 的数控机床结构更紧凑，功能更丰富，工作更可靠。对于车削中心、加工中心、FMC、FMS 等机械运动复杂，自动化程度高的加工设备和生产制造系统，PLC 则是不可缺少的控制装置。

2．PLC 的基本结构

PLC 实质上是一种工业控制用的专用计算机，PLC 系统与微型计算机结构基本相同，也是由硬件系统和软件系统两大部分组成。

1）通用型 PLC 的硬件结构

通用型 PLC 的硬件基本结构如图 4-18 所示，它是一种通用的可编程控制器，主要由中央处理单元 CPU、存储器、输入/输出（I/O）模块及电源组成。

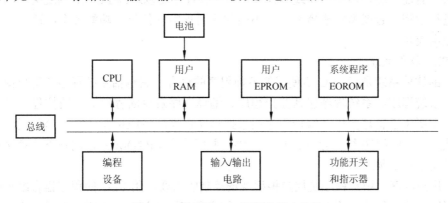

图 4-18　通用型 PLC 的硬件基本结构

主机内各部分之间均通过总线连接。总线分为电源总线、控制总线、地址总线和数据总线。各部件的作用如下。

（1）中央处理单元 CPU。PLC 的 CPU 与通用微机的 CPU 一样，是 PLC 的核心部分，它按 PLC 中系统程序赋予的功能，接收并存储从编程器键入的用户程序和数据；用扫描方式查询现场输入装置的各种信号状态或数据，并存入输入过程状态寄存器或数据寄存器中；诊断电源及 PLC 内部电路工作状态和编程过程中的语法错误等；在 PLC 进入运行状态后，从存储器逐条读取用户程序，经过命令解释后，按指令规定的任务产生相应的控制信号，去启闭有关的控制电路；分时、分渠道地去执行数据的存取、传送、组合、比较和变换等动作，完成用户程序中规定的逻辑运算或算术运算等任务；根据运算结果，更新有关标志位的状态和输出状态寄存器的内容，再由输出状态寄存器的位状态或数据寄存器的有关内容实现输出控制、制表打印、数据通信等功能。

（2）存储器。存储器（简称内存），用来存储数据或程序。它包括随机存取存储器（RAM）和只读存储器（ROM）。

PLC 配有系统程序存储器和用户程序存储器，分别用以存储系统程序和用户程序。系统程序存储器用来存储监控程序、模块化应用功能子程序和各种系统参数等，一般使用 EPROM；用户程序存储器用作存放用户编制的梯形图等程序，一般使用 RAM，若程序不经常修改，也可写入到 EPROM 中；存储器的容量以字节为单位。系统程序存储器的内容不能由用户直接存取。因此一般在产品样本中所列的存储器型号和容量，均是指用户程序存储器。

（3）输入/输出（I/O）模块。I/O 模块是 CPU 与现场 I/O 设备或其他外部设备之间的连接部件。PLC 提供了各种操作电平和输出驱动能力的 I/O 模块供用户选用。I/O 模块要求具有抗干扰性能，并与外界绝缘因此，多数都采用光电隔离回路、消抖动回路、多级滤波等措施。I/O 模块可以制成各种标准模块，根据输入、输出点数来增减和组合。I/O 模块还配有各种发光二极管来指示各种运行状态。

（4）电源。PLC 配有开关式稳压电源的电源模块，用来对 PLC 的内部电路供电。

（5）编程器。编程器用作用户程序的编制、编辑、调试和监视，还可以通过其键盘去调用和显示 PLC 的一些内部状态和系统参数。它经过接口与 CPU 联系，完成人机对话。

编程器分简易型和智能型两种。简易型编程器只能在线编程，它通过一个专用接口与 PLC 连接。智能型编程器即可在线编程又可离线编程，还以远离 PLC 插到现场控制站的相应接口进行编程。智能型编程器有许多不同的应用程序软件包，功能齐全，适应的编程语言和方法也较多。

2）PLC 软件系统

PLC 的软件系统是指 PLC 所使用的各种程序的集合。它包括系统程序和用户程序。

（1）系统程序。系统程序包括监控程序、编译程序及诊断程序等。监控程序又称为管理程序，主要用于管理全机。编译程序用来把程序语言翻译成机器语言。诊断程序用来诊断机器故障。系统程序由 PLC 生产厂家提供，并固化在 EPROM 中，用户不能直接存取，故也不需要用户干预。

（2）用户程序。用户程序是用户根据现场控制的需要，用 PLC 的程序语言编制的应用程序，用以实现各种控制要求。小型 PLC 的用户程序比较简单，不需要分段，而是顺序编制的。大中型 PLC 的用户程序很长，也比较复杂，为使用户程序编制简单清晰，可按功能结构或使用目的将用户程序划分成各个程序模块。按模块结构组成的用户程序，每个模块用来解决一个确定的功能，能使很长的程序编变得简单，还使程序的调试和修改变得容易。

对于数控机床来说，数控机床 PLC 中的用户程序由机床制造厂提供，并已固化到用户 EPROM 中，机床用户不需进行写入和修改，只是当机床发生故障时，才根据机床厂提供的梯形图和电气原理图，来查找故障点，进行维修。

3. PLC 的工作过程

用户程序通过编程器顺序输入到用户存储器，CPU 对用户程序循环扫描并顺序执行，其工作过程分为输入采样、程序执行、输出刷新三个阶段，如图 4-19 所示。

1）输入采样阶段

在输入采样阶段，PLC 以扫描方式将所有输入端的输入信号状态（ON/OFF 状态）读入到输入映像寄存器中寄存起来，称为对输入信号的采样。接着转入程序执行阶段，在程序执行期间，即使输入状态变化，输入映像寄存器的内容也不会改变。输入状态的变化只能在下一个工作周期的输入采样阶段才被重新读入。

2）程序执行阶段

在程序执行阶段，PLC 对程序按顺序进行扫描。如程序用梯形图表示，则总是按先上后下、先左后右的顺序扫描。每扫描到一条指令时所需要的输入状态或其他元素的状态，分别由输入映像寄存器或输出映像寄存器中读入，然后进行相应的逻辑或算术运算，运算结果再存入专用寄存器。若执行程序输出指令时，则将相应的运算结果存入输出映像寄存器。

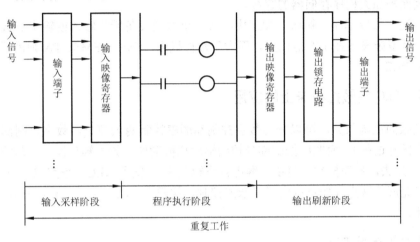

图 4-19 PLC 程序执行的过程

3）输出刷新阶段

在所有指令执行完毕后，输出映像寄存器中的状态就是欲输出的状态。在输出刷新阶段将其转存到输出锁存电路，再经输出端子输出信号去驱动用户输出设备，这就是 PLC 的实际输出。PLC 重复地执行上述三个阶段，每重复一次就是一个工作周期（或称为扫描周期）。工作周期的长短与程序的长短有关。

由于输入/输出模块滤波器的时间常数，输出继电器的机械滞后以及执行程序时按工作周期进行等原因，会使输入/输出响应出现滞后现象，对一般工业控制设备来说，这种滞后现象是允许的。但一些设备的某些信号要求做出快速响应，因此，有些 PLC 采用高速响应的输入/输出模块，也有的将顺序程序分为快速响应的高级程序和一般响应速度的低级程序两类。如 FANUC-BESK PLC 规定高级程序每 8ms 扫描一次，而把低级程序自动划分分割段，当开始执行程序时，首先执行高级顺序程序，然后执行低级程序的分割段 1，然后又去执行高级程序，再执行低级程序的分割段 2，这样每执行完低级程序的一个分割段，都要重新扫描执行一次高级程序，以保证高级程序中信号响应的快速性。

4. PLC 的规模

在实际运用中，当需要对 PLC 的规模作出评价时，较为普遍的作法是根据输入/输出点数的多少或者程序存储器容量（字数）的大小作为评价的标准，将 PLC 分为小型、中型和大型（或小规模、中规模和大规模）三类，如表 4-3 所示。

表 4-3 PLC 的规模分类

PLC 规模 / 评价指标	输入/输出点数 （二者总点数）	程序存储容量 （KB=千字）
小型 PLC	小于 128 点	1KB 以下
中型 PLC	128 点至 512 点	1~4KB
大型 PLC	512 点以上	4KB 以上

存储器容量的大小决定存储用户程序的步数或语句条数的多少。输入/输出点数与程序存储器容量之间有内在的联系。当输入/输出点数增加时，顺序程序处理的信息量增大，程序加长，因而需加大程序存储器的容量。

一般来说，数控车床、铣床、加工中心等单机数控设备所需输入或输出点数多在 128 点以下，少数复杂设备在 128 点以上。而大型数控机床，FMC、FMS、FA 则需要采用中规模或大规模 PLC。

4.4.2 PLC 在数控机床上的应用

数控机床的控制部分，可以分为数字控制和顺序控制两大部分，数字控制部分控制刀具轨迹（即插补过程），而顺序控制部分控制辅助机械动作（如主轴启停、冷却液开关、换刀动作等）。过去，顺序控制一直由"继电器逻辑电路"（简称 RLC）来完成，由于 RLC 存在一些难以克服的缺点（如难以实现复杂的控制、体积大、功耗高、可靠性差），所以逐步被 PLC 替代。

1. 数控机床用 PLC

数控机床用 PLC 可分为两类。一类是专为实现数控机床顺序控制而设计制造的内装型（Built-in Type）PLC。另一类是 I/O 接口技术规范、I/O 点数、程序存储容量以及运算和控制功能等均能满足数控机床控制要求的独立型（Stand-alone Type）PLC。

1）内装型 PLC

内装型 PLC（或称内含型 PLC、集成式 PLC）从属于 CNC 装置，PLC 与 NC 间的信号传送在 CNC 装置内部即可实现。PLC 与机床（简称 MT）间则通过 CNC 输入/输出接口电路实现信号传送，如图 4-20 所示。

内装型 PLC 有如下特点。

（1）内装型 PLC 实际上是 CNC 装置带有的 PLC 功能，一般是作为一种基本的或可选择的功能提供给用户。

（2）内装型 PLC 的性能指标（如：输入/输出点数，程序最大步数，每步执行时间、程序扫描周期、功能指令数目等）是根据所从属的 CNC 系统的规格、性能、适用机床的类型等确定的。其硬件和软件部分是被作为 CNC 系统的基本功能或附加功能与 CNC 系统其他功能一起统一设计、制造的。因此，系统硬件和软件整体结构十分紧凑，且 PLC 所具有的功能针对性强，技术指标亦较合理、实用，尤其适用于单机数控设备的应用场合。

（3）在系统的具体结构上，内装型 PLC 可与 CNC 共用 CPU，也可以单独使用一个 CPU；硬件控制电路可与 CNC 其他电路制作在同一块印制板上，也可以单独制成一块附加板，当

CNC 装置需要附加 PLC 功能时，再将此附加板插装到 CNC 装置上，内装 PLC 一般不单独配置输入/输出接口电路，而是使用 CNC 系统本身的输入/输出电路；PLC 控制电路及部分输入/输出电路（一般为输入电路）所用电源由 CNC 装置提供，不需另备电源。

（4）采用内装型 PLC 结构，CNC 系统可以具有某些高级的控制功能。如：梯形图编辑和传送功能，在 CNC 内部直接处理 NC 窗口的大量信息等。

国内常见的外国公司生产的带有内装型 PLC 的系统有：FANUC 公司的 FS-0（PMC-L/M），FS-0 Mate（PMC-L/M），FS-3（PLC-D），FS-6（PLC-A、PLC-B），FS-10/11（PMC-1）；FS-15（PMC-N）；Siemens 公司的 SINUMERIK 810，SINUMERIK 820；A-B 公司的 8200，8400，8600 等。

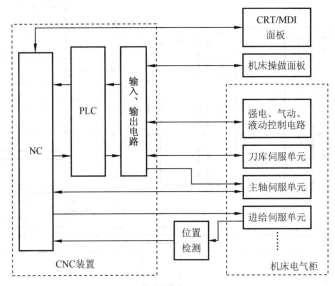

图 4-20 具有内装型 PLC 的 CNC 机床系统框图

2)"独立型" PLC

"独立型" PLC 又称为"通用型" PLC。独立型 PLC 是独立于 CNC 装置，具有完备的硬件和软件功能，能够独立完成规定控制任务的装置。采用独立型 PLC 的数控机床系统框图如图 4-21 所示：

独立型 PLC 有如下特点：

（1）独立型 PLC 具有如下基本的功能结构：CPU 及其控制电路，系统程序存储器，用户程序存储器、输入/输出接口电路、与编程机等外部设备通信的接口和电源等（参见图 4-18）。

（2）独立型 PLC 一般采用积木式模块化结构或笼式插板式结构，各功能电路多做成独立的模块或印刷电路插板，具有安装方便，功能易于扩展和变更等优点。例如，可采用通信模块与外部输入输出设备、编程设备、上位机、下位机等进行数据交换；采用 D/A 模块可以对外部伺服装置直接进行控制；采用计数模块可以对加工工件数量、刀具使用次数、回转体回转分度数等进行检测和控制，采用定位模块可以直接对诸如刀库、转台、直线运动轴等机械运动部件或装置进行控制。

（3）独立型 PLC 的输入、输出点数可以通过 I/O 模块或插板的增减灵活配置。有的独立型 PLC 还可通过多个远程终端连接器构成有大量输入、输出点的网络，以实现大范围的集中控制。

在独立型 PLC 中，那些专为用于 FMS、FA 而开发的独立型 PLC 具有强大的数据处理、通信和诊断功能，主要用作"单元控制器"，是现代自动化生产制造系统重要的控制装置。独立型 PLC 也用于单机控制。国外有些数控机床制造厂家，或是为了展示自己长期形成的技术特色，或是为了保守某些技术诀窍，或纯粹是因管理上的需要，在购进的 CNC 系统中，舍弃了 PLC 功能，而采用外购或自行开发的独立型 PLC 作控制器，这种情况在从日本、欧美引进的数控机床中屡见不鲜。

国内已引进应用的独立型 PLC 有：Siemens 公司的 SIMATIC S5 系列产品；A-B 公司的 PLC 系列产品；FANUC 公司的 PMC-J 等。

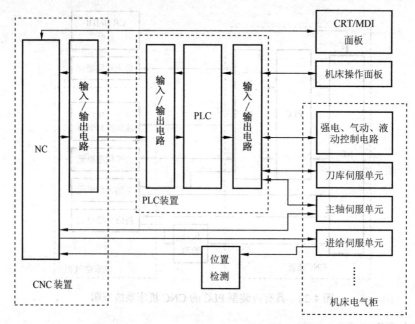

图 4-21　具有独立型 PLC 的 CNC 机床系统框图

2. 典型数控机床用 PLC 的指令系统

PLC 是专为工业自动控制而开发的装置，通常 PLC 采用面向控制过程，面向问题的"自然语言"编程。不同厂家的产品采用的编程语言不同，这些编程语言有梯形图、语句表、流程图等。为了增强 PLC 的各种运算功能，有的 PLC 还配有 BASIC 语言，并正在探索用其他高级语言来编程。

日本的 FANUC 公司、立石公司、三菱公司、富士公司等所生产的 PLC 产品，都采用梯形图编程。在用编程器向 PLC 输入程序时，一般简易编程器都采用编码表输入，大型编程器也可用梯形图直接输入。在众多的 PLC 产品中，由于制造厂家不同，其指令系统的表示方法和语句表中的助记符也不尽相同，但原理是完全相同的。在本书中我们以 FANUC-PMC-L 为例，对适用于数控机床控制的 PLC 指令作一介绍。在 FANUC 系列的 PLC 中，规格型号不同时，只是功能指令的数目有所不同，如北京机床研究所与 FANUC 公司合作开发的 FANUC-BESK PLC-B 功能指令 23 条，除此以外，指令系统是完全一样的。

在 FANUC-PMC-L 中有两种指令：基本指令和功能指令。当设计顺序程序时，使用最多的是基本指令，基本指令共 12 条。功能指令便于机床特殊运行控制的编程，功能指令有 35 条。

在基本指令和功能指令执行中，用一个堆栈寄存器暂存逻辑操作的中间结果，堆栈寄存器有 9 位（如图 4-22 所示），按先进后出、后进先出的原理工作。当前操作结果压入时，堆栈各原状态全部左移一位；相反地取出操作结果时堆栈全部右移一位，最后压入的信号首先恢复读出。

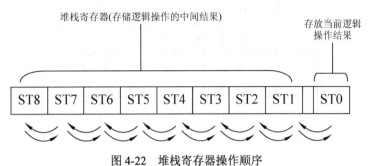

图 4-22 堆栈寄存器操作顺序

1) 基本指令

基本指令共 12 条，指令及处理内容如表 4-4 所示。

基本指令格式如下：

表 4-4 基本指令和处理内容

NO	指令	处理内容
1	RD	读指令信号的状态，并写入 ST0 中。在一个阶梯开始的是常开节点时使用
2	RD.NOT	将信号的"非"状态读出，送入 ST0 中。在一个阶梯开始的是常闭节点时使用
3	WRT	输出运算结果（ST0 的状态）到指定地址
4	WRT.NOT	输出运算结果（ST0 的状态）的"非"状态到指定地址
5	AND	将 ST0 的状态与指定地址的信号状态相"与"后，再置于 ST0 中
6	AND.NOT	将 ST0 的状态与指定地址的"非"状态相"与"后，再置于 ST0 中
7	OR	将指定地址的状态与 ST0 相"或"后，再置于 ST0
8	OR.NOT	将指定地址的"非"状态相"或"后，再置于 ST0
9	RD.STK	堆栈寄存器左移一位，并把指定地址的状态置于 ST0
10	RD.NOT.STK	堆栈寄存器左移一位，并把指定地址的状态取"非"后再置于 ST0
11	AND.STK	将 ST0 和 ST1 的内容执行逻辑"与"，结果存于 ST0，堆栈寄存器右移一位
12	OR.STK	将 ST0 和 ST1 的内容执行逻辑"或"，结果存于 ST0，堆栈寄存器右移一位

下面举一个综合运用基本指令的例子，来说明梯形图与指令代码的应用，此例子把 12 条基本指令都用到了。图 4-23 是梯形图的例子，表 4-5 是针对图 4-23 的梯形图用编程器向 PLC 输入的程序编码表。

2) 功能指令

数控机床所用 PLC 的指令必须满足数控机床信息处理和动作控制的特殊要求。例如由 NC 输出的 M、S、T 二进制代码信号的译码（DEC），机械运动状态或液压系统动作状态的延时（TMR）确认，加工零件的计数（CTR），刀库、分度工作台沿最短路径旋转和现在位置至目标位置步数的计算（ROT），换刀时数据检索（DSCH）等。对于上述的译码、定时、计数、最短路径选择，以及比较、检索、转移、代码转换、四则运算、信息显示等控制功能，仅用一位操作的基本指令编程，实现起来将会十分困难。因此要增加一些具有专门控制功能的指令，这些专门指令就是功能指令。功能指令都是一些子程序，应用功能指令就是调用了相应的子程序。

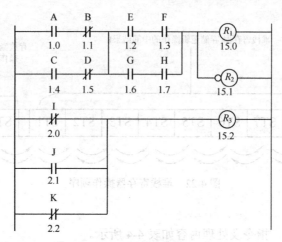

图 4-23　梯形图举例

表 4-5　梯形图 4-23 的编码表

序号	指令	地址号位数	备注	运算结果状态		
				ST2	ST1	ST0
1	RD	1.0	A			A
2	AND.NOT	1.1	B			$A \cdot \bar{B}$
3	RD.NOT.STK	1.4	C		$\bar{B}$	$\bar{C}$
4	AND.NOT	1.5	D		$A \cdot \bar{B}$	$\bar{C} \cdot \bar{D}$
5	OR.STK					$A \cdot \bar{B} + \bar{C} \cdot \bar{D}$
6	RD.STK	1.2	E		$A \cdot \bar{B} + \bar{C} \cdot \bar{D}$	E
7	AND	1.3	F		$A \cdot \bar{B} + \bar{C} \cdot \bar{D}$	$E \cdot F$
8	RD.STK	1.6	G	$A \cdot \bar{B} + \bar{C} \cdot \bar{D}$	$E \cdot F$	G
9	AND.NOT	1.7	H	$A \cdot \bar{B} + \bar{C} \cdot \bar{D}$	$E \cdot F$	$G \cdot \bar{H}$
10	OR.STK				$A \cdot \bar{B} + \bar{C} \cdot \bar{D}$	$E \cdot F + G \cdot \bar{H}$
11	AND.STK					$(A \cdot \bar{B} + \bar{C} \cdot \bar{D})$ $(E \cdot F + G \cdot \bar{H})$
12	WRT	15.0	R_1			$(A \cdot \bar{B} + \bar{C} \cdot \bar{D})$ $(E \cdot F + G \cdot \bar{H})$
13	WRT.NOT	15.1	R_2			$(A \cdot \bar{B} + \bar{C} \cdot \bar{D})$ $(E \cdot F + G \cdot \bar{H})$
14	RD.NOT	2.0	I			$\bar{I}$
15	OR	2.1	J			$\bar{I} + J$
16	OR.NOT	2.2	K			$\bar{I} + J + \bar{K}$
17	WRT	15.2	R_3			$\bar{I} + J + \bar{K}$

表 4-6 列出了 35 种功能指令和处理内容。

表 4-6　功能指令和处理内容

序号	指令			处理内容
	格式 1（梯形图）	格式 2（纸带穿孔与程序显示）	格式 3（程序输入）	
1	END1	SUB1	S1	1 级（高级）程序结束
2	END2	SUB2	S2	2 级程序结束
3	END3	SUB48	S48	3 级程序结束
4	TMR	TMR	T	定时器处理
5	TMRB	SUB24	S24	固定定时器处理
6	DEC	DEC	D	译码
7	CTR	SUB5	S5	计数处理
8	ROT	SUB6	S6	旋转控制
9	COD	SUB7	S7	代码转换
10	MOVE	SUB8	S8	数据"与"后传输
11	COM	SUB9	S9	公共线控制
12	COME	SUB29	S29	公共线控制结束
13	JMP	SUB10	S10	跳转
14	JMPE	SUB30	S30	跳转结束
15	PARI	SUB11	S11	奇偶检查
16	DCNV	SUB14	S14	数据转换（二进制—BCD 码）
17	COMP	SUB15	S15	比较
18	COIN	SUB16	S16	符合检查
19	DSCH	SUB17	S17	数据检索
20	XMOV	SUB18	S18	变址数据传输
21	ADD	SUB19	S19	加法运算
22	SUB	SUB20	S20	减法运算
23	MUL	SUB21	S21	乘法运算
24	DIV	SUB22	S22	除法运算
25	NUME	SUB23	S23	定义常数
26	PACTL	SUB25	S25	位置 Mate-A
27	CODE	SUB27	S27	二进制代码转换
28	DCNVE	SUB31	S31	扩散数据转换
29	COMPB	SUB32	S32	二进制数比较
30	ADDB	SUB36	S36	二进制数加
31	SUBB	SUB37	S37	二进制数减
32	MULB	SUB38	S38	二进制数乘
33	DIVB	SUB39	S39	二进制数除
34	NUMEB	SUB48	S40	定义二进制常数
35	DISP	SUB49	S49	在 NC 的 CTR 上显示信息

功能指令不能使用继电器的符号，必须使用图 4-24 所示的格式符号。这种格式包括：控制条件、指令、参数和输出几个部分。

表 4-7 为图 4-24 所示功能指令的编码表和运算结果状态。

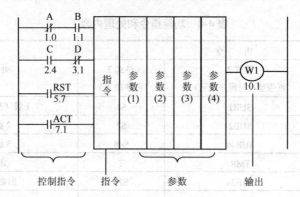

图 4-24　功能指令格式

表 4-7　图 4-24 的编码表

序号	指令	地址号位数	备注	运算结果状态			
				ST3	ST2	ST1	ST0
1	RD.NOT	1.0	A				$\bar{A}$
2	AND	1.1	B				$\bar{A} \cdot B$
3	RD.STK	2.4	C			$\bar{A} \cdot B$	C
4	AND.NOT	3.1	D			$\bar{A} \cdot B$	$C \cdot \bar{D}$
5	RD.STK	5.7	RST		$\bar{A} \cdot B$	$C \cdot \bar{D}$	RST
6	RD.STK	7.1	ACT	$\bar{A} \cdot B$	$C \cdot \bar{D}$	RST	ACT
7	SUB	○○	指令	$\bar{A} \cdot B$	$C \cdot \bar{D}$	RST	ACT
8	(PRM)	○○○○	参数 1	$\bar{A} \cdot B$	$C \cdot \bar{D}$	RST	ACT
9	(PRM)	○○○○	参数 2	$\bar{A} \cdot B$	$C \cdot \bar{D}$	RST	ACT
10	(PRM)	○○○○	参数 3	$\bar{A} \cdot B$	$C \cdot \bar{D}$	RST	ACT
11	(PRM)	○○○○	参数 4	$\bar{A} \cdot B$	$C \cdot \bar{D}$	RST	ACT
12	WRT	10.1	W1 输出	$\bar{A} \cdot B$	$C \cdot \bar{D}$	RST	ACT

指令格式中各部分内容说明如下。

（1）控制条件。控制条件的数量和意义随功能指令的不同而变化。控制条件存入堆栈寄存器中，其顺序是固定不变的。

（2）指令。功能指令的种类见表 4-6，指令的三种格式，格式 1 用于梯形图；格式 2 用于纸带穿孔和程序显示；格式 3 是用编程器输入程序时的简化指令。对 TMR 和 DEC 指令在编程器上有其专用指令键，其他功能指令则用 SUB 键和其后的数字键输入。

（3）参数。功能指令不同于基本指令，可以处理各种数据，也就是说数据或存有数据的地址可作为功能指令的参数，参数的数目和含义随指令的不同而不同。

（4）输出。功能指令的执行情况可用一位"1"和"0"表示时，把它输出到 W1 继电器，W1 继电器的地址可随意确定。但有些功能指令不用 W1，如 MOVE、COM、JMP 等。

（5）需要处理的数据。由功能指令管理的数据通常是 BCD 码或二进制数。如 4 位数的 BCD 码数据是按一定顺序放在两个连续地址的存储单元中，分低两位和高两位存放。例如 BCD 码 1234 被存放在地址 200 和 201 中，则 200 中存低两位（34），201 中存高两位（12）。

在功能指令中只用参数指定低字节的 200 地址。二进制代码数据可以由 1 字节、2 字节、4 字节数据组成，同样是低字节存在最小地址，在功能指令中也是用参数指定最小地址。

思考题与习题

4-1 CNC 控制系统的主要特点是什么？它的主要控制任务是哪些？

4-2 CNC 装置的主要功能有哪些？

4-3 单微处理机结构和多微处理机结构各有何特点？

4-4 常规的 CNC 软件结构有哪几种结构模式？

4-5 数控机床常用的输入方法有几种？各有何特点？

4-6 开放式结构数控系统的主要特点是什么？

4-7 可编程控制器 PLC 与传统的继电器逻辑控制器 RLC 相比有什么区别？它的主要功能有哪些？

4-8 可编程控制器的硬件系统主要由哪几部分组成？各部分的作用是什么？

4-9 试简述 PLC 的程序执行过程。程序的扫描周期与哪些因素有关？

第 5 章　位置检测装置

> **教学要求**
>
> 通过本章学习，了解并掌握机床数控技术中常用的位置检测装置的基本原理及应用。

> **引 例**
>
> 位置检测装置是数控机床实现传动控制的重要组成部分，在闭环伺服系统和半闭环伺服系统均安装有位置检测装置。常用的位置检测装置有光栅、脉冲编码器、感应同步器和旋转变压器等，如图 5-1～图 5-3 所示。
>
> 位置检测装置的主要作用是检测位移量，并将检测的反馈信号和数控装置发出的指令信号相比较，若有偏差，经放大后控制执行部件，使其向着消除偏差的方向运动，直到偏差为零。

例图 5-1　光栅

例图 5-2　脉冲编码器

例图 5-3　旋转变压器

5.1　概　　述

数控机床的伺服系统（或称为驱动系统）是数控机床的重要组成部分。驱动系统和位置控制系统的性能在很大程度上决定了数控机床的性能，研究和开发高性能的驱动系统及位置控制系统一直是研究数控机床的关键之一。

5.1.1　位置检测装置的作用及要求

数控机床的驱动系统通常包括两种：进给伺服系统和主轴伺服系统。进给伺服系统用于实现数控机床各坐标轴的切削进给运动，主轴伺服系统控制机床主轴的旋转运动。

位置控制系统分为开环和闭环两种。开环控制没有反馈，不需要位置检测装置，而闭环控制系统则存在反馈通道，需要位置检测装置。位置控制的作用是精确地控制机床运动部件的坐标位置，快速、准确地执行机床的运动指令。

闭环位置控制系统又称为位置伺服系统，是基于反馈控制原理工作的。为了进行反馈，就需要有位置检测装置。检测装置的功能是对被控变量进行检测与信号变换，与指令信号进行比较，达到反馈控制的目的。

构成闭环控制的数控机床，其运动精度主要由位置检测装置的精度决定。在设计数控机床，尤其是高精度或大中型数控机床时，必须选用位置检测装置。

不同类型、不同档次的数控机床对位置检测装置的精度和适应的速度要求是不同的。对于大型的数控机床以满足速度为主，对于中小型机床和高精度机床以满足精度要求为主。

位置检测装置的精度通常用分辨率和系统精度来表示。分辨率是指测量装置所能正确检测的最小数量单位。它是由传感器本身的品质所决定的。系统精度是指在测量范围内，传感器输出所代表的速度或位移的数值与实际的速度和位移的数值之间的最大误差值。分辨率不仅取决于检测元件本身，也取决于测量线路。选择检测装置的分辨率或系统精度的时候，一般要求比加工精度高一个数量级。

位置检测装置是闭环伺服系统的重要组成部分，其精度在很大程度上由位置检测装置的精度决定。现在，检测元件与系统的最高水平是被测部件的最高移动速度 240m/min 时，检测位移分辨力 1μm；24m/min 时，分辨力 0.1μm；最高分辨力可达 0.01μm。

对位置检测装置的要求如下。

（1）受温度、湿度的影响小，工作可靠，能长期保持精度，抗干扰能力强；
（2）在机床执行部件移动范围内，能满足精度和速度要求；
（3）使用维护方便，适应机床工作环境。
（4）价格低廉。

5.1.2 位置检测装置的分类

机床数控系统中常使用的位置检测装置，按变换方式分类可以分为数字式和模拟式两大类。数字式是将被测量以数字形式表示，测量信号一般为电脉冲。模拟式是将被测量以连续变化的物理量来表示（电压相位/电压幅值变化）。也可以按运动方式分为直线型和回转型两大类。直线型是测量直线位移，回转型是测量角位移。还可按绝对测量与增量测量来分，可分为增量型和绝对型检测装置。增量型是只测量位移增量，并用数字脉冲的个数表示单位位移的数量。绝对型是测量的是被测部件在某一绝对坐标系中的绝对坐标位置。

常用的数控机床位置检测装置见表 5-1 所示。

表 5-1 常用的数控机床位置检测装置

测量方式 运动方式	增量型	绝对型
回转型	脉冲编码器 旋转变压器 圆感应同步器 圆光栅、圆磁栅	多速旋转变压器 绝对脉冲编码器 三速圆感应同步器
直线型	直线感应同步器 记数光栅 磁尺 激光干涉仪	三速感应同步器 绝对值式磁尺

对机床的直线位移采用直线型检测元件测量，称为直接测量。其测量精度主要取决于测量元件的精度，不受机床传动精度的影响。

对机床的直线位移采用回转型检测元件测量，称为间接测量。其测量精度取决于测量元件和机床传动链两者的精度。为了提高定位精度，常常需要对机床的传动误差进行补偿。

在数控机床上，除了位置检测外，还有速度检测。其目的是精确控制转速。常用的转速检测装置有测速发电机、回转式脉冲发生器、脉冲编码器和速度—电压转换线路产生速度检测信号。

下面就数控机床上常用的几种检测装置进行详细的介绍。

5.2 光　　栅

在高精度数控机床和数显系统中，常使用光栅作为位置检测装置。它是将机械位移或模拟量转变为数字脉冲，反馈给 CNC 或数显装置来实现闭环控制的。

计量光栅可分为圆光栅和长光栅两种。圆光栅用于测量转角位移，长光栅用于检测直线位移。根据光线在光栅中是反射还是透射，又可分为透射光栅和反射光栅。

由于激光技术的发展，光栅制作的精度得到了很大的提高，现在光栅精度可以达到微米级，甚至亚微米级，再通过细分电路可以做到 $0.1\mu m$，甚至更高的分辨率。

5.2.1　光栅的结构及特点

光栅由标尺和光栅读数头那两部分组成。标尺一般固定在机床活动部件上（如工作台上），光栅读数头安装在机床固定部件上。指示光栅装在光栅读数头中。当光栅读数头相对于标尺光栅运动时，指示光栅便在标尺光栅上相对移动。标尺光栅和指示光栅的平行度以及两者之间的间隙（0.05~0.1mm）要严格保证。

光栅尺是指标尺光栅和指示光栅它们是用真空镀膜的方法光刻上均匀密集线纹的透明玻璃片或长条形金属镜面。光栅的线纹相互平行，线纹之间的距离（栅距）相等。对于圆光栅，这些线纹是等栅距角的向心条纹。栅距和栅距角是光栅的重要参数。对于长光栅，密度一般为 25~50 条/mm（金属反射光栅）、100~250 条/mm（玻璃反射光栅）。对于圆光栅，一周内一般有 10800 条（直径 $\phi 270mm$，360 进制）线纹。

光栅读数头又称为光电转换器，它把光栅莫尔条纹变成电信号。如图 5-1 为垂直入射光栅读数头结构。光栅读数头由光源、透镜、指示光栅、光电元件、驱动电路组成。图中的标尺光栅不属于光栅读数头，前 5 个元件安装在同一支架上构成读数头，读数头安装在机床执行部件的固定零件上。标尺光栅安装在移动零件上。标尺光栅与指示光栅的尺面平行，保持 0.05~0.1mm 的间隙。

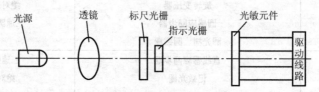

图 5-1　垂直入射光栅读数头结构示意

光栅尺根据制造方法和光学原理的不同，可分为透射光栅和反射光栅。

1. 透射光栅

透射光栅在经磨制的光学玻璃表面，或在玻璃表面感光材料的涂层上刻成光栅线纹。其特点如下。

（1）光源垂直进射，光电元件直接感受光照，因此，信号幅值比较大，信噪比好，光电转换器的结构简单。

（2）线纹密度大，如 200 线/mm，光栅本身已经细分到 0.005mm，从而减轻了电子线路的负担。

（3）玻璃易碎；热膨胀系数与机床金属部件不一致，影响丈量精度。

2. 反射光栅

反射光栅用不锈钢带经照相腐蚀或直接刻线制成。其特点如下。

（1）与机床金属部件热膨胀系数一致；增加光栅尺长度方便；安装所需面积小，调整方便。适用于大位移丈量。

（2）线纹密度低。光栅线纹是光栅的光学结构，相邻两线纹的间隔称为栅距。如图 5-2 所示不透光条纹宽度（缝隙宽度）a，透光宽度（刻线宽度）b，通常 $a=b$，栅距 $d=a+b$。

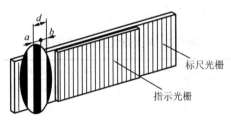

图 5-2 栅距的结构

5.2.2 光栅的工作原理

指示光栅与标尺光栅的栅距相同，平行放置，并将指示光栅在自身平面内转过一个很小的角度 θ，使两光栅的刻线相交。当光源照射时，在线纹相交钝角的平分线方向，出现明暗交替。间距相等的条纹，称为莫尔条纹，如图 5-3（a）所示。

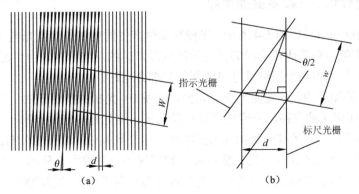

图 5-3 莫尔条纹

由于光的干涉效应，在交点，刻线形成的透光隙缝互不遮挡，透光最强，形成亮带。在两交点的中间，透光隙缝完全被不透光的部分遮盖，透光最差，形成暗带。相邻两亮带或暗带之间的间隔 W 称为莫尔条纹的节距。节距 W 与栅距 d 和倾角 θ 之间的关系为

$$W \approx d/\theta$$

莫尔条纹有以下特点。

（1）放大作用。当 $d=0.01$mm，$\theta=0.002$rad$=0.11°$ 时，$W=5$mm。节距是栅距的 500 倍，将光栅线纹放大成清楚可见的莫尔条纹。这样便于丈量。

（2）误差均化作用。莫尔条纹是由成百千根刻线共同形成的，这样，使得栅距的误差得到均匀化。

（3）利用莫尔条纹丈量位移。标尺光栅相对指示光栅移动一个栅距，对应莫尔条纹移动一个节距。利用这个特点就可丈量位移：在光源对面的光栅尺背后固定安装光电元件，莫尔条纹移动一个节距，莫尔条纹明—暗—明变化一周。光电元件接受的光强强—弱—强变化一周，输出一个近似按正弦规律变化的信号，信号变化一周。根据信号的变化次数，就可丈量位移量，移动了多少个栅距。标尺光栅相对指示光栅的方向改变，对应莫尔条纹的移动方向随之改变，根据莫尔条纹的移动方向可确定位移的方向：在刻线平行方向相距 1/4 节距安装两个光电元件，这是两个光电元件输出的信号有 $\pi/2$ 的相位差，根据两信号的相位的超前和落后，可判定位移方向。

常用直线式光栅的规格如表 5-2 所示。

表 5-2 常用直线式光栅的规格

直线式光栅	光栅长度/mm	线纹数/（线/mm）	精度/μm
玻璃透射式	1000	100	10
	1100	100	10
	1100	100	3～5
	500	100	5
	500	100	2～3
金属反射式	1220	40	7
	1000	50	7.5
	300	250	1.5

5.2.3 光栅位移-数字变换电路

光栅测量系统的组成如图 5-4 所示。光栅移动时产生的莫尔条纹由光电元件接收，然后经过位移-数字变换电路形成正走时的正向脉冲或反走时的反向脉冲，由可逆计数器接收。位移-数字变换电路也称为光栅测量电路或四倍频细分电路。

在莫尔条纹的宽度内，放置四个光电元件，每隔 1/4 光栅的栅距产生一个脉冲，一个脉冲代表移动了 1/4 栅距的位移，分辨精度可提高四倍，这就是四倍频方案。

标尺光栅移动，莫尔条纹交替由亮带到暗带、暗带到亮带，光强度分布近似余弦曲线，光电元件变为同频率电压信号，经光栅位移—数字变换电路放大、整形、微分输出脉冲。每产生一个脉冲，代表移动了一个栅距，对脉冲计数可得工作台的移动距离。

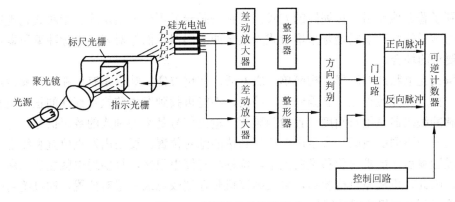

图 5-4 光栅测量系统的组成

光栅位移-数字变换电路如图 5-5 所示。

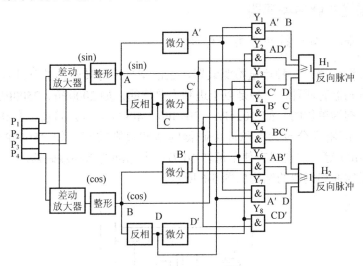

图 5-5 光栅位移-数字变换电路

图中 a、b、c、d 是四块光电池产生的信号，相位彼此相差 90°。a、c 信号是相位差的 180°两个信号，送入差动放大器，得到 sin 信号，将信号幅值放大足够大。同理，b、d 信号送入另一差动放大器，得到 cos 信号。sin、cos 信号经整形变成方波，然后再反向，再把方波信号经微分变成窄脉冲，即在正走或反走时每个方波的上升沿产生窄脉冲，由与门电路把 0°、90°、180°、270°四个位置上产生的窄脉冲组合起来，根据不同的移动方向形成正向或反向脉冲，用可逆计数器进行计数，测量光栅的实际位移。

在光栅位移-数字变换电路中，除了上面介绍的四倍频电路以外，还有 10 倍频。20 倍频电路等。

5.3 脉冲编码器

脉冲编码器也称为脉冲发生器，是一种角位移检测装置，它是把机械转角变成电脉冲输出信号来进行检测的。还可通过检测电脉冲的频率来检测转速，作速度检测装置。就其工作原理有光电式、接触式和电磁感应式三种。光电式编码器以其精度和可靠性在数控机床上得到了普遍地使用。按编码的方式,这种编码器又可分为增量式和绝对式光电脉冲编码器。通常说的脉冲编码器是指增量式光电脉冲编码器,而绝对式光电脉冲编码器则用在有特殊要求的场合。

增量式光电脉冲编码器结构简单,成本低,使用方便。缺点是有可能由于噪声或其他外界的干扰产生计数误差,若因停电、停机,不能再找到发生前执行部件的正确位置。而绝对式脉冲编码器是绝对角度位置检测装置。输出信号是某种制式的数码信号,每个角度位置对应一个不同的数码,表示出位移后到达的绝对位置。要用出发点位置和终点位置的数码,经运算后才能求得位移量的大小。位移具有停电记忆,只要通电就能显示所在的绝对位置,因此,事故停机检验后,可根据停机时存储或记录的绝对位置,通过绝对位移指令,直接回到原停机位置继续加工。

下面分别介绍增量式编码器与绝对值式编码器的工作原理与应用场合。

5.3.1 增量式脉冲编码器

1. 增量式脉冲编码器的分类与结构

增量式脉冲编码器是一种增量检测装置,它的型号由每转输出的脉冲数来区别。数控机床上常用的编码器有两种,一种是以十进制为单位的,如 2000P/r、2500P/r、3000P/r 等;另一种是以二进制为单位的,如 1024P/r、2048P/r、4096P/r 等。目前,在高速、高精度数字伺服系统中,应用高分辨力的脉冲编码器的脉冲数则较高,如 18000P/r、20000P/r、25000P/r、30000P/r 等。现在已有使用每转 10 万以上脉冲的脉冲编码器。

光电式增量脉冲编码器的结构如图 5-6 所示。

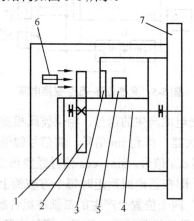

1—电路板;2—圆光栅;3—指示光栅;4—轴;5—光敏元件;6—光源;7—连接法兰

图 5-6 光电式增量脉冲编码器的结构示意

在一个圆盘的四周上刻有相等间距的纹线,分为透明和不透明的部分,称为圆光栅。圆光栅与工作轴一起旋转。与圆光栅相对平行地放置一个固定的扇形薄片,称为指示光栅,上面刻有相差 1/4 节距的两个狭缝(在同一圆周上,称为辨向狭缝)。此外,还有一个零位狭缝(一转输出一个脉冲信号)。脉冲编码器与伺服电机相连,它的法兰盘固定在电动机的端面上,罩上防护罩,构成一个完整的角度检测装置或速度检测装置。

2. 增量式脉冲编码器的工作原理

当圆光栅旋转时，光线透过两个光栅的线纹部分，形成明暗相间的条纹。光电元件接收这些明暗相间的光信号，并转化为交替变化的电信号，该信号为两组近似于正弦的电流信号 A 和 B，如图 5-7 所示。A 信号和 B 信号相位相差 $90°$，经过放大和整形后变成方波。除了上述的两个信号外，还有一个 Z 脉冲信号，该脉冲信号也是通过上述处理得到的，编码器每转一周，该信号只产生一个脉冲。

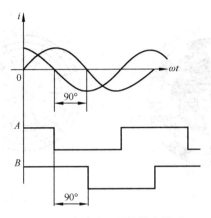

图 5-7 脉冲编码器的输出波形

脉冲编码器输出信号经过适当的处理后，可作为角度位移测量脉冲，或经过频率/电压变换作为速度反馈信号，进行速度调节。

3. 增量式脉冲编码器的应用

增量式脉冲编码器在数控机床上作为角度位置或速度检测装置，将检测信号反馈给数控装置。

增量式脉冲编码器将位置检测信号反馈给 CNC 装置时，通过电路形成方向控制信号 DIR 和计数脉冲 P。电路如图 5-8 所示。

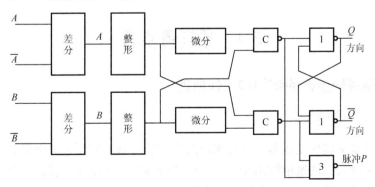

图 5-8 电路图

5.3.2 绝对值式脉冲编码器

绝对值式脉冲编码器是一种直接编码和直接测量的检测装置。它能指示绝对位置，没有累积误差，电源切断后，位置信息不丢失。常用的编码器和编码尺统称为码盘。

从编码器使用的计数制来分类，有二进制编码、二进制循环码（格雷码）、二—十进制码等编码器。

从结构原理来分类，有接触式、光电式和电磁式等几种。最常用的是光电式二进制循环码编码器。

图 5-9 为绝对值式码盘结构示意图。图 5-9（a）为纯二进制码盘，图 5-9（b）为格雷码盘。码盘上有许多同心圆（称为码道），它代表某种计数制的一位。

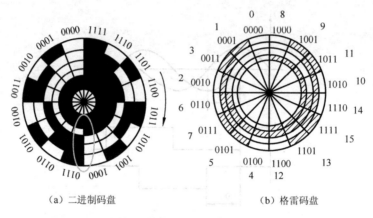

图 5-9　绝对值式码盘结构示意

每个同心圆上有透光和不透光的部分组成，透光的码道为"1"，不透光的码道为"0"，内码道为数码高位。所用数码可以是纯二进制，还有葛莱循环码。在圆盘的同一半径方向的每个码道处安装一个光电元件，光源透过码盘，每个扇形区段内的光信号通过光电元件转换成数码脉冲信号。

纯二进制码的缺点：相邻两个二进制数可能有多个数位不同，当数码切换时有多个数位要进行切换，增加了误读概率。

格雷码则相邻两个二进制数码只有一个数位不同，只有一位切换，进一步提高了读数可靠性。

5.4　感应同步器

5.4.1　感应同步器的结构和工作原理

1. 感应同步器的结构

感应同步器是从旋转变压器发展而来的直线式感应器，相当于一个展开的多级旋转变压器。它是利用滑尺上的励磁绕组和定尺上的感应绕组之间相对位置的变化而产生电磁耦合的变化，从而发出相应的位置电信号来实现位移检测的。

感应同步器是一种电磁感应式的高精度位移检测装置，分为旋转式和直线式两种，前者用于角度测量，后者用于长度测量，两者的工作原理相同。

直线式感应同步器由作相对平行移动的定尺和滑尺组成，其结构如图 5-10 所示。定尺和滑尺之间有均匀的气隙，钢质基尺上粘贴有铜箔，经照相腐蚀成绕组。绕组节距为 2mm，定尺是一连续绕组，滑尺有两个绕组——正弦绕组和余弦绕组，在空间位置上相差 1/4 个节距。定尺表面涂防切削液涂层，滑尺表面还粘贴一层铝箔，接地防静电感应。定尺安装在固定部件上，滑尺安装在移动部件上，表面相互保持平行，间隙为 0.2～0.3mm。定尺一般长 250mm，通过多根尺接长，增加检测长度。

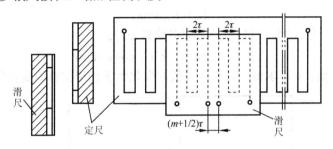

图 5-10　直线式感应同步器的结构图

2. 感应同步器的工作原理

直线式感应同步器的定尺和滑尺绕组的结构示意如图 5-11 所示。

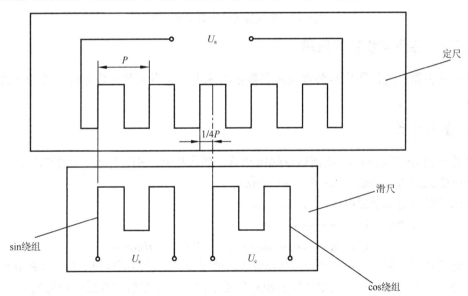

图 5-11　直线式感应同步器的定尺和滑尺绕组的结构示意

当滑尺绕组通以激磁电压，如正弦绕组通 $U_s = U_m \sin\omega t$。在定尺绕组上就产生按正弦规律变化的感应电压，且感应电压的幅值随滑尺相对定尺的位置改变。变化情况如图 5-12 所示。

当正弦绕组与定尺绕组对齐重叠时，绕组完全耦合，感应电压的幅值最大。滑尺相对定尺移动，感应电压减小。在错开 1/4 节距时，感应电压为零。继续移动，感应电压减小为负值。移动到 1/2 节距的，感应电压达负的最大值。再继续移动，感应电压增大。移动到 3/4 节距，电压为零。再移动，电压继续升高。移动到一个节距，电压又增大到正的最大值。可见，滑尺相对定尺移动一个节距，感应电压的幅值按余弦规律变化一周。

若设滑尺绕组节距为 P，它对应的感应电动势以余弦函数规律变化了 2π，当滑尺移动距离为 x 是，则对应的感应电动势以余弦函数规律变化相位角 θ。由比例关系：

$$\theta/2\pi = x/P$$

可得

$$\theta = 2\pi x/P$$

令 U_s 表示滑尺上一相绕组的励磁电压

$$U_s = U_m \sin\omega t$$

式中，U_m 为 U_s 的幅值。则定尺绕组的感应电动势 U_a 为

$$U_a = K U_s \cos\theta = K U_m \cos\theta \sin\omega t$$

式中，K 为耦合系数；θ 可求得。则电压幅值的变化量正比于位移的变化量（增量）。

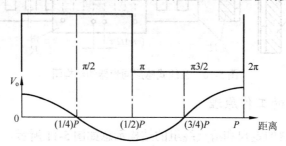

图 5-12　定尺感应电压的变化示意

5.4.2 感应同步器的应用

感应同步器作为位置检测装置安装在数控机床上，它有两种工作方式：鉴相方式和鉴幅方式。

1. 鉴相方式

给滑尺的 sin 绕组和 cos 绕组通以幅值相等、频率相同、相位相差 $\pi/2$ 的交流电压。
正弦绕组上通以励磁电压：$U_s = U_m \sin\omega t$
余弦绕组上通以励磁电压：$U_c = U_m \cos\omega t$
分别在定尺绕组上产生感应电压：

$$U_{sa} = K U_m \cos\theta \sin\omega t;\quad U_{ca} = K U_m \sin\theta \cos\omega t$$

励磁信号将在空间产生一个以 ω 为频率移动的行波。磁场切割定尺导片，并在其中感应出电动势，该电动势随着定尺与滑尺的相对位置不同而产生超前和滞后的相位差 θ。按照叠加原理可以直接求出感应电动势：

$$U_a = K U_m \sin(\omega t - \theta)$$

式中，$\theta = 2\pi x/P$。

这是一个按正弦规律变化的电压，其相位角为 θ，即相位变化对应于滑尺相对定尺位移量的变化。因此，只要取出感应电压的相位角 θ，就可检测出滑尺相对定尺的位移 x。且相位角的正负（超前或落后）反映了相对运动的方向。通过鉴别感应电压的相位检测位移，所以称鉴相工作方式。

2. 鉴幅方式

在正、余弦绕组上通以调幅激磁电压：频率、相位相同，幅值不同，且能由指令角位

移 $\theta_电$（$\theta_电$相当于鉴相工作方式的相位差 θ），正弦绕组的幅值按正弦规律变化，余弦绕组按余弦规律变化：

$$U_s = U_m \sin\theta_电 \sin\omega t; \quad U_c = U_m \cos\theta_电 \sin\omega t$$

在定尺绕组上的感应电压为

$$U_a = K U_m \sin\theta_电 \sin\omega t \cos\theta_机 - K U_m \cos\theta_电 \sin\omega t \sin\theta_机$$
$$= K U_m \sin(\theta_电 - \theta_机) \sin\omega t$$

在鉴幅方式下，位移的变化引起的变化，表现为感应电压幅值的变化。因此，可以通过鉴别感应电压的幅值变化检测位移的变化。

令 $\Delta\theta = \theta_电 - \theta_机$，且 $\Delta\theta = \pi\Delta x/\tau$，当 $\Delta\theta$ 很小时有：

$$U_a = K U_m \Delta\theta \sin\omega t = K U_m (\pi\Delta x/\tau) \sin\omega t$$

电压幅值的变化量正比于位移的变化量（增量）。

在实际应用中，不断修改激磁信号的 $\theta_电$，使之牢牢跟踪的 $\theta_机$ 变化，从而保持 $\Delta\theta$ 为很小的量。感应电压实际上是一个微量的误差电压。这样，通过测定电压的幅值来测定 $\Delta\theta$，也就是 Δx 的大小。

5.4.3 感应同步器检测装置的优点

（1）精度高。因为感应同步器直接对机床位移进行测量，不经过任何机械传动装置，所以测量结果只受本身精度限制。又由于定尺上感应的电压信号是多周期的平均效应，从而可以达到较高的测量精度。

（2）工作可靠，抗干扰能力强。在感应同步器绕组的每个周期内，任何时间都可以给出仅与绝对位置相对应的单值电压信号，不受干扰的影响。此外，感应同步器平面绕组的阻抗很低，使它受外界电场影响很低。

（3）维修简单、寿命长。定尺、滑尺之间无接触摩擦，在机床上安装简单，不受灰尘、油污影响。但在使用时需加防护罩，防止切屑进入定尺、滑尺之间，划伤导片。

（4）测量距离长。感应同步器可以用拼接的方法增大测量尺寸。机床移动速度基本不影响测量，故适合大、中型机床使用。

（5）工艺好、成本低、便于成批生产。与旋转变压器相比，感应同步器的输出信号比较弱，需要放大倍数很高的前置放大器。

5.5 旋转变压器

5.5.1 旋转变压器的结构和工作原理

旋转变压器（又称为同步分解器）是利用电磁感应原理的一种模拟式测角器件，是旋转式的小型交流电动机，在结构上和二相绕线式异步电动机相似，由定子和转子组成，分有刷和无刷两种。

旋转变压器的特点是坚固、耐热、耐冲击、抗干扰、成本低，是数控系统中较为常用的位置传感器。

在有刷结构中，定子和转子上均为两相交流分布绕组。两相绕组轴线相互垂直，转子绕组的端点通过电刷和滑环引出。

无刷旋转变压器没有电刷和滑环，由分解器和变压器两部分组成。图5-13所示的是一种无刷旋转变压器的结构，左边为分解器，右边为变压器。分解器结构与有刷旋转变压器基本相同。变压器的一次绕组绕在与分解器转子固定在一起的线轴上，与转子一起转动；它的二次绕组在与转子同心的定子轴线上。分解器定子线圈接外加的励磁电压，励磁频率通常为400Hz、500Hz、1000Hz、5000Hz。它的转子线圈输出信号接到变压器的一次绕组，从变压器的二次绕组引出最后的输出信号。其结构简单，动作灵敏，对环境无特殊要求，维护方便，可靠性高，抗干扰能力强，寿命长，输出信号的幅值大，是数控机床常用的位置检测元件之一。

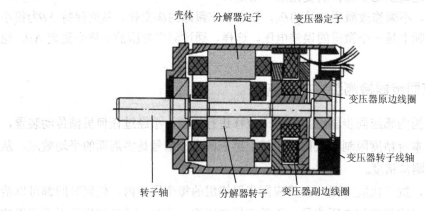

图5-13 无刷旋转变压器的结构

旋转变压器是根据互感原理工作的。它的结构保证了定子与转子之间的空气隙内的磁通分布呈正（余）弦规律。

当定子绕组上加上一定频率的交变励磁电压时，通过互感在转子绕组中产生感应电动势，其输出电压的大小取决于定子和转子两个绕组轴线在空间的相对位置θ角。两者平行时，感应电动势最大；两者垂直时，感应电动势为零；当两者呈一定角度时，其互感产生的感应电动势随着转子偏转的角度呈正（余）弦规律变化。如图5-14所示，副边绕组中产生的感应电动势为

$$E_2 = K U_1 \cos\alpha = K U_m \sin\omega t \cos\alpha$$

式中，E_2——转子绕组的感应电动势；

U_1——定子的励磁电压；

U_m——电压的幅值；

α——两绕组轴线间的夹角；

K——变压比（即绕组匝数比）。

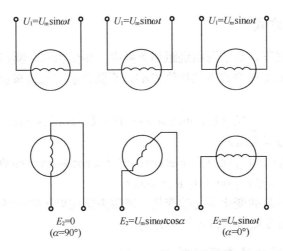

图 5-14 旋转变压器的工作原理图

5.5.2 旋转变压器的应用

旋转变压器作为位置检测元件，有两种应用方式：鉴相式工作方式和鉴幅式工作方式。

1. 鉴相式工作方式

在鉴相式工作方式下，旋转变压器定子两相正交绕组分别加上幅值相等、频率相同而相位相差 90°的正弦交变电压，如图 5-15 所示。这两相励磁电压在转子绕组中会产生感应电动势。

正弦绕组上通以励磁电压：$U_s = U_m \sin\omega t$

余弦绕组上通以励磁电压：$U_c = U_m \cos\omega t$

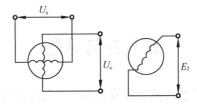

图 5-15 定子两相正交绕组励磁

根据线性叠加原理，在转子工作绕组中产生感应电压为

$$E_2 = K U_s \cos\alpha - K U_c \sin\alpha$$
$$= K U_m \sin(\omega t - \alpha)$$

式中，α——定子正弦绕组轴线与转子工作绕组轴线间的夹角；

ω——励磁角频率。

旋转变压器转子绕组中的感应电动势 E_2 与定子绕组中的励磁电压频率相同，但相位不同，其相位角为 α，测量转子绕组输出电压的相位角 α，即可测得转子相对于定子的空间转角位置。在实际应用中，把定子正弦绕组励磁的交流电压相位作为基准相位，与转子绕组输出电压相位作比较，来确定转子转角的位置。

2. 鉴幅式工作方式

在鉴幅式工作方式下，定子两相绕组加上频率、相位相同，幅值不同，且能由指令角位移 $\theta_电$（$\theta_电$相当于鉴相工作方式下的相位差 α），正弦绕组的幅值按正弦规律变化，余弦绕组按余弦规律变化：

$$U_s = U_m \sin\theta_电 \sin\omega t ; \quad U_c = U_m \cos\theta_电 \sin\omega t$$

在转子绕组中的感应电压为：

$$U_a = K U_m \sin\theta_电 \sin\omega t \cos\theta_机 - K U_m \cos\theta_电 \sin\omega t \sin\theta_机$$
$$= K U_m \sin(\theta_电 - \theta_机) \sin\omega t$$

在鉴幅方式下，转角的变化引起的变化，表现为感应电压幅值的变化。因此，可以通过鉴别感应电压的幅值变化检测转角位移的变化。

5.5.3 旋转变压器的主要参数

无刷旋转变压器升降速齿轮比有 1∶1、2∶3、1∶2、2∶5、1∶3、1∶4、1∶5、1∶6 共八种。单极及多极旋转变压器的主要技术参数分别见表 5-3 及表 5-4。

表 5-3 单极旋转变压器的主要技术参数

参数	输入电压	频率	最高转速	重量	摩擦转矩	转子转动惯量
数值	3.5V	3KHz	8000r/min	800g	6×10^{-5} N·m	9.807×10^{-8} kg·cm^2

表 5-4 多极旋转变压器的主要技术参数

参数	极对数	输入电压	励磁频率	变化系数	重量	转子转动惯量
数值	3、4、5 对	5V	5KHz	0.6	300 克	1.6×10^{-5} kg·cm^2

思考题与习题

5-1 伺服系统中常用的位置检测装置有几种？各有什么特点？

5-2 透射光栅的检测原理是什么？如何提高它的分辨力？

5-3 透射光栅中的莫尔条纹有什么特点？为什么实际测量时利用莫尔条纹？

5-4 脉冲编码器有几种？脉冲编码器能用作速度传感器吗？

5-5 绝对值式编码器与增量式编码器的应用场合有什么不同？

5-6 接触式码盘码道数为 8 个，有哪些编码数？

5-7 感应同步器由哪几部分组成？它的检测原理是什么？

5-8 旋转变压器由那几个部分组成？它的检测原理如何？

5-9 旋转变压器有哪些工作方式？试述工作方式的不同点。

5-10 旋转变压器是如何进行转角位移测量的？

第 6 章　数控机床的伺服系统

教学要求

通过本章学习，了解数控伺服系统的组成、性能参数、分类、发展方向；掌握直流进给轴速度控制、直流主轴速度控制原理；掌握交流进给轴速度控制、交流主轴速度控制原理；掌握位置控制原理；了解伺服系统中电流控制原理；了解现代交流数字伺服系统的基本组成和特征；理解开环控制系统。了解直线电动机传动。

引例

精密数控机床的发展前景分析

高端高科技含量的机械化装备制造不仅关系到每一个人的生活，同时也是一个国家科技水平和军事能力的一个体现。所谓的制造业发达与否直接的和一个国家的数控机床水平有关，也是国民经济和工业水平发展的一个标准。如果想提高一个国家的综合水平，那么就要不断发展这个国家的数控机床水平最终达到整个工业化水平的飞跃。有人会疑问，高端数控机床和我们的生活到底有着怎样的联系。其实这很明显，只要你留意你生活的周边环境你就会发现。大到卫星、飞机、高铁，小到手机、电视机、汽车等，这些都和数控机床的发展有着不可分割的关系。从目前的市场来看，高智能设备即机器人和各类可以不用人工操作而由机器取代的产品，和自动控制系统这两个方向已经逐渐成为了行业发展的一个远景，并且由于人力成本的不断提升，机器人会不断得以应用，这也使得其有充足的市场需求。很多的人已经意识到了这个问题，并不断去投资这块市场，争取早日拿出一个能与欧美国家竞争的产品。

6.1　概　　述

6.1.1　伺服系统的概念

（1）伺服驱动的定义及作用。按日本 JIS 标准的规定，伺服驱动是一种以物体的位置、方向、状态等作为控制量，追求目标值的任意变化的控制结构，即能自动跟随目标位置等物理量的控制装置，简写为 SV（Servo Drive）。

数控机床伺服驱动的作用主要有两个：使坐标轴按数控装置给定的速度运行和使坐标轴按数控装置给定的位置定位。

（2）伺服系统是根据输入信号的变化而进行相应的动作，以获得精确的位置、速度或力的自动控制系统，又称为位置随动系统。

数控机床的伺服系统是数控装置与机床本体间的联系环节，即接收来自数控装置输出的进给脉冲指令，经过一定的信号变换及功率放大后，驱动机床执行元件，实现机床移动部件相应移动的控制系统。

伺服系统的性能直接关系到数控机床执行件的静态和动态特性、工作精度、负载能力、响应速度和稳定程度等。所以，至今伺服系统还被看作一个独立部分，与数控系统和机床本体并列为数控机床的三大组成部分。

伺服系统是一种反馈控制系统，以指令脉冲为输入给定值，与输入量进行比较，利用偏差值对系统进行自动调节，以消除偏差，使输出量紧密跟踪给定值。所以，伺服系统的运动来源于偏差信号，必须具有负反馈回路，始终处于过渡过程状态。

一般伺服系统的结构组成如图6-1所示。

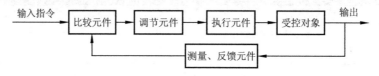

图 6-1　伺服系统的组成

由比较元件、调节元件、执行元件、受控对象和测量、反馈元件组成。输入的指令信号与反馈信号通过比较元件将进行比较，得到控制系统动作的偏差信号；偏差信号经调节元件变换、放大后，控制执行元件按要求产生动作；执行元件将输入的能量转换成机械能，驱动被控对象工作；测量反馈元件用于实时检测被控对象的输出量并将其反馈到比较元件。

6.1.2　数控机床对伺服系统的要求

"伺服（servo）"在中英文是一个音、意都相同的词，表示"侍候服务"的意思。它是按照数控系统的指令，使机床各坐标轴严格按照数控指令运动，加工出合格的零件。也就是说，伺服系统是把数控信息转化为机床进给运动的执行机构。

数控机床集中了传统的自动机床、精密机床和万能机床诸多的优点，将高效率、高精度和高柔性集于一体。而数控机床技术水平的提高首先依赖于进给和主轴驱动特性的改进以及功能的扩大，为此数控机床对进给伺服系统的位置控制、速度控制、伺服电机、机械传动等方面都提出很高的要求。

由于各种数控机床所完成的功能不完全相同，对伺服系统的要求也不尽相同，总体上可概括为以下几方面。

1. 可逆运行

可逆运行要求能灵活地正反向远行。加工过程中，机床根据加工轨迹的要求，随时都可能实现正向或反向运动。同时，要求在方向变化时不应该有反向间隙和运动的损失。从能量角度看，应该实现能量的可逆转换，即加工运行时，电动机从电网吸收能量，将电能转变为机械能；在制动时，应把电动机的机械惯性能转变为电能输出给电网，以实现快速制动。

2. 调速范围宽

调速范围是指生产机械要求电动机能提供的最高转速和最低转速之比。在数控机床中，由于所用刀具、加工材料及零件加工要求的不同，为保证在各种情况下都能得到最佳切削速度，就要求伺服系统具有足够宽的调速范围。

对一般数控机床而言，进给速度范围在 0～24m/min 时都可满足加工要求。在这样的速度范围还可以提出以下更细致的技术要求：

（1）在 1～24000 mm/min。即 1：24000 的调速范围内，要求速度均匀、稳定、无爬行，且速度降小。

（2）在 1 mm/min 以下时，具有一定的瞬时速度，但平均速度很低。

（3）在零速度时，即机床停止运动时，要求电动机处于伺服锁定状态。

3. 具有的速度稳定性

稳定性是指当作用在系统上的扰动信号消失后，系统能够恢复到原来的稳定状态下运行，或者系统在输入的指令信号的作用下，能够达到新的稳定状态的能力。稳定性取决于系统的结构及组成组件的参数（如惯性、刚度、阻尼、增益等），与外界作用信号（包括指令信号和扰动信号）的性质或形式无关。对进给伺服系统要求有较强的抗干扰能力，保证进给速度均匀、平稳。伺服系统的稳定性直接影响着数控加工的精度和表面粗糙度。

4. 快速响应并无超调

快速响应反映系统跟踪精度，是伺服系统动态品质的重要指标。机床进给伺服系统实际上就是一种高精度的位置随动系统。为了保证轮廓切削形状相反和低的加工表面粗糙度值，对位置伺服系统除了要求有较高的定位精度外，还要求有良好的快速响应特性。这就对伺服系统的动态性能提出两方面的要求：一方面在伺服系统处于频繁地启动、制动、加速、减速等动态过程中，要求加、减速度足够大，以缩短过渡过程时间。一般电动机的速度由零到最大，或从最大减少到零，时间应控制在 200 ms 以下，甚至少于几十毫秒。且速度变化时不应有超调；另一方面当负载突变时，过渡过程前沿要陡，恢复时间要短，且无振荡，即要求跟踪指令信号的响应要快，跟随误差要小。

5. 高精度

数控机床要加工出高精度、高质量的工件，伺服系统本身就应有高的精度，但数控机床不可能像传统机床那样用手动操作来调整和补偿各种误差，因此要求有很高的定位精度和重复定位精度及进给跟踪精度。这也是伺服系统静态特性与动态特性指标是否优良的具体表现。位置伺服系统的定位精度一般要求能达到 1μm，甚至 0.1μm，有的可达到 0.01 μm～0.005 μm。

6. 低速大转矩

机床的加工特点大多是低速时进行切削，即在低速时进给驱动要有大的转矩输出。主轴坐标的伺服控制在低速时为恒转矩控制，高速时为恒功率控制；进给坐标的伺服控制属于恒转矩控制。

6.1.3 伺服系统的分类

如上所述，伺服系统作为数控机床的重要组成部分。其主要功能是接受来自数控装置的指令来控制电动机驱动机床的各运动部件，从而准确地控制它们的速度和位置，达到加工出所需工件的外形和尺寸的最终目标。可以从不同的角度分为不同的类型。

1. 按伺服系统控制方式可分为开环、闭环和半闭环系统三类

（1）开环伺服系统。图6-2为开环伺服系统结构原理。

图6-2 为开环伺服系统结构原理

该系统常采用步进电动机作为将数字脉冲变换为角度位移的执行机构，无检测元件，也无反馈回路，靠驱动装置本身定位，所以结构、控制方式比较简单，维修方便，成本较低；但由于精度难以保证、切削力矩小等原因，多用于精度要求不高的中、低档经济型数控机床及机床的数控化改造。

（2）半闭环伺服系统。数控机床半闭环伺服系统一般将检测元件安装在系统中间适当部件如电动机轴上，以获取反馈信号，用以精确控制电动机的角度。然后通过滚珠丝杠等传动部件，将角位移转换成工作台的直线位移，如图6-3所示。系统抛开传统系统刚性和摩擦阻尼等非线性因素，所以系统容易调试，稳定性较好；且采用高分辨率的测量元件，能获得较满意的精度和速度；检测元件安装在系统中间部件上，能减少机床制造安装时的难度；目前数控机床多使用半闭环伺服系统控制。

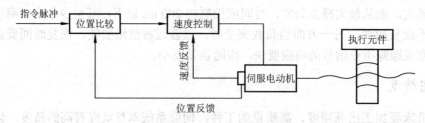

图6-3 半闭环伺服系统结构原理

（3）全闭环伺服系统。数控机床全闭环伺服系统是误差控制随动系统，如图6-4为全闭环伺服系统结构原理图。常由位置环和速度环和电流环组成，位置检测元件反馈回来的机床坐标轴的实际位置信号和输入的指令比较，产生电压信号，形成位置环的速度指令；速度环接收位置环发出的速度指令和电机的速度反馈脉冲指令，比较后产生电流信号；电流环将电流信号和从电机电流检测单元发出的反馈信号进行处理，驱动大功率元件，产生伺服电机的工作电流，带动执行元件工作。

该系统中检测元件安装在系统中间部件和工作台上，能减少进给传动系统的全部误差，精度较高。缺点是系统的各个环节都包括在反馈回路中，所以结构复杂，调试和维护都有一定难度，成本较高，一般只应用在大型精密数控机床上。

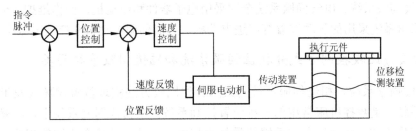

图 6-4　全闭环伺服系统结构原理

2. 按用途和功能分为进给伺服系统和主轴伺服系统两类

进给伺服系统包括速度控制环和位置控制环，用于数控机床工作台或刀架坐标的控制系统，控制机床各坐标轴的切削进给运动，并提供切削过程所需转矩。主轴伺服系统只是一个速度控制系统，控制机床主轴的旋转运动，为机床主轴提供驱动功率和所需的切削力，从而保证任意转速的调节。

3. 按伺服电动机类型分直流伺服系统、交流伺服系统、直线电动机伺服三类

（1）直流伺服系统。直流伺服系统常用的伺服电动机有小惯量直流伺服电动机和永磁直流伺服电动机（也称为大惯量宽调速直流伺服电动机）；小惯量直流伺服电动机最大限度地减少了电枢的转动惯量，快速性较好，在早期的数控机床上应用较多。

永磁直流伺服电动机具有转子惯量大，过载能力强，低速运行平稳的特点。在 20 世纪 80 年代以后，永磁直流伺服电动机得到了极其广泛的应用，其缺点是有电刷磨损，需要定期更换和清理，换向时容易产生电火花，限制了转速的提高。一般额定转速为 300～1500 r/min，而且结构复杂，价格较贵。

（2）交流伺服系统。进入 20 世纪 80 年代后。出于交流电动机调速技术的突破，交流伺服驱动系统进入电气传动调速控制的各个领域。交流伺服系统使用交流异步伺服电动机（一般用于主轴伺服电动机）和永磁同步伺服电动机，由于交流伺服电动机的转子惯量比直流电动机小，动态响应好；容易维修，制造简单，适合于在较恶劣环境中使用。且易于向较大的输出功率、更高的电压和转速方向发展，克服了直流伺服电动机的缺点。因此，目前交流伺服电动机的应用得到了迅速的发展。

（3）直线电动机的实质是把旋转电动机沿径向剖开，然后拉直演变而成，利用电磁作用原理。将电能直接转换成直线运动的一种装置，是一种较为理想的驱动装置。采用直线电动机直接驱动与旋转电动机的最大区别是取消了从电动机到工作台之间的机械传动环节，实现了机床进给系统的零传动，具有旋转电动机驱动方式无法达到的性能指标和优点，具有很广阔的应用前景。但由于直线电动机在机床中的应用目前还处于初级阶段，还有待进一步研究相改进。随着相关配套技术和直线电动机制造工艺的进一步完善，直线电动机在机床会得到广泛加用。

4. 按驱动装置类型分为电液伺服驱动系统和电气伺服驱动系统两类

① 电液伺服系统。电液伺服系统的执行元件为液压元件，控制系统为电器元件。常用

的执行元件有电液脉冲电动机和电液伺服系统,在低速下可以得到很高的输出力矩,并且刚性好、时间常数小、反应快、速度平稳。

② 电气伺服系统。电气伺服系统全部采用电子器件和电动机,操作维护方便、可靠性高。电气伺服系统采用的驱动装置有步进电动机、直流伺服电动机和交流伺服电动机。

5. 按反馈比较控制方式分相位伺服系统和幅值伺服系统两类

① 相位伺服系统。相位伺服系统是采用相位比较方法实现位置闭环(及半闭环)控制的伺服系统,是数控机床常用的一种位置控制系统。在相位伺服系统中,位置检测装置采用相位工作方式,指令信号与反馈信号是用相位表示的,是某个载波的相位。通过指令信号与反馈信号相位的比较,获得实际位置与指令位置的偏差,实现闭环控制,如图6-5所示。

相位伺服系统适用于感应式检测装置,精度较高,出于载波频率高、响应快、适应性强。特别适合于连续控制的伺服系统。

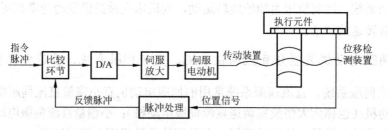

图 6-5 相位伺服系统框图

② 幅值伺服系统。幅值伺服系统是采用位置检测信号幅值大小来反应机械位移的数值,以此信号作为反馈信号,转换成数字信号后与指令信号相比较,得到位置偏差信号即实际位置与指令位置的偏差,构成闭环控制系统。系统结构如图6-6所示。

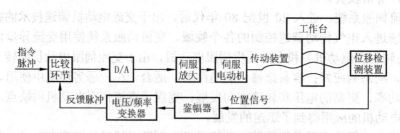

图 6-6 幅值伺服系统结构框图

6.1.4 伺服系统的发展

伺服机构的产生早于数控机床,早在20世纪40年代,伺服机构已在技术领域内取得较大的进展。当时主要用于炮弹跟踪等一些位置随动系统,一般只要求稳、准、快,对调速不要求控制,所以只有位置反馈,没有速度反馈,如自整角机等。

到20世纪50年代,伺服机构开始用于数控机床,当时主要采用步进电机驱动,由于受大功率晶体管生产条件的制约,步进电机的输出功率难以提高,所以当时的数控机床切削量很小,效率较低,只用于复杂形状零件的加工。

1959年，日本富士康FANUC公司开发研制了电液脉冲马达，即步进电机加液压力矩放大器，使伺服驱动力矩大大提高，因此很快被推广，从而也扩展了数控机床的应用。20世纪60年代几乎是电液伺服的全盛时期。

由于液压机构的噪声、漏油、效率低、维护困难等本质上的缺点，不少厂家都致力于电动伺服的研制：如德国SIEMENS公司、美国GE公司等都对直流电动机下功夫研究，力图研制一种高灵敏度的直流伺服电动机。

当时普通直流电动机本身惯量较大，电动机的加速度较低，难以满足伺服动态响应指标，又由于在提高电动机的峰值（加速）扭矩上受到限制，所以不少电动机研制厂都极力通过减小电动机的转动惯量来提高电动机的响应灵敏度：

日本安川电机厂于1963年研制成功一种采用无槽小直径转子的新型直流电动机，并被命名为小惯量直流伺服电动机。就该电动机本身来讲，其电气时间常数确实较小，但在实际应用中，与机床传动机构连接后，由于惯量匹配等问题使得带负载能力较差，未能全面综合解决机床进给伺服驱动的各项要求，使用中存在着一定局限性。在此期间，美国盖梯斯公司在永磁式直流电动机上采用陶瓷类磁性材料，并同时加大转子直径，使电动机在不引起磁化的条件下能承受额定值10~15倍的峰值扭矩，达到较好的扭矩/惯量比。

1969年，大惯量直流伺服电机问世。由于该电动机转子的转动惯量大，容易与机床传动机构达到惯量匹配，一般可直接与丝杠相连，这既提高了其精度和刚度，又减小了整个系统的机电时间常数，使得原来极力回避的大惯量反而成了优点。同时，由于它能瞬时输出数倍于额定扭矩的加速扭矩，使得动态响应大大加快，这种电动机推出后较快地得到了广泛应用。日本FANUC公司于1974年向美国购买了该项技术专利，并采用PWM晶体管脉宽调制系统作为其驱动控制电源，于1976年正式推出以大惯量电动机为基础的闭环直流伺服系统，并结束了自己开创的电液开环伺服系统。

由于直流电动机需利用电刷换向，因此存在换向火花和电刷磨损等问题。为此，美国通用电气公司于1983年研制成功采用笼型异步交流伺服电机的交流伺服系统。它主要采用矢量变换控制变频调速，使交流电动机具有和直流电动机一样的控制性能，并具有机构简单、可靠性高、成本低及电动机容量不受限制和机械惯性较小等优点。随着微处理器应用技术的发展，日本于1986年又推出了数字伺服系统。它与以往的模拟伺服系统相比，在确保相同速度的要求下，通过细分来减小脉冲当量，从而提高其伺服精度。从伺服驱动的发展来看，其性能当然是后者优于前者，但到目前为止，除了电液脉冲马达已被淘汰外，其他均有一定市场。

就步进电动机来说，由于控制简单，一个脉冲转一个步距角，无须位置检测，又具有自锁能力，所以较多地应用于一些经济型数控机床上。尤其在我国，由于经济型数控机床有较大的市场，近年来，各有关科研机构也先后对步进电机及驱动控制作了有效的改进，如电动机从反应式发展成永磁式、混合式。驱动控制电路也先后出现了高低压控制、恒流斩波电源、调频调压等多种改进电路，这使得输出力矩和控制特性均有了较大的提高。但由于其固有的工作方式，有些伺服指标也难以提高，如调速范围窄，矩频特性软，启动、停止必须经过升降频过程控制，所以只能用于要求较低的场合。对于交、直流两种伺服系统来说，由于交流电动机的制造成本远低于直流电动机，而驱动控制电路虽然比直流复杂，但随着微电子技术的迅速发展，两者也将会相差不多。交流伺服的性能价格比必将优于直流伺服,即交流伺服有可能完全取代直流伺服,但这只是指在旋转电动机的范围内。

还有另一种直线电动机进给伺服系统,它是一种完全机电一体化的直线进给伺服系统,它的应用也将使整个机床结构发生革命性的变化。所谓直线电动机,其实质是把旋转电动机沿径向剖开,然后拉直演变而成。采用直线电动机直接驱动机床工作台后,即取消了原旋转电动机到工作台之间的一切机械中间传动环节,它把机床进给传动链的长度缩短为零,故这种传动方式被称为"零传动",也称为"直接驱动"。

在数控及相关技术的迅猛发展中,超高速切削、超精密加工等先进制造技术也在逐步成熟,走向实用阶段。随着该类技术的进一步发展、提高,对机床的各项性能指标又提出了越来越高的要求。特别是对机床进给系统的伺服性能提出了更高、甚至苛刻的要求,既要有很高的驱动推力、快速进给速度,又要有极高的快速定位精度。为此,尽管当前世界先进的交、直流伺服(旋转电动机)系统,在微电子技术发展的支持下,其性能也大有改进。但是由于受到传统机械结构进给传动方式的限制,其有关伺服性能指标(特别是快速响应件)已难以突破提成。为此,国内外有专家也曾先后提出了用直线电动机直接驱动机床工作台的有关方案。随着各项配套技术的发展、成熟。当今世界先进工业发达地区的机床行业正在迅速掀起"直线电动机热"。

6.2 主轴伺服系统

6.2.1 基本要求

随着数控技术的不断发展,现代数控机床对主轴伺服系统提出了越来越高的要求。

(1)数控机床主传动要有较宽的调速范围,以保证加工时选用合理的切削用量,从而获得最佳的生产率、加工精度和表面质量。特别对于多道工序自动换刀的数控机床和数控加工中心,为了适应各种刀具、工序和各种材料的要求,对主轴的调速范围要求更高。

(2)数控机床主轴的变速是依指令自动进行的,要求能在较宽的转速范围内进行无级调速,并减少中间传递环节,简化主轴箱。目前主轴驱动装置的调速范围已经达到1:100,这对中小型数控机床已经够用了。但对于中型以上的数控机床,若要求调速范围超过1:100,则需通过齿轮换挡的方法解决。

(3)要求主轴在整个速度范围内均能提供切削所需功率,并尽可能提供主轴电动机的最大功率,即恒功率范围要宽。由于主轴电动机与驱动的限制,其在低速段均为恒转矩输出,为满足数控机床低速强力切削的需要常采用分段无级变速的方法,即在低速段采用机械减速装置,以提高输出转矩。

(4)要求主轴在正、反向转动时均可进行自动加减速控制,即要求具有四象限驱动能力,并且加减速时间短。

(5)为满足加工中心自动换刀(ATC)及某些加工工艺的需要,要求主轴具有高精度的准停控制。

(6)在车削中心上,还要求主轴具有旋转进给轴(C轴)的控制功能。

主轴变速分为有级变速、无级变速和分段无级变速三种形式,其中有级变速仅用于经济型数控机床,大多数数控机床均采用无级变速或分段无级变速。

为满足上述要求,数控机床开始时经常采用直流主轴驱动系统。但由于直流电动机受机械换向的影响，其使用和维护都比较麻烦，并且其恒功率调速范围小。进入 20 世纪 80 年代后随着微电子技术、交流调速理论和电力电子技术的发展，交流驱动进入实用阶段，现在绝大多数数控机床均采用笼型感应交流电动机配置矢量变换变频调速的主轴伺服系统。这是因为一方面笼型交流电动机不像直流电动机有机械换向带来的麻烦和在高速、大功率方面受到的限制，另一方面交流伺服系统的性能已达到直流驱动的水平，加上交流电动机体积小、重量轻，采用全封闭罩壳，对灰尘和油有较好防护，交流电动机彻底取代直流电动机的时代已经来临。

6.2.2 工作原理

由于数控机床主轴驱动系统不必像进给驱动系统那样，需要较高的动态性能和调速范围。而笼型感应异步电动机结构简单、价格便宜、运行可靠，配上矢量变换控制的主轴驱动装置则完全可以满足数控机床主轴的要求。因此，主轴电动机大多采用笼型感应电动机。

过去由于交流调速的性能无法与直流电动机相比，因而大大限制了其在需要准确调速领域的应用。矢量变换控制是 1971 年德国 Felix Blaschke 等人提出的，是对交流电动机调速控制的较理想方法。其基本思路是通过复杂的坐标变换，把交流电动机等效成直流电动机并进行控制，采用这种方法处理后交流电动机与直流电动机的数学模型极为相似，因而可得到同样优良的调速性能。

典型的主轴驱动伺服系统工作特性曲线如图 6-7 所示。由曲线可见，在基速 n_0 以下保持励磁电流 I_f 不变，通过改变电枢电压的方法来实现调速，从而获得恒转矩调速特性，并且输出的最大转矩 M_{max} 取决于电枢电流最大值。基速 n_0 以上采用弱磁升速的方法调速，即通过减小励磁电流 I_f 来获得恒功率调速特性。

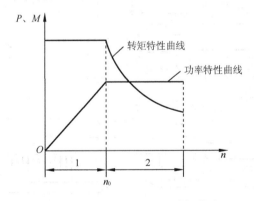

图 6-7 主轴伺服系统工作特性曲线

如图 6-8 所示为日本 YASKAWA VS-626MT。主轴伺服系统内部的工作原理框图，这是一个典型的交-直-交变频电路。数控装置可以通过模拟电压给定、12 位二进制给定、2 位 BCD 码给定和 3 位 BCD 码给定等四种方式对其转速进行控制。内部微处理器根据与电动机相连的光电式脉冲编码器和电枢电流等输入信息，通过相应的一系列处理运算后，输出合适的基极控制信号，控制整流器和逆变器中功率器件的开关，从而在电动机内部形成相应的旋转磁场，驱动主轴旋转，从而获得所要求的转速和转矩。

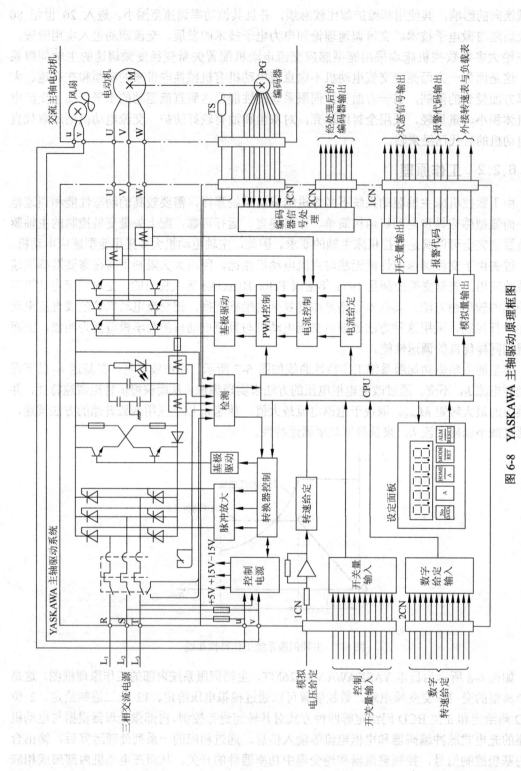

图 6-8 YASKAWA 主轴驱动原理框图

6.2.3 主轴分段无级变速

采用无级调速主轴机构,主轴箱虽然得到大大简化,但其低速段输出转矩常常无法满足机床强力切削的要求。如果单纯追求无级调速,势必要增大主轴电动机的功率,从而使主轴电动机与驱动装置的体积、重量及成本大大增加。因此,数控机床可以采用 1~4 挡齿轮变速与无级调速相结合(分段无级变速)的方式来解决这个矛盾。

如图 6-9 所示为是否采用齿轮减速的主轴输出特性比较,当采用齿轮减速时虽然增大了低速的输出转矩,但降低了最高主轴转速。因此,通常采用齿轮的自动换挡,来达到同时满足低速转矩和最高主轴转速的要求。一般来说,数控系统提供 4 挡变速功能,而数控机床通常使用两挡即可满足要求。

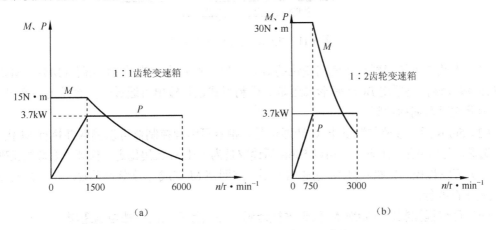

图 6-9 二挡齿轮变速的 M-n、P-n 曲线

数控系统具有使用 M41~M44 代码进行齿轮自动换挡的功能。首先需要在数控系统参数区设置 M41~M44 四挡对应的最高主轴转速,这样数控系统会根据当前 S 指令值,判断所处的挡位,并自动输出相应的 M41~M44。指令给可编程控制器(PLC)更换到相应的齿轮挡,数控装置输出相应的模拟电压。例如 M41 对应的主轴最高转速为 1000r/min,M42 对应的主轴转速为 3500r/min,如图 6-10 所示

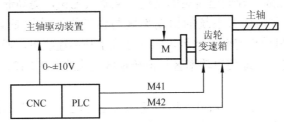

图 6-10 主轴分段无级变速结构示意

当 s 指令在 0~1000r/min 范围时,M41 对应的齿轮应啮合,s 指令在 1001~3500r/min 范围时,M42 对应的齿轮应啮合。不同机床主轴变挡所用的方式不同,控制的具体实现可由可编程控制器来完成。目前常采用液压拨叉或电磁离合器方式来带动不同齿轮的啮合。显然,该例中 M42 对应的主轴齿轮传动比为 1∶1,而 M41 对应的齿轮传动比为 1∶3.5,此时主轴输出的最大转矩为主轴电动机最大输出转矩的 3.5 倍。

对于换挡过程中出现的顶齿现象，现代数控系统均采用在换挡时，由数控装置控制主轴电动机低速摆动或振动的方法来实现齿轮的顺序啮合。而换挡时主轴电动机低速摆动或振动的速度可在数控系统参数区中进行设定。

在主轴分段无级变速过程中自动换挡动作的时序如图 6-11 所示。

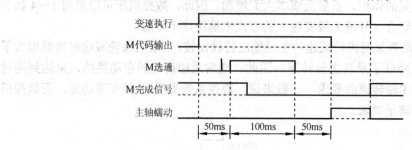

图 6-11　主轴自动变速时序示意

（1）当数控系统读到有速度档变化的 S 指令时，则输出相应的 M 代码（M41、M42、M43、M44），该代码采用 BCD 码形式还是二进制形式进行输出可通过数控系统的参数设定，输出信号送至可编程控制器。

（2）50ms 后，数控装置发出 M 选通信号，指示可编程控制器可以读取并执行 M 代码，并且选通信号将持续 100ms，之所以 50ms 后读取是为了让 M 代码稳定，保证读取数据正确。

（3）可编程控制器接收到 M 选通信号后，立即使 M 完成信号变为无效，告诉数控装置 M 代码正在执行。

（4）可编程控制器开始对 M 代码进行译码，并执行相应的换挡控制逻辑。

（5）M 代码输出 200ms 后，数控装置根据系统参数设置输出一定的主轴蠕动量，从而使主轴慢速摆动或振动，以解决齿轮顶齿问题。

（6）可编程控制器完成换挡后，置 M 完成信号有效，并告诉数控装置换挡工作已经完成。

（7）数控装置根据参数设置的每档主轴最高转速，自动输出新的模拟电压，使最终获得的主轴转速为给定的 S 值。

另外，有些主轴伺服系统如 YASKAWA Varispeed-626MT。具有电动机绕组选择功能，从而不需要齿轮也可完成提升低速转矩的功能。从本质上说，提高低速转矩，也就是增大主轴恒功率区，因为主轴伺服系统的恒功率区与恒转矩区的比是其性能的重要指标。YASKAWA 主轴电动机内部有两组绕组，即低速绕组与高速绕组，通过对绕组的自动选择（使用接触器切换），可方便地使恒功率区与恒转矩区之比达到 1∶12，低速转矩可提高两倍以上。

现代数控机床经常采用"主轴电动机—变挡齿轮传递—主轴"的结构，当然变挡齿轮箱比传统机床主轴箱要简单得多。液压拨叉和电磁离合器是两种常用的变挡方法。

6.2.4　主轴准停

主轴准停功能又称为主轴定位功能（Spindle Speecified Position Stop）。即当主轴停止时，控制其停于某固定位置，这是自动换刀所必需的功能。在自动换刀的镗铣加工中心上，切削的扭矩通常是通过刀杆的端面键来传递的。这就要求主轴具有准确定位于圆周上特定角度的功能，如图 6-12 所示。当加工阶梯孔或精镗孔后退刀时，为了防止刀具与小阶梯孔碰撞或拉毛已精加工的孔表面必须先让刀,再退刀,而让刀时也要求刀具必须具有准停功能,如图 6-13 所示。主轴准停功能的实现可分为机械准停和电气准停两种方法。

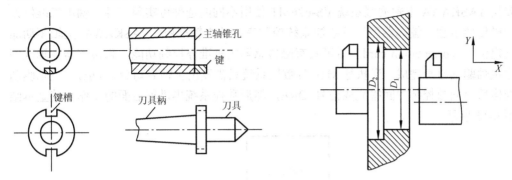

图 6-12 主轴准停换刀示意　　　　　　　图 6-13 主轴准停镗背孔示意

1. 机械准停控制

如图 6-14 所示为典型的 V 形槽轮定位盘准停结构。带有 V 形槽的定位盘与主轴端面保持一定的关系,以确定定位位置。当指令准停控制 M19 时,首先使主轴减速至某一可以设定的低速转动,然后当无触点开关有效信号被检测到后,立即使主轴电动机停转并断开主轴传动链,此时主轴电动机与主轴传动链因惯性继续空转,同时准停油缸定位销伸出并压向定位盘。当定位盘 V 形槽与定位销正对时,由于油缸的压力,定位销插入 V 形槽中,LS_2 准停到信号变为有效,表明准停动作完成。这里 LS_1 为准停释放信号。采用这种准停方式,必须有一定的逻辑互锁,即当链有效时,才能进行后面诸如换刀等动作。而只有当 LS_1 有效时才能启动主轴电动机正常运转。上述准停功能通常可由数控系统所配的可编程控制器完成。

除此之外,机械准停还有其他的方式,例如端面螺旋凸轮准停等,但工作过程和基本原理都是相似的。

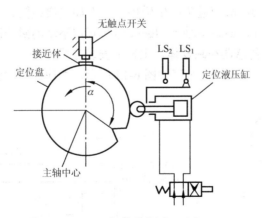

图 6-14 机械准停原理示意

2. 电气准停控制

目前国内外中高档数控系统均采用电气准停的控制方法,因为与机械准停相比,前者可以简化机械结构、缩短准停时间、增加可靠性、提高性能价格比。而电气准停控制通常有以下三种方式。

1）磁传感器主轴准停方式

安川 YASKAWA 主轴伺服系统 VS-626MT 使用不同的选件可实现三种主轴电气准停方式，即磁传感器型、编码器型以及数控系统控制完成的主轴准停。YASKAWA 主轴驱动加上可选定位卡（orientation card）后可具有磁传感器主轴准停控制功能。磁传感器主轴准停控制由主轴驱动自身完成。当执行 M19 时数控系统只需发出主轴启动命令 ORT，主轴驱动完成准停后会向数控装置回答完成信号 ORE，然后数控系统再进行后面的工作。其基本结构如图 6-15 所示。

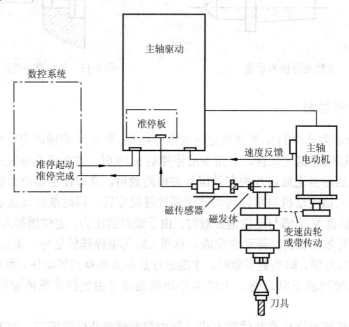

图 6-15 磁传感器准停控制系统构成

由于采用了磁传感器，故应避免产生磁场的元件如电磁线圈、电磁阀等与磁发体和磁传感器安装在一起。另外，旋转主轴上的磁发体和固定不动的磁传感器，安装精度要求较高。如图 6-16 所示为磁传感器和磁发体在主轴上安装方式示意。

采用磁传感器实现主轴准停的时序如图 6-17 所示，相应的步骤叙述如下。

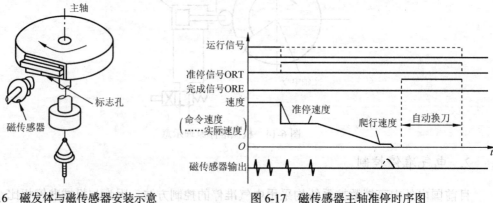

图 6-16 磁发体与磁传感器安装示意　　图 6-17 磁传感器主轴准停时序图

当主轴转动或停止时,如果接收到数控装置发来的准停信号 ORT,主轴立即加速或减至某一准停速度(可在主轴驱动装置中设定)。主轴达到准停速度并且准停位置也达到时(即磁发体与磁传感器对准),主轴立即减停至某一爬行速度(可在主轴驱动装置中设定)。然后当磁传感器信号出现时,主轴驱动立即进入磁传感器作为反馈元件的位置闭环控制,目标位置为准停位置。准停完成后,主轴驱动装置输出准停完成 ORE 信号给数控装置,从而可进行自动换刀(ATC)或其他动作。

2)编码器主轴准停方式

安川 YASKAWA 主轴伺服系统 VS-626MT 通过配置选件板可以实现编码器主轴准停功能。这种准停功能也是由主轴伺服系统完成的,数控装置只需发出准停命令 ORT 即可,主轴驱动完成准停后回答准停完成 ORE 信号。

如图 6-18 所示为编码器主轴准停控制结构图。既可以采用主轴电动机内部安装的编码器信号(来自于主轴驱动装置),也可以在主轴上直接安装另外一个编码器。采用前一种方式要注意传动链对主轴准停精度的影响。主轴驱动装置内部可自动转换,使其处于速度控制或位置控制状态。准停角度可由外部开关量(十二位)设定,这一点与磁传感器主轴准停方法不同,磁准停的角度无法随意设定,要想调整准停位置,只有调整磁发体与磁传感器的相对安装位置。编码器主轴准停控制时序如图 6-19 所示,其实现步骤与磁传感器主轴准停过程相类似。

无论采用何种主轴准停方案(特别是对于磁传感器主轴准停方式),当需要在主轴上安装元件时应注意动平衡问题,因为数控机床精度很高,转速也很高,因此对动平衡要求严格。一般对于中等速度以下的主轴来说,有少量不平衡还不至于有太大的问题。但对于高速主轴来讲,这个不平衡量会导致主轴振动,影响系统精度。为了适应主轴高速化的需要,国外已经开发出整环式磁传感器主轴准停装置,由于磁发体是整环,动平衡性能好。

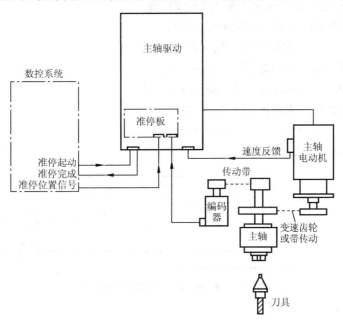

图 6-18 编码器主轴准停控制结构图

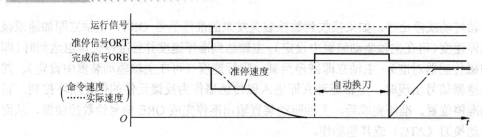

图 6-19 编码器主轴准停控制时序图

3) 数控系统准停方式

这种主轴准停控制方式是由数控系统完成的,采用这种方式需要注意以下问题:

(1) 数控系统必须具有主轴闭环控制功能。通常为避免冲击,主轴驱动都具有软启动功能,但这对主轴位置闭环控制将产生不良影响。此时,位置增益过低则准停精度和刚度(克服外界扰动的能力)不能满足要求,而位置增益过高则会产生严重的定位振荡现象。因此,必须使主轴进入伺服状态,此时其特性与进给伺服系统相近,才可进行位置控制。

(2) 当采用电动机轴端编码器信号反馈给数控装置进行准停时,主轴传动链精度可能对准停精度产生影响。

数控系统控制主轴准停的原理与进给位置控制的原理非常相似,如图 6-20 所示。

采用数控系统控制主轴准停时,角度指定由数控系统内部设置,因此准停角度可更方便的设定。准停步骤如下:

数控系统执行 M19 或 M19 S** 时,首先将 M19 送至可编程控制器,可编程控制器经译码送出控制信号使主轴驱动进入伺服状态,同时数控系统控制主轴电动机降速并寻找零位脉冲 C,然后进入位置闭环控制状态。如执行 M19,无 S 指令,则主轴定位于相对于零位脉冲 C 的某一缺省位置(可由数控系统设定)。如执行 M19 S**指令,则主轴定位于指定位置,也就是相对零位脉冲 S**的角度位置。

例如:M03 S1000; 主轴以 1000r/min 正转
M19; 主轴准停于默认位置
M19 S100; 主轴准停转至 100°处
S1000; 主轴再次以 1000r/min 正转
M19 S200; 主轴准停至 200°处

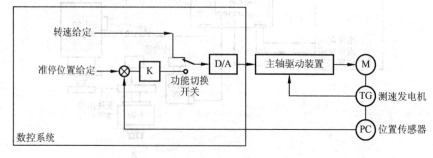

图 6-20 数控系统控制主轴准停结构

6.3 步进电动机伺服系统

步进电动机是一种将电脉冲信号转换为相应角位移或直线位移的转换装置,是开环伺服系统的最后执行元件,因为其输入的进给脉冲是不连续变化的数字量,而输出的角位移或直线位移是连续变化的模拟量,所以步进电机也称为数模转换装置。

步进电动机受驱动线路控制,将进给脉冲序列转换成为只有一定方向、大小和速度的机械转角位移,并通过齿轮和丝杠带动工作台移动。进给脉冲的频率代表驱动速度,脉冲的数量代表位移量,运动方向是由步进电动机的各相通电顺序来决定。步进电动机转子的转角与输入电脉冲数成正比,其速度与单位时间内输入的脉冲数成正比。在步进电动机负载能力允许下,这种线性关系不会因负载变化等因素而变化,所以可以在较宽的范围内,通过对脉冲的频率和数量的控制,实现对机械运动速度和位置的控制。并且保持电动机各相通电状态就能使电动机自锁,但由于该系统没有反馈检测环节,其精度主要由步进电动机来决定,速度也受到步进电动机性能的限制。

6.3.1 步进电动机组成及其工作原理

1. 步进电动机的组成、工作原理及工作方式

1)步进电动机的结构组成

各种步进电动机都有转子和定子,但因类型不同,结构也不完全一样。如图 6-21 所示三相反应式步进电动机的结构原理图,步进电动机由定子、转子和绕组组成。定子上有六个磁极,分成 U、V、W 三相,每个磁极上绕有励磁绕组,按串联(或并联)方式连接,使电流产生的磁场方向一致。转子是由带齿的铁心做成的,当定子绕组按顺序轮流通电时,U、V、W 三对磁极就依次产生磁场,并且每次对转子的某一对齿产生电磁转矩,使它一步步地转动。每当转子某一对齿的中心线与定子磁极中心线对齐时,磁阻最小,转矩为零,每次就在此时按一定方向切换定子绕组各相电流,使转子按一定方向一步步地转动。

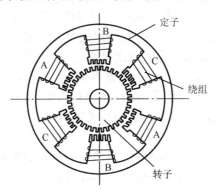

图 6-21 三相反应式步进电动机结构

2)步进电机的工作原理

图 6-22 是最常用的反应式步进电动机工作原理图。

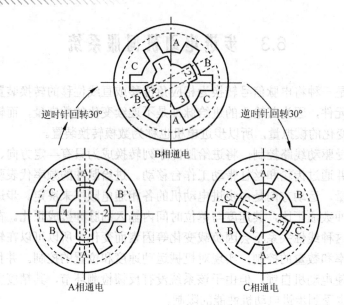

图 6-22 反应式步进电机工作原理

定子上有六个磁极,磁极上绕有励磁绕组。每两个相对的磁极组成一相;转子上有四个齿。如果先将电脉冲加到 A 相绕组,定子的 A 相磁极就产生磁场,并对转子产生磁场力,使转子的 1、3 两个齿与定子的 A 相磁极对齐。而后再将电脉冲通入 B 相励磁绕组,B 相磁极便产生磁通,这时转子 2、4 两个齿与 B 相磁极靠得最近,于是转子便沿着逆时针方向转过 30°,使转子 2、4 两个齿与定子 B 相磁极对齐;如果按照 A→B→C→A→B→…的顺序通电,转子则沿逆时针方向一步步地转动。每步转过 30°,显然,单位时间内通过的电脉冲数越多,即电脉冲频率越高,电动机转速越高。如果按 A→C→B→A→C→…的顺序通电,步进电机将沿着顺时针方向一步步地转动。因而只要控制输入脉冲的数量、频率和通电绕组的相序,即可获得所需的转角、转速及旋转方向。

3)步进电动机的工作方式

从一相通电换接到另一相通电称为一拍,每拍转子转动一个步距角,如上述的步进电机,三相励磁绕组依次单独通电运行、换接三次完成一个通电循环,称为三相单三拍通电方式,步距角是 30°。单是指每次只有一相绕组通电,"三拍"是指经过三次换接为一个循环,即 A、B、C 三拍。由于每次只有一相绕组通电,在切换瞬间将失去自锁转矩,容易失步,另外,只有一相绕组通电,易在平衡位置附近产生振荡,稳定性较差,故实际应用中很少采用单拍工作方式。而采用三相双三拍通电方式,即通电顺序按 AB→BC→CA→AB→…(逆时针方向)或 AC→CB→BA→AC→…(顺时针为向) 的顺序通电,换接三次完成一个通电循环。相比于三相单三拍通电方式,这种特点方式每次有两相绕组同时通电,转子受到的感应力矩大,静态误差小,定位精度高;另外通电状态转换时始终有一相控制绕组通电,电机工作稳定,不易失步。

三相六拍控制方式,即通电顺序按 A→AB→B→BC→C→CA→A→AB→B→…(逆时针方向)或 A→AC→C→CB→B→BA→A→AC→C→…(顺时针为向) 的顺序通电,换接六次完成一个通电循环,其步距角,相比于三相单三拍通电方式,通电状态增加了一倍,步距角减小了 1/2,为 1.5°。

步进电机的步距角越小,则所能达到的位置精度越高。通常的步距角是 3°、1.5°或

0.75°，为此需要将转子做成多齿，在定子磁极上也制成小齿。如图 6-23 所示；定子磁极上的小齿和转子磁极上的小齿大小相同，两种小齿的齿宽和齿距相等。当一相定子磁极的小齿与转子的齿对齐时，其他两相磁极的小齿都与转子的齿错过一个角度。按照相序，后一相比前一相错开的角度要大。例如转子上有 40 个齿，则相邻两个齿的齿距是（360°/40）=9°。若定子每个磁极上制成 5 个小齿，当转子齿和 A 相磁极小齿对齐时，B 相磁极小齿则沿逆时针方向超前转子齿 1/3 齿距角，按照此结构，当励磁绕组按 A→C→B→A→C→…的顺序以三相通电时，转子逆时针方向旋转，步距角为 3°；如果按照 A→AB→B→BC→C→CA→A→AB→B→…的顺序以三相六拍方式通电时，步距角将减小为 1.5°。此外，也可以从电路方面采用细分技术来改变步距角，如图 6-23 所示。

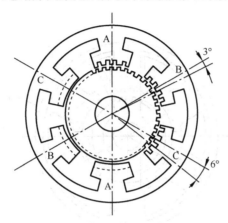

图 6-23　步进电动机工作方式

一般情况下，m 相步进电动机可采用单相、双相或单双相轮流通电方式工作，对应的通电方式分别称为 m 相单 m 拍、m 相双 m 拍和 m 相单 $2m$ 拍通电方式。循环拍数越多，步距角越小，定位精度越高。电动机的相数越多，工作方式越多。

2. 步进电动机的特点

综上所述，关于步进电动机有如下结论。

（1）步进电动机受脉冲控制，步进电动机定子绕组通电状态每改变一次，转子便转过一个步距角，转子角位移和转速严格与输入脉冲的数量和频率成正比，通电状态变化频率越高，转子转速越高。

（2）改变步进电动机定子绕组通电顺序，可以改变转子旋转方向。

（3）步进电动机有一定的步距角精度，没有累积误差。

（4）当停止输入脉冲时，只要控制绕组的电流不变，步进电动机可保持在固定的位置，不需要机械制动装置。

（5）步进电动机的受脉冲频率的限制，调速范围小。

3. 步进电动机的类型

步进电动机的结构形式的分类方式很多。

（1）按力矩产生的原理分有反应式、励磁式和混合式。

反应式的转子无绕组，由被励磁的定子绕组产生反应力矩来实现步进运行。励磁式的定子、转子均有励磁绕组，由电磁力矩实现步进运行。带永磁转子的步进电动机称为混合式步进电动机（或感应子式同步电动机）。所谓"混合式"是因为它是在永磁和励磁原理共同作用下运转，这种电动机因效率高以及其他优点与反应式步进电动机一起在数控系统中得到广泛应用。

如图6-24所示为反应式步进电动机结构原理图。定子上有六个均布的磁极，在直径相对的两个极上的线图串联、构成一相控制绕组。极与极之间的夹角为60°，每个定子极上均布五个齿，齿槽距相等，齿间夹角为9°。转子上无绕组、只有均布的40个齿，齿槽等宽，齿间夹角也是9°。三相（U、V、W）定子磁极和转子上相应的齿依次错开1/3齿距。这样，若按二相六拍方式给定子通电，即可控制步进电动机以1.5°的步距角做正向或反向旋转。

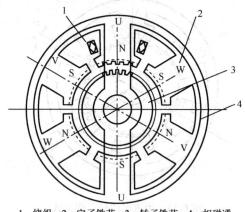

1—绕组；2—定子铁芯；3—转子铁芯；4—相磁通

图6-24 反应式步进电动机结构原理

反应式步进电动机的另外一种结构是多定子轴向排列的，定子和转子铁心都做成五段，每段一相，依次错开排列，每相是独立的。这就是五相反应式步进电动机。

（2）按输出力矩大小分为伺服式和功率式。伺服式只能驱动较小负载，一般与液压扭矩放大器配用，才能驱动机床工作台等较大负载。功率式可以直接驱动较大负载，它按各相绕组分布分为径向式和轴向式。径向式步进电动机各相按圆周依次排列，轴向式步进电动机各相按轴向依次排列。

（3）按步进电动机输出运动轨迹形式来分，有旋转式和直线式步进电动机；从励磁相数来分，有三相、四相、五相、六相等步进电动机。

6.3.2 步进电动机的特性及选择

1. 步进电动机的主要性能指标

1）步距角与步距误差

步距角是指步进电动机每改变一次通电状态，转子转过的角度。它反映步进电动机的分辨能力，是决定步进伺服系统脉冲当量的重要参数。步距角与步进电动机的相数、通电方式及电动机转子齿数的关系如下

$$\alpha = \frac{360°}{mzk} \tag{6-1}$$

式中，a——步进电动机的步距角
  m——电动机相数；
  z——转子齿数，
  k——系数，相邻两次通电相数相同时 $k=1$；相邻两次通电相数不同，$k=2$。

步距误差是指步进电动机运行时，转子每一步实际转过的角度与理论步距角之差值，主要由步进电动机齿距制造误差引起，会产生定子和转子间气隙不均匀、各相电磁转矩不均匀现象。连续走若干步时，上述步进误差的累积值称为步距的累积误差。由于步进电动机转过一转后，将重复上一转的稳定位置，即步进电动机的步距累积误差将以一转为周期重复出现，不能累加。

2）单相通电时的静态矩角特性

当步进电动机保持通电状态不变时称为静态，如果此时在电动机轴上外加一个负载转矩，转子会偏离平衡位置向负载转矩方向转过一个角度，称为失调角。此时步进电动机所受的电磁转矩称为静态转矩，这时静态转矩等于负载转矩。静态转矩与失调角之间的关系称为矩角特性，如图 6-25 所示，近似为正弦曲线。该矩角特性上的静态转矩最大值称为最大静转矩，在静态稳定区内，当外加负载转矩除去时，转子在电磁转矩作用下，仍能回到稳定平衡点位置。

3）空载启动频率

步进电动机在空载情况下，不失步启动所能允许的最高频率称为空载启动频率，又称为启动频率或突跳频率。步进电动机在启动时，既要克服负载力矩，又要克服惯性力矩，加给步进电动机的指令脉冲频率如大于启动频率，就不能正常工作，所以启动频率不能太高。步进电动机在带负载（惯性负载）情况下的启动频率比空载要低。而且，随着负载加大（在允许范围内），启动频率会进一步降低。

4）连续运行频率

步进电动机启动后，其运行速度能根据指令脉冲频率连续上升而不丢步的最高工作频率，称为连续运行频率，其值远大于启动频率，它也随着电动机所带负载的性质、大小而异，与驱动电源也有很大的关系。

5）运行矩频特性

矩频特性是描述步进电动机连续稳定运行时，输出转矩与运行频率之间的关系。图 6-26 所示曲线称为步进电动机的矩频特性曲线，由图可知，当步进电动机正常运行时，电动机所能带动的负载转矩会随输入脉冲频率的增加而逐渐下降。

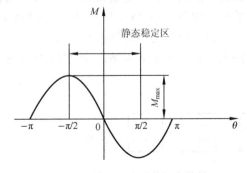

图 6-25 单相通电时的矩角特性

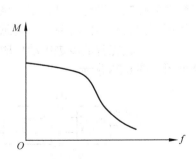

图 6-26 步进电动机矩频特性曲线

6）加减速特性

步进电动机的加减速特性是描述步进电动机由静止到工作频率和由工作频率到静止的加减速过程中，定子绕组通电状态的变化频率与时间的关系，如图6-27所示。当要求步进电动机由启动到大于突跳频率的工作频率时，变化速度必须逐渐上升；反之，变化速度必须逐渐下降。上升和下降的时间不能过小，否则易产生失步现象。

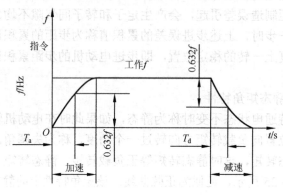

图 6-27 加减速特性

2. 步进电动机的选择

合理选择步进电动机很重要，提出希望步进电动机的输出转矩大，启动频率和运行频率高，步距误差小，性价比高，增大转矩和快速运行相互矛盾。选择时主要考虑以下问题。

（1）考虑系统精度和速度的要求。脉冲当量越小，系统的精度越高，但运行速度越低，选择时应兼顾精度和速度的要求来确定脉冲当量，再根据脉冲当量来选择步进电动机的步距角和传动机构的传动比。

（2）考虑启动矩频特性曲线和工作矩频特性曲线。启动矩频特性曲线指反映启动频率与负载转矩之间的关系；工作矩频特性曲线反映转矩与连续运行频率之间的关系。

已知负载转矩时，可以在启动矩频特性曲线查启动频率，在实际中，只要启动频率小于或等于该值，电动机就能直接带负载启动。

已知连续运行频率时，可从工作矩频特性曲线中查转矩，使电动机拖动的负载转矩小于查到的转矩值即可。

6.3.3 步进电动机的控制线路

步进电动机驱动控制线路完成的功能是：将具有一定频率、一定数量和方向的进给脉冲信号转换为控制步进电动机各定子绕组通断电的电平信号。即将逻辑电平信号变换成电动机绕组所需的具有一定功率的电流脉冲信号，实现由弱电到强电的转换和放大。为了实现该功能，一个较完善的步进电动机驱动控制线路应包括各个组成电路，步进电动机的控制线路框图如图6-28所示。

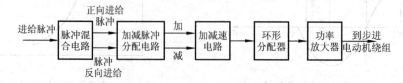

图 6-28 步进电动机的控制线路框图

由图 6-28 可知步进电动机的控制线路包括脉冲混合电路、加减脉冲分配电路、加减速电路、环形分配器和功率放大器五部分。

1. 脉冲混合电路

无论是来自于数控系统的插补信号，还是各种类型的误差补偿信号、手动进给信号及手动回原点信号等，其目的都是使工作台正向进给或反向进给。首先必须将这些信号混合为使工作台正向进给的"正向进给"信号或使工作台反向进给的"反向进给"信号，由脉冲混合电路来实现此功能。

2. 加减脉冲分配电路

当机床在进给脉冲的控制下正在沿某一方向进给时，由于各种补偿脉冲的存在，可能还会出现极个别的反向进给脉冲，这些与正在进给方向相反的个别脉冲指令的出现，意味着执行元件即步进电动机正在沿着一个方向旋转时，再向相反的方向旋转极个别几个步距角。一般采用的方法是，从正在进给方向的进给脉冲指令中抵消相同数量的反向补偿脉冲，这也正是加减脉冲分配电路的功能。

3. 加减速电路

加减速电路又称自动升降速电路。根据步进电动机加减速特性，进入步进电动机定子绕组的电平信号的频率变化要平滑，而且应有一定的时间常数。但由于来自加减脉冲分配电路的进给脉冲频率是有跃变的，因此，为了保证步进电动机能够正常、可靠地工作，此跃变频率必须首先进行缓冲，使之变成符合步进电动机加减速特性的脉冲频率，然后再送入步进电动机的定子绕组，加减速电路就是为此而设置的。

4. 环形分配器

环形分配器的作用是把来自于加减速电路的一系列进给脉冲指令转换成控制步进电动机定子绕组通、断电的电平信号，电平信号状态的改变次数及顺序与进给脉冲的数量及方向相对应，如对于三相单三拍步进电动机，若"1"表示通电，"0"表示断电，A、B、C是其三相定子绕组，则经环形分配器后，每来一个进给脉冲指令，A、B、C应按（100）→（010）→（001）→（100）…的顺序改变一次。

环形分配器有硬件环形分配器和软件环形分配器两种形式。硬件环形分配器是由触发器和门电路构成的硬件逻辑线路。现在市场上已经有集成度高、抗干扰性强的 PMOS 和 CMOS 环形分配器芯片供选用，也可以用计算机软件实现脉冲序列分配的软件环形分配器。

5. 功率放大器

功率放大器又称为功率驱动器或功率放大电路。从环形分配器来的进给控制信号的电流只有几毫安，而步进电动机的定子绕组需要几安培电流。因此，需要功率放大器将来自环形分配器的脉冲电流放大到足以驱动步进电动机旋转。

6.4 直流伺服电动机伺服系统

6.4.1 直流伺服电动机及工作特性

为了满足数控机床伺服系统的要求,直流伺服电动机必须具有较高的力矩/惯量比,由此产生了小惯量直流伺服电动机和宽调速直流伺服电动机。这两类电动机定子磁极都是永磁体,大多采用新型的稀土永磁材料,具有较大的矫顽力和较高的磁能积,因此抗去磁能力大为提高,体积大为缩小。

1. 直流伺服电动机的工作原理

直流伺服电动机的工作原理与一般直流电动机基本相同(见图6-29),都是建立在电磁力和电磁感应的基础上的。为了分析简便,可把复杂的直流电动机结构简化为如图6-29(a)所示的结构,其电路原理如图6-29(b)所示。

直流电动机具有一对磁极 N 和 S,电枢绕组只是一个线圈,线圈两端分别连在两个换向片上,换向片上压着电刷 A 和 B。将直流电源接在电刷之间而使电流通入电枢线圈。由于电刷 A 通过换向片总是与 N 极下的有效边(切割磁力线的导体部分)相连,电刷 B 通过换向片总是与 S 极下的有效边相连,因此电流方向应该是这样的:N 极下的有效边中的电流总是一个方向,如图6-29(a)中由 $a \rightarrow b$ 的方向,而 S 极下的有效边中的电流总是另一个方向,如图6-29(b)中由 $c \rightarrow d$ 的方向。这样才能使两个边上受到的电磁力的方向保持一致,电枢因此转动。有效边受力方向可用左手定则判断。当线圈的有效边从 N(s)极下转到 S(N)极下时,其中电流的方向必须同时改变。以使电磁力的方向不变,而这也必须通过换向器才能得以实现。

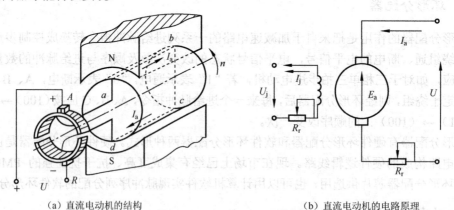

(a) 直流电动机的结构　　　　　　(b) 直流电动机的电路原理

图6-29　直流电动机工作原理

2. 直流伺服电动机的类型及特点

直流伺服电动机按定子磁场产生的方式可分为永磁式和他励式,两者性能相近。永磁式直流伺服电动机的磁极采用永磁材料制成,充磁后即可产生恒定磁场。他励式直流伺服电动机的磁极由冲压硅钢片叠加而成,外加线圈,靠外加励磁电流产生磁场。由于永磁式直流伺服电动机不需要外加励磁电源，因而在伺服系统中应用广泛。

直流伺服电动机按电枢的结构与形状可分为平滑电枢型、空心电枢型和有槽电枢型等。平滑电枢型的电枢无槽，其绕组用环氧树脂粘固在电枢铁心上，因而转子形状细长，转动惯量小；空心电枢型的电枢无铁心，且常做成杯形，其转子的转动惯量最小。有槽电枢型的电枢与普通直流电动机的电枢相同，因而转子的转动惯量较大。

直流伺服电动机按转子转动惯量的大小可分为大惯量、中惯量和小惯量直流伺服电动机。大惯量直流伺服电动机（又称为直流力矩伺服电动机或宽调速直流伺服电动机）负载能力强，易于与机械系统匹配。而小惯量直流伺服电动机的加减速能力强、响应速度快、低速运行平稳，能频繁启动与制动，但因其过载能力低，在早期的数控机床上应用广泛。

小惯量直流伺服电动机是通过减小电枢的转动惯量来提高力矩/惯量比的，其力矩/惯量比要比普通直流电动机大 40～50 倍。小惯量直流伺服电动机的转子与一般直流电动机的区别在于：一是转子长而直径小，从而得到较小的惯量；二是转子是光滑无槽的铁心，用绝缘黏合剂直接把线圈粘在铁心表面上。小惯量直流伺服电动机机械时间常数小（可以小于 10 ms），响应快，低速运转稳定而均匀，能频繁启动与制动。但由于其过载能力低，并且自身惯量比机床相应运动部件的惯量小。因此必须配置减速机构与丝杠相连接才能和运动部件的惯量相匹配，这样就增加了传动链误差。小惯量直流伺服电动机在早期的数控机床上得到广泛应用，目前在数控钻床、数控冲床等点位控制的场合应用较多。

宽调速直流伺服电动机又称大惯量直流伺服电动机，其结构如图 6-30 所示，它是通过提高输出力矩来提高力矩/惯量比的。具体措施是：一是增加定子磁极对数并采用高性能的磁性材料，如稀土钴等材料以产生强磁场，该磁性材料性能稳定且不易退磁。二是在同样的转子外径和电枢电流的情况下，增加转子上的槽数和槽的截面积。因此，电动机的机械时间常数和电气时间常数都有所减小，这样就提高了快速响应性。目前数控机床广泛采用这类电动机构成闭环进给系统。

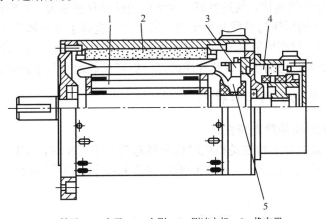

1—转子；2—定子；3—电刷；4—测速电机；5—换向器

图 6-30　宽调速直流伺服电动机结构示意

在结构上，这类电动机采用了内装式的低纹波的测速发电机（见图 6-31）。测速发电机的输出电压作为速度环的反馈信号，使电动机在较宽的范围内平稳运转。除测速发电机外，还可以在电动机内部安装位置检测装置，如光电编码器或旋转变压器等。当伺服电动机用于垂直轴驱动时，电动机内部可安装电磁制动器，以克服滚珠丝杠垂直安装时的非自锁现象。

大惯量直流伺服电动机的机械特性如图 6-31 所示。

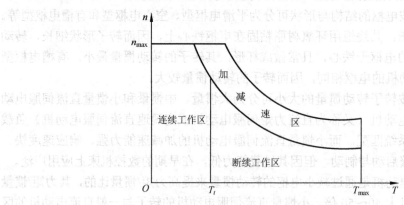

图 6-31　大惯量直流伺服电动机的机械特性

在图 6-31 中，T_t 为连续工作转矩，T_{max} 为最大转矩。在连续工作区，电动机通以连续工作电流，可长期工作，连续电流值受发热极限的限制。在断续工作区，电动机处于接通—断开的断续工作方式，换向器与电刷工作于无火花的换向区，可承受低速大转矩的工作状态。在加减速区，电动机处于加减速工作状态，如启动、制动。启动时，电枢瞬时电流很大，所引起的电枢反应会使磁极退磁和换向产生火花。因此，电枢电流受去磁极限和瞬时换向极限的限制。

宽调速直流伺服电动机能提供大转矩的意义在于以下几方面。

① 能承受的峰值电流和过载能力高。瞬时转矩可达额定转矩的 10 倍，可满足数控机床对其加减速的要求。

② 低速时输出力矩大。这种电动机能与丝杠直接相连，省去了齿轮等传动机构，提高了机床进给传动精度。

③ 具有大的力矩/惯量比，快速性好。由于电动机自身惯量大，外部负载惯量相对来说较小，因此伺服系统的调速与负载几乎无关，从而大大提高了抗机械干扰的能力。

④ 调速范围宽。与高性能伺服驱动单元组成速度控制系统时，调速比超过 1∶10 000。

⑤ 转子热容量大。电动机的过载性能好，一般能过载运行几十分钟。

3. 直流伺服电动机的工作特性

1) 直流伺服电动机的静态特性。

直流伺服电动机的静态特性是指电动机在稳态情况下工作时，其转子转速、电磁力矩和电枢控制电压三者之间的关系。直流伺服电动机采用电枢电压控制时的电枢等效电路如图 6-32 所示。

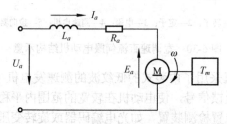

图 6-32　直流伺服电动机的电枢等效电路

根据电机学的基本知识,有

$$E_a = U_a - I_a R_a \quad E_a = C_e \Phi \omega \quad T_m = C_m \Phi I_a$$

式中,E_a 为电枢反电动势;U_a 为电枢电压;I_a 为电枢电流;R_a 为电枢电阻;C_e 为转矩常数(仅与电动机结构有关);Φ 为定子磁场中每极气隙磁通量;ω 为转子在定子磁场中切割磁力线的角速度;T_m 为电枢电流切割磁力线所产生的电磁转矩;C_m 为转矩常数。

根据以上三式,可得到直流伺服电动机运行特性的一般表达式

$$\omega = U_a / (C_e \Phi) - \left[R_a / (C_e C_m \Phi^2) \right] T_m \tag{6-2}$$

在采用电枢电压控制时,磁通 Φ 是一常量。如果使电枢电压 U_a 保持恒定,则上式可写成

$$\omega = \omega_0 - K T_m$$

式中:$\omega_0 = U_a / (C_e \Phi)$, $K = \left[R_a / (C_e C_m \Phi^2) \right]$

上式被称为直流伺服电动机的静态特性方程。

根据静态特性方程,可得出直流伺服电动机的两种特殊运行状态。

① $T_m = 0$,即空载

$$\omega = \omega_0 = U_a / (C_e \Phi)$$

其中,ω_0 称为理想空载角速度。可见,其值与电枢电压成正比。

② 当 $\omega = 0$ 时,即启动或堵转时

$$T_m = T_d = (C_m \Phi) / R_a) U_a$$

其中,T_d 称为启动转矩或堵转转矩,其值也与电枢电压成正比。

在静态特性方程中,如果把角速度 ω 看作电磁转矩 T_m 的函数,可得到直流伺服电动机的机械特性表达式

$$\omega = \omega_0 - \left[R_a / (C_e C_m \Phi^2) \right] T_m$$

如果把角速度 ω 看作电枢电压的函数,即 $\omega = f(U_a)$,则得直流伺服电动机的调节特性表达式

$$\omega = U_a / (C_e \Phi) - K T_m$$

根据式 $\omega = \omega_0 - \left[R_a / (C_e C_m \Phi^2) \right] T_m$ 和 $\omega = U_a / (C_e \Phi) - K T_m$

给定不同的 U_a 和 T_m 值,可分别给出直流伺服电动机的力学特性曲线和调节特性曲线,如图 6-33 所示。

由图 6-33(a)可知,直流伺服电动机的力学特性是一组斜率相同的直线。每条力学特性直线和一种电枢电压相对应,与 ω 轴的交点是该电枢电压下的理想空载角速度,与 T_m 轴的交点则是该电枢电压下的启动转矩。

由图 6-33(b)可知,直流伺服电动机的调节特性也是一组斜率相同的直线。每条调节特性直线和一种电磁转矩相对应,与 U_a 轴的交点是启动时的电枢电压。

此外,从图中还可以看出,调节特性的斜率为正,这说明在一定负载下,电动机转速随电枢电压的增加而增加;而力学特性的斜率为负,这说明在电枢电压不变时,电动机转速随负载转矩增加而降低。

上述对直流伺服电动机静态特性的分析是在理想条件下进行的,实际上,电动机的功放电路、电动机内部的摩擦及负载的变动等因素都对直流伺服电动机的静态特性有着不容忽视的影响。

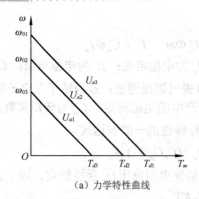 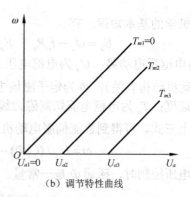

(a) 力学特性曲线　　　　　　　　　(b) 调节特性曲线

图 6-33　直流伺服电动机的特性曲线

2) 直流伺服电动机的动态特性。

直流伺服电动机的动态特性是指当给电动机电枢加上阶跃电压时，转子转速随时间的变化规律，其本质是由对输入信号响应的过渡过程的描述。直流伺服电动机产生过渡过程的原因在于电动机中存在有机械惯性和电磁惯性两种惯性。机械惯性是由直流伺服电动机和负载的转动惯量引起的，是造成机械过渡过程的原因；电磁惯量是由电枢回路中的电感引起的，是造成电磁过渡过程的原因。一般而言，电磁过渡过程比机械过渡过程要短得多。在直流伺服电动机动态特性分析中，可忽略电磁过渡过程，而把直流伺服电动机简化为一机械惯性环节。

6.4.2　直流伺服电动机的速度控制方法

1. 调速原理及方法

电动机电枢线圈通电后在磁场中因受力而转动，同时，电枢转动后，因导体切割磁力线而产生反电动势 E_a，其方向总是与外加电压的方向相反（由右手定则判断）。直流电动机电枢绕组中的电流与磁通量 $\varPhi$ 相互作用，产生电磁力和电磁转短。其中电磁转矩为

$$T = K_m \varPhi I_a \tag{6-3}$$

式中，T——电磁转矩，N·m；

　　　$\varPhi$——一对磁极的磁通量 Wb；

　　　I_a——电枢电流，A；

　　　K_m——电磁转矩常数；

电枢转动后产生的反电动势为

$$E_a = K_e \varPhi n \tag{6-4}$$

式中，E_a——反电动势，V；

　　　n——电枢的转速，r/min；

　　　K_e——反电动势常数。

作用在电枢上的电压 U 应等于反电动势与电枢压降之和，故电压平衡方程为

$$U = E_a + I_a R_a \tag{6-5}$$

式中，R_a 为电枢电阻，Ω。

由式 (6-4) 和式 (6-5) 可得

$$n = \frac{U - I_a R_a}{K_e \Phi} \quad (6\text{-}6)$$

由式（6-6）可知，调节直流电动机的转速有三种方法。

① 改变电枢电压 U。

即当电枢电阻 R_a、磁通量 Φ 都不变时，通过附加的调压设备调节电枢电压 U。一般都将电枢的额定电压向下调低，使电动机的转速 n 由额定转速向下调低，调速范围很宽，作为进给驱动的直流伺服电动机常采用这种方法进行调速。

② 改变磁通量 Φ。

调节激磁回路的电阻 R_j，使激磁回路电流 T_j 减小，磁通量 Φ 也减小，使电动机的转速由额定转速向上调高。这种方法由于激磁回路的电感较大，导致调速的快速性变差，但速度调节容易控制，常用于数控机床主传动的直流伺服电动机调速。

③ 在电枢回路中串联调节电阻 R_t，此时转速的计算公式变为

$$n = \frac{U - I_a(R_a + R_t)}{K_e \Phi} \quad (6\text{-}7)$$

这种方法电阻上的损耗大，且转速只能调低，故不经济。

2. 晶闸管调速系统的基本原理

1）系统的组成

图 6-34 为晶闸管直流调速系统。该系统由内环—电流环、外环—速度环和晶闸管整流放大器等组成。电流环的作用：由电流调节器对电动机电枢回路的滞后进行补偿，使动态电流按所需的规律（通常是一阶过渡规律）变化。I_R 为电流环指令值（给定），来自速度调节器的输出 I_f 为电流的反馈值，由电流传感器取自晶闸省整流的主回路，即电动机的电枢回路。经过比较器比较，其输出 E_I 作为电流调节器的输入（电流烧差）。速度环是用速度调节器对电动机的速度误差进行调节，以实现所要求的动态特性，通常采用比例-积分调节器。

U_R 为来自数控装置经 D/A 变换后的参考（指令）值，该值一般取 0～10V 直流。正负极性对应于电动机的转动方向。U_f 为速度反馈值。速度的测量目前多用两种元件：一种是测速发电机，可直接装在电动机轴上；另一种是光电脉冲编码器，也直接装在电动机轴上，编码器发出的脉冲经频率压变换（频率/电压变换），其输出电压反映了电动机的转速。U_R 与 U_f 的差值 E_s 为速度调节器的输入，该调节器的输出就是电流环的输入指令值。速度调节器和电流调节器都是由线性运算放大器和阻容元件组成的校正网络构成。触发脉冲发生器产生晶闸管的移相触发脉冲，其触发角对应整流器的不同直流电压，从而得到不同的速度。晶闸管整流器为功率放大器，直接驱动直流伺服电机旋转。

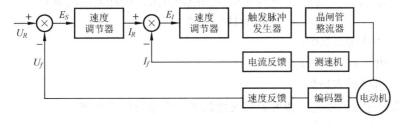

图 6-34　晶闸管直流调速速度单元结构

晶闸管（SCR）速度单元分为控制回路和主回路两部分。控制回路产生触发脉冲，该脉冲的相位即触发角，作为整流器进行整流的控制信号。主回路为功率级的整流器，将电网交流电变为直流电，相当于将控制回路信号的功率放大。得到较高电压与放大电流以驱动电动机。这样就将程序段中的 F 值一步步变成了伺服电机的电压，完成调速任务。

2）主回路工作原理

晶闸管整流电器由大功率多个晶闸管组成，整流电路可以是单相半控桥、单相全控桥、一相半波、三相半控桥、三相全控桥等。虽然单相半控桥及单相全控桥式整流电路简单，但因其输出波形差、容量有限而较少采用。在数控机床中，多采用三相全控桥式反并联可逆电路（图6-35）。二相半控桥晶闸管分两组，每组内按三相桥式连接，两组反并联，分别实现正转和反转；每组晶闸管都有两种工作状态：整流和逆变。一组处于整流工作时，另一组处于待逆变状态。在电动机降速时，逆变组工作。

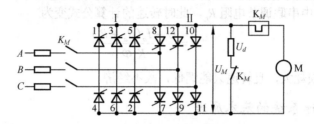

图 6-35 三相桥式反并联整流电路

在这种电路的（正转组或反转组）每组中，需要共阴极组中一个晶闸管和共阳极组中一个晶闸管同时导通才能构成通电回路，为此必须同时控制。共阴极组的晶闸管是在电源电压正半周内导通，顺序是 1、3、5，共阳极组的晶闸管是在电源电压负半周内导通，顺序是 2、4、6。共阳极组或共阴极组内晶闸管的触发脉冲之间的相位差是 120°，在每相内两个晶闸管的触发脉冲之间的相位是 180°，按管号排列顺序为 1→2→3→4→5→6，相邻触发脉冲之间的相位差是 60°。通过改变晶闸管的触发角，就可改变输出电压，达到调节直流电动机速度的目的。

为保证合闸后两个串联工作的晶闸管能同时导通，或电流截止后能再导通，必须对共阳极组和共阴极组中应导通的晶闸管同时发出脉冲，每个晶闸管在触发导通 60° 后，再补发一个脉冲，这种控制方法为双脉冲控制；也可用一个宽脉冲代替两个连续的窄脉冲，脉冲宽度应保证相应的导通角大于 60°，但要小于 120°，一般取为 80°~100°，这种控制方法称为宽脉冲控制。

3）控制回路分析

虽然改变触发角能达到调速目的，但调速范围很小，力学特性很软，这是一种开环方法。为了扩大调速范围，采用带有测速反馈的闭环方案。闭环调速范围为

$$R_L = (1+K_s)R_h \tag{6-8}$$

式中，R_L——闭环调速范围；

R_h——开环调速范围；

K_s——开环放大倍数。

为了提高调速特性硬度，速度调节又增加了一个电流反馈环节。

控制回路主要包括比较放大器、速度调节器、电流调节路等。工作过程如下。

① 速度指令电压 U_R 和速度反馈电压 U_f 分别经过阻容滤波后，在比较放大器中进行比较放大，得到速度误差信号 E_S。E_S 为速度调节器的输入信号。

② 速度调节器经常采用比例—积分调节器（即 PI 调节器），采用 PI 调节器的目的是为了获得满意的静态和动态调速特性；

③ 电流调节器可以由比例（P）或 PI 调节器组成，其中 I_R 为电流给定值，I_f 为电流反馈值，E_I 为比较后的误差。经过电流调节器输以后还要变成电压，采用电流调节器的目的是为了减小系统在大电流下的开环放大倍数，加快电流环的响应速度，缩短启动过程，同时减小低速轻载时由于电流断续对系统稳定性的影响。

④ 触发脉冲发生器可使电路产生晶闸管的移相触发脉冲，晶闸管的移相触发电路有多种，如电阻—电容桥式移相电路、磁性触发器、单结晶体管触发电路和带锯齿波正交移相控制的晶体管触发电路等。

3. 晶体管脉宽调速系统的基本原理

由于大功率晶体管工艺上的成熟和高反压大电流的模块型功率晶体管的商品化，晶体管脉宽调制型的直流调速系统得到了广泛的应用，与晶闸管相比，晶体管控制简单，开关特性好。克服了晶闸管调速系统的波形脉动，特别是轻载低速调速特性差的问题。

1）晶体管脉宽调制（PWM）系统的组成原理及特点

图 6-36 为脉宽调制系统组成原理图，该系统由控制回路和主回路构成。控制部分包括速度调节器、电流调节器、固定频率振荡器及三角波发生器、脉冲宽度调制器和基极驱动电路等；主回路包括晶体管开关式放大器和功率整流器等。控制部分的速度调节器和电流调节器与晶闸管调速系统一样。同样采用双环控制。不同的只是脉宽调制和功率放大器部分，它们是晶体管脉宽调制调速系统的核心。所谓脉宽调制，就是使功率放大器中的晶体管工作在开关状态下，开关频率保持恒定，用调整开关周期内晶体管导通时间的方法来改变其输出，从而使电动机电枢两端获得宽度随时间变化的给定频率的电压脉冲，脉宽的连续变化使电枢电压的平均值也连续变化，因而使电动机的转速连续调整。

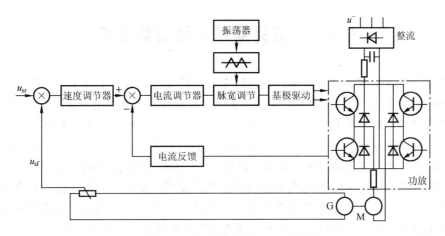

图 6-36　脉宽调制系统组成原理

2）脉宽调制器

脉宽调制器的作用是将插补器输出的速度指令转换过来的直流电压量变成具有一定脉

冲宽度的脉冲电压，该脉冲电压随直流电压的变化而变化。在 PWM 调速系统中，直流电压量为电流调节器的输出。经过脉宽调制器变为周期固定、脉宽可变的脉冲信号。由于脉冲周期不变，脉冲宽度改变将使脉冲平均电压改变。脉冲宽度调制器的种类很多，但从构成来看都由两部分组成，一是调制信号发生器，二是比较放大器。而调制信号发生器都是采用三角波发生器或是锯齿波发生器。

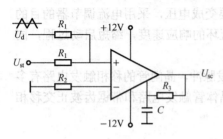

图 6-37 脉宽调制器原理

脉宽调制器的工作原理如图 6-37 所示，为用三角波和电压信号进行调制将电压信号转换为脉冲宽度的调制器，这种调制器由三角波发生器和比较器组成。三角波信号 U_d 和速度信号 U_{st} 一起送入比较器同向输入端进行比较，完成速度控制电压到脉冲宽度之间的变换。且脉冲宽度正比于代表速度的电压的高低。脉宽调制器的作用是使电流调节器输出的直流电压电平（按给定指令变化）与振荡器产生的固定频率三角波叠加，然后利用线性组件产生宽度可变的矩形脉冲，经基极的驱动回路放大后，加到功率放大器晶体管的基极，控制其开关周期及导通的持续时间。

3）开关功率放大器

开关功率放大器（或称脉冲功率放大器）是脉宽调制速度单元的主回路。根据输出电压的极性，它分为双极性工作方式和单极性工作方式两类结构；不同的开关工作方式又可组成可逆（电动机两个方向运转）开关放大电路和不可逆开关放大电路；根据大功率晶体管使用的多少和布局，又可分为 T 形、H 形结构。

主回路的功率放大器采用脉宽调制式的开关放大器，晶体管工作在开关状态。根据功率放大器输出的电压波形，可分为单极性输出、双极性输出和有限单极性输出三种工作方式。各种不同的开关工作方式又可组成可逆式功率放大电路和不可逆式功率放大电路。

与晶闸管调速系统相比，晶体管调速系统具有频带宽、电流脉动小、电源的功率因数高、动态硬度好等特点。

6.5 交流伺服电动机伺服系统

直流电动机具有控制简单可靠、输出转矩大、调速性能好、工作平稳可靠等特点，在 20 世纪 80 年代以前，数控机床中的伺服系统中，以直流伺服电动机为主。但直流伺服电动机也有诸多缺点，如结构复杂、制造困难、制造成本高、电刷和换向器易磨损、换向时易产生火花、最高转速受到限制等。而交流伺服电动机没有上述缺点，由于它的结构简单坚固、容易维护、转子的转动惯量可以设计得很小，能经受高速运转等优点，从 80 年代开始引起人们的关注，近年来随着交流调速技术的飞速发展，交流伺服电动机的可变速驱动系统已发展为数字化，实现了大范围平滑调速，打破了"直流传动调速，交流传动不调速"的传统分工格局，在当代的数控机床上，交流伺服系统得到了广泛的应用。

6.5.1 交流伺服电动机的分类及特点

交流伺服电动机通常分为交流同步伺服电动机和交流异步伺服电动机两大类。

交流同步伺服电动机的转速是由供电频率所决定的，即在电源电压和频率不变时，它的转速是稳定不变的。由变频电源供电给同步电动机时，能方便地获得与频率成正比的可变速度，可以得到非常硬的机械特性及较宽的调速范围，在进给伺服系统中，越来越多地采用交流同步电动机。交流同步伺服电动机有励磁式、永磁式、磁阻式和磁滞式四种。前两种电动机的输出功率范围较宽，后两种电动机的输出功率较小。各种交流同步伺服电动机的结构均类似，都由定子和转子两个主要部分组成。但四种电动机的转子差别较大，励磁式同步伺服电动机的转子结构较复杂，其他三种同步伺服电动机的转子结构十分简单，磁阻式和磁滞式同步伺服电动机效率低，功率因数差。因为永磁同步交流伺服电动机具有结构简单、运行可靠、效率高等特点，数控机床的进给驱动系统中多采用永磁同步交流伺服电动机。

交流异步伺服电动机也称交流感应伺服电动机，它的结构简单，重量轻，价格便宜。它的缺点是其转速受负载的变化影响较大，所以一般不用于进给运动系统。而主轴驱动系统不像进给系统那样要求很高的性能，调速范围也不要太大，采用异步电动机完全可以满足数控机床主轴的要求。交流异步伺服电动机广泛应用于主轴驱动系统中。

6.5.2 交流伺服电动机的结构及工作原理

1. 交流伺服电动机的结构

数控机床用于进给驱动的交流伺服电动机大多采用三相交流永磁同步电动机。永磁交流同步伺服电动机的结构如图 6-38 和图 6-39 所示，由定子、转子和检测元件三部分组成。电枢在定子上，定子具有齿槽，内有三相交流绕组，形状与普通交流感应电动机的定子相同。但采取了许多改进措施，如非整数节距的绕组、奇数的齿槽等，这种结构的优点是气隙磁密度较高，极数较多。电动机外形呈多边形，且无外壳。转子由多块永磁铁和冲片组成，磁场波形为正弦波。转子结构中还有一类是有极靴的星形转子，采用矩形磁铁或整体星形磁铁，转子磁铁磁性材料的性能直接影响伺服电动机的性能和外形尺寸。现在一般采用第三代稀土永磁合金——铁铁硼合金，它是一种最有前途的稀土永磁合金。检测元件（脉冲编码器或旋转变压器）安装在电动机上，它的作用是检测出转子磁场相对于定子绕组的位置。

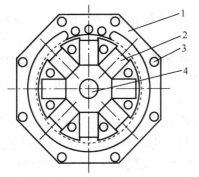

1—定子；2—永久磁铁；3—轴向通气孔；4—转轴

图 6-38 三相交流永磁同步电动机的横剖面

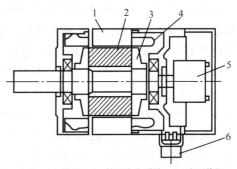

1—定子；2—转子；3—转子永久磁铁；4—定子绕组；
5—检测元件；6—接线盒

图 6-39 永磁交流同步伺服电动机的结构

2. 永磁交流同步伺服电动机工作原理

如图 6-40 所示，永磁式交流同步电动机由定子、转子和检测元件三部分组成，其工作过程是当定子三相绕组通上交流电后，就产生一个旋转磁场，这个旋转磁场以同步转速 n_s 旋转。根据磁极的同性相斥、异性相吸的原理，定子旋转磁场与转子永久磁场磁极相互吸引，并带动转子一起旋转，因此，转子也将以同步转速 n_s 旋转。当转子轴加上外负载转矩时，转子磁极不是由转子的三相绕组产生，而是由永久磁铁产生。

根据磁极的同性相斥、异性相吸的原理，定子旋转磁场与转子永久磁场的磁极相互吸引，并带动转子一起旋转。因此转子也将以同步转速 n_τ 旋转。

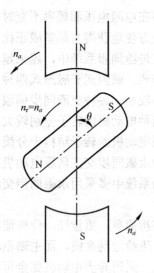

图 6-40 交流永磁同步电动机的工作原理

当转子轴上加外负载转矩时，转子磁极的轴线将与定子磁极的轴线相差一个 θ 角，若负载增大，则差角 θ 也随之增大。只要外负载不超过一定限度，转子就与定子旋转磁场一起同步旋转，即

$$n_\tau = n_s = 60f/p \tag{6-9}$$

式中，f——交流电源频率，Hz

p——定子和转子的磁极对数

n_τ——转子转速，r/min

n_s——同步转速，r/min

由式（6-9）可知，交流永磁同步电动机转速由电源频率 f 和磁极对数 p 所决定。

当负载超过一定极限后，转子不再按同步转速旋转，甚至可能不转，这就是同步电动机的失步现象，此负载的极限称为最大同步转矩。

3. 交流永磁同步电动机的性能

如图 6-41 所示为永磁式交流同步伺服电动机的转矩-速度特性曲线。曲线分为连续工作区和断续工作区两部分。在连续工作区，速度和转矩的任何组合，都可连续工作。但连续工作区的划分受到一定条件的限制，连续工作区划定的条件有两个：一是供给电动机的电流是理想的正弦波；二是电动机工作在某一特定温度下。在断续工作区，电动机可间断运行，断续工作区比较大时，有利于提高电动机的加、减速能力，尤其是在高速区。永磁式交流同步电动机的缺点是启动难。这是由于转子本身的惯量、定子与转子之间的转速差过大，使转子在启动时所受的电磁转矩的平均值为零所致，因此电动机难以启动。解决的办法是在设计时设法减小电动机的转动惯量，或在速度控制单元中采取先低速后高速的控制方法。

和异步电动机相比，同步电动机转子有磁极，在很低的频率下也能运行。因此，在相同的条件下，同步电动机的调速范围比异步电动机要宽。同时，同步电动机比异步电动机对转矩扰动具有更强的承受力，能作出更快的响应。

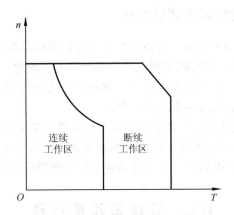

图 6-41　永磁式交流同步伺服电动机的转矩-速度特性曲线

4. 交流主轴电动机

交流主轴电动机是基于感应电动机的结构而专门设计的。通常为增加输出功率、缩小电动机体积，采用定子铁芯在空气中直接冷却的方法，没有机壳，且在定子铁芯上做有通风孔。因此电动机外形多呈多边形而不是常见的圆形。在电动机轴尾部安装检测用的码盘。交流主轴电动机与普通感应式伺服电动机的工作原理相同。在电动机定子的三相绕组通以三相交流电时，就会产生旋转磁场，这个磁场切割转子中的导体，导体感应电流与定子磁场相作用产生电磁转矩，从而推动转子转动，其转速 n_r 为

$$n_r = n_s(1-s) = 60f/p(1-s) \tag{6-10}$$

式中，n_s——同步转速（r/min）；

　　　f——交流供电电源频率（Hz）；

　　　s——转差率，$s=(n_s-n_r)/n_s$；

　　　p——极对数。

同感应式伺服电动机一样，交流主轴电动机需要转速差才能产生电磁转矩，所以电动机的转速低于同步转速，转速差随外负载的增大而增大。

6.5.3　交流伺服电动机的主要特性参数

① 额定功率。电动机长时间连续运行所能输出的最大功率为额定功率，约为额定转矩与额定转速的乘积。

② 额定转矩。电动机在额定转速以下长时间工作所能输出的转矩为额定转矩；

③ 额定转速。额定转速由额定功率和额定转矩决定。

④ 瞬时最大转矩。电动机所能输出的瞬时最大转矩为瞬时最大转矩。

⑤ 最高转速。电动机的最高工作转速为最高转速。

⑥ 转子惯量。电动机转子上总的转动惯量为转子惯量。

需要指出的是，在数控机床向高速化发展的今天，采用直线电动机直接驱动工作台的驱动方式已经成为当前一个重要的选择方向。直线电动机的固定部件（永久磁钢）与机床的床身相连接，运动部件（绕组）与机床的工作台相连接，其运动轨迹为直线，因此在进给伺服驱动中省去了联轴节、滚珠丝杠螺母副等传动环节，使机床运动部件的快速性、精度和刚度都得到了提高。

6.5.4 交流伺服电动机的调速方法

由式（6-10）和式（6-9）可见，要改变交流同步伺服电动机的转速可采用两种方法：其一是改变磁极对数 p，这是一种有级的调动小，调频范围比较宽，调节线性度好。数控机床上常采用交直交变频调速。在交直交变频中，根据中间直流电路上的储能元件是大电容还是大电感，可分为电压型逆变器和电流型逆变器。

SPWM 变频器是目前应用最广、最基本的一种交直交型电压型变频器，也称为正弦波PWM 变频器，具有输入功率因数高和输出波形好等优点，不仅适用于永磁式交流同步电动机，也适用于交流感应异步电动机，在交流调速系统中获得广泛应用。

6.6 直线电动机传动

在常规的机床进给系统中，仍一直采用"旋转电动机+滚珠丝杠"的传动体系。随着近几年来超高速加工技术的发展，滚珠丝杠机构已不能满足高速度和高加速度的要求，直线电动机开始展示出其强大的生命力。

直线电动机是指可以直接产生直线运动的电动机，可作为进给驱动系统，如图 6-42 所示。在世界上出现了旋转电动机不久之后就出现了其雏形，但由于受制造技术水平和应用能力的限制，一直未能在制造业领域作为驱动电动机而使用。特别是大功率电子器件、新型交流变频调速技术、微型计算机数控技术和现代控制理论的发展，为直线电动机在高速数控机床中的应用提供条件。

世界上第一台使用直线电动机驱动工作台的高速加工中心是德国 Ex-Cell-O 公司于 1993 年生产的，采用了德国 Indramennt 公司开发成功的感应式直线电动机。同时，美国 Ingersoll 公司和 Ford 汽车公司合作，在 HVM800 型卧式加工中心采用了美 Anorad 公司生产的永磁式直线电动机。日本的 FANUC 公司于 1994 年购买了 Anorad 公司的专利权，开始在亚洲市场销售直线电动机。在 1996 年 9 月芝加哥国际制造技术博览会（(IMTs'96)上，直线电动机如雨后春笋般展现在人们面前，这预示着直线电动机开辟的机床新时代已经到来。

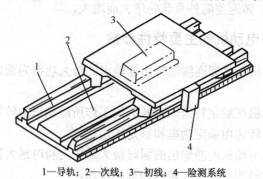

1—导轨；2—次线；3—初线；4—险测系统

图 6-42 直线电动机

6.6.1 直线电动机的工作原理

直线电动机的工作原理与旋转电动机相比，并没有本质的区别，可以将其视为旋转电动机沿圆周方向拉开展平的产物，如图 6-43 所示。对应于旋转电动机的定子部分，称为直线电动机的初级；对应于旋转电动机的转子部分，称为直线电动机的次级。当多相交变电流通入多相对称绕组时，就会在直线电动机初级和次级之间的气隙中产生一个行波磁场，从而使初级和次级之间相对移动。当然，二者之间也存在一个垂直力，可以是吸引力，也可以是推斥力。直线电动机可以分为直流直线电动机、步进直线电动机和交流直线电动机3大类。在机床上主要使用交流直线电动机。

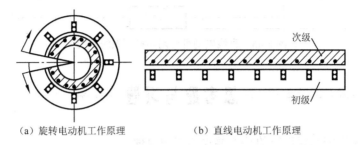

图 6-43 旋转电动机和直线电动机工作原理

6.6.2 直线电动机的结构形式

直线电动机在结构上，可以有如图 6-44 所示的短次级和短初级两种形式。为了减少发热量和降低成本，高速机床用直线电动机一般采用如图 6-44（b）所示的短初级结构。

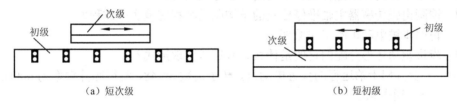

图 6-44 直线电动机的结构形式

6.6.3 直线电动机的特点

现在的机加工对机床的加工速度和加工精度提出了越来越高的要求，传统的"旋转电动机+滚珠丝杠"体系已很难适应这一趋势。使用直线电动机的驱动系统，有以下特点。

① 电动机、电磁力直接作用于运动体（工作台）上，而不用机械连接，因此没有机械滞后或齿节周期误差，精度完全取决于反馈系统的检测精度。

② 直线电动机上装配合数字伺服系统，可以达到极好的伺服性能。由于电动机和工作台之间无机械连接件，工作台对位置指令几乎是立即反应（电气时间常数约为 1 ms），从而使得跟随误差减至最小而达到较高的精度。并且，在任何速度下都能实现非常平稳的进给运动。

③ 直线电动机系统在动力传动中由于没有低效率的中介传动部件而能达到高效率，可获得很好的动态刚度（动态刚度即为在脉冲负荷作用下，伺服系统保持其位置的能力）。

④ 直线电动机驱动系统由于无机械零件相互接触，因此无机械磨损，也就不需要定期维护，也不像滚珠丝杠那样有行程限制，使用多段拼接技术可以满足超长行程机床的要求。

⑤ 由于直线电动机的部件（初级）已和机床的工作台合二为一，因此，和滚珠丝杠进给单元不同，直线电动机进给单元只能采用全闭环控制系统，其控制框图如图 6-45 所示。

直线电动机驱动系统具有很多的优点，对于促进机床的高速化有十分重要的意义和应用价值。由于目前尚处于初级应用阶段，生产批量不大，因而成本很高。但可以预见，作为一种崭新的传动方式，直线电动机必然在机床工业中得到越来越广泛的应用，并显现巨大的生命力。

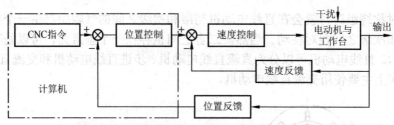

图 6-45 直线电动机全闭环控制系统框图

思考题与习题

6-1 试简述机床伺服系统的基本要求和工作原理。
6-2 试简述机床伺服系统的分类及其主要特点。
6-3 数控机床对主轴驱动伺服系统的要求有哪些？
6-4 请以某公司的主轴伺服系统为例，分析其主要工作原理。
6-5 主轴分段无级变速的作用是什么？具体如何实现？
6-6 主轴准停的作用是什么？如何用机械方式实现？
6-7 请画出磁传感器主轴准停控制的结构图及其相应地实现过程？
6-8 说明步进电动机的工作原理。
6-9 步进驱动环形分配的目的是什么？有哪些实现形式？
6-10 一台五相十拍运行的步进电动机，转子齿数 $z=48$，测得脉冲频率为 600Hz，求：
（1）通电顺序；
（2）步距角和转速。
6-11 若有一台三相反应式步进电动机，其步距角为 3°/1.5°。试问：
（1）电机转子的齿数为多少？
（2）写出三相六拍运行方式的通电顺序。
（3）当测得运行频率为 1200Hz 时，其转速为多少？
6-12 高低电压切换、恒流斩波和细分驱动电路对提高步进电动机的运行性能有何作用？
6-13 直流主轴驱动的速度控制原理是什么？
6-14 说明直流进给、主轴伺服电机的工作原理及特性曲线。
6-15 直流进给运动的晶闸管（可控硅）速度控制原理是什么？
6-16 直流进给运动的"脉宽调制（PWM）"速度控制原理是什么？
6-17 直流主轴驱动的速度控制原理是什么？
6-18 交流驱动的速度控制方法有哪些？
6-19 说明交流进给运动的"SPWM"速度控制原理。
6-20 说明交流速度控制有哪些方法。优缺点是什么。
6-21 试述进给、主轴交流伺服电动机的矢量控制原理。
6-22 交流伺服电动机（三相交流永磁同步电动机）有哪些变频控制方式？
6-23 简述直线电动机的工作原理。
6-24 简述直线电动机的结构形式。
6-25 简述直线电动机的特点。

第 7 章　数控机床的机械结构

> **教学要求**
>
> 本章介绍数控机床机械结构的组成、特点及数控机床对机械结构的要求，阐述数控机床各典型机械结构的特点和工作原理。通过本章学习，了解数控机床机械结构的特点；掌握数控机床机械结构各部分的工作原理和结构要求及发展趋势。

引 例

并 联 机 床

并联机床（见图 7-1）是由机械机构学原理引进过来的，机构学里将机构分为串联机构和并联机构量，传统机床的布局实际上属于串联机构，理论上串联机构具有工作范围大、灵活性好等特点，但精度低，刚性差。为提高机床精度和刚性，不得不加大床身和导轨，导致活动范围和灵活性下降。为了解决上述矛盾，20 世纪 80 年代后，一大批学者开始致力于并联机床的研究，并提出并联机床的概念。并联机床的典型代表是 Stewart 平台结构，即由六根可伸缩杆和动平台构成，可实现较高的动态特性，但工作范围小。为解决这一问题，研究者把并联机构和串联机构结合起来，取得高动态性能和大的工作空间，其典型代表是瑞典 NOUSE 公司的 Tricepts 机床。

2007 年哈尔滨量具刃具集团有限公司（简称哈量集团）引进瑞典 EXECON 公司的技术，在原有并联机床经验积累的基础上，以国际并联机床最新技术为平台，通过消化吸收再创新，向用户提供了满足特殊要求的世界一流水平的高档数控机床产品。哈量集团新一代并联机床的研制成功，丰富了我国机床的种类，在一定程度上有助于解决我国复杂产品加工的难题。

该机床适合于航天航空领域、汽车制造领域、大型工程机械制造领域等需要实现敏捷加工、高速加工及数字化装配等场合。

 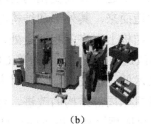 

　　　(a)　　　　　　　　　(b)　　　　　　　　　(c)

图 7-1　并联机床

资料来源：http://www.hfgj.gov.cn/cjs/cjs_news.asp?id=7147,2008

7.1 概　　述

机械结构又称为机床本体，是数控机床的主体部分，接收数控装置的各种命令，并将其转化成机床真实、准确的机械运动和动作，实现数控机床的加工功能。本章首先介绍数控机床机械结构的组成、特点及数控机床对机械结构的要求，并在此基础上对各机械结构的典型部分的特点、工作原理进行阐述。

7.1.1 数控机床机械结构的组成

作为一种复杂的机电一体化产品，数控机床与普通机床的最突出区别在于机床的各种运动和加工过程都采用了数字化技术控制，相对于普通机床来说，数控机床除了具有高精度、高效率、高可靠性和精度保持性、自动化程度高及劳动强度低等特点外，与普通机床相比，数控机床的结构还具有自身特点，数控机床机械结构主要由以下几部分组成。

（1）机床基础件（又称为机床大件），通常指床身、底座、立柱、滑座、导轨等，它们是整台机床的基础和框架，其功用是支撑机床本体的其他零部件，并保证这些零部件在工作时固定在基础件上。

（2）主传动系统，包括动力源、传动部件及主运动执行件，如电动机、传动装置和主轴等。其功能是实现机床的主运动，将主电动机的原动力变为主轴上刀具的切削加工的切削力矩和切削速度，承受主切削力。

（3）进给传动系统，包括动力源、传动部件及主运动执行件，如工作台、刀架等。其功能是实现进给运动，主要承担数控机床各坐标轴的定位和切削进给。

（4）辅助装置如回转工作台、液压、气动、润滑、冷却、防护和排屑机构等装置，用来实现某些部件动作和辅助功能的系统和装置。

（5）自动换刀装置如刀库、刀架和换刀机械手等。用来完成对多工序加工而设置的刀具存储和更换功能，减少换刀时间，提高生产效率。

（6）特殊功能装置，如刀具破损检测、精度检测、检温和监控等装置，以实现某些特殊功能。

7.1.2 数控机床机械结构的特点

数控机床的机械结构始终处在一个逐步发展变化的过程中，早期的数控机床主要是对普通机床的进给系统进行革新和改造而来，其外形和结构与普通机床基本相同。目前简易型数控机床与早期数控机床在机械结构上有许多相似之处，其原因正是这些产品也是在普通机床的总体结构基础上经过局部改进而发展来的。随着 CNC 技术、自动控制理论、液压、气动、计算机及信息处理技术等技术的飞速发展，以及对高精度和高效率的不断适应，数控机床的机械结构已从初期对普通机床局部结构的改进，逐步发展到形成数控机床的独特机械结构阶段，其机械结构与普通机床相比具有以下的自身特点。

1. 高刚度和高抗振性

机床的刚度是机床在切削力和其他力作用下抵抗变形的能力，由于数控机床经常在高速和连续重载切削条件下工作,所以要求机床的床身、工作台、主轴、立柱、刀架等主要部件均需有很高的刚度,在高速、重载情况下应无变形和振动,以保证加工工件的高精度和低表面粗糙度要求。例如,床身各部分合理分布加强筋,以承受重载与重切削力;工作台与拖板应具有足够的刚性,以承受工件重量,并使工作平稳;主轴在高速下运转,应具有较高的径向扭矩和轴向推力;立柱在床身上移动时应平稳,且能承受大的切削力;刀架在切削加工中应平稳而无振动等。

2. 结构简单、传递精度高、速度快

数控机床上各坐标轴的运动是通过伺服驱动系统完成的,直接用伺服电动机与滚珠丝杠连接带动运动部件运动,伺服电动机与丝杠间也可以用同步皮带副或齿轮副连接,不需要使用挂轮、光杆等传动部件,有的甚至直接采用电主轴或直线电动机,伺服电动机直接驱动,省去中间传动部件的系统误差和传动误差,传递精度高,速度快。一般速度可达 15m/min,最高可达 100m/min。

3. 操作方便、可实现无级变速、自动化程度高

数控车床多采用直流或交流控制单元来驱动主轴或进给系统,按控制指令实现无级变速,一般通过一级齿轮副实现分段无级调速。配有自动换刀装置,有的采用多主轴、多刀架及带刀库的自动换刀装置等,减少了换刀时间,提高换刀效率。有的具有工作台交换装置,进一步缩短了辅助加工时间。此外,数控机床上还留有最便于装卸的工件装夹位置,对切屑量较大的数控机床,还设计成有利于排屑的结构,或直接配备自动排屑机构。相对于普通机床来说,自动化程度较高,操作方便。

4. 高灵敏度、高可靠性

数控机床作为一种高精度的机械加工装置,在加工过程中,要求运动部件具有高的灵敏度。如导轨部件采用滚动导轨、塑料导轨、静压导轨等,以减少摩擦力,在低速运动时无爬行现象。工作台、刀架等部件的移动由电动机驱动,经滚珠丝杠或静压丝杠带动都要求具有较高的灵敏度。为提高加工效率,要求数控机床能在高负荷下长时间无故障地连续工作,如柔性制造系统中的数控机床可在 24 小时运转中实现无人管理,因而要求对机床部件和控制系统具有较高的可靠性。如频繁动作的刀库、换刀机构、托盘、工件交换装置等部件除了保证运动部件不出故障外,还必须保证长期而可靠地工作,具有很高的可靠性。

5. 高的精度保持性、良好的热稳定性

为保证数控机床在高速、强力切削下具有较高的精度,防止使用中的变形和快速磨损,长期具有稳定的加工精度。数控机床在设计时,除了正确选择有关零件的材料,还采取一些如淬火、磨削导轨、粘贴抗磨塑料导轨等工艺性措施,以提高运动部件的耐磨性,使其具有较好的精度保持性。

数控机床在高速、强力切削时,会在单位时间内产生大量的热量,如果不能及时有效地散发出去,会导致局部温度急剧变化,引起某些部件的热变形,影响加工精度。为防止加工过程中产生热变形,保证部件的运动精度。设计时立柱一般采取双壁框式结构,使零

件结构对称,防止因热变形而产生倾斜偏移。为减少电动机和主轴轴承在运转中产生的热量,采用在电动机上安装散热装置和恒温式冷却,减少运转发热的影响,相对于普通机床来说,整个系统结构的热稳定性得到了提高。

6. 工艺复合化和功能集成化

"工艺复合化",即"一次装夹、多工序加工",体现在加工中心上主要指工件经一次安装可以完成钻、铣、镗、攻螺纹等多个工序的加工;在车削加工中心上,除能加工内孔、外圆、端面外,还可以在外圆、端面的任意位置进行钻、铣、镗、攻丝和曲面的加工。"功能集成化"主要是指数控机床的自动换刀机构和自动托盘交换装置的功能集成化。随着数控机床向柔性化和无人化发展,功能集成化的水平更高地体现在工件自动装卸、自动定位;刀具的机内对刀、刀具破损监控、寿命管理等;机床与工件精度的自动挡测量和自动补偿等功能上。

7.1.3 数控机床对机械结构的要求

由第 1 章可知,数控机床加工相对于普通机床加工来说具有:可加工复杂零件、高加工精度、高生产效率、对产品适应性强、可靠性和精度保持性高、自动化程度高及劳动强度低等优点,数控机床也因此对其机械结构的设计和布局提出新的要求。

1. 高的静、动刚度及良好的抗振性能

机床的刚度是机床在切削力和其他力作用下抵抗变形的能力,在传统机床上,操作者可以通过改变切削用量和改变刀具几何角度来消除或减少振动。由于数控机床具有高效率的特点,本着充分发挥其加工能力的原则,其切削速度一般都相对较快,而且在加工过程中还要频繁的进行启动、停止和加减速等动作,产生较大的冲击和振动,在加工过程中又不允许进行人工调整,这不仅会影响工件的加工精度和表面质量,而且还会降低刀具使用寿命,影响生产率,增加产品的制造成本。因此,数控机床的机械结构要求具有较高的动、静刚度和良好的抗振能力。

2. 良好的热稳定性

机床在高速切削过程中,其动力源(油泵、电动机等)、切削区域和运动结合面之间会产生大量的热量,如果不能及时将这些热量散发掉将会导致温度升高,就使各个部件发生不同程度的热变形,破坏工件与刀具之间的相对位置关系,从而影响工件的加工精度(见图 7-2)。对于高速数控机床来说,热变形的影响就更为突出。一方面,是因为工艺过程的自动化及精密加工的发展,对机床的加工精度和精度的稳定性提出了越来越高的要求;另一方面,数控机床的主轴转速、进给速度及切削量等也大于传统机床的切削用量,而且常常是长时间连续加工,产生的热量也多于传统机床。为减小热变形的影响,常常要花费很长的时间来预热机床,严重影响了机床的生产率,因此应保证数控机床的机械结构具有良好的热稳定性,以减少热变形对加工精度的影响。

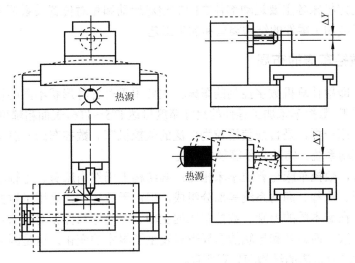

图 7-2　数控机床热变形对加工精度的影响

3. 高的运动精度和低速运动的平稳性

对数控机床进给系统的另一个要求就是无间隙传动。由于加工的需要，数控机床各坐标轴的运动都是双向的，传动元件之间的间隙无疑会影响机床的定位精度及重复定位精度。因此，必须采取措施消除进给传动系统中的间隙，如齿轮副、丝杠螺母副的间隙。

4. 具有良好的操作、安全防护性能

由于数控机床是一种高精度、高效率机械加工设备，加工过程中工件的装卸也比普通机床上频繁。目前已有许多数控机床采用多主轴、多刀架及自动换刀等装置，特别是加工中心，可在一次装卡下完成多工序的加工，节省大量装卡换刀时间，其方便、舒适的操作性能已成为使用者普遍关注的问题，在设计时应该考虑。另外，数控机床上高速运动部件较多，动作复杂，要求数控机床具有可靠的动作互锁、安全防护性能；同时数控机床一般都有高压、大流量的冷却系统，在切削过程中大量的冷却液高速喷射在切削区域，为防止切屑、冷却液飞溅，数控机床也要求设置防护装置，以增强其防护性能。

7.2　数控机床整体布局

机床的总体布局对数控机床的结构和使用性能有直接的影响，在设计制造时必须重视数控机床的总体布局。合理选择机床布局，不但可以使机床满足数控化的要求，而且能够使机床的结构更加简单、合理、经济。早期的数控机床多是在普通机床的基础上经过改造而来，大多数与普通机床有很多相似之处；当前数控机床的布局大多数都采用机电液一体化的布局方式，全封闭或半封闭式防护；随着数控技术和电子技术的不断发展，尤其是近几年来高速加工中心的出现，现代数控机床的机械结构得到了很大的简化，使数控机床的总体结构变化很大，形式灵活多样，出现了许多独特的结构，使数控机床的制造、维护更加方便，更易于实现计算机辅助设计、制造和全面自动化管理。

机床的整体布局是机床设计过程当中带有全局性的重要问题，直接影响机床的使用性

能，主要包括确定机床各主要运动部件之间的相对运动和相对位置关系两个方面，布局的形式主要取决于被加工零件的结构类型和加工工艺。

7.2.1 数控车床的布局

数控车床，即用计算机数字控制的车床。主要用于对各种形状不同的轴类或盘类回转表面进行车削加工。数控车床加工零件的尺寸精度可达 IT5～IT6，表面粗糙度 Ra 可达 1.6μm 以下。与普通车床一样，是目前使用较为广泛的数控机床。数控车床一般由车床主机、数控系统、伺服驱动系统、辅助装置等部分组成。

从总体上看，数控车床与普通车床相比：其结构上仍然由床身、主轴箱、刀架、进给传动系统、液压、冷却、润滑系统等部分组成。但由于数控车床采用了数控系统，与普通车床在结构上存在着本质的差别。数控车床的主轴、尾座等部件相对于床身的布局形式与普通机床基本一致，而刀架和导轨的布局形式发生了根本的变化，这是因为其直接影响数控车床的使用性能及机床的结构和外观所致。

1. 床身和导轨的布局

数控车床的床身结构和导轨主要有水平床身、倾斜床身以及水平床身斜滑板和立床身等形式如图 7-3 所示。

（1）水平床身。如图 7-3（a）所示，该结构类型为水平床身配置水平滑板，其刀架水平放置，有利于提高刀架的运动精度，其工艺性好，部件精度较容易保证，便于导轨面的加工。而且该种结构机床床身、工件重量产生的变形竖直向下，和刀具运动方向垂直，对加工精度影响较小。但是该种结构床身下部空间小，故排屑困难。从结构尺寸来看，刀架水平放置使得滑板横向尺寸较大，从而加大了机床宽度方向的结构尺寸，一般用于大型数控车床或小型精密数控车床的布局。

（2）斜床身。如图 7-3（b）所示为斜床身结构的车床配置斜滑板，这种结构的导轨倾斜角度多采用 30°、45°、60°、75° 和 90°。导轨倾斜角度的大小直接影响着机床外形尺寸高度和宽度的比例，倾斜角度小，排屑不便；倾斜角度大，导轨的导向性及受力情况差。该种布局的数控车床在同等条件下，观察角度好，调整工件比较方便，不仅能改善受力情况，还可以通过整体封闭式截面设计，提高床身的刚度。常用于性能要求较高的中、小规格的数控车床的布局。

（3）平床身斜滑板。如图 7-3（c）所示，该种布局形式的床身水平放置，滑板倾斜放置，这种结构通常配置有倾斜式的导轨防护罩，一方面具有水平床身工艺性好的特点，另一方面机床宽度方向的尺寸较水平配置滑板的要小，且排屑方便。一般被中、小型数控车床所普遍采用。

（4）立式床身结构。如图 7-3（d）所示，该种布局形式车床的床身配置 90° 的滑板。即导轨倾斜角度为 90° 的滑板结构称为立床身。该种结构布局的数控车床的切屑可自由落下，排屑性能最好，受切屑产生的热量影响较小，导轨防护也较容易；但受自重的影响较大，需要增加平衡机构进行消除，而且床身产生的变形方向正好沿着运动方向，对精度影响较大。常用于大型数控车床或精密数控车床的结构布局。

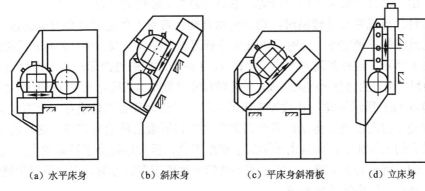

(a) 水平床身　　　(b) 斜床身　　　(c) 平床身斜滑板　　　(d) 立床身

图 7-3　数控车床的床身和导轨的布局

2. 刀架的布局

数控车床使用的刀架是最简单的自动换刀装置，用于安装各种切削加工工具和自动换刀，必须具有良好的强度和刚度，比较高的定位精度，以便承受大的切削力和保证回转刀架在每次转位时的重复定位精度，其结构和布局形式对机床整体布局及工作性能影响很大。

刀架作为数控车床的重要部件，其结构形式很多，主要可分为转塔式和排刀式刀架两大类。转塔式刀架是应用比较多的一种刀架形式，它通过转塔头的旋转、分度、定位来实现机床的自动换刀工作。转塔式回转刀架有两种形式，一种主要用于加工盘类零件，其回转轴线垂直于主轴；另一种主要用于加工盘类零件和轴类零件回转轴与主轴垂直件，其回转轴与主轴平行。两坐标连续控制的数控车床，一般采用 6～12 工位的转塔式刀架，如图 7-4 所示。排刀式刀架在使用上刀具布置和机床调整都较方便，可根据具体工件的车削工艺要求，任意组合各种不同用途的刀具，换刀方式迅速，适用于短轴或套类零件的加工主要用于小型数控车床。

图 7-4　转塔式刀架

7.2.2　数控铣床的布局

数控铣床也称作数控铣削机床，是一种用途广泛的机床，数控铣削是机械加工中最常用和最主要的数控加工方法之一，除了可以加工各种平面、沟槽、螺旋槽、成形表面和孔，还能加工各种平面、变斜角类零件、曲面类零件和空间复杂型面等，适合于加工各种模具、凸轮、板类及箱体类的零件。和传统的通用铣床一样，数控铣床分为立式和卧式两种。数控铣床一般由机床基础件、数控系统、主传动系统、进给伺服系统、冷却润滑系统及辅助装置等几大部分组成。

如同普通铣床一样，数控铣床加工工件时，刀具或者工件产生相对运动来加工一定形状的工件表面。由相应的执行部件以及一些必要的辅助运动部件等来完成这些运动。因为加工工件所需要的运动仅仅是相对运动，对部件的运动分配可以有多种方案。根据工件的重量和尺寸的不同，数控铣床总体布局可以有 4 种不同的布局方案，如图 7-5 所示。

如图 7-5（a）所示工作台升降的数控铣床，加工时由工作台带动工件完成 X、Y 两个方向的运动,由升降台完成 Z 方向的运动,主要用来加工较轻的工件。

当加工件较重或者尺寸较高时,切削时由升降台带着工件进行垂直方向的进给运动,会增加加工过程的不稳定性,此时会由铣头带着刀具来完成竖直方向(Z 向)的进给运动,如图 7-5(b)所示。这种布局方案,工件在 X、Y 两个方向的进给运动由工作台完成,Z 向的进给运动则由铣刀的自身运动来完成,铣床的尺寸参数即加工尺寸范围可以取得大一些。

如图 7-5(c)所示为龙门式数控铣床的布局,工作台载着工件进行一个方向上的进给运动,其他两个方向的进给运动由多个刀架在立柱和横梁上移动来完成。这样的布局不仅适用于重量大的工件加工,而且由于增加了铣削刀具,极大地提高了铣床的生产效率。

图 7-5(d)所示为加工特大、特重型零件的一种铣床布局方案,工件不产生进给运动,全部进给运动均由铣头运动来完成。

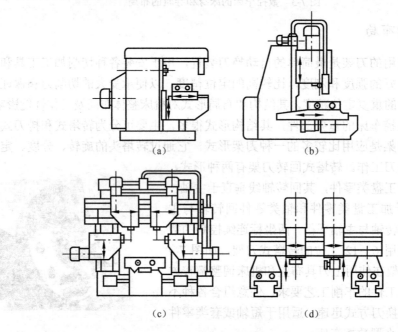

图 7-5 数控铣床总体布局

7.2.3 加工中心的布局

加工中心又称多工序自动换刀数控机床,世界上第一台加工中心是美国的卡尼·特雷克公司于 1958 年制造出来的。它是在数控铣床的基础上配置刀库及自动换刀装置或多个工作台,能够实现自动选择和更换刀具,是一种由计算机来控制的集数控铣床、数控镗床、数控钻床的功能于一体的高效率的加工机床。工件在一次装夹后,根据加工需要,可以加工多个工序,极大地减少了工件的装夹、测量和机床调整等时间。同时也减少了各工序之间的工件周转、搬运和存放时间,缩短了生产周期,极大地提高了加工效率。适用于加工零件形状比较复杂、精度要求较高、产品更换频繁的中小批量生产。半个世纪以来,加工中心已成为当今世界上产量最大,在现代机械制造业应用最广泛的一种功能较全的金属切削加工设备。出现了各种类型的加工中心,它们的布局形式随卧式和立式、工作台做进给运动和主轴箱进给运动的不同而不同。但从总体上来看,都是由基础部件、主轴部件、数控系统、自动换刀和交换托盘系统和辅助系统几大部分构成。

1. 卧式加工中心的布局

卧式加工中心指主轴轴线为水平状态设置的加工中心，有多种形式，如立柱固定式或工作台固定式，如图 7-6 所示。

立柱固定式的卧式加工中心的立柱固定不动，如图 7-6（a）所示，主轴箱沿立柱做上下运动，而工作台可在水平面内做前后、左右两个方向的移动。工作台固定式的卧式加工中心如图 7-6（b），安装工件的工作台是固定不动的（不做直线运动），由主轴箱和立柱的移动来实现沿坐标轴三个方向的直线运动。卧式加工中心一般具有 3～5 个运动坐标，常见的是三个直线运动坐标（沿 X、Y、Z 轴方向）加一个回转运动坐标（回转工作台），能够使工件在一次装夹后完成除安装面和顶面以外的其余四个面的加工，最适合箱体类工件的加工。与立式加工中心相比较，卧式加工中心的结构复杂，占地面积大，重量大，价格也较高。

（a）立柱固定式　　　　　　　　（b）工作台固定式

图 7-6　卧式加工中心

2. 立式加工中心

立式加工中心指主轴轴心线为竖直状态设置的加工中心。其结构形式多为固定立柱式，工作台为长方形，无分度回转功能，具有三个直线运动坐标，并可在工作台上安装一个水平轴的数控回转台用以加工螺旋线类零件。立式加工中心主要适合加工盘、套、板类零件。与卧式加工中心相比，立式加工中心的结构简单、占地面积小、装夹方便、价格也便宜、易于观察加工情况。立式加工中心如图 7-7 所示。

图 7-7　立式加工中心

3. 龙门式加工中心

龙门式加工中心与龙门式数控铣床结构相似，主轴多为垂直设置，带有自动换刀装置和可更换的主轴头附件，能够一机多用，龙门式布局具有结构刚性好，容易实现热对称性设计，尤其适用于大型或形状复杂的工件，如航天工业及大型汽轮机上的某些零件的加工。龙门式加工中心如图 7-8 所示。

图 7-8　龙门式加工中心

4. 万能加工中心（复合加工中心）

万能加工中心又称为五面加工中心，具有立式和卧式加工中心的功能，工件一次装夹后能完成除安装面外的所有侧面和顶面的加工。常见的有主轴可以旋转 90°和工作台可以带着工件旋转 90°两种形式，既可以像立式加工中心那样工作，也可以像卧式加工中心那样工作，完成对工件五个表面的加工。主要适用复杂外形、复杂曲线的小型工件加工，例如加工螺旋桨叶片及各种复杂模具。但是存在着结构复杂、造价高、占地面积大等缺点，在使用和生产中的数量上不如其他类型的加工中心，万能加工中心如图 7-9 所示。

图 7-9　万能加工中心

5. 虚轴加工中心

虚轴加工中心又称为并联机床，1993 年美国德州自动化与机器人研究院研制出可完成铣、磨、钻、镗、抛光和高能束的多功能并联加工机械手，是现代并联机床的雏形。1994 年美国芝加哥国际机床博览会上，首次展出该类数控机床样品。并联机床如图 7-10 所示，它普遍采用 Stewart 平台及其变形机构，完全改变了传统机床的结构概念，抛弃了固定导轨的刀具导向方式，采用了多杆并联机构驱动，通过连杆的运动，实现主轴多自由度的运动，完成对工件复杂曲面的加工，是现代机器人技术和现代机床技术的完美结合。由于采用 Stewart 平台结构，大大提高了机床的刚度，促使加工速度和加工质量显著提高。由于这种机床具有高刚度、高承载能力、高速度、高精度、重量轻、机械结构简单、标准化程度高和模块化程度高等优点，

图 7-10　并联机床

在要求精密加工的航空、航天、兵器、船舶、电子等领域得到了成功的应用。并联机床被认为是 20 世纪最具有革命性的机床设计的突破，代表了 21 世纪机床发展的方向。

7.3 数控机床的主传动系统

7.3.1 数控机床对主传动系统的要求

数控机床主传动系统将主轴电动机的动力和运动经过一系列传动元件传递到机床主轴，以实现机床的主运动。这种由主轴电动机、一系列传动元件和主轴构成的具有运动传递的系统称为主传动系统。即数控机床的主传动系统是将主轴电动机上的原动力转变成为可供主轴上刀具切削加工的切削力矩和切削速度，承受主切削力，数控机床的主轴运动是机床的成形运动之一，其功率大小和回转速度直接影响机床的生产效率。主轴运动的精度决定了零件的加工精度。数控机床的主传动系统主要包括主轴电动机、传动装置、主轴、主轴轴承、刀具自动装卸及主轴锥孔的清理、润滑、冷却装置等。主传动系统是实现主运动的传动系统，它的转速高、传递的功率大，是数控机床的关键部件之一，对它的精度、刚度、噪声、温升、热变形都有严格的要求。为适应不同加工方法，数控机床的主轴传动系统应满足如下要求。

（1）主轴高转速、宽调速范围和无级调速。由于数控机床工艺范围宽、工艺能力强，为满足各种工况的切削，数控机床在加工时应选用合理的切削用量，从而保证加工精度、加工表面质量和较高的生产效率，必须具有较大的调速范围。对于加工中心，为了适应各种刀具、各种材料的加工，对主轴的调速范围要求更高，主轴系统的调速范围还应进一步扩大，以便满足数控机床进行大功率和高速切削，实现高效率加工。

（2）较高的精度与刚度、传动平稳、低噪声。数控机床的加工精度与主传动系统的刚度密切相关。为此，应提高传动件的制造精度与刚度，如对齿轮齿面采用高频感应加热淬火工艺以增加其耐磨性；采用高精度的轴承及合理的跨距来提高主轴组件的刚性。一次装夹要完成全部或绝大部分切削加工，包括粗加工和精加工，在加工过程中机床是在程序控制下自动运行的，更需要主轴部件刚度和精度有较大余量，从而保证数控机床使用过程中的可靠性。

（3）高的抗振性和良好的热稳定性。数控机床一般要同时承担粗加工和精加工任务，由于在加工过程中需要频繁的启动、停止和改变运动方向，并且在加工时可能会出现断续切削、加工余量不均匀、运动部件不平衡以及切削过程中的自激振动等现象，造成主轴振动，影响加工精度和表面质量。因此在主传动系统中的主要零部件不但要具有一定的静刚度，而且要求具有良好的抗振性。此外，在切削加工过程中，主传动系统的发热往往使零部件产生热变形，降低传动效率，破坏零部件之间的相对位置精度和运动精度，造成加工误差。为此，要求主轴部件具有较高的热稳定性，通常要求保持合适的配合间隙，并采用循环润滑等措施来实现。

（4）能实现刀具的快速和自动装卸。在自动换刀的数控机床中，主轴应能准确地停在某一固定位置上，以便在该处进行换刀等动作，这就要求主轴实现定向准停控制。此外，为实现主轴快速自动换刀功能，必须具有刀具的自动夹紧机构。

7.3.2 数控机床主传动系统的类型

为适应不同的加工要求及适应数控机床自动调速的要求，目前，数控机床主传动系统可分为无级变速、分段无级变速两种传动方式，主传动配置有四种，如图 7-11 所示。其中，图 7-11（a）为二级齿轮变速传动方式，图 7-11（b）为定比传动带传动方式，图 7-11（c）电动机与主轴直连的传动方式，图 7-11（d）电主轴驱动的主传动方式。

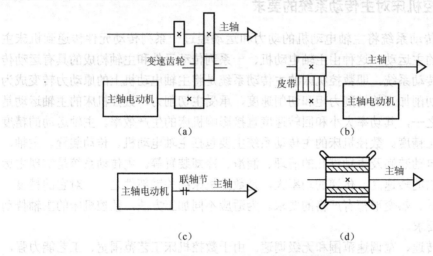

图 7-11 主传动系统的配置方式

1）带有变速齿轮的主传动

如图 7-12 所示，采用无级变速交、直流电动机输出动力，再通过少数几对齿轮传动变速，实现分段无级变速，确保低速大转矩，以满足主轴对输出转矩特性的要求，同时增大了主轴的调速范围。该种传动方式中齿轮变速机构的结构、原理和普通机床相同，常采用液压拨叉、电磁离合器、液压或气动来带动滑移齿轮来实现，导致主轴箱结构复杂，成本较高，且容易引起振动和噪声。这种传动类型多用于大中型数控机床。

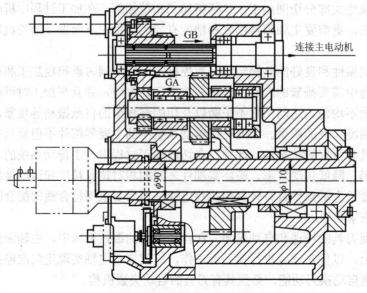

图 7-12 齿轮变速主轴箱

2）经过一级变速的主传动

一级变速目前多用 V 带或同步带来完成，其优点是结构简单、安装调试方便以及可以避免齿轮传动引起的振动和噪声，且在一定程度上能够满足转速与转矩输出要求。但主轴调速范围比和电动机一样，受电动机调速范围比的约束，只能适用于低扭矩特性要求的主轴和转速较高、变速范围不大的机床上。图 7-13 为某数控机床主轴箱的展开图。

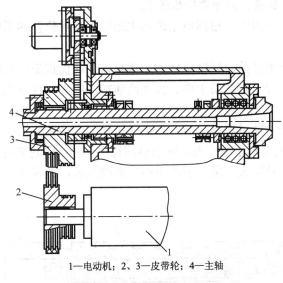

1—电动机；2、3—皮带轮；4—主轴

图 7-13 某机床主轴箱的展开

3）电动机与主轴直联的主传动

如图 7-14 所示，主轴电动机输出轴通过精密联轴器直接与主轴相连，这种传动方式的优点是简化了传动系统结构，使结构更紧凑，有效提高主轴部件的刚度、响应速度，减少了功率损失，提高了传动效率。但主轴的输出功率、转矩和功率调速范围决定于电动机本身，主轴转矩的变化及转矩的输出和电动机的输出特性不一致，因而使用上受到一定限制。

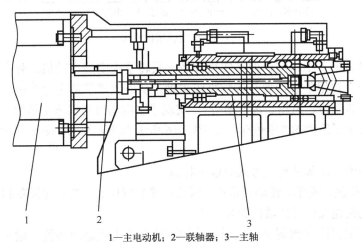

1—主电动机；2—联轴器；3—主轴

图 7-14 电动机与主轴直联的主传动

4）电主轴

电主轴是将变频电动机和机床主轴作为一体的结构形式，具体结构为将机床主轴零件通过过盈配合与变频电机的空心转子套装在一起，带有冷却套的定子装配在主轴单元的壳体内直接与机床相连，成为一种集成式电动机主轴，如图 7-15 所示。其主轴部件结构紧凑、重量轻、惯量小、可提高启动和停止的响应特性，有利于控制振动和噪声；缺点是制造和维护困难且成本较高。由于电动机运转产生的热量直接影响主轴，主轴的热变形严重影响机床的加工精度，因此合理选用主轴轴承以及润滑、冷却装置十分重要，通常作为现代机电一体化的功能部件，装备在高速数控机床上。

电主轴在数控机床应用中，根据电主轴和主轴轴承相对位置的不同，高速电主轴有两种安装形式。

（1）主电动机置于主轴前、后轴承之间。这种方式的优点是：主轴单元的轴向尺寸较短，主轴刚度高，出力大，较适用于中、大型高速加工中心，目前大多数加工中心都采用这种结构形式。

（2）主电动机置于主轴后轴承之后，即主轴箱和主电动机作轴向的同轴布置（有的用联轴器）。这种布局方式有利于减少电主轴前端的径向尺寸，电动机的散热条件也较好。但整个主轴单元的轴向尺寸较大，常用于小型高速数控机床，尤其适用于模具型腔的高速精密加工。

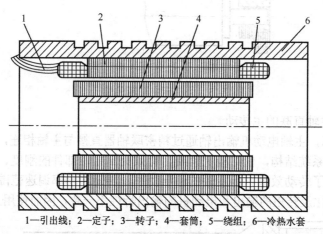

1—引出线；2—定子；3—转子；4—套筒；5—绕组；6—冷热水套

图 7-15 电主轴结构原理

虽然电主轴外形各不相同，但其实质都是一只转子中空的电动机。外壳有进行强制冷却的水槽，中空套筒用于直接安装各种机床主轴。从而取消了从主电动机到主轴之间的机械传动环节（如传动带、齿轮、离合器等），实现了主电动机与机床主轴的一体化，使机床的主传动系统实现了所谓的"零传动"。如图 7-16 所示为瑞士 Step-Tec 公司生产的电主轴内部结构图。

采用电主轴的主轴部件传动方式有以下特点。

（1）机械结构最为简单，转动惯量小，因而快速响应性好，能实现极高的速度、加（减）速度和定角度的快速准停（C 轴控制）。

（2）通过采用交流变频调速或磁场矢量控制的交流主轴驱动装置，输出功率大，调速范围宽，并有比较理想的转矩功率特性。

（3）可以实现主轴部件的单元化。电主轴可独立做成标准功能部件，并由专业厂进行系列化生产；机床生产厂只需根据用户的不同要求进行选用，可很方便地组成各种性能的高速机床，符合现代机床设计模块化的发展方向。

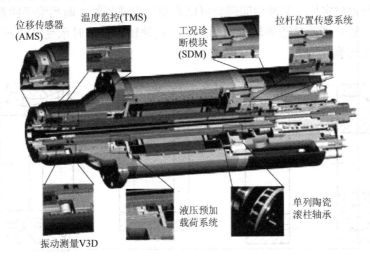

图 7-16 Step-Tec 智能化电主轴结构

7.3.3 主轴部件

1. 主轴轴承

机床主轴带着刀具或夹具在回转运动时应保证必要的旋转精度、传递切削转矩并承受切削抗力。主轴轴承作为主轴部件的重要组成部分，它的类型、结构、配置、精度、安装、润滑和冷却都直接影响主轴的工作性能。不同规格、精度的机床采用不同的主轴轴承，多采用滚动轴承作为支承，对于精度要求高的主轴则采用动压或静压滑动轴承作为支承。一般中小规格的数控机床的主轴部件多采用成组的高精度滚动轴承；重型数控机床采用液体静压轴承；高精度数控机床采用气体静压轴承；转速达 20 000～100 000r/min 的主轴采用磁力轴承或氮化硅材料的陶瓷滚珠轴承。

1）主轴轴承的类型

（1）滚动轴承。滚动轴承具有摩擦系数小，能够预紧，润滑维护简单，并且在一定的转速范围和载荷变动范围内能稳定地工作等优点。一般数控机床的主轴轴承可以使用滚动轴承，特别是立式主轴和装在套筒内能作轴向移动的主轴，为了适应主轴高速发展的要求，滚动轴承的滚珠也可采用陶瓷滚珠。如图 7-17 所示为主轴常用的几种滚动轴承。

如图 7-17（a）所示为角接触球轴承，这种轴承常以两个或三个或更多组配使用，能承受径向、双向轴向负载。组配使用能满足刚度要求，并能方便地消除轴向和径向间隙，对其预紧。这种轴承允许主轴的最高转速较高。

如图 7-17（b）所示为双列圆柱滚子轴承，该轴承能承受径向载荷，内圈为锥孔，当内圈沿锥形轴颈轴向移动时，内圈胀大以调整滚道的间隙。因滚子数目多，两列滚子交错排列，承载能力大，刚性好，允许转速高。但内、外圈均较薄，对主轴颈与箱体孔的制造精度要求较高，以免轴颈与箱体孔的形状误差使轴承滚道发生畸变而影响主轴的旋转精度。

如图 7-17（c）所示为接触角为 60°的双列推力角接触球轴承，一般与双列圆柱滚子轴承配套用做主轴的前支承，其外圈外径为负偏差，只能承受轴向载荷。磨薄中间隔套，可以调整间隙或预紧，轴向刚度较高，允许转速高。

如图 7-17（d）所示是双列圆柱滚子轴承，它有一个公用外圈和两个内圈，由外圈的凸肩在箱体上进行轴向定位。磨薄中间隔套可以调整间隙或预紧，两列滚子的数目相差一个，使振动频率不一致，能明显改善轴承的动态性。这种轴承能同时承受径向和轴向载荷，通常用做主轴的前支承。

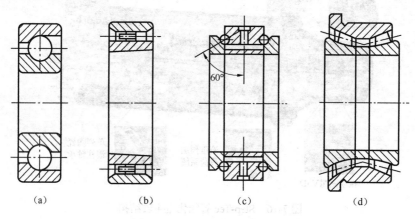

图 7-17 主轴常用的滚动轴承

（2）滑动轴承。滑动轴承具有工作平稳、噪声小、耐冲击能力和承载能力大等优点，在高速、重载、高精度等场合下应用广泛。如图 7-18 所示为静压滑动轴承，油膜压强由液压缸从外界供给，与主轴转速的高低无关，承载能力不随转速而变化，而且无磨损，启动和运转时摩擦力矩相同。具有回转精度高，刚度大的优点。但是需要一套专用的液压装置供油，成本较高，结构复杂，污染严重。

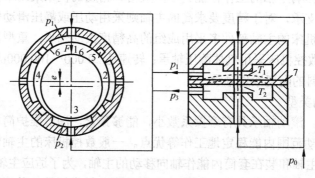

图 7-18 静压滑动轴承

2）主轴轴承的配置

合理配置主轴轴承的支承方式和选择轴承的精度等级，能有效提高主轴精度、降低温升、避免主轴热变形引起的误差、简化支承结构。在主轴上配置轴承时，除了应考虑轴承承受的载荷类型之外，还应合理选择支承的间距，根据机床的实际情况配置轴承。主轴部件所用滚动轴承的精度有高级 E、精密级 D、特精级 C 和超精级 B。前支承的精度一般比后支承的精度高一级，也可以用相同的精度等。普通精度的机床通常前支承取 C、D 级，后支承用 D、E 级。特高精度的机床前后支承均用 B 级精度。

在实际应用中，数控机床主轴轴承常见的配置方式有 3 种，如图 7-19 所示。

（1）图 7-19（a）所示为前支承采用双列圆柱滚子轴承和 60°角接触球轴承的组合，后支承采用成对角接触球轴承。这种结构配置形式是现代数控机床主轴结构中刚性最好的一种，可以满足强力切削的要求，所以目前各类数控机床的主轴普遍采用这种配置形式。

（2）图 7-19（b）所示为前支承采用高精度双列（或三列）角接触球轴承，后支承采用单列（或双列）角接触球轴承。这种结构配置形式具有较好的高速性能，但承载能力小，适用于高速、轻载和精密的数控机床主轴。

（3）图 7-19（c）所示为前支承采用双列圆锥滚子轴承，后支承采用单列圆锥滚子轴承，这种配置方式径向和轴向刚度高，能承受重载荷，尤其能承受较大的动载荷，安装与调整性能好。但是这种轴承配置方式限制了主轴的最高转速和精度，所以仅适用于中等精度、低速与重载的数控机床主轴。

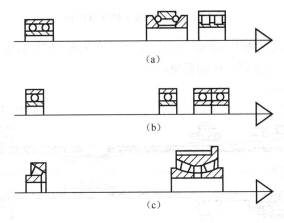

图 7-19 主轴轴承的配置方式

3）典型主轴的支承形式

图 7-20 为 TND360 型车床主轴部件结构图，采用上述第二种方式，前后轴承都采用角接触球轴承，前轴承的内外圈轴向由轴肩和箱体孔的台阶固定，以承受轴向载荷，后轴承只承受径向载荷，由后压套进行预紧。

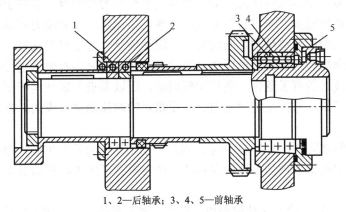

1、2—后轴承；3、4、5—前轴承

图 7-20 TND360 型车床主轴部件

如图 7-21 所示为卧式铣床主轴支承结构，这种轴的径向刚度好，具有较高的转速。

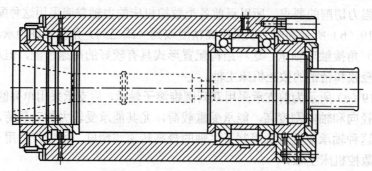

图 7-21 卧式铣床主轴支承结构

图 7-22 所示为卧式镗铣床主轴部件的支承，这种支承方式可以承受双向轴向载荷和径向载荷，承载能力大，刚性好，结构简单。

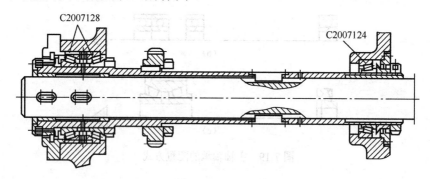

图 7-22 卧式镗铣床主轴部件支承

4）轴承的预紧

将滚动轴承进行适当预紧，使滚动体与内外圈滚道在接触处产生预变形，受载后承载的滚动体数量增多，受力趋向均匀，能有效提高承载能力和刚度，有利于减少主轴回转轴线的漂移，提高旋转精度。若过盈量太大，轴承磨损加剧，承载能力将显著下降，主轴组件必须具备轴承间隙的调整结构。同时对主轴滚动轴承合理选择预紧量，可以提高主轴部件的回转精度、刚度和抗振性。机床主轴部件除了在装配时要对轴承进行预紧，使用一段时间以后，间隙或过盈有了变化，还要重新调整，所以要求预紧结构应便于调整。滚动轴承间隙的调整或预紧，通常是使轴承内、外圈相对轴向移动来实现的。常用的方法有以下几种。

（1）轴承内圈移动。如图 7-23 所示，这种方法适用于锥孔双列圆柱滚子轴承。用螺母通过套筒推动内圈在锥形轴颈上做轴向移动，使内圈变形胀大，在滚道上产生过盈，从而达到预紧的目的。

如图 7-23（a）所示的方法结构简单，但预紧量不易控制，常用于轻载机床主轴部件。如图 7-23（b）所示的方法用右端螺母限制内圈的移动量，易于控制预紧量。

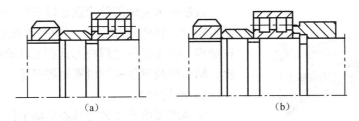

图 7-23　轴承内圈移动调整轴承间隙

（2）修磨座圈或隔套。如图 7-24（a）所示为轴承外围宽边相对（背对背）安装，这时修磨轴承内圈的内侧；如图 7-24（b）所示为外围窄边相对（面对面）安装，这时修磨轴承外圈的窄边。在安装时按图示的相对关系装配，并用螺母或法兰盖将两个轴承轴向压拢，使两个修磨过的端面贴紧，这样使用两个轴承的滚道之间产生预紧。

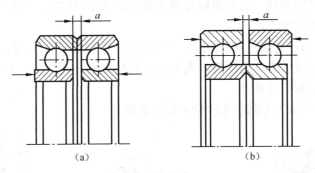

图 7-24　修磨座圈或隔套调整轴承间隙

还有一种方法是将两个厚度不同的隔套放在两轴承内、外圈之间，同样将两个轴承轴向相对压紧，使滚道之间产生预紧，如图 7-25（a）和图 7-25（b）所示。

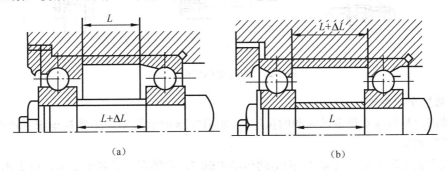

图 7-25　隔套法调整轴承间隙

2. 主轴

主轴部件作为数控机床的一个关键部件，它包括主轴、轴承、传动件、刀具或工件的装夹装置、主轴上的密封件及其他辅助部件等，用来夹持刀具或工件产生切削运动。主轴部件是影响机床加工精度的主要部件，它的回转精度直接影响工件的加工精度，它的功率大小与回转速度影响加工效率，它的自动变速、准停和换刀等功能影响机床的自动化程度。尤其是自动换刀数控机床，为了实现刀具在主轴上的自动装卸与夹紧，还必须有刀具的自动夹紧装置、主轴准停装置和主轴孔的清理装置等结构。如图 7-26 所示为某加工中心主轴。

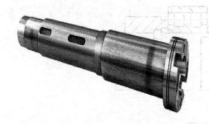

图 7-26　某加工中心主轴

数控机床主轴部件应满足以下几个方面的要求：高回转精度、刚度、抗振性、耐磨性和热稳定性等。而且在结构上必须很好地解决刀具和工具的装夹、轴承的配置、轴承间隙调整和润滑密封等问题。

1）结构形式

主轴端部用于安装刀具或夹持工件，在设计上应能保证定位准确、安装可靠、装卸方便等要求，并具有足够的强度和刚度，能传递足够的扭矩。主轴端部的结构形状都已标准化了，如图 7-27 所示为数控机床三种主要的结构形式。

如图 7-27（a）为数控车床主轴端部，卡盘靠前端的短圆锥面和凸缘端面定位，用拨销传递扭矩，卡盘装有固定螺栓，卡盘装于主轴端部时，螺栓从凸缘上的孔中穿过，转动快卸卡板将数个螺栓同时卡住，再拧紧螺母将卡盘固定在主轴端部。主轴为空心前端有莫氏锥度孔，用以安装顶尖或心轴。

如图 7-27（b）所示为数控铣、镗床的主轴端部，主轴前端有 7∶24 的锥孔，用于装夹铣刀柄或刀杆。主轴端面有一端面键，既可通过它传递刀具的扭矩，又可用于刀具的轴向定位。并用拉杆从主轴后端拉紧。

如图 7-27（c）所示为外圆磨床砂轮主轴的端部。

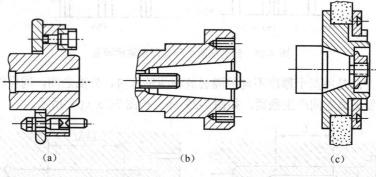

图 7-27　主轴端部结构形式

2）数控车床主轴

主轴部件是机床实现旋转运动的执行件，如图 7-28 所示为 MJ-50 数控车床主轴箱结构，其工作原理如下。

交流主轴电动机通过带轮 15 把运动传给主轴 7。主轴有前后两个支承。前支承由一个圆锥孔双列圆柱滚子轴承 11 和一对角接触球轴承 10 组成，轴承 11 用来承受径向载荷，两个角接触球轴承一个大口向外（朝向主轴前端），另一个大口向里（朝向主轴后端），用来承受双向的轴向载荷和径向载荷。前支撑轴的间隙用螺母 8 来支撑。螺钉 12 用来防止螺母 8 回松。主轴的后支承为圆锥孔双列圆柱滚子轴承 14，轴承间隙由螺母 1 和 6 来调整。螺钉 17 和 13 是防止螺母 1 和 6 回松的。主轴的支承形式为前端定位，受热膨胀向后伸长。前后支承所用圆锥孔双列圆柱滚子轴承的支承刚性好，允许的极限转速高。前支承中的角接触球轴承能承受较大的轴向载荷，且允许的极限转速高。主轴所采用的支承结构适宜低速大载荷的需要。主轴的运动经过同步带轮 16 和 3 及同步带 2 带动脉冲编码器 4，使其与主轴同速运转。脉冲编码器用螺钉 5 固定在主轴箱体 9 上。

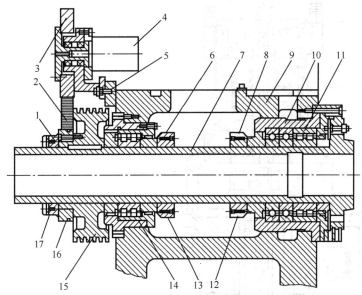

1—螺母；2—同步带；3、6—同步带轮；4—脉冲编码器；5、12、13、17—螺钉；6、8—螺母；7—主轴；9—主轴箱体；
10—角接触球轴承；11—圆锥孔双列圆柱滚子轴承；16、14—圆锥孔双列圆柱滚子轴承；15—带轮；

图 7-28 MJ-50 数控车床主轴箱结构

3）数控加工中心主轴

如图 7-29 所示为某立式加工中心的主轴部件及其刀具自动夹紧机构原理图。主运动采用电动机经带传动直接驱动主轴形式，带传动采用两级塔轮带结构。主轴前后支承采用高精度的角接触球轴承组配使用，以承受径向载荷和轴向载荷，这种配置可以使主轴获得较高的速度，同时也保证了主轴的回转精度和刚度。

其工作过程如下：

刀具自动夹紧机构安装在主轴 3 内部，由拉杆 4、蝶形弹簧 5、活塞 6 及钢球 12 组成。

刀具安装在主轴 3 的锥孔中，在刀具夹头锥柄尾部装有拉钉 2，用于夹紧刀具。端面键 13 用来刀具定位和传递扭矩。图 7-29 中所示为夹紧状态，当要松开刀具时，液压缸 7 上腔进油，活塞 6 下移，进而推动拉杆 4 向下移动，同时蝶形弹簧 5 被压缩。当钢球 12 随拉杆 4 一起下移至主轴孔径较大处时，就松开拉钉 2，紧接着拉杆前段内孔的台肩端面碰到拉钉，顶松刀具。行程开关 10 发出信号，取出刀具，同时压缩空气由管接头 9 通过活塞杆和拉杆 4 中的孔吹入主轴的锥孔，清除切屑和脏物，以保证刀具的装夹精度。装入刀具之后，液压缸上腔回油，活塞 6 在其下端弹簧 11 的作用下上移，同时拉杆 4 在蝶形弹簧 5 的作用下也向上移动，此时，装在拉杆 4 前段径向孔中的四个钢球 12 进入主轴孔径较小处，钢球 12 被迫收拢卡紧在拉钉 12 的环形槽内，刀杆被拉杆拉紧，使刀具夹头的外锥面与主轴锥孔的内锥面相互压紧，实现刀具在主轴上的夹紧。刀具夹紧后，行程开关 8 发出信号。刀具夹紧机构采用蝶形弹簧夹紧，采用液压放松，可以保证在工作中，即使突然停电，刀具也不会自行脱落。

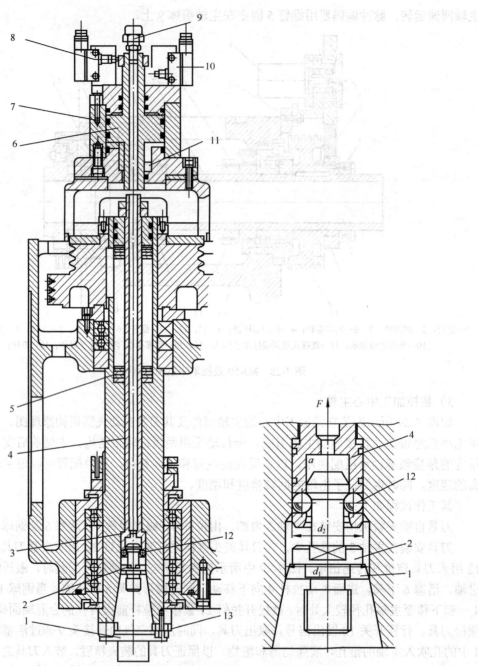

1—刀具夹头；2—拉钉；3—主轴；4—拉杆；5—蝶形弹簧；6—活塞；
7—液压缸；8、10—行程开关；9—管接头；11—弹簧；12—钢球；13—端面键

图 7-29 某立式加工中心主轴部件及刀具自动夹紧机构原理

4）主轴内切屑清除装置

如果主轴锥孔中落入了切屑、灰尘或其他污物，在拉紧刀杆时，锥孔表面和刀杆的锥柄就会被划伤，甚至会使刀杆发生偏斜，破坏了刀杆的正确定位，影响零件的加工精度，甚至会使零件超差报废。为了保持主轴锥孔的清洁，在换刀过程中需要及时清除主轴孔内

的灰尘和切屑。常采用的方法是使用压缩空气吹屑,在换刀过程中,活塞推动拉杆松开刀柄时,压缩空气由喷气头经过活塞中心孔和拉杆中的孔吹出,将锥孔清理干净,防止主轴锥孔中掉入切屑和灰尘,把主轴孔表面和刀杆的锥柄划伤,保证刀具的正确位置。为了提高吹屑效率,喷气小孔要有合理的喷射角度,并均匀布置。

3. 主轴准停装置

主轴准停功能又称为主轴定位功能,主轴准停装置又称主轴定向装置是指当主轴停止每次机械手自动装取刀具时,必须保证刀柄上的键槽对准主轴的端面键,即当主轴停止时,能够准确地停于某一固定的位置;此外,在加工阶梯孔或精镗孔后,为了避免对已加工表面质量的影响,主轴必须先让刀,后退刀;准停功能就是为满足主轴这两个功能而设计的装置,如图 7-30 所示。

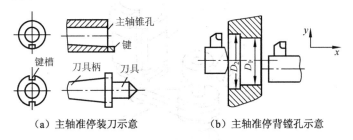

（a）主轴准停装刀示意　　　　（b）主轴准停背镗孔示意

图 7-30　主轴准停示意

1) 准停的类型

通常主轴准停机构按控制方式分为机械控制式与电气控制式 2 种。

(1) 机械控制方式主要有定位盘准停机构或机械凸轮准停机构。如图 7-31 所示是 V 形槽轮定位盘准停机构示意图。其工作过程为:当执行准停指令时,首先发出降速信号,主轴箱自动改变传动路线,使主轴以设定的低速运转。延时数秒钟后,接通无触点开关,当定位盘上的感应片（接近体）对准无触点开关时,发出准停信号,主轴电动机停转并断开主轴传动链,此时主轴电动机与主传动件依惯性继续空转。再经短暂延时,接通压力油,定位液压缸动作,活塞带动定位滚子压紧定位盘的外表面,当主轴带动定位盘慢速旋转至 V

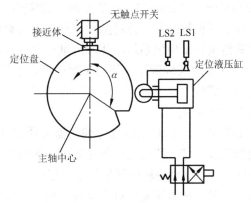

图 7-31　V 形槽轮定位盘准停机构示意

形槽对准定位滚子时，滚子进入槽内，使主轴准确停止。同时限位开关 LS2 信号有效，表明主轴准停动作完成。这里 LS1 为准停释放信号。采用这种准停方式时，必须要有一定的逻辑互锁，即当 LS2 信号有效后，才能进行换刀等动作；而只有当 LS1 信号有效后，才能启动主轴电动机正常运转。准停控制通常由数控系统所配的可编程控制器完成。

(2) 电气式控制式准停装置：如图 7-32 所示，安装在主轴 1 上的永久磁铁 4 与主轴一起旋转，在距离永久磁铁 4 旋转轨迹外固定有一个磁传感器 5。当机床需要停车换刀时，数控装置发出主轴停转指令，主轴电动机 3 立即降速，主轴以最低转速旋转，永久磁铁 4 对准磁传感器 5 时，发出准停信号，该信号经放大后，由定向电路控制主轴电动机准确地停在规定的周向位置上，这种装置可以保证主轴的重复定位精度在 ±1° 范围内。

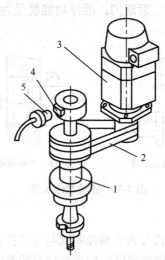

1—主轴；2—同步带；3—主轴电动机；4—永久磁铁；5—磁传感器

图 7-32　电气式控制式准停装置

2) 主轴同步运行功能

数控机床主轴的转动与进给运动之间，没有机械方面的直接联系，在数控车床上加工圆柱螺纹时，要求主轴的转速与刀具的轴向进给运动之间保持一种严格的运动关系，即要求主轴转一周，刀具沿轴向进给一个螺纹的导程的距离。通常通过在主轴上安装脉冲编码器来检测主轴的转角、相位、零位等信号，并将脉冲信号发送给数控装置，控制插补速度。根据插补计算结果，控制进给坐标轴伺服系统，使进给量与主轴转速保持所需的比例关系，实现主轴转动与进给运动相联系的同步运行，从而车削出所需的螺纹。通过改变主轴的旋转方向可以加工出左螺纹或右螺纹，而主轴方向的判别可通过脉冲编码器发出正交的 A 相和 B 相脉冲信号相位的先后顺序判别。

主轴脉冲编码器的安装方式，一种是主轴脉冲编码器可通过同步齿形带与主轴联系起来，由于主轴要求与编码器同步旋转，所以此连接必须做到无间隙。如图 7-26 所示 MJ-50 型数控车床主轴箱结构简图中，与主轴同轴的同步带 2，通过同步带轮 3 和 6 将轴的旋转运动与脉冲编码器 4 联系起来。另一种方法是通过中间轴上的齿轮 1∶1 的同步传动。

7.3.4 主轴润滑与密封

1. 主轴的润滑

为了保证主轴有良好的润滑,减少摩擦发热,同时又能把主轴部件的热量及时带走,通常采用循环式润滑系统。常见主轴润滑方式主要有以下几种。

1) 喷注润滑方式

如图 7-33(a)所示。采用专用高精度大容量恒温油箱,油温变动控制在±0.5℃。将较大流量的恒温油(每个轴承 3~4L/min)喷注到主轴轴承部位,以达到冷却润滑的目的,该系统中用两台排油液压泵强制排除回油。

2) 油气润滑方式

这种润滑方式是定时定量地把油雾送进轴承空隙中,既实现了油雾润滑,又不至于油雾太多而污染周围空气;而油雾润滑则是连续供给油雾。

如图 7-33(b)所示为油气润滑原理图。根据轴承供油量的要求,定时器的循环时间可从 1~99min 定时,二位二通气阀每定时开通一次,压缩空气进入注油器,把少量油带入混合室,经节流阀的压缩空气,经混合室,把油液带进塑料管道内,油液沿管道壁被风吹进轴承内,此时,油液呈小油滴状。

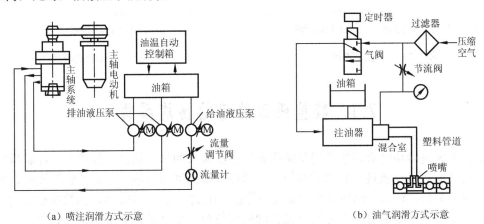

(a) 喷注润滑方式示意　　　　(b) 油气润滑方式示意

图 7-33 主轴的润滑

3) 油雾润滑方式

油雾润滑和油气润滑方式相似,是利用经过净化处理的高压气体将润滑油雾化后,并经管道喷送到需润滑的部位的润滑方式。该方式由于雾状油液吸热性好,又无油液搅拌作用,所以能以较少油量获得较充分的润滑,常用于高速主轴轴承的润滑。缺点是油雾容易被吹出,污染环境。油雾润滑系统通常由压缩空气的分水过滤器,电磁阀、调压器进入雾化器后,送往喷嘴喷出润滑。

2. 主轴密封

在密封件中,被密封的介质往往是以穿漏、渗透或扩散的形式越界泄漏到密封连接处的彼侧。造成泄漏的基本原因是流体从密封面上的间隙中溢出,或是由于密封部件内外两侧密封介的压力差或浓度差,致使流体向压力或浓度低的一侧流动。

主轴的密封有接触式和非接触式密封两种。

(1) 接触式密封。如图 7-34 所示，主要有油毡圈和耐油橡胶密封圈密封。

(2) 非接触式密封。如图 7-35 所示，图 7-35（a）是利用轴承盖与轴的间隙密封，轴承盖的孔内开槽是为了提高密封效果，这种密封用在工作环境比较清洁的油脂润滑处；图 7-35（b）是在螺母的外圆上开锯齿形环槽，当油液向外流时，靠主轴转动的离心力把油液沿斜面甩到端盖 1 的空腔内，油液流回箱内；图 7-35（c）是迷宫式密封结构，在切屑多，灰尘大的工作环境下可获得可靠的密封效果，这种结构适用油脂或油液润滑的密封。非接触式的油液密封时，为了防漏，重要的是保证回油能尽快排掉，要保证回油孔的畅通。

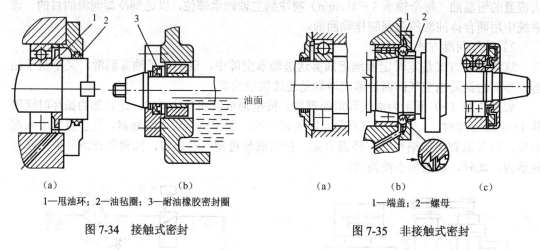

1—甩油环；2—油毡圈；3—耐油橡胶密封圈

图 7-34 接触式密封

1—端盖；2—螺母

图 7-35 非接触式密封

7.4 数控机床的进给传动系统

数控机床进给传动系统的作用是接收数控系统传来的指令信息，经放大后控制执行部件的运动速度和运动轨迹。典型的数控机床闭环控制的进给系统，通常由位置比较、放大原件、驱动单元、机械传动原件和检测反馈等部分组成。如图 7-36 所示为数控机床进给传动系统示意图。伺服电动机 1 通过机械传动机构带动工作台或刀架 6 运动。机械部分主要由传动机构、导向机构、执行元件等组成。常用的传动机构有传动齿轮、同步带、丝杠螺母副、蜗杆蜗轮副和齿轮齿条副等；导向机构有滚动导轨、滑动导轨、静压导轨等；执行元件有工作台和刀架等。

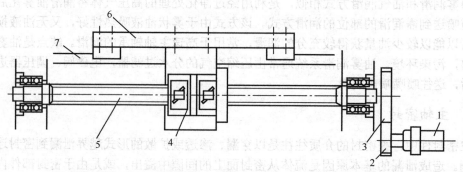

1—伺服电动机；2、3—传动齿轮；4—螺母；5—丝杠；6—工作台或刀架；7—导轨

图 7-36 数控机床进给传动系统示意

7.4.1 数控机床进给传动系统的要求

数控机床进给传动系统承担了数控机床各坐标轴的定位和切削进给,进给系统的传动精度、灵敏度和稳定性直接影响被加工件的最后轮廓精度和加工精度。为了保证数控机床进给传动系统的定位精度和动态性能,对数控机床进给传动系统的要求主要有以下几个方面。

1. 传动系统的精度和刚度高

通常数控机床进给系统的直线位移精度达微米级,角位移达到秒级。进给传动系统的驱动力矩也很大,进给传动链的弹性变形会引起工作台运动的时间滞后,降低系统的快速响应特性,因此提高进给系统的传动精度和刚度是首要任务。

数控机床进给传动系统的高刚度主要取决于滚珠丝杠副(直线运动)或蜗轮蜗杆副(回转运动)及其支承部件的刚度。刚度不足和摩擦阻力大会导致工作台产生爬行现象及造成反向死区,影响传动准确性。缩短传动链,合理选择丝杠尺寸,对滚珠丝杠副和支承部件采取预紧措施是提高传动刚度的有效途径。

2. 减小运动惯量,具有适当的阻尼

进给传动系统由于需要经常启动、停止、变速或反向运动,若机械传动装置惯量大,就会增大负载并使系统动态性能变差。进给系统中每个传动元件的惯量对伺服系统的启、制动特性都有直接影响,特别是高速运动的零件。在满足强度和刚度的条件下,应尽可能地合理配置各元件,减小运动部件的自重及各传动元件的直径和自重,使它们的惯量尽可能地小。系统中的阻尼一方面降低伺服系统的快速响应特性,另一方面能够提高系统的稳定性,因此在系统中要有适当的阻尼。

3. 消除传动间隙,减小低摩擦阻力

传动间隙一般指反向间隙,即反向死区误差,它存在于整个传动链的各传动副中,直接影响数控机床的加工精度。传动间隙主要来自传动齿轮副、蜗杆副、联轴器、螺旋副及其支承部件之间,应施加预紧力和采取消除间隙的结构措施。数控机床进给传动系统的运动都是双向的,系统中的间隙使工作台不能马上跟随指令运动,特别在改变旋转方向时,会造成系统快速响应特性变差。对于开环伺服系统,传动环节的间隙会产生定位误差。对于闭环伺服系统,传动环节的间隙会增加系统工作的不稳定性。因此,在传动系统各环节,包括滚珠丝杠、轴承、齿轮、蜗轮蜗杆、甚至联轴器和键连接都必须采取相应的消除间隙的措施。如可在设计中采用消除间隙的联轴节及有消除间隙措施的传动副等措施,尽量消除传动间隙,减小反向死区误差。

进给传动系统要求运动平稳、定位准确、快速响应特性好,必须减小运动件的摩擦阻力和动摩擦系数与静摩擦系数之差。如采用具有较小摩擦系数和高耐磨性的滚动导轨、静压导轨和滑动导轨等。

7.4.2 数控机床进给传动系统的形式

数控机床进给运动包括直线运动和圆周运动两种,一般采用蜗杆蜗轮副实现圆周运动,直线运动的实现一般采用以下几种形式。

1. 齿轮齿条传动副

通过齿轮齿条副可以将电动机的旋转运动转变为工作台的直线运动，这种传动方式可以得到较大的传动比，刚度和机械效率也较高，而且不受行程的限制，常用于行程较大的大型数控机床上。但其传动稳定性和精度不是太高，且不能实现自锁。在设计时，除考虑应满足强度、精度之外，还应考虑其速比分配及传动级数对传动的转动惯量和执行件的失动的影响。增加传动级数，可以减小转动惯量。但级数增加，使传动装置结构复杂，降低了传动效率，增大了噪声，同时也加大了传动间隙和摩擦损失，对伺服系统不利。因此，不能单纯根据转动惯量来选取传动级数，要综合考虑，选取最佳的传动级数和各级的速比。

2. 丝杠螺母副

丝杠螺母副是将旋转运动转变为直线运动的一种传动方式，具有传动精度高、阻力小，传动效率高等优点，但丝杠制造困难，长度较大时容易弯曲下垂，受热温度影响较大，轴向刚度和扭转刚度也很难提高，影响传动精度。在数控机床上一般采用滚珠丝杠螺母副和静压丝杠螺母副，滚珠丝杠螺母副主要用于小型数控机床中，静压丝杠螺母副常用于大、重型的数控机床的传动系统中。

3. 采用直线电动机驱动

直线电动机是指可以直接产生直线运动的电动机。作为进给驱动系统，电动机与工作台之间不用机械连接，实现了进给传动系统传动链的"零传动"，工作台对位置指令几乎是立即反应（电气时间常数约为 1 ms），没有机械滞后或齿节周期误差，精度完全取决于反馈系统的检测精度，从而使得跟随误差减至最小而达到较高的精度。另外由于没有低效率的中间传动部件，具有较高的传动效率，且可获得很好的动态刚度。但是也带来了一些技术上的新的问题。

7.4.3 滚珠丝杠螺母副

滚珠丝杠螺母副是数控机床的进给运动链中将旋转运动转换为直线运动很广泛的一种新型理想传动装置。滚珠丝杠螺母副结构原理如图 7-37 所示。

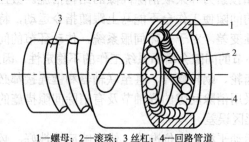

1—螺母；2—滚珠；3 丝杠；4—回路管道

图 7-37 滚珠丝杠螺母副结构原理

在丝杠 3 和螺母 1 的内表面上都有半圆弧形的螺旋槽，当它们套装在一起时形成供滚珠滚动循环的的螺旋滚道。螺母上有滚珠回路管道 4，将几圈螺母滚道的两端连接起来，构成封闭的循环滚道，并在滚道内装满滚珠 2。当丝杠旋转时，滚珠在滚道内既自转又沿滚道循环转动，从而迫使螺母轴向移动，实现将丝杠的旋转运动转变为螺母的直线移动。

1. 滚珠丝杠螺母副的特点

（1）具有传动效率高，摩擦损失小，滚珠丝杠螺母副以滚动摩擦代替丝杠螺母副的滑动摩擦，传动效率可达 μ=0.92～0.96，比常规螺母副提高 3～4 倍，功率消耗只相当于常规丝杠螺母副的 1/4～1/3，发热率也大幅度降低。

（2）给予适当预紧，可消除丝杠和螺母的螺纹间隙，反向时就可以消除空行程死区，定位精度高，刚度好。

（3）定位精度高，有可逆性。在安装过程中对丝杠采取预拉力并预紧消除轴向间隙，具有较高的定位精度和重复定位精度。可以从旋转运动转换为直线运动，也可以从直线运动转换为旋转运动，即丝杠和螺母都可以作为主动件。

（4）制造工艺复杂，成本高。滚珠丝杠和螺母等元件的加工精度要求高，表面粗糙度也要求高，故制造成本高。

（5）不能自锁。特别是对于竖直放置的丝杠，由于自重的作用，当传动切断动力源后，不能立即停止运动，需要添加制动装置。

2. 滚珠丝杠螺母副的循环方式

常用的滚珠丝杠螺母副的滚珠循环方式有两种：外循环和内循环。按在循环过程中滚珠是否与丝杠脱离分为内循环和外循环两种。滚珠在循环过程中始终与丝杠保持接触的称为内循环；有时与丝杠脱离接触的称为外循环。

1）外循环

外循环是滚珠在循环过程结束后通过螺母外表面的螺旋槽或插管返回丝杠螺母间重新进入循环。外循环滚珠丝杠螺母副按滚珠循环时的返回方式分类，主要有端盖式、插管式和螺旋槽式。如图 7-38 所示为插管式滚珠丝杠螺母副，它用弯管作为返回管道，这种结构工艺性好，但由于管道突出于螺母体外，径向尺寸较大。如图 7-39 所示为螺旋槽式滚珠丝杠螺母副，它是在螺母外圆上铣出螺旋槽，槽的两端钻出通孔并与螺纹滚道相切，形成返回通道，这种结构比插管式结构径向尺寸小，但制造较复杂。

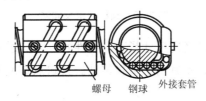

（a）结构

（b）实物

图 7-38 插管式外循环滚珠丝杠螺母副

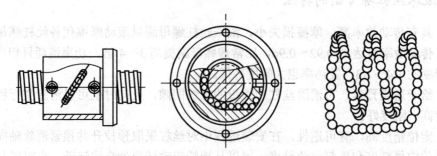

图 7-39 螺旋槽式外循环滚珠丝杠螺母副

外循环滚珠丝杠外循环结构和制造工艺简单，使用较广泛。其缺点是滚道接缝处很难做得平滑，影响滚珠滚道的平稳性，甚至发生卡珠现象，噪声也较大。

2）内循环

内循环是通过螺母内表面上安装的反向器接通相邻滚道构成封闭环回路，反向器有圆柱凸键反向器和扁圆镶块反向器两种类型，如图 7-40 所示为圆柱凸键反向器。它的圆柱部分嵌入螺母内，端部开有反向槽。反向槽依靠圆柱外圆面及其上端的凸键定位，以保证对准螺纹滚道方向。

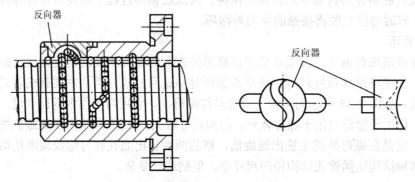

图 7-40 圆柱凸键反向器

内循环滚珠丝杠的优点是径向尺寸紧凑，刚性好，因其返回滚道较短，故摩擦损失小。适用于高灵敏、高精度传动、不宜用于重载传动。其缺点是反向器加工困难。

3. 螺旋滚道型面

螺旋滚道型面（即滚道法向截形）的形状有多种，常见的截面形状有单圆弧形面和双圆弧形面两种。如图 7-41 所示为螺旋滚道型面的简图，图中钢球与滚道表面在接触点处的公法线与螺纹轴线的垂线间的夹角称为接触角。

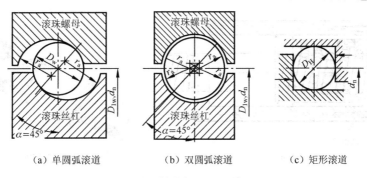

(a) 单圆弧滚道　　(b) 双圆弧滚道　　(c) 矩形滚道

图 7-41　螺旋滚道型面的简图

4. 滚珠丝杠螺母副的消隙方法

滚珠丝杠螺母副的间隙是轴向间隙，通常是指丝杠和螺母无相对转动时，丝杠和螺母之间的最大轴向窜动量。除了结构本身所有的游隙，还包括施加轴向载荷后丝杠产生弹性形变所造成的轴向窜动量。为了保证滚珠丝杠传动精度和轴向刚度，必须消除滚珠丝杠螺母副的轴向间隙。除了少数用微量过盈滚珠的单螺母消除间隙，常采用双螺母结构，即利用两个螺母的相对轴向位移，使两个滚珠丝杠螺母中的滚珠分别贴紧在螺旋滚道的两个相反的侧面上。如图 7-42 所示，对螺母施加一预紧力，将左右螺母向两边撑开或向中间压紧，使左右螺母接触方向相反，左右螺母装在共同的螺母套内，作为一个整体与丝杠处于无间隙或过盈状态，以提高接触刚度，用这种方法预紧消除轴向间隙时，应注意预紧力不宜过大，否则会使空载力矩增加，从而降低传动效率，缩短使用寿命。

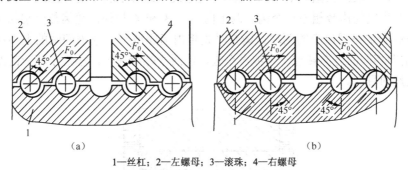

1—丝杠；2—左螺母；3—滚珠；4—右螺母

图 7-42　滚珠丝杠螺母副轴向间隙调整和预紧

常用双螺母消隙的方式有以下三种。

（1）垫片调隙式。如图 7-43 所示为垫片调隙式，调整垫片厚度使左右两螺母产生轴向位移，即可消除间隙和产生预紧力。这种方法结构简单，刚性好，但调整不便，滚道有磨损时不能随时消除间隙和进行预紧，适用于一般精度的数控机床。

（2）螺纹调隙法。如图 7-44 所示为螺纹调整间隙法，其中一个螺母外端有凸缘，另一个螺母外端有螺纹，没有凸缘，用两个圆螺母固定，两个螺母和螺母座上加工有键槽，用平键连接，限制螺母在螺母座内的转动。调整时，拧动圆螺母将螺母沿轴向移动一定距离，在消除间隙之后用圆螺母将其锁紧。这种方法结构简单紧凑，调整方便，但调整精度较差，且易于松动。

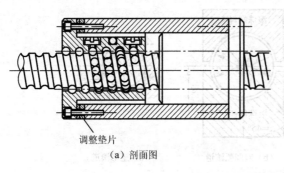

调整垫片

(a) 剖面图　　　　　　　　　(b) 实物图

图 7-43　垫片调隙法

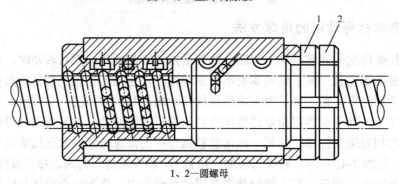

1、2—圆螺母

图 7-44　螺纹调隙法

（3）齿差调隙法。如图 7-45 所示为齿差调隙式，螺母 1 和 2 的凸缘上各制有一个圆柱外齿轮，两个齿轮的齿数相差一个齿，两个内齿圈 3 和 4 与外齿轮齿数分别相同，并用预紧螺钉和销钉固定在螺母座的两端。调整时先将内齿圈取下，根据间隙的大小调整两个螺母 1、2 分别向相同的方向转过一个或多个齿，使两个螺母在轴向移近了相应的距离达到调整间隙和预紧的目的。

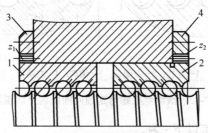

1、2—圆螺母；3、4—内齿圈

图 7-45　齿差调隙法

5. 滚珠丝杠螺母副的安全使用

1）滚珠丝杠螺母副的支撑方式

数控机床的进给系统要获得较高的传动刚度，除了加强滚珠丝杠螺母副本身的刚度，滚珠丝杠的正确安装及支撑结构的刚度也是不可忽视的因素。滚珠丝杠常用推力轴承支座，以提高轴向刚度（当滚珠丝杠的轴向负载很小时，也可用角接触球轴承支座），滚珠丝杠在数控机床上的安装支撑方式有以下几种。

（1）一端装推力轴承（固定-自由式）。如图 7-46（a）所示，这种安装方式的承载能力小，轴向刚度低，只适用于低转速、中精度、短丝杠，一般用于数控机床的调节或升降台式数控铣床的立向（垂直）坐标中。

（2）一端装推力轴承，另一端装深沟球轴承（固定-支承式）。如图 7-46（b）所示，这种方式轴承承受径向力，能做微量的轴向浮动，当发生热变形时，可以向一端伸长，可用于中等转速、高精度且丝杠较长的情况，应将推力轴承远离液压马达等热源，以减少丝杠热变形的影响。

（3）两端装推力轴承（单推-单推式或双推-单推式）。如图 7-46（c）所示，把推力轴承装在滚珠丝杠的两端，并施加预紧拉力，这样有助于提高刚度，但这种安装方式对丝杠的热变形较为敏感，轴承的寿命较两端装推力轴承及向心球轴承方式低。

（4）两端装推力轴承及深沟球轴承（固定-固定式）。如图 7-46（d）所示，为使丝杠具有最大的刚度，它的两端可用双重支承，即推力轴承加深沟球轴承，并施加预紧拉力。这种结构方式不能精确地预先测定预紧力，预紧力的大小是由丝杠的温度形变转化而产生的。但设计时要求提高推力轴承的承载能力和支架刚度。

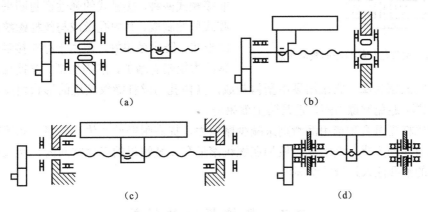

图 7-46 滚珠丝杠螺母副的支撑

2）滚珠丝杠螺母副的制动方式

由于滚珠丝杠螺母副的传动效率高，无自锁作用（特别是滚珠丝杠处于垂直传动时），为防止因自重下降，因此必须装有制动装置。

如图 7-47 所示为数控卧式镗床主轴箱进给滚珠丝杠螺母副的制动示意。制动装置的工作过程：机床工作时，电磁铁通电，使摩擦离合器脱开。运动由步进电动机经减速齿轮传给丝杠，使主轴箱上下移动。当加工完毕，或中间停车时，步进电动机和电磁铁同时断电，借助压力弹簧的作用合上摩擦离合器，使丝杠不能传动，主轴箱便不会下落。

3）滚珠丝杠的预拉伸

滚珠丝杠在工作时会发热，其温度会升高，丝杠的热膨胀将使导程加大，影响定位精度。可采取将丝杠预拉伸的办法来补偿热膨胀，使丝杠的预拉伸量应略大于热膨胀量。发热后，热膨胀量抵消了部分预拉伸量，使丝杠内的拉应力下降，但长度却没有变化。需进行预拉伸的丝杠在制造时应使其目标行程（螺纹部分在常温下的长度）等于公称行程（螺纹部分的理论长度等于公称导程乘以丝杠上的螺纹圈数）减去预拉伸量。拉伸后恢复公称行程值，减去的量称为"行程补偿值"。

4）滚珠丝杠螺母副的防护

滚珠丝杠副和其他滚动摩擦的传动器件一样，应避免硬质灰尘或切屑污物进入，因此必须装有防护装置和进行合理的润滑。如果滚珠丝杠副在机床上外露，则应采用封闭的防护罩，如采用螺旋弹簧钢带套管、伸缩套管以及折叠式套管等。安装时将防护罩的一端连接在滚珠螺母的侧面，另一端固定在滚珠丝杠的支承座上。工作中应避免碰击防护装置，防护装置一有损坏应及时更换。

若滚珠丝杠副处于隐蔽的位置，则可采用密封圈防护，密封圈装在螺母的两端。有接触式和非接触式两种，接触式的弹性密封圈采用耐油橡胶或尼龙制成，其内孔做成与丝杠螺纹滚道相配的形状；防尘效果好，但由于存在接触压力，使摩擦力矩略有增加，磨损加剧。非接触式密封圈

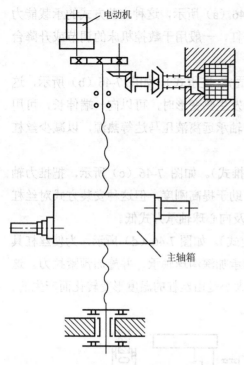

图 7-47 滚珠丝杠螺母副的制动示意

又称为迷宫式密封圈，它采用硬质塑料制成，其内孔与丝杠螺纹滚道的形状相反，并稍有间隙，这样可避免摩擦力矩，但是防尘效果差。

滚珠丝杠副可合理选用润滑剂来减少摩擦力、提高耐磨性及传动效率。润滑剂可为润滑油及润滑脂两大类。润滑脂一般加在螺纹滚道和安装螺母的壳体空间内，而润滑油则经过壳体上的油孔注入螺母的空间内。

7.5 数控机床的导轨

导轨是数控机床进给系统的导向机构，对机床上的运动部件起支撑和导向的作用，支承运动部件并保证运动部件在外力（运动部件本身的重量、工件的重量、切削力、牵引力等）的作用下，能准确沿着一定的方向运动。在导轨副中，运动的导轨称为动导轨，固定不动的导轨称为支承导轨，在很大程度上决定数控机床的刚度、精度和精度保持性，是数控机床的重要部件之一。

7.5.1 数控机床对导轨的要求

1）导向精度高

导向精度是指机床的运动部件沿导轨移动时的直线性和与有关基面之间相互位置的准确性程度。导向精度直接影响导轨上运动部件的运行精度和在运行过程中的摩擦阻力，无论在空载或切削加工时，导轨都应有足够的刚度和导向精度。影响导向精度的主要因素有导轨的结构形式、导轨的制造精度和装配质量及导轨与基础件的刚度等。

2）低速运动平稳性

运动部件在导轨上运行时，根据实际加工情况，其运行速度有很大的差异，在低速运动或微量位移时，应保持运动平稳、无爬行现象，这一要求对数控机床尤为重要。低速运动平稳性与导轨的结构类型、润滑条件等有关，其要求导轨的摩擦系数要小，以减小摩擦阻力，而且动摩擦、静摩擦系数应尽量接近并有良好的阻尼特性。

3）足够的刚度，良好的抗振性

导轨受力变形会影响部件之间的导向精度和相对位置，因此要求导轨应有足够的刚度，以保证在载荷作用下不产生过大的形变，从而保证各部件间的相对位置和导向精度。刚度受到导轨结构和尺寸的影响，为减轻或平衡外力的影响，数控机床常采用加大导轨面的尺寸或添加辅助导轨的方法来提高刚度。

随着控制技术的发展和高速加工技术的出现，导轨上的运动部件的运动速度越来越高，且启动、停止、换向频繁，这些运动部件不可避免地会产生冲击振动，要求数控机床的导轨具有很好的抗振性能。

4）耐磨性好，良好的热稳定性

导轨的耐磨性是指导轨在长期使用过程中保持一定导向精度的能力。导轨的耐磨性决定了导轨的精度保持性，因导轨在工作过程中难免磨损，所以应力求减少磨损量，并在磨损后能自动补偿或便于调整。耐磨性受到导轨副的材料、硬度、润滑和载荷等因素的影响，在数控机床中常采用摩擦系数小的滚动导轨和静压导轨，以降低导轨磨损。

运动部件在导轨上运动时，引起的摩擦力会导致热量产生，使摩擦部位的温度在短时间内发生很大的变化，应保证导轨具有良好的热稳定性，在工作温度变化的条件下，仍能正常工作。

5）其他要求

除以上要求之外，导轨还应该具有结构简单、制造成本较低、工艺性好，便于加工、装配、调整和维修等特点。

7.5.2 数控机床导轨形状和组合形式

1. 直线导轨

1）直线运动导轨的形状

如图7-48所示，数控机床常用导轨的截面形状有矩形、三角形、燕尾形及圆形等。不同截面中，各个平面所起的作用也各不相同。根据支承导轨的凸凹状态，又可分为凸形（上图）和凹形（下图）两类导轨。凸形不能存油，需要有良好的润滑条件。凹形容易存油，但也容易积存切屑和尘粒，需要有良好的防护环境。

（1）矩形导轨。如图7-48（a）所示，也称为平导轨，具有易于加工制造，承载能力较大，安装调整方便的特点。M面起支承兼导向作用，N面起主要导向作用，磨损后不能自动补偿间隙，需要有间隙调整装置，适用于载荷大且导向精度要求不高的机床。

（2）三角形导轨。如图7-48（b）所示，有两个导向面，同时控制了垂直方向和水平方向的导向精度，其中M面主要起支撑作用，N面是保证直线移动精度的导向面，J面是防止运动部件抬起的压板面。这种导轨在载荷的作用下，能自行补偿消除间隙，导向精度较其他导轨高。

（3）燕尾槽导轨。如图7-48（c）所示，这是闭式导轨中接触面最少的一种结构，其中M面起导向和压板作用，J面起支撑作用，磨损后不能自动补偿间隙，需用镶条调整。能承受颠覆力矩，摩擦阻力较大，多用于高度小的多层移动部件。

（4）圆柱形导轨。如图7-48（d）所示，这种导轨刚度高，易制造，外径可磨削，内径可不磨就能达到精密配合。但磨损后间隙调整困难。它适用于受轴向载荷的场合，如压力机、攻螺纹机和机械手等。

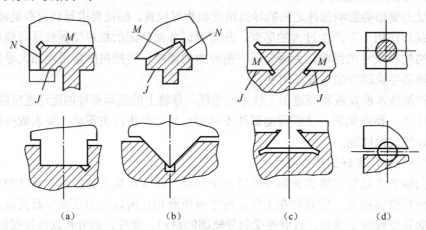

图 7-48 数控机床常用导轨截面形状

2）直线导轨的组合形式

机床上一般都采用直线导轨来承受载荷和导向。重型机床承载大，常采用3至4条导轨。导轨的组合形式取决于受载大小、导向精度、工艺性、润滑和防护等因素。常见的导轨组合形式有双三角形组合方式，双矩形组合方式，三角形平导轨组合，三角形矩形导轨组合，平平三角形导轨组合等形式如图7-49所示。

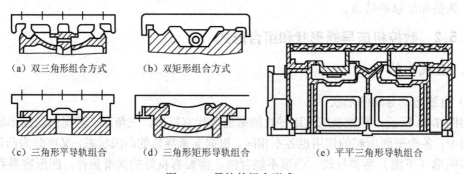

（a）双三角形组合方式　（b）双矩形组合方式

（c）三角形平导轨组合　（d）三角形矩形导轨组合　（e）平平三角形导轨组合

图 7-49 导轨的组合形式

2. 圆周运动导轨

圆周运动导轨主要用于圆形工作台、转盘和转塔等旋转运动部件。常见的有平面圆环导轨（必须配有工作台心轴轴承，应用得较多）、锥形圆环导轨（能承受轴向和径向载荷，但制造较困难）和V形圆环导轨（制造复杂）。

7.5.3 数控机床常用导轨

导轨按运动轨迹可分为直线运动导轨和圆运动导轨;按工作性质可分为主运动导轨、进给运动导轨和调整导轨;按摩擦性质分为滑动导轨、滚动导轨及静压导轨。导轨副的制造精度和精度保持性对机床加工精度有重要影响,因此,数控机床导轨必须具有较高的导向精度、高的刚度、高耐磨性和良好的摩擦性能等。当前在数控机床上常用的导轨主要有塑料滑动导轨、滚动导轨和静压导轨等。

1. 数控机床常用导轨的介绍

1) 塑料滑动导轨

(1) 塑料滑动导轨的分类。塑料滑动导轨即铸铁-塑料或镶钢-塑料滑动导轨。导轨塑料常用聚四氟乙烯导轨软带,采用粘接方法,习惯上称为"贴塑导轨",用于进给速度为15m/min以下的中小型数控机床。还有一种导轨塑料是树脂型耐磨涂层,以环氧树脂和二硫化钼为基体,加入增塑剂混合成浓状或膏状为一组分;加入固化剂混合成另一组分,形成了双组分塑料涂层。以德国生产的SKC_3有名,我国类似的产品为HNT。SKC_3导轨涂料涂层有良好的可加工性,可进行车削、铣削、刨、钻、磨、刮削等加工,其抗压强度比聚四氟乙烯导轨软带要高,固化时体积不收缩,尺寸稳定,特别是可在调整好位置精度后注入涂料,适用于重型机床和不能用导轨软带的复杂配合型面。这类涂层导轨采用涂刮或注入膏状塑料的方法,国内习惯上称为"涂塑导轨"或"注塑导轨"。导轨的黏接如图7-50所示。

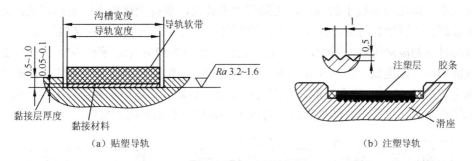

(a) 贴塑导轨　　　　(b) 注塑导轨

图 7-50　导轨的黏接

图 7-51 所示为某加工中心工作台的剖视图,工作台 2 和床身 1 之间采用双矩形导轨组合导向,导轨采用聚四氟乙烯塑料-铸铁导轨副,作为移动部件的工作台各导轨面上都黏有聚四氟乙烯导轨软带,在下压板 5 和调整镶条 3 上也黏有导轨软带 4。

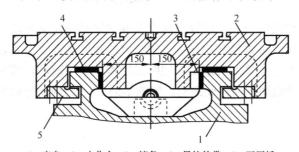

1—床身;2—上作台;3—镶条;4—导轨软带;5—下压板

图 7-51　加工中心工作台的剖视图

(2) 塑料导轨的特点。与其他导轨相比，塑料导轨具有以下特点。

① 摩擦因数低而稳定：比铸铁导轨副低一个数量级。

② 动、静摩擦因数相近：运动平稳性和爬行性能较铸铁导轨副好。

③ 吸振性好：具有良好的阻尼性，优于接触刚度较低的滚动导轨和易漂浮的静压导轨。

④ 耐磨性好：有自身润滑作用，无润滑油也能工作，灰尘磨粒的嵌入性好。

⑤ 化学稳定性好：耐磨、耐低温、耐强酸、强碱、强氧化剂及各种有机溶剂。

⑥ 维护修理方便：软带耐磨，损坏后更换容易。

⑦ 经济性好：结构简单，成本低，约为滚动导轨成本的1/20，为三层复合材料DU导轨成本的1/4。

2) 滚动导轨

滚动导轨是指在导轨面与支承导轨面之间放入一些滚动体，如滚珠、滚柱、滚针等，使两导轨面之间的摩擦变为滚动摩擦，广泛应用于数控机床，其优点是其摩擦因数小（$\mu=0.002\sim0.005$），动、静摩擦系数差别小，不受运动速度变化的影响，低速时不易出现爬行现象，运行平稳运动灵活、磨损小，能长期保持精度；适用于要求移动部件运动平稳、灵敏，以及实现精密定位的场合，在精密机床、数控机床、测量机和测量仪器上得到了广泛的应用。但由于滚动导轨的不足，接触形式是点接触或线接触，故抗振性差，接触应力大；对导轨形状精度和滚动体尺寸精度要求较高，且结构复杂，制造较困难，成本较高，对脏物敏感，需要有良好的防护装置。

(1) 滚动导轨的结构形式。滚动导轨可分为开式和闭式两种。开式用于加工过程中载荷变化较小，颠覆力矩较小的场合。当颠覆力矩较大，载荷变化较大时则用闭式，此时采用预加载荷，能消除其间隙，减小工作时的振动，并大大提高了导轨的接触刚度。

滚动导轨的滚动体可采用滚珠、滚柱、滚针，如图7-52所示。滚珠导轨 [图7-52 (a)] 的承载能力小、刚度低，适用于运动部件质量不大，切削力和颠覆力矩都较小的机床；滚柱导轨 [图7-52 (b)]，其承载能力和刚度都比滚珠导轨大，适用于载荷较大的机床；滚珠导轨的特点是滚珠尺寸小、结构紧凑，适用于导轨尺寸受到限制的机床。

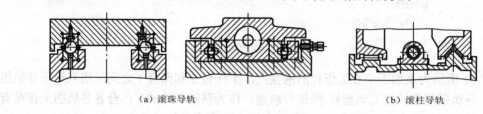

(a) 滚珠导轨　　　　　　　　　　　　(b) 滚柱导轨

图7-52　滚动导轨的滚动体

近代数控机床普遍采用一种做成独立标准部件的滚动导轨支承块，其特点是刚度高，承载能力大，便于拆装，可直接装在任意行程长度的运动部件上。当运动部件移动时，滚柱在支承部件的导轨面与本体之间滚动，同时又绕本体循环滚动，滚柱与运动部件的导轨面并不接触，因而该导轨面不需淬硬磨光。如图7-53所示为滚动导轨块结构。

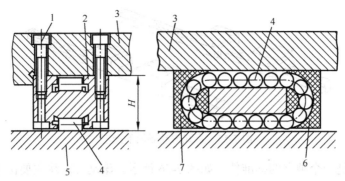

1—固定螺钉；2—导轨块；3—动导轨体；4—滚动体；5—支承导轨；6、7—带返回槽挡板

图 7-53　滚动导轨块结构

（2）直线滚动导轨。目前数控机床常用的滚动导轨为直线滚动导轨，这种导轨的外形和结构如图 7-54 所示。

（a）外形

1—导轨体；2—金属刮片；3—刮油片；4—端盖；5—滑块；6—滚珠

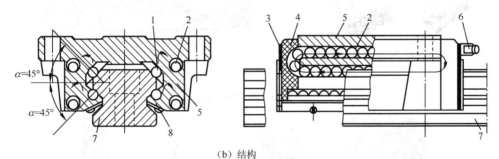

（b）结构

1—滚珠；2—回珠孔；3—密封端盖；4—反向器；5—滑块；6—油杯；7—导轨条；8—侧密封垫

图 7-54　直线滚动导轨的外形和结构

直线滚动导轨主要由导轨体、金属刮片、刮油片、端盖、滑块和滚珠等组成。当滑块与导轨体相对移动时，滚动体在导轨体和滑块之间的圆弧直槽内滚动，并通过端盖内的滚道，从工作负荷区到非工作负荷区，然后再滚动回工作负荷区不断循环，从而把导轨体和滑块之间的移动变成滚动体的滚动。为防止灰尘和脏物进入导轨滚道，滑块两端及下部均装有塑料密封垫，滑块上还有润滑油杯。最近新出现的一种在滑块两端装有自动润滑的滚动导轨，使用时无须再配润滑装置。直线滚动导轨的配置如图 7-55 所示。

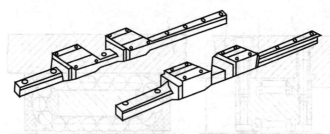

图 7-55 直线滚动导轨的配置

滚动导轨块是一个独立的标准件，如图 7-56 所示。滚动导轨块主要由本体 6、端盖 2、保持架 5 及滚动体组成，其中滚动体为滚柱，承载能力和刚度比直线滚动导轨高，但摩擦系统略大。使用时用螺钉固定在机床的运动部件上，当部件移动时，滚柱 3 在支承部件的导轨面与本体 6 之间滚动，同时又绕本体 6 循环滚动。滚柱 3 与运动部件的导轨面不接触，故导轨面不需要进行淬硬磨光。支承件导轨一般采用钢淬硬导轨，支承导轨固定在床身或立柱的基体上。滚动导轨块在机床上的安装实例如图 7-57 所示。

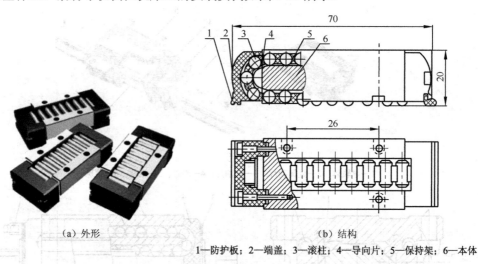

(a) 外形　　　　　　　　　　　(b) 结构

1—防护板；2—端盖；3—滚柱；4—导向片；5—保持架；6—本体

图 7-56 滚动导轨块

图 7-57 滚动导轨块在机床上的安装实例

3）静压导轨

静压导轨分为液体静压导轨和气体静压导轨两类。

（1）液体静压导轨。液体静压导轨是在导轨的滑动面之间开有油腔，将有一定压力的油通过节流器输入油腔，形成压力油膜，浮起运动部件，工作时导轨面上油腔中的油压随外载荷的变化而自动调节，以平衡外载荷，使导轨工作表面处于纯液体摩擦，不产生磨损，精度保持好；同时摩擦因数也极低（约 0.000 5），使驱动功率大大降低，提高机械效率；其运动不受速度和负载的限制，低速无爬行，承载能力大，刚度好；油液有吸振作用，抗振性好，导轨摩擦发热也小。其缺点是结构复杂，要有供油系统，油的清洁度要求高。主要用于精密机床的进给运动和低速度运动导轨。图 7-58 为液体静压导轨示意

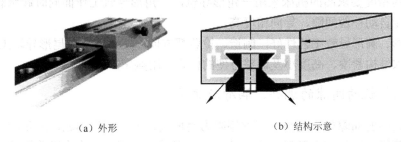

（a）外形　　　　　　　（b）结构示意

图 7-58　液体静压导轨

液体静压导轨按导轨的形式可分为开式和闭式两种，数控机床上常采用闭式静压导轨，其截面有矩形、圆形、V 形等形状，如图 7-59 所示。

开式静压导轨设置在床身的一边，靠运动件自重和外载荷保持运动件不从床身上分离，只能承受单向载荷，且承受偏载力矩的能力差。适用于载荷较均匀、偏载和倾覆力矩小的水平放置的场合。闭式静压导轨可承受各个方向的载荷，常用于精密机床中。

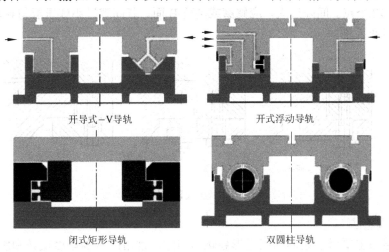

开导式-V导轨　　　　　　　开式浮动导轨

闭式矩形导轨　　　　　　　双圆柱导轨

图 7-59　液体静压导轨结构形式

（2）气体静压导轨。气体静压导轨是利用恒定压力的空气膜，使运动部件之间形成均匀分离，以得到高精度的运动，摩擦因数小，不易引起发热变形。但是，气体静压导轨会随空气压力波动而使空气膜发生变化，且承载能力小，故常用于负荷不大的场合，如数控坐标磨床和三坐标测量机。

7.5.4 机床导轨的使用及防护

1. 机床导轨的选择原则

在选用导轨时主要考虑以下原则。

（1）要求导轨有较大的刚度和承载能力时，用矩形导轨，中小型机床导轨采用三角形和矩形组合，而重型机床则采用双矩形导轨。

（2）导向精度要求高的机床采用三角形导轨，三角形导轨工作面同时起承载和导向作用，磨损后能自动补偿间隙，导向精度高。

（3）矩形、圆形导轨工艺性好，制造、检验都方便。三角形、燕尾形导轨工艺性差。

（4）要求结构紧凑、高度小及调整方便的机床，用燕尾形导轨。

2. 机床导轨的间隙的调整、润滑与防护

导轨面之间的间隙如果过小，则摩擦阻力会增大，导轨磨损加剧，产生的热量会导致导轨发生热膨胀，影响加工精度和传动效率。间隙过大，则运动失去准确性和平稳性，失去导向精度，影响加工质量。因此，必须保证导轨具有合理的间隙。导轨常用调整间隙的方法有压板调整法、镶条调整法和压板镶条调整法。

1）压板调整法

采用压板来调整间隙并承受颠覆力矩。如图 7-60 所示。压板用螺钉固定在动导轨上，为矩形导轨上常用的几种压板装置。常用钳工配合刮研及选用调整垫片、平镶条等机构，使导轨面与支承面之间的间隙均匀，达到规定的接触点数。普通机床压板面每（25×25）mm² 面积内为 6～12 个点。间隙过大，应修磨或刮研 B 面。若间隙过小或压板与导轨压得太紧，则可刮研或修磨 A 面。

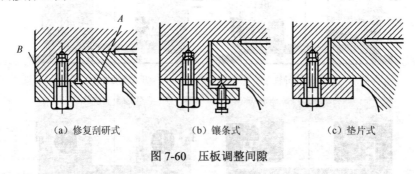

(a) 修复刮研式　　(b) 镶条式　　(c) 垫片式

图 7-60　压板调整间隙

2）镶条调整法

镶条调整法主要用于矩形和燕尾形导轨的间隙。常用的有等厚度镶条和斜镶条两种。等厚度镶条是指镶条是全长厚度相等，横截面为平行四边形或矩形的平镶条［图 7-61（a）］，以其横向位移来调整间隙；这类镶条须放在适当的位置，用侧面的螺钉调节，用螺母锁紧。因各螺钉单独拧紧，故收紧力不均匀，在螺钉的着力点有挠曲。斜镶条是指全长厚度变化的斜镶条［图 7-61（b）］，以其纵向位移来调整间隙，这种镶条在全长上支承，工作情况较好。支承面积与位置调整无关。通过用 1∶40 或 1∶100 的斜镶条做细调节，但所施加的力由于楔形增压作用可能会产生过大的横向压力，因此调整时应细心。

从提高刚度考虑，镶条应放在不受力或受力小的一侧。对于精密机床，因导轨受力小，要求加工精度高，所以镶条应放在受力的一侧，或两边都放镶条；对于普通机床，镶条应放在不受力一侧。

3）压板镶条调整法

采用压板镶条来调整间隙。T 形压板（见图 7-62）用螺钉固定在运动部件上，运动部件内侧和 T 形压板之间放置斜镶条，镶条不是在纵向有斜度而是在高度方面做成倾斜。调整时，借助压板上几个推拉螺钉，使镶条上下移动，从而调整间隙，这种方法已标准化。

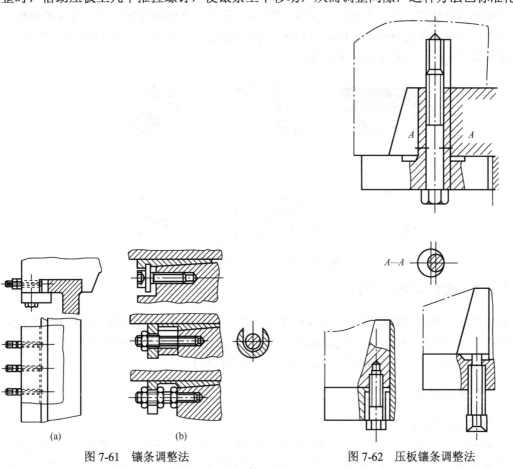

图 7-61 镶条调整法　　　　图 7-62 压板镶条调整法

3. 导轨的润滑

对导轨面进行合理的润滑后，可降低导轨面上的摩擦系数，减少磨损，且可防止导轨面锈蚀，因此必须对导轨面进行润滑。导轨常用的润滑剂有润滑油和润滑脂，前者用于滑动导轨，而滚动导轨两种都能用。

1）润滑的方式

导轨最简单的润滑方式是人工定期加油或用油杯供油。方法简单，成本低，但不可靠，一般用于调节的辅助导轨及运动速度低、工作不频繁的滚动导轨。

运动速度较高的导轨大都采用液压泵，以压力油强制润滑。这不但可连续或间歇供油给导轨面进行润滑，且可利用油的流动冲洗和冷却导轨表面。但为实现强制润滑，必须备有专门的供油系统，结构复杂，维修成本较高。

2）对润滑油的要求

在工作温度变化时，润滑油黏度要小，有良好的润滑性能和足够的油膜刚度，油中杂质尽量少且不侵蚀机件。常用的全损耗系统用油有 L-AN10/15/32/42/68、精密机床导轨油 L-HG68、汽轮机 L-TSA32/46 等。

4. 导轨的防护

为了防止切屑、磨粒或冷却液散落在导轨面上而引起磨损加快、擦伤和锈蚀，导轨面上有可靠的防护装置。导轨常用的防护罩如图 7-63 所示，常用的有刮板式、卷帘式和叠成式防护罩，大多用于长导轨上，如龙门刨床、导轨磨床，还有手风琴式的伸缩式防护罩等。这些装置结构简单，且有专门厂家制造。

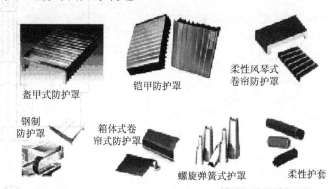

图 7-63　导轨常用的防护罩

7.5.5　齿轮间隙的调整

数控机床进给系统经常处于自动变向状态，齿轮副的侧隙会造成进给运动反向时丢失指令脉冲，并产生反向死区，从而影响加工精度，因此必须采取措施消除齿轮传动中的间隙。消除齿轮副间隙的方法有刚性调整法和柔性调整法两种。

1. 刚性调整法

1）偏心套调整法

如图 7-64（a）所示为偏心轴套式调整间隙结构，齿轮 4 装在偏心轴套 2 上，可以通过偏心轴套 2 调整齿轮 4 和齿轮 3 之间的中心距来消除齿轮传动副的齿侧间隙。这种方法常用于消除支持圆柱齿轮的间隙。

2）垫片调整法

如图 7-64（b）所示为用一个带有锥度的齿轮来消除间隙的结构，一对啮合着的圆柱齿轮，若它们的节圆之间沿着齿厚方向制成一个较小的锥度，则只要改变垫片 3 的厚度就能改变齿轮 2 和齿轮 1 的轴向相对位置，从而消除了齿侧间隙。这种方法常用于消除支持圆柱齿轮的间隙。

3）轴向垫片调整法

如图 7-64（c）所示为轴向垫片调整法。其工作原理：斜齿轮 3 和 4 的齿形拼装在一起加工，装配时在两薄片齿轮间装入厚度为 t 的垫片 2，然后修磨垫片，使斜齿轮 3 和 4 的螺旋线错开，分别与宽齿轮 4 的左右齿面贴紧，从而消除了齿轮副的侧隙，常用于斜齿轮间隙的消除。

以上三种方法都是调整后齿侧间隙不能自动补偿的调整方法。因此齿轮的周节公差及齿厚要严格控制，否则，传动的灵活性会受到影响。这种调整方法结构比较简单，且有较好的传动刚度。

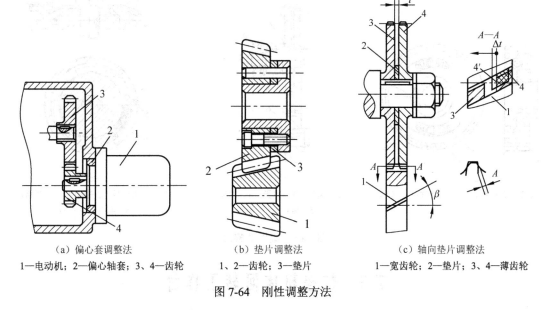

(a) 偏心套调整法
1—电动机；2—偏心轴套；3、4—齿轮

(b) 垫片调整法
1、2—齿轮；3—垫片

(c) 轴向垫片调整法
1—宽齿轮；2—垫片；3、4—薄齿轮

图 7-64 刚性调整方法

2. 柔性调整法

柔性调整法（图 7-65）一般采用调整弹簧的拉力来消除齿侧间隙，调整好后的齿侧间隙仍可以自动补偿，但结构复杂，传动刚度差，平稳性较刚性调整法差。

1）双片薄齿轮错齿调整法

如图 7-65（a）所示为双片薄齿轮错齿调整法。在一对啮合的齿轮中，其中一个是宽齿轮，另一个由两薄片齿轮组成。薄片齿轮 1 和 2 上各开有周向圆弧槽，并在两齿轮的槽内各压配有安装弹簧 4 的端圆柱 3。在弹簧的作用下使齿轮 1 和 2 错位，分别与宽齿轮的齿槽左右侧贴紧，消除了齿轮副的侧隙，但弹簧 4 的张力必须足以克服驱动转矩。由于齿轮 1 和 2 的轴向圆弧槽及弹簧的尺寸都不能太大，故这种结构不宜传递转矩，仅用于读数装置。常用于直齿圆柱齿轮间隙的调整。

2）轴向压簧调整法

如图 7-65（b）所示为斜齿轮轴向压簧调整法，斜齿轮 1 和 2 用键滑套在轴上，相互间无相对转动。斜齿轮 1 和 2 同时与宽齿轮 6 啮合，螺母 4 调节蝶形弹簧 3，使齿轮 1 和 2 的齿侧分别贴紧宽齿轮 6 的齿槽左右两侧，消除了间隙。弹簧压力的调整大小应适当，压力过小则起不到消隙的作用，压力过大会使齿轮磨损加快，缩短使用寿命。齿轮内孔应有较长的导向长度，因而轴向尺寸较大，结构不紧凑，优点是可以自动补偿间隙。该方法也可用于消除圆锥齿轮的侧隙。

3）周向弹簧调整法

如图 7-65（c）所示为锥齿轮周向弹簧调整法，将一对啮合锥齿轮中的一个齿轮做成大小两片 1 和 2，在大片上制有三个圆弧槽，而小片的端面上制有三个凸爪 6，凸爪 6 伸入大片的圆弧槽中。弹簧 4 一端顶在凸爪 6 上，而另一端顶在镶块 3 上。为了安装的方便，用螺钉 5 将大小片齿圈相对固定，安装完毕之后将螺钉卸去，利用弹簧力使大小片锥齿轮稍微错开，从而达到消除侧隙的目的。

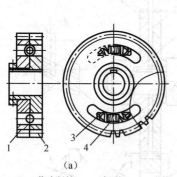 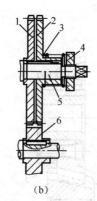 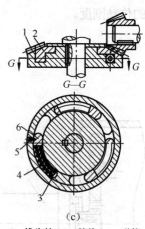

(a)	(b)	(c)

1、2—薄片断轮；3—端圆柱；4—弹簧　　2—齿轮；3—弹簧；4—螺母；　　1、2—锥齿轮；3—镶块；4—弹簧；
　　　　　　　　　　　　　　　　　　5—轴；6—宽齿轮　　　　　　　　5—螺钉；6—凸爪

图 7-65　柔性调整法

7.6　数控机床回转工作台

在数控机床上除了做直线运动外，还要根据零件的实际情况作圆弧或曲线运动，数控机床的圆周进给由回转工作台完成，称为数控机床的第四轴。作为数控铣床、数控镗床、加工中心等数控机床不可缺少的重要部件，回转工作台的作用是按照控制装置的信号或指令作回转分度或连续回转进给运动，使数控机床完成指定的加工工序。回转工作台可以与 X、Y、Z 三个坐标轴联动，从而加工出各种球、圆弧曲线等，并实现精确的自动分度，扩大了数控机床加工范围。如图 7-66 所示为烟台华大数控机床附件有限公司生产的 SKT12 系列数控机床回转工作台实物。该数控回转工作台是各类数控镗铣床加工中心的关键配套附件，可将工作台水平方式安装于主机工作台上，用于主机的第四回转轴，或直接作为机床的工作台使用。转台在主机相关控制系统控制下，可实现等分和不等分的孔、槽或者连续特殊曲面加工，且保证很高的加工精度。

图 7-66　SKT12 系列数控机床回转工作台

7.6.1　数控回转工作台

数控回转工作台进给运动除了可以实现圆周运动之外，还可以完成分度运动。例如加工分度盘的轴向孔，若采用间歇分度转位结构进行分度，由于它的分度数有限，因而带来极大的不便；若采用数控回转工作台进行加工就比较方便。

数控回转工作台的外形和通用工作台几乎一样，但它的驱动是伺服系统的驱动方式。数控回转工作台分为开环和闭环两种。

1. 开环数控回转工作台

1）图 7-67 所示为自动换刀数控立式镗铣床数控回转工作台的结构示意。

其工作原理：动力通过步进电动机 3 输出轴上的齿轮 2 与齿轮 6 啮合传递给蜗杆 4，再通过蜗杆 4 和蜗轮 15 传动副，带动工作台旋转。在蜗轮 15 下部的内、外两面装有夹紧瓦 18 和 19，数控回转台的底座 21 上固定的支座 24 内均匀分布着 6 个液压缸 14。当液压缸 14 上端进压力油时，柱塞 16 下行，通过钢球 17 推动夹紧瓦 18 和 19 将蜗轮夹紧，从而将数控转台夹紧，实现精确分度定位。当需要数控转台实现圆周进给运动时，控制系统发出指令，使液压缸 14 上腔的油液流回油箱，在弹簧 20 的作用下把钢球 17 抬起，夹紧瓦 18 和 19 就松开蜗轮 15。柱塞 16 到上位发出信号，功率步进电动机启动并按指令脉冲的要求，驱动数控转台实现圆周进给运动。当转台做圆周分度运动时，先分度回转再夹紧蜗轮，以保证定位的可靠，并提高承受负载的能力。

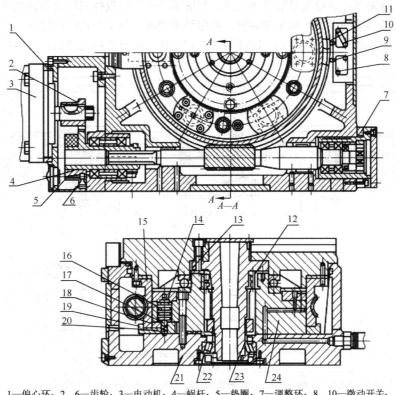

1—偏心环；2、6—齿轮；3—电动机；4—蜗杆；5—垫圈；7—调整环；8、10—微动开关；
9、11—挡块；12、13—轴承；14—液压缸；15—蜗轮；16—柱塞；17—钢球；
18、19—夹紧瓦；20—弹簧；21—底座；22—圆锥滚子轴承；23—调整套；24—支座

图 7-67　数控立式镗铣床数控回转工作台结构

整个传动结构中，齿轮 2 与齿轮 6 的啮合间隙由偏心环 1 来消除。齿轮 6 与蜗杆 4 用花键结合，花键结合间隙应尽量小，以减小对分度精度的影响。蜗杆 4 为双导程蜗杆，可以用轴向移动蜗杆的方法来消除蜗杆 4 和蜗轮 15 的啮合间隙。调整时，只要将调整环（两个半圆环垫片）的厚度尺寸改变，便可使蜗杆沿轴向移动；同时在蜗杆 4 的两端装有滚针轴承，左端为自由端，可以升缩。右端装有两个角接触球轴承，承受蜗杆的轴向力。工作台的圆导轨采用大型推力轴承 13，使回转灵活。径向导轨由滚子轴承 12 及圆锥滚子轴承 22 保证回转精度和定位精度。调整轴承 12 的预紧力，可以消除回转轴的径向间隙。调整轴承 22 的调整套 23 的厚度，可以使圆导轨有适当的预紧力，保证导轨有一定的接触刚度。

数控转台设有零点。当进行"回零"操作时，先快速回转运动至挡块 11，压合微动开

关 10，发出"快速回转"变为"慢速回转"的信号;再由挡块 9 压合微动开关 8，发出"慢速回转"变为"点动步进"的信号；最后由功率步进电动机停在某一固定的通电相位上，从而使转台准确地停靠在零点位置上。

由于数控转台是根据数控装置发出的指令脉冲信号来控制转位角度，没有其他的定位元件，因此，对开环数控转台的传动精度要求高，传动间隙应尽量小。这种数控转台的回转轴可以水平安装也可以垂直安装，以适应不同工件的加工要求。

2. 闭环数控回转工作台

闭环数控回转台的结构如图 7-68 所示，其结构和开环数控回转台大致相同，也由传动系统、间隙消除装置及蜗轮夹紧装置等组成。其区别在于闭环数控回转台有转动角度的测量元件（圆光栅或圆感应同步器）和反馈装置。测量结果经反馈与指令值进行比较，按闭环工作原理进行工作，对运动部件进行控制。闭环数控回转工作台的分度精度更高，但结构复杂。

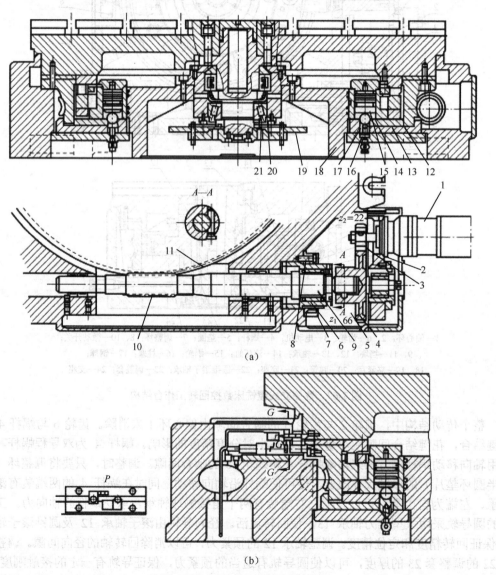

图 7-68 闭环数控回转台的结构

3. 双蜗杆回转工作台

如图 7-69 所示为双蜗杆回转工作台传动结构。

双蜗杆回转工作台用两个蜗杆分别实现对蜗轮的正、反向传动。蜗杆 2 可作轴向调整（通过旋转安装在轴上的螺母，迫使其左侧的调整套作轴向移动），使两个蜗杆分别与蜗轮的左右齿面接触，尽量消除正反传动间隙。调整垫 3、5 用于调整锥齿轮的啮合和间隙。双蜗杆传动虽然较双导程蜗杆及平面圆柱齿轮包络蜗杆传动结构复杂，但普通蜗轮、蜗杆制造工艺简单，承载能力比双导程蜗杆大。

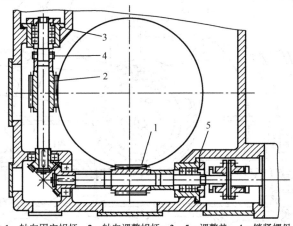

1—轴向固定蜗杆；2—轴向调整蜗杆；3、5—调整垫；4—锁紧螺母

图 7-69 双蜗杆回转工作台传动结构

7.6.2 分度工作台

分度工作台主要完成分度、转位和定位工作，是按照控制系统的指令自动进行的，每次转位回转一定的角度（5°、10°、15°、30°、45°、90°、180°等），但实现工作台转位的机构都很难达到分度精度的要求，所以要有专门的定位元件来保证。因此定位元件往往是分度工作台的关键。常用的定位元件有齿盘定位、反靠定位、插销定位和钢球定位等几种，只能完成分度运动，不能实现圆周进给。

1. 鼠牙盘分度工作台

鼠牙盘式分度工作台是由工作台面、底座、压紧液压缸、鼠牙盘、伺服电动机、同步带轮和齿轮转动装置等零件组成，如图 7-70 所示。鼠牙盘是保证分度精度的关键零件，每个齿盘的端面带有数目相同的三角形齿，当两个齿盘啮合时，能够自动确定轴向和径向的相对位置。

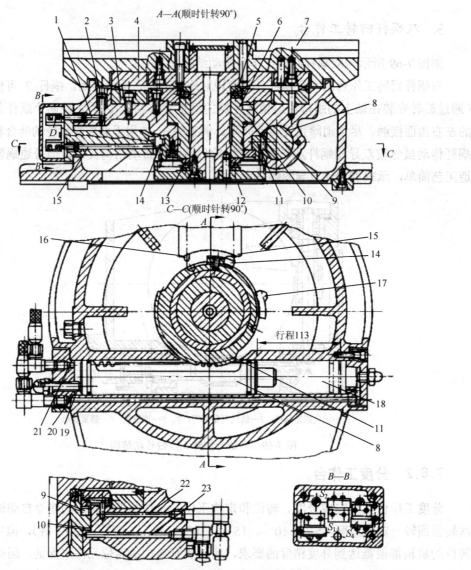

1、2、15、16—推杆；3—下齿盘；4—上齿盘；5、13—推力轴承；6—活塞；7—工作台；
8—齿条活塞；9—升降液压缸上腔；10—升降液压缸下腔；11—内轮；12—内圈；14、17—挡块；
18—分度液压缸右腔；19—分度液压缸左腔；20、21—分度液压缸进回油管道；22、23—升降液压缸进回油管道

图 7-70 鼠牙盘分度工作台

鼠牙盘式分度工作台作分度运动，其具体工作过程可分为分度工作台抬起、工作台回转分度、分度工作台下降和定位夹紧几个步骤。

具体工作过程如下：

需要进行分度工作时，数控装置就发出指令，电磁铁控制液压阀，压力油经孔 23 进入到工作台 7 中央的夹紧液压缸下腔 10 推动活塞 6 向上移动，经推力轴承 5 和 13 将工作台 7 抬起，上下两个鼠牙轮盘 4 和 3 脱离啮合，与此同时，在工作台 7 向上移动过程中带动内齿轮 12 向上套入齿轮 11，完成分度前的准备工作。

当工作台 7 上升时，推杆 2 在弹簧力的作用下向上移动使推杆 1 能在弹簧作用下向右

移动，离开微动开关 S2，使 S2 复位，控制电磁阀使压力油孔 21 进入分油缸左腔 19，推动齿条活塞 8 向右移动，带动与齿条相啮合的齿轮 11 作逆时针方向转动。由于齿轮 11 已经与内齿轮 12 相啮合，分度台也将随着转过相应的角度。回转角度的近似值将由微动开关和挡块 17 控制，开始回转时，挡块 14 离开推杆 15 使微动开关 S1 复位，通过电路互锁，始终保持工作台处于上升位置。

当工作台转到预定位置附近，挡块 17 通过推杆 16 使微动开关 S_3 工作。控制电磁阀开启，压力油经孔 22 进入到压紧液压缸上腔 9。活塞 3 带动工作台 7 下降，上鼠齿盘 4 与下鼠齿盘 3 在新的位置重新啮合，并定位压紧。液压缸下腔 10 的回油经节流阀可限制工作台的下降速度，保持齿面不受冲击。

当分度工作台下降时，通过推杆 2 及 1 的作用启动微动开关 S2，分度液压缸由腔 18 通过油孔 20 进压力油，活塞齿条 8 退回。齿轮 11 顺时针方向转动时带动挡块 17 及 14 回到原处，为下一次分度工作做好准备。此时内齿轮 12 已与齿轮 11 脱开，工作台保持静止状态。

鼠齿盘式分度工作台作回零运动时，其工作过程基本与上相同。只是工作台回转挡铁压下工作台零位开关时，伺服电动机减速并停止。

鼠齿盘式分度工作台与其他分度工作台相比，具有重复定位精度高、定位刚度好和结构简单等优点。鼠齿盘的磨损小，而且随着使用时间的延长，定位精度还会有进一步提高的趋势，因此在数控机床上得到了广泛应用。

2. 插销式分度工作台

定位销式分度工作台如图 7-71 所示，是自动换刀数控卧式镗铣床定位销式分度工作台。

主要靠定位销和定位孔来实现分度，分度工作台 2 置于长方工作台 11 中间．在不单独使用分度工作台 2 时，两个工作台可以作为一个整体来使用。分度工作台 2 的底部均匀分布 8 个削边圆柱定位销 8，在工作台底座口上只有一个定位孔衬套 7 及供定位销移动的环形槽。

定位销式分度工作台做分度运动时，其工作过程分为三个步骤。

1）松开锁紧机构，拔出定位销

当数控装置发出指令时，下底座 20 上的 6 个均布的锁紧液压缸 9 锁紧卸荷。活塞拉杆在弹簧 21 的作用下上升 15mm，使工作台 2 处于松开状态。同时，间隙消除液压缸 12 也卸荷。压力油从管道 15 进入中央液压缸 16，使活塞 17 上升，通过螺柱 18、支座 5 把止推轴承 13 向上抬起，顶在底座口上。再通过螺钉 4、锥套 3 使工作台抬起 15 mm，圆柱销从定位孔衬套 7 中拔出。

2）工作台回转分度

当工作台抬起之后，发出信号使液压马达驱动减速齿轮，带动与工作台 2 底部连接的大齿轮 10 回转，进行分度运动。在大齿轮 10 上面以 45°的间隔均布 8 个挡块 1。分度时，工作台先快速回转。当定位销即将进入规定位置时，挡块碰撞第一个限位开关，发出信号使工作台降速。当挡块碰撞第二个限位开关时，工作台 2 停止回转。此时定位销 8 正好对准定位孔衬套 7。

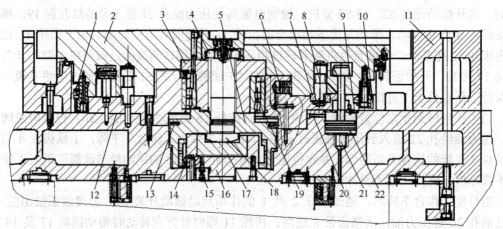

1—挡块；2—分度工作台；3—锥套；4—螺钉；5—支座；6、12—液压缸；7—定位孔锥套；
8—定位销；9—锁紧液压缸；10—大齿轮；11—长方工作台；13—止推轴承；14—轴承；15—管道；
16—中央液压缸；17—活塞；18—螺柱；19—加长型双列圆柱滚子轴承；20—下支座；21—弹簧；22—活塞拉杆

图 7-71　自动换刀数控卧式镗铣床定位销式分度工作台

3）工作台下降并锁紧

分度完毕，发出信号使中央液压缸 16 卸荷，工作台 2 靠自重下降，定位销 8 插入定位孔衬套 7 中。在锁紧工作台之前，消除间隙的液压缸 6 通入压力油，活塞顶向工作台 2，消除径向间隙。然后使锁紧液压缸 9 的上腔通入压力油，活塞拉杆 22 下降，通过拉杆将工作台锁紧。

工作台的回转轴支承在加长型双列圆柱滚子轴承 19 和滚针轴承 14 中。轴承 19 的内孔带有 1∶12 的锥度，用来调整径向间隙。另外，它的内环还可以带着滚柱在加长的外环内作 15mm 的轴向移动。轴承 14 装在支座 5 内，可以随支座一起作轴向运动。当工作台抬起时，支座 5 的一部分推力由止推轴承 13 承受，这将有效地减小分度工作台的回转摩擦阻力矩，使转动灵活。

定位销式分度台的分度精度主要由定位销和定位孔的尺寸精度及坐标精度决定，最高可达±5′。为适应大多数加工要求，应当尽可能地提高最常用的 180° 分度销孔的坐标精度，而其他角度（如 45°、90°、135°）可适当降低。

7.7　数控机床的自动换刀系统

自动换刀装置具有根据工艺要求自动更换所需刀具的功能。数控机床为了能在工件一次装夹中完成多种加工工序，缩短辅助加工时间，减少多次安装工件所引起的误差，必须配置自动换刀装置，自动换刀装置应满足换刀时间短、刀具重复定位精度高、刀具存储量大、刀库占地面积小及安全可靠等要求。自动换刀装置的结构取决于数控机床的类型、工艺范围、使用刀具的种类和数量等。

7.7.1　数控车床的自动换刀装置

数控车床为了能在工件一次装夹中完成多个工步，缩短辅助时间，减少工件因多次安装引起的误差，都带有自动换刀系统。数控车床的刀架是数控车床的重要组成部分，用于安装、夹持和更换刀具。它的结构和性能直接影响数控车床的切削性能和切削效率，在某种程度上体现了数控车床的设计和制造技术水平。随着数控车床的发展，刀具结构形式也在不断变化。图 7-72 是数控车床常用的几种刀架。

数控车床刀架是最简单的自动换刀装置，按换刀方式主要有排式刀架、回转刀架和带刀库的自动换刀装置等。其中回转刀架是数控车床刀架中应用最多的一种换刀机构，通过刀架的回转运动来实现机床的换刀动作。

（a）排式刀架　　（b）电动（或液压）刀架　　（c）立式回转刀架　　（d）卧式回转刀架

图 7-72　数控车床常用刀架

1. 回转刀架换刀装置

回转刀架换刀装置是最简单的自动换刀装置，通过回转头的旋转分度来实现自动换刀动作，除了可以分为立式和卧式两种，还可以按加工要求分为四方刀架、六方刀架或圆盘式轴向装刀等多种形式，并相应地安装 4 把、6 把或多把刀具。多为顺序换刀，具有结构紧凑、换刀时间短等优点，但安装刀具的数量不多。其工作过程一般为刀架抬起、刀架转位、刀架压紧、转位油缸复位四步。

1）数控车床六角回转刀架

如图 7-73 所示为数控车床六角回转刀架（六方刀架）。

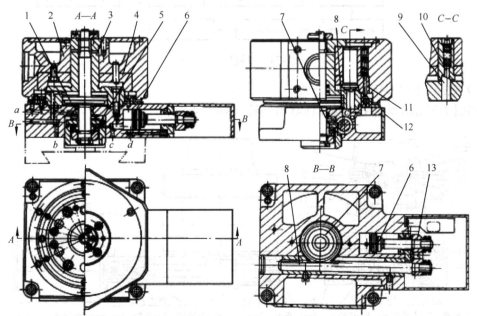

1—活塞；2—刀架体；3、7—齿轮；4—齿圈；5—空套齿轮；6—活塞；8—齿条；
9—固定插销；10—活动插销；11—推杆；12—触头；13—接板

图 7-73　数控车床六角回转刀架

它的动作根据数控指令进行，由液压系统通过电磁换向阀和顺序阀进行控制，其工作原理如下。

（1）刀架抬起。当数控装置发出指令后，压力油由 a 孔进入压紧油缸下腔，使活塞 1 上升，刀架体 2 抬起，定位用活动插销 10 与固定插销 9 脱开。同时，活塞杆下端的端齿离合器与空套齿轮 7 结合。

（2）刀架转位。当刀架抬起后，压力油从 c 孔进入转位油缸左腔，活塞 6 向右移动，通过接板 13 带动齿条移动，使空套齿轮 7 连同端齿离合器逆时针旋转，实现刀架转位。活塞的行程应当等于空套齿轮 7 节圆周长的 1/6，并由限位开关控制。

（3）刀架压紧。刀架转位后，压力油从 b 孔进入压紧油缸的上腔，活塞 1 带动刀架体 2 下降，齿轮 3 的底盘上精确地安装着 6 个带斜楔的圆柱固定插销 9，利用活动插销 10 消除定位销与孔之间的间隙，实现反转定位。刀架体 2 下降时，定位活动销与另一个固定插销 9 卡紧。同时件 3 与件 4 的锥面接触，刀架在新的位置上定位并压紧。此时，端面离合器与空套齿轮 7 脱开。

（4）转位油缸复位。刀架压紧后，压力油从 d 孔进入转位油缸右腔，活塞 6 带动齿条复位。此时端齿离合器已脱开，齿条带动齿轮在轴上空转。如果定位、压紧动作正常，推杆 11 与相应的触头 12 接触，发出信号表示已完成换刀过程，可进行切削加工。

在数控车床刀架安装和调试完成后，刀架的工作顺序应按照图 7-74 所示的步骤完成工作要求，同时要通过相应的辅助机构来实现。

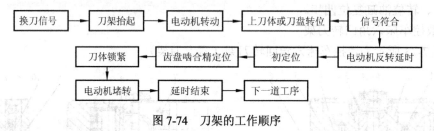

图 7-74 刀架的工作顺序

2）数控车床 LD4B 型回转刀架

如图 7-75 所示为数控车床 LD4B 型回转刀架结构。

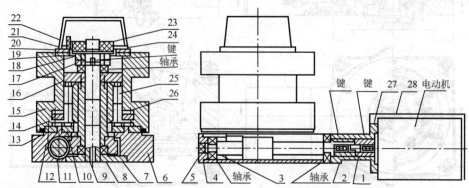

1—右联轴器；2—左联轴器；3—调整垫；4—轴承盖；5—闷头；6—下刀体；7—蜗轮；8—定轴；9—螺杆；10—反靠盘；11—蜗杆；12—外齿圈；13—防护圈；14—夹紧轮；15—上刀体；16—离合盘；17—止退圈；18—大螺母；19—罩座；20—铝盖；21—发讯支座；22—磁钢；23—小螺母；24—发讯盘；25—离合销；26—反靠销；27—连接座；28—电动机罩

图 7-75 LD4B 型回转刀架

LD4B 型立式电动刀架采用蜗轮蜗杆传动,三齿盘啮合螺杆锁紧的工作原理。具体工作程序:当主机系统发出转位信号后,刀架电动机转动,电动机带动蜗杆 11 转动,蜗杆 11 带动蜗轮 7 转动,蜗轮 7 与螺杆 9 用键连接,螺杆 9 的转动把夹紧轮 14 往上抬,从而使三齿圈(内齿圈、外齿圈和夹紧齿圈)都松开,这时离合销进入离合盘 16 的槽内,反靠销 26 同时脱离反靠盘 10 的槽子,上刀体 15 开始转动,当上刀体 15 转到对应的刀位时,磁钢 22 与发讯盘 24 上的霍尔元件相对应,发出到位信号。系统收到信号后发出电动机反转延时信号,电动机反转,上刀体 15 稍有反转,反靠销 26 进入反靠盘 10 的槽子实行初定位,离合销 25 脱离离合盘 16 的槽子,夹紧轮 14 往下压紧内外齿圈直至锁紧,延时结束。主机系统指令下一道工序。

2. 车削中心刀架

车削中心是在全功能型数控车床基础上发展而来的。它的主体是全功能型数控车床,并配置刀库、换刀装置、分度装置、铣削动力头和机械手等,可实现多工序的车、铣复合加工。在工件一次装夹后,它可完成对回转体类零件的车、铣、钻、铰、攻螺纹等多种加工工序,其功能全面,加工质量和速度都很高,但价格也较贵。图 7-76 为哈挺数控车削中心动力刀架,该刀架上备有刀架主轴电动机,可实现自动无级变速,通过传动机构驱动装在刀架上的刀具主轴,完成切削加工。

图 7-77 为车削中心上的动力刀具图,车削中心转塔刀架上的动力刀具结构。刀盘上既可以安装各种非动力辅助刀夹(车刀夹、撞刀夹、弹簧夹头和莫氏锥度刀柄)夹持刀具进行加工,还可安装动力刀夹进行主动切削,配合主机完成车、铣、钻、扩等各种复杂工序,实现加工程序自动化、高效化。

当动力刀具在转塔刀架上转到工作位置时,定位夹紧后发出信号,驱动液压缸 3 的活塞杆通过杠杆带动离合齿轮轴 2 左移,离合齿轮轴左端的内齿轮与动力刀具传动轴 1 右端的齿轮啮合,这时大齿轮 4 驱动动力刀具旋转。控制系统接收到动力刀具在转塔刀架上需要转位的信号时,驱动液压缸活塞杆通过杠杆带动离合齿轮轴右移至转塔刀盘体内(脱开传动),动力刀具在转塔刀架上才开始转位。

图 7-76 哈挺数控车削中心动力刀架

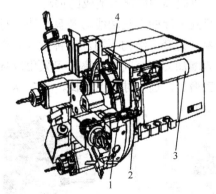

1—刀具传动轴;2—齿轮轴;3—液压缸;4—大齿轮

图 7-77 车削中心动力刀具总体结构

7.7.2 数控加工中心自动换刀装置

加工中心自动换刀装置的形式通常分为有机械手换刀和无机械手换刀两类。自动换刀装置的形式和它们的具体结构对机床的生产率和工作可靠性有直接的影响。

无机械手换刀即由刀库与机床主轴的相对运动来实现刀具交换，在换刀时必须先将用过的刀具送回刀库，然后再从刀库中取出新刀具，这两个动作不可能同时进行，因此换刀时间长。

有机械手换刀即采用机械手进行刀具交换，是当前应用最为广泛的换刀方式之一，这是因为机械手换刀有很大的灵活性而且可以减少换刀时间。目前在加工中心上绝大多数都使用记忆式的任选换刀方式。这种方式能将刀具号和刀库中的刀套位置（地址）对应地记忆在数控系统的 PC 中，不论刀具放在哪个刀套内都始终记忆着它的踪迹。刀库上装有位置检测装置（一般与电动机装在一起），可以检测出每个刀套的位置，这样刀具就可以任意取出并送回。刀库上还设有机械原点，使每次选刀时就近选取，如对于盘式刀库来说，每次选刀运动或正转或反转不会超过180°。

1. 刀库

1）刀库的种类

刀库的功能是储存加工工序所需要的各种刀具，并按程序指令把将要用的刀具准确地送到换刀位置，并接受从主轴送来的已用刀具。刀库是自动换刀装置的主要部件，其容量、布局以及具体结构对数控机床的设计有很大的影响。刀库中的刀具的定位机构是用来保证要更换的每一把刀具或刀套都能准确地停在换刀位置上。采用电动机或液压系统为刀库转动提供动力。根据刀库所需要的容量和取刀的方式，可以将刀库设计成多种形式。

（1）盘式刀库。在盘式刀库结构中，刀具可以沿主轴轴向、径向、斜向安放，刀具轴向安装的结构最为紧凑。但为了换刀时刀具与主轴同向，有的刀库中的刀具需在换刀位置作 90° 翻转。在刀库容量较大时，为在存取方便的同时保持结构紧凑，可采取弹仓式结构，目前大量的刀库安装在机床立柱的顶面或侧面。在刀库容量较大时，也有安装在单独的地基上，以隔离刀库转动造成的振动。

盘式刀库的刀具轴线与圆盘轴线平行，刀具环行排列，分径向、轴向两种取刀方式，其刀座（刀套）结构不同。这种盘式刀库结构简单，应用较多，适用于刀库容量较少的情况。为增加刀库空间利用率，可采用双环或多环排列刀具的形式。但圆盘直径增大，转动惯量就增加，选刀时间也较长。图 7-78 所示为盘式刀库实物。

(a)

(b)

(c)

(d)

图 7-78 盘式刀库

（2）链式刀库。如图 7-79 所示为链式刀库实物图，通常刀具容量比盘式的要大，结构也比较灵活和紧凑，常为轴向换刀。链环可根据机床的布局配置成各种形状，也可将换刀位置刀座突出以利于换刀。另外还可以采用加长链带方式加大刀库的容量，也可采用链带折叠回绕的方式提高空间利用率，在要求刀具容量很大时还可以采用多条链带结构，如图 7-80 所示。

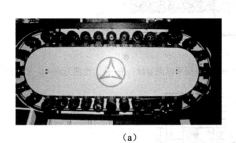

图 7-79　链式刀库

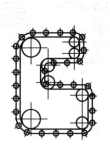
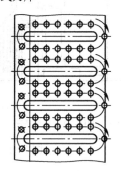

图 7-80　加长链刀库的形式

（3）格子式刀库。有固定型和非固定型两种，固定型格子盒式刀库如图 7-81（a）所示，刀具分几排直线排列，由纵、横向移动的取刀机械手完成选刀运动，将选取的刀具送到固定的换刀位置刀座上，由换刀机械手交换刀具。由于刀具排列密集，空间利用率高，刀库容量大。非固定型格子盒式刀库如图 7-81（b）所示，刀库由多个刀匣组成，可直线运动，刀匣可以从刀库中垂向提出。

2）刀库的容量

刀库的容量是指刀库所能容纳刀具的数量，目前加工中心中大量采用刀库来实现换刀。由于刀库在很大程度上增加了刀具的储存数量，增强了机床的功能，同时有了刀库，机床只需要用一个主轴来安装刀具，有利于提高主轴刚度。一般情况下，并不是刀库中的刀具越多越好，太大的容量会增加刀库的尺寸和占地面积，使选刀过程时间增长。刀库的容量首先要考虑加工工艺分析的需要。例如，根据以钻、铣为主的立式加工中心所需刀具数的统计，绘制出图 7-82 所示的曲线。按成组技术分析，曲线表明各种加工刀具所必需的刀具数的结果是，4 把刀的容量就可以完成 90%左右的铣削工艺，10 把孔加工刀具可完成 70%

的钻削工艺，因此，14 把刀的容量就可完成 70%以上的工件钻铣工艺。如果从完成工件的全部加工所需的刀具数目统计，所得结果是 80%的工件（中等尺寸，复杂程度一般）完成全部加工任务所需的刀具数在 40 种以下，所以一般的中小型立式加工中心配 14～30 把刀具的刀库就能够满足 70%～95%的工件加工需要。

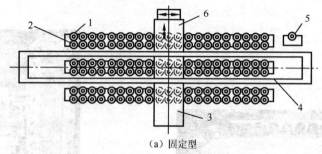

（a）固定型

1—刀座；2—刀具固定板架；3—取刀机械手横向导轨；4—取刀机械手纵向导轨；5—换刀位置刀座；6—换刀机械手

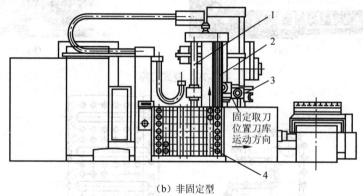

（b）非固定型

1—导向柱；2—刀匣提升机构；3—机械手；4—格子盒式刀库

图 7-81　格子式刀库

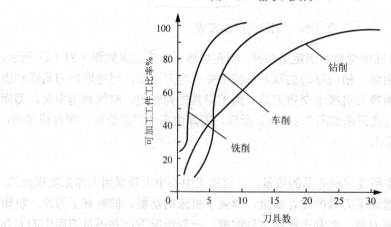

图 7-82　加工工件与刀具数量的关系

3）刀套的准停

如果刀套不能准确地停在换刀位置上，将会使换刀机械手抓刀不准，以致在换刀时容易发生掉刀现象。因此，刀套的准停问题，是影响换刀动作可靠性的重要因素之一。

为了确保刀套准确地停在换刀位置上，需要采取如下措施。

（1）定位盘准停方式，由液压缸推动的定位销，插入定位盘的定位槽内，以实现刀套的准停，或采用定位块进行刀套定位。如图 7-83 所示，定位盘上的每个定位槽（或刀套定位孔），对应于一个相应的刀套，而且定位槽（或定位孔）的节距要一致。这种准停方式的优点是能有效地消除传动链反向间隙的影响，保护传动链，使其免受换刀撞击力，驱动电动机可不用制动自锁装置。

（2）链式刀库要选用节距精度较高的套筒滚子链和链轮。而且在把套筒装在链条上时，要用专用夹具来定位，以保证刀套节距一致。

（3）传动时要消除传动间隙。消除反向间隙方法有以下几种：电气系统自动补偿方式（在链轮轴上安装编码器）、单头双导程蜗杆传动方式（使刀套单方向运行、单方向定位以及使刀套双向运行）和单向定位方式等。

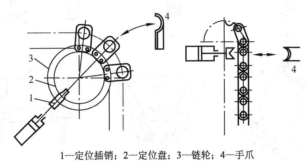

1—定位插销；2—定位盘；3—链轮；4—手爪

图 7-83 刀套准停机构

2. 换刀机械手

采用机械手进行刀具交换的方式应用得最为广泛，这是因为机械手换刀有很大的灵活性，而且可以减少换刀时间。

1）机械手的种类

在自动换刀数控机床中，机械手的形式也是多种多样的，换刀运动也各不相同，图 7-84 所示为常用机械手的形式。

（1）单臂单爪回转式机械手。这种机械手的手臂可以回转不同的角度进行自动换刀，手臂上只有一个夹爪，不论在刀库上或在主轴上，均靠这一个夹爪来装刀及卸刀，因此换刀时间较长，如图 7-84（a）所示。

（2）单臂双爪摆动式机械手。这种机械手的手臂上有两个夹爪，两上夹爪有所分工，一个夹爪只执行从主轴上取下"旧刀"送回刀库的任务。另一个爪则执行由刀库取出"新刀"送到主轴的任务。其换刀时间较上述单爪回转式机械手要少，如图 7-84（b）所示。

（3）单臂双爪回转式机械手。这种机械手的手臂两端各有一个夹爪，两个夹爪可同时抓取刀库及主轴上的刀具，回转180°后，又同时将刀具放回刀库及装入主轴。换刀时间较以上两种单臂机械手均短，是最常用的一种形式。图 7-84（c）右边的一种机械手在抓取刀具或将刀具送入刀库及主轴时，两臂可伸缩。

（4）双机械手。这种机械手相当两个单爪机械手，相互配合起来进行自动换刀。其中一个机械手从主轴上取下"旧刀"送回刀库；另一个机械手由刀库里取出"新刀"装入机床主轴，如图7-84（d）所示。

（5）双臂往复交叉式机械手。这种机械手的两手臂可以往复运动，并交叉成一定的角度。一个手臂从主轴上取下"旧刀"送回刀库，另一个手臂由刀库取出"新刀"装入主轴。整个机械手可沿某导轨直线移动或绕某个转轴回转，以实现刀库与主轴间的运刀运动，如图7-84（e）所示。

（6）双臂端面夹紧机械手。这种机械手只是在夹紧部位上与前几种不同。前几种机械手均靠夹紧刀柄的外圆表面以抓取刀具，这种机械手则夹紧刀柄的两个端面，如图7-84（f）所示。

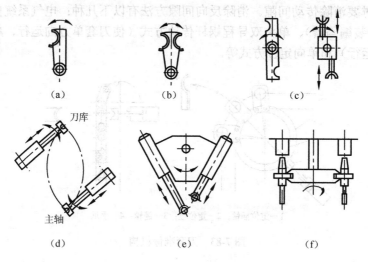

图 7-84　常用机械手形式

2）机械手的结构和工作原理

（1）机械手结构。如图7-85所示，机械手结构及工作原理：机械手有两对抓刀爪，分别由液压缸1驱动其动作。当液压缸推动机械手抓刀爪外伸时（图7-85中上面一对抓刀爪），

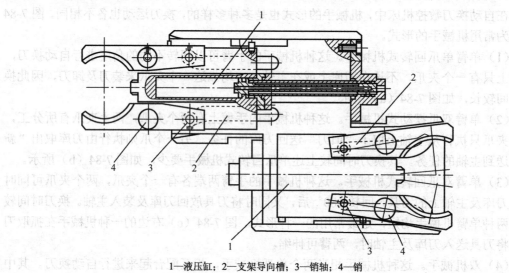

1—液压缸；2—支架导向槽；3—销轴；4—销

图 7-85　机械手结构

抓刀爪上的销轴 3 在支架上的导向槽 2 内滑动，使抓刀爪绕销 4 摆动，抓刀爪合拢抓住刀具；当液压缸间缩时，支架 2 上的导向槽迫使抓刀爪张开，放松刀具。由于抓刀动作由机械机构实现，且能自锁，因此工作安全可靠。

（2）机械手臂和手爪结构。如图 7-86 所示为机械手臂和手爪结构图。手臂的两端各有一手爪。刀具被带弹簧 1 的活动销 4 紧靠着固定爪 5。锁紧销 2 被弹簧 3 弹起，使活动销 4 被锁位，不能后退，这就保证了在机械手运动过程中，手爪中的刀具不会被甩出。当手臂在上方位置从初始位置转过 75°时锁紧销 2 被挡块压下，活动销 4 就可以活动，使得机械手可以抓住（或放开）主轴和刀套中的刀具。

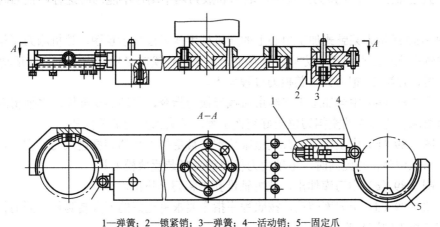

1—弹簧；2—锁紧销；3—弹簧；4—活动销；5—固定爪

图 7-86 机械手臂和手爪结构

（3）机械手的手爪形式与结构原理。

① 钳形手的械杆手爪。如图 7-87 所示。图中的锁销 2 在弹簧（图中未画出此弹簧）作用下，其大直径外圆顶着止退销 3，杠杆手爪 6 就不能摆动张开，手中的刀具就不会被甩出。当抓刀和换刀时，锁销 2 被装在刀库主轴端部的撞块压回，止退销 3 和杠杆手爪 6 就能够摆动、放开，刀具就能装入和取出。这种手爪均为直线运动抓刀。

② 刀库夹爪。刀库夹爪既起着刀套作用又起着手爪的作用。如图 7-88 所示为刀库夹爪。

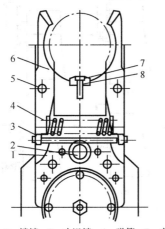

1—手臂；2—锁销；3—止退销；4—弹簧；5—支点轴；
6—杠杆手爪；7—键；8—螺钉

图 7-87 钳形手的械杆手爪

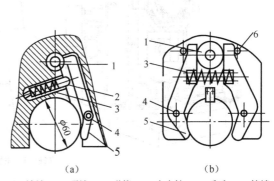

1—锁销；2—顶销；3—弹簧；4—支点轴；5—手爪；6—挡销

图 7-88 刀库夹爪

3. 换刀方式

加工中心的自动换刀装置总体可分为两种基本形式，即有机械手换刀和无机械手换刀。刀具交换方式和它们的具体结构对机床的生产率及工作可靠性都有直接影响。

1) 无机械手换刀

无机械手换刀方式又称为主轴直接换刀，该种换刀方式是利用刀库和主轴的相对运动来实现刀具的交换。换刀时现将主轴上用过的刀具送回刀库，然后再从刀库中取出待用的刀具安装到主轴上。整个换刀过程中，取刀和放刀两个动作不能同时进行，换刀时间相对较长。

如图 7-89 所示为某卧式加工中心上的无机械手换刀过程示意图，该机床刀库位于机床顶部，主轴在立柱上可以沿 Y 方向上下移动，工作台作横向 Z 轴和纵向 X 轴的运动。有 30 个装刀位置，可装 29 把刀具。其换刀过程如下。

(1) 图 7-89 (a) 中当加工工步结束后执行换刀指令，主轴实现准停，主轴箱沿 Y 轴上升。这时机床上方刀库的空挡刀位正好交换位置，装夹刀具的卡爪打开。

(2) 图 7-89 (b) 中主轴箱上升到极限位置，被更换刀具的刀杆进入刀库空刀位，即被刀具定位卡爪钳住，与此同时，主轴内刀杆自动夹紧装置放松刀具。

(3) 图 7-89 (c) 中刀库伸出，从主轴锥孔中将刀具拔出。

(4) 图 7-89 (d) 中刀库转动，按照程序指令要求将选好的刀具转到最下面的位置，同时压缩空气将主轴锥孔吹净。

(5) 图 7-89 (e) 中刀库退回，同时将新刀具插入主轴锥孔。主轴内有夹紧装置将刀杆拉紧。

(6) 图 7-89 (f) 中主轴下降到加工位置后启动，开始下一工步的加工。

这种换刀机构不需要机械手，结构简单、紧凑。由于交换刀具时机床不工作，所以不会影响加工精度，但会影响机床的生产率。其次因刀库尺寸限制，装刀数量不能太多。这种换刀方式常用于小型加工中心。

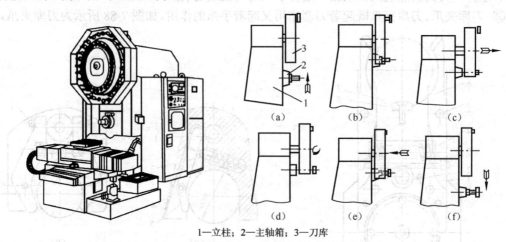

1—立柱；2—主轴箱；3—刀库

图 7-89 无机械手换刀过程示意

除上述换刀方式外，还有转塔式自动换刀和二轴转动式换刀装置。

转塔式自动换刀装置是最早的自动换刀方式，如图 7-90 所示，转塔由若干与铣床动力头（主轴箱）相连接的主轴组成。在运行程序之前将刀具分别装入主轴，需要哪把刀具时，转塔就转到相应的位置。这种装置的缺点是主轴的数量受到限制。要使用数量多于主轴数的刀具时，操作者必须卸下已用过的刀具，并装上后续程序所需要的刀具。转塔式换刀不是拆卸刀具，而是将刀具和刀夹一起换下，所以这种换刀方式很快。目前 VC 钻床等还在使用转塔式刀库。

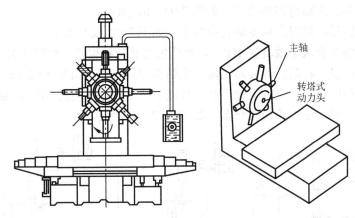

图 7-90 转塔式自动换刀装置

如图 7-91 所示是二轴转动式换刀装置的工作原理。这种换刀装置可用于侧置或后置式刀具库，其结构特点最适用于立式加工中心。

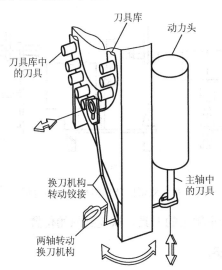

图 7-91 二轴转动式换刀装置

接到换刀指令，换刀机构从"等待"位置开始运动，夹紧主轴上的刀具并将其取下，转至刀具库，并将刀具放回刀具库；从刀具库中取出欲换上的刀具，转向主轴，并将刀具装入主轴；然后返回"等待"位置，换刀完成。

这种装置的主要优点是刀具库位于机床一侧或后方，能最大限度地保护刀具。其缺点是刀具的传递次数及运动较多。这种装置在立式加工中心中的应用已逐渐被 180°回转式和主轴直接式换刀装置所取代。

2) 有机械手换刀

如图 7-92 为双臂回转式机械手换刀方式，其换刀过程如下。

（1）抓刀机械手伸出，抓住刀库上的待换刀具，刀库刀座上的锁板拉开，如图 7-86（a）所示。

（2）机械手带动刀具绕竖直轴逆时针方向旋转 90°，与主轴轴线平行，另一个抓刀爪抓住主轴上的刀具，主轴将刀具松开，如图 7-92（b）所示。

（3）机械手前移，将刀具从主轴孔中拔出，如图 7-92（c）所示。

（4）机械手绕自身水平轴旋转 180°，将两把刀具交换位置，如图 7-92（d）所示。

（5）机械手后退，将新刀具装入主轴，主轴将刀具夹紧，如图 7-92（e）所示。

（6）抓刀爪缩回，松开主轴上的刀具，机械手绕竖直方向旋转 90°，将刀具放回刀库相应的刀座上，刀库刀座上的锁板合上，如图 7-92（f）所示。

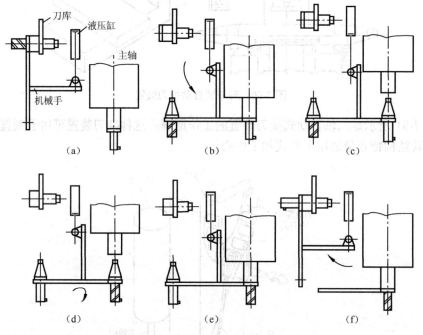

图 7-92　双臂回转式机械手换刀过程

（7）抓刀爪缩回，松开主轴上的刀具，恢复到原始位置。

7.7.3　刀具选择方式

自动选刀是指在数控机床上，按数控装置的刀具选择指令，从刀库中将所需要的刀具转换到取刀位置。在刀库中，通常采用顺序选刀和任选刀具两种方式进行选择刀具。

1. 顺序选刀

顺序选刀是按照加工工艺的顺序，依次将所用刀具插入刀库的刀座中，使用时刀库按顺序转到取刀位置，用过的刀具放回原来的刀座内。该法不需要刀具识别装置，驱动控制也较简单，工作可靠。但刀库中每一把刀具在不同的工序中不能重复使用。为了满足加工需要，只有增加刀具的数量和刀库的容量，这就降低了刀具和刀库的利用率。此外，装刀时必须十分谨慎，如果刀具不按顺序装在刀库中，将会产生严重的后果。

2. 任选刀具

任选刀具方式是根据程序指令的要求任意选择所需要的刀具，刀具在刀库中不必按照工件的加工顺序排列，可以任意存放。每把刀具（或刀座）都编上代码，自动换刀时，刀库根据指令向一个方向旋转，当某把刀具的代码与数控指令的代码相符合时，该刀具被选中，刀库将刀具送到换刀位置，等待机械手来抓取刀具。这种换刀方式中，每把刀具（或刀座）都要经过"刀具识别装置"接受识别。任意选刀方式的优点是刀库中刀具的排列顺序与工件加工顺序无关，而且相同的刀具可重复使用，而且可以根据指令使刀库沿最小的角度旋转。因此，刀具数量比顺序选刀方式的刀具可少一些。

3. 刀具的编码识别方式

1）刀具的编码方式

目前大多数的数控系统都采用任选功能，编码方式主要有刀具编码方式、刀座编码方式和编码附件方式三种。

（1）刀具编码方式。这种方式是对每把刀具进行编码，由于每把刀具都有自己的代码，因此，可以存放于刀库的任一刀座中。每把刀具上都带有自身专用的编码系统，使用时识别装置根据刀具自带的特征进行识别，这样刀具可以在不同的工序中多次重复使用，用过的刀具也不一定放回原刀座中，对装刀和选刀都十分有利，刀库容量也可相应减小，避免了因刀具存放在刀库中的顺序差错而造成的事故。但由于自带编码系统，所以刀具长度加长，制造困难，刚度降低，刀库和机械手的结构复杂。

刀具编码的具体结构如图 7-93（a）所示。在刀柄 1 后端的拉杆 4 上套装着等间隔的编码环 2，由锁紧螺母 3 固定。编码环既可以是整体的，也可由圆环组装而成。编码环直径有大小两种，大直径的为二进制的"1"，小直径的为"0"。通过这两种圆环的不同排列，可以得到一系列代码。例如由六个大小直径的圆环便可组成能区别 63 种刀具。通常全部为 0 的代码不许使用，以避免与刀座中没有刀具的状况相混淆。为了便于操作者的记忆和识别，也可采用二八进制编码来表示。

（2）刀座编码方式。这种编码方式是对每个刀座都进行编码，刀具也编号，并将刀具放到与其号码相符的刀座中，换刀时刀库旋转，使各个刀座依次经过识刀器，直至找到规定的刀座，刀库便停止旋转。由于这种编码方式取消了刀柄中的编码环，使刀柄结构大为简化。因此，识刀器的结构不受刀柄尺寸的限制，而且可以放在较适当的位置。但是在自动换刀过程中必须将用过的刀具放回原来的刀座中，增加了换刀动作。与顺序选择刀具的方式相比，刀座编码的突出优点是刀具在加工过程中可重复使用。

如图 7-93（b）所示为圆盘形刀库的刀座编码装置。在圆盘的圆周上均布若干个刀座，其外侧边缘上装有相应的刀座识别装置 2。刀座编码的识别原理与上述刀具编码的识别原理完全相同。

（3）编码附件方式。该方式可分为编码钥匙、编码卡片、编码杆和编码等，其中编码钥匙应用最多。这种方式是先给各刀具都附上一把表示该刀具号的编码钥匙,当把各刀具存放到刀库的刀座中时,将编码钥匙插进刀座旁边的钥匙孔中。这样就把钥匙的号码转记到刀座中,给刀座编上了号码。识别装置可以通过识别钥匙上的号码来选取该钥匙旁边刀座中的刀具。这种编码方式称为临时性编码,因为从刀座中取出刀具时,刀座中的编码钥匙也取出,刀座中原来编码随之消失。因此,这种方式具有更大的灵活性。采用这种编码方式用过的刀具必须放回原来的刀座中。

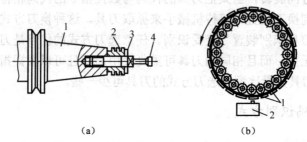

(a) (b)

1—刀柄;2—编码环;3—锁紧螺母;4—拉钉　1—刀座;2—刀座识别装置

图 7-93　刀具编码的具体结构

2) 刀具的编码识别装置

通常刀具的编码识别装置分为接触式与非接触式两种,如图 7-94 所示。

(1) 接触式编码识别装置,如图 7-94 (a) 所示,在刀柄 1 上装有两种直径不同的编码环,规定大直径的环表示二进制的 "1",小直径的环为 "0",图中有 5 个编码环 4,在刀库附近固定一刀具识别装置 2,从中伸出几个触针 3,触针数量与刀柄上编码环个数相等。每个触针与一个继电器相连,当编码环是大直径时与触针接触,继电器通电,其数码为 "1"。当编码环是小直径时与触针不接触,继电器不通电,其数码为 "0"。当各继电器读出的数码与所需刀具的编码一致时,由控制装置发出信号,使刀库停转,等待换刀。接触式编码识别装置的结构简单,但可靠性较差,寿命较短,而且不能快速选刀。

(2) 非接触式编码识别装置。非接触式编码识别装置没有机械直接接触,因而无磨损、无噪声、寿命长、反应速度快,适用于高速、换刀频繁的工作场合。可分为磁性和光电识别两种方式。非接触式编码识别方法是利用磁性材料和非磁性材料磁感应的强弱不同,通过感应线圈读取代码。编码环由导磁材料 (如软钢) 和非导磁材料 (如黄铜、塑料等) 制成,规定前者编码为 "1",后者编码为 "0"。如图 7-94 (b) 所示为一种用于刀具编码的非接触式磁性识别装置,图中刀柄 1 上装有非导磁材料编码环 4 和导磁材料编码环 2,与编码环相对应的有一组检测线圈 6,组成非接触式识别装置 3。在检测线圈 6 的一次线圈 5 中输入交流电压时,如编码环为导磁材料,则磁感应较强,在二次线圈 7 中产生较大的感应电压。如编码环为非导磁材料,则磁感应较弱,在二次线圈中感应的电压较弱。利用感应电压的强弱,就能识别刀具的号码。当编码环的号码与指令刀号相符时,控制电路便发出信号,使刀库停止运转,等待换刀。

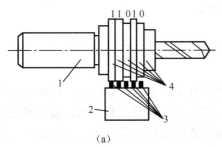 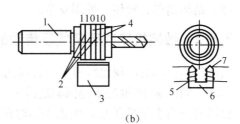

1—刀柄；2—识别装置；3—触针；4—编码环　　　　1—刀柄；2—导磁材料编码环；3—识别装置；
　　　　　　　　　　　　　　　　　　　　　　4—非导磁材料编码环；5——次线圈；6—检测线圈；7—二次线圈

图 7-94　刀具的编码识别装置

7.8　数控机床液压与气动装置

数控机床作为实现柔性自动化的最重要的装备，近年来得到了高速发展和大量推广应用。数控机床对控制的自动化程度要求很高，液压与气压传动由于结构紧凑、工作可靠、易于控制和调节，能方便地实现电气控制与自动化，从而成为数控机床广为采用的传动与控制方式之一。

7.8.1　数控机床液压及气压传动特点

数控机床液压及气压传动均属于流体传动，机构输出力大，机械结构更紧凑、传递运动平稳，反应速度快，冲击小，能高速启动、制动和换向，易于实现过载保护。而且其控制元件的标准化、系列化和通用化程度较高。液压传动主要具有以下几方面的优点。

（1）在同等功率的情况下，液压装置的体积小、重量小、结构紧凑。液压电动机的重量约为同功率电动机的 1/6 左右。

（2）数控机床厂液压装置工作平稳、惯性小、反应快，易于实现快速启动，具有较高的换向频率。

（3）数控机床厂液压传动能在运行过程中进行无级调速，且调速的范围相当宽，可达 1∶2000。

（4）数控机床厂液压元件能自行润滑，使用寿命长。

（5）因为液压元件已实现标准化、系列化和通用化，所以液压传动系统的设计、制造变得较为容易。

（6）液压装置与机械装置相比更易实现直线运动。

数控机床气动装置的气源容易获得，机床可以不必再单独配置动力源，装置结构简单，工作速度快和动作频率高，适合于完成频繁启动的辅助工作。过载时比较安全，不易发生过载损坏机件等事故。但其缺点是传动介质易泄漏、不适于遥控、系统安装困难、故障不易诊断等。气压传动主要具有以下几方面的优点。

（1）工作介质是空气，因此处理方便，不存在介质变质及补充问题，对环境无污染。

（2）空气黏度小，在管路中的能量损失小，适于远程传输及控制。

（3）所需工作压力低，元件的材料和制造精度要求低，成本低。

(4) 工作适应性强,能在各种恶劣环境下正常工作。

(5) 结构简单、轻便,使用安全。

7.8.2 数控机床液压及气压传动的历史

液压气压传动的出现已经有二三百年的历史。1795 年第一台水压机问世。机床上采用液压传动,如果从 19 世纪末德国制造液压龙门刨床,美国制造液压六角车床、液压磨床算起,已经有一百多年的历史。但由于当时还没有成熟的液压元件,因而液压技术并没有得到普遍应用。20 世纪 30 年代,各类机床(车、铣、磨、钻、镗、拉等机床)才刚刚开始采用液压传动。直到第二次世界大战以后,应用才逐渐普遍起来。

我国的液压技术从上世纪五十所代开始应用,1952 年开始试制油压泵阀。(1961 年上海压机床厂自行设计制造了我国第一台万能水压机)以液体的介质的液压传动具有无级调速和传动平稳的优点,故在现代机床上得到广泛应用;用其布置方便并易实现自动化,而在组合机床上应用较广;由于执行元件的输出力(或转矩)较大,操纵方便布置灵活,液压元件用电器易实现自动化和遥控。

以气体的工作介质和气压传动,因工作压力较低(一般在 1MPa 以下),且有可压缩性,所以传递动力小,运动不如液压传动平稳,但因空气黏度小,阻力损失小,速度快、所应灵敏,而适用于特殊环境下的传动。

目前,机床液压仿形装置,液压自动化机床及其自动线已经大量出现。液压传动在高效率的自动、半自动机床组合机床,程控机床和数控机床上已经成为重要的组成部分。有的先进工业国家采用液压装置的机床类别(按品种计算)已经高达 70%以上,机床传动系统有 85%利用液压传动和控制。

液压技术正在向高压、高速、大流量、高效率、低噪声,集成比方向发展;新的液压元件和液压系统的计算机辅助设计、优化设计数字仿真。微机控制等新技术也日益发展、应用,并取得了很多显著成果(例如:比例控制、二通插装阀、球式逻辑阀,交流液压技术,还出现了大量的机、电、液、计算机一体化的现代化设备)。

另外,近年来又在太阳跟踪系统、海浪模拟装置、船舶驾驶模拟地震再现、火箭助飞发射装置、宇宙环境模拟和高层建筑防振系统及紧急制动装置等设施中,也采用了液压技术。

总之,几乎所有工程领域,凡是有机械设备的场合,均可利用液压技术。因此可见其发展前景是非常光明的。

7.8.3 数控机床液压及气压执行装置

数控机床执行装置用于连接工作部件,将工作介质的压力能转换为工作部件的机械能,常见的有进行直线运动的动力缸(包括液压缸和汽缸)和进行回转运动的液压马达、气马达。

1) 数控机床液压缸

数控机床液压缸是液压系统中的执行元件,它是一种把液体的压力能转变为直线往复运动机械能的装置。它可以很方便地获得直线往复运动和很大的输出力,结构简单、工作可靠,制造容易,因此应用广泛,是液压系统中最常用的执行元件。液压缸按结构特点的不同可分为活塞缸、柱塞缸和摆动缸三类,活塞缸和柱塞缸用以实现直线运动,输出推力和速度;摆动缸(或称摆动马达)用以实现小于 360°的转动,输出转矩和角速度。

2）数控机床液压马达

数控机床液压马达属液压执行元件，它将输入液体的压力能转换成机械能，以扭矩和转速的形式输送到执行机构做功，输出的是旋转运动。

数控机床液压马达按液压马达的额定转速分为高速和低速两大类，高速液压马达主要特点是转速较高、转动惯量小，便于启动和制动，调速和换向的灵敏度高，低速液压马达的主要特点是排量大、体积大、转速低，可直接与工作机构连接，简化传动机构。数控机床液压马达按其结构类型可分为齿轮式、叶片式、柱塞式和其他形式。

液压与气压传动就是用压力油或压缩空气作为传递能量的载体实现传动与控制，它不仅可以传递动力和运动，而且可以控制机械运动的程序和参量，因此被广泛应用于数控设备中。

7.8.4 液压与气压传动系统在数控机床上的应用

数控机床具有主轴自动变速、自动换刀、卡盘的松开与夹紧、其他辅助操作自动化等功能，而这些功能的实现大多是靠液压与气动系统驱动及控制的。了解、掌握这些液压与气动系统的构成、特点及工作性能对正确使用和维护机床都有着重要的指导意义。

1. MJ-50 数控车床液压系统

MJ-50 数控车床卡盘的夹紧与松开、卡盘夹紧力的高低压转换、回转刀架的松开与夹紧、刀架刀盘的正转与反转、尾座套筒的伸出与退回都是由液压系统驱动的，液压系统中各电磁阀电磁铁的动作是由数控系统的 PLC 控制实现的。

图 7-95 是 MJ-50 数控车床液压系统原理。机床的液压系统采用单向变量液压泵为动力源，系统压力调整至 4MPa，由压力表 14 显示。泵出口的压力油经单向阀进入控制油路。

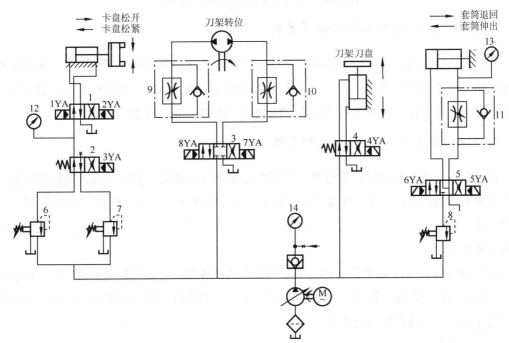

1、2、3、4、5—电磁换向阀；6、7、8—减压阀；9、10、11—调速阀；12、13、14—压力表

图 7-95 MJ-50 数控车床液压系统原理

2. CK3225 数控车床的液压系统

CK3225 数控车床可以车削内圆柱、外圆柱和圆锥及各种圆弧曲线,适用于形状复杂、精度高的轴类和盘类零件的加工。图 7-96 所示为 CK3225 数控车床的液压系统原理。液压系统的作用是用来控制卡盘的夹紧与松开、主轴变速、转塔刀架的夹紧与松开;转塔刀架的转位和尾座套筒的移动。液压变速机构在数控机床及加工中心中得到普遍使用。

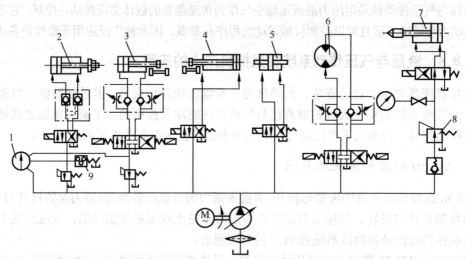

1—压力表;2—卡盘液压缸;3—变挡液压缸Ⅰ;4—变挡液压缸Ⅱ;5—转塔夹紧缸;6—转塔转位液压马达;7—尾座液压缸

图 7-96 CK3225 数控车床的液压系统

3. TH6350 卧式加工中心液压系统

该机床的链式刀库为一独立部件置于机床左侧,通过地脚螺钉及调整装置,使刀库与机床的相对位置能保持固定。系统由油箱、管路和控制阀等组成。控制阀采取分散布局,分别装在刀架和立柱上。图 7-97 所示为 TH6350 卧式加工中心的液压系统原理。

4. H400 型卧式加工中心气动系统

加工中心气动系统的设计及布置与加工中心的类型、结构、要求完成的功能等有关,结合气压传动的特点,一般在要求力或力矩不太大的情况下采用气压传动。H400 型卧式加工中心是一种中小功率、中等精度的加工中心,该加工中心的辅助动作采用以气压驱动装置为主来完成。

图 7-98 所示为 H400 型卧式加工中心气动系统原理图,主要包括松刀缸、双工作台交换、工作台与鞍座之间的锁紧、工作台回转分度、分度插销定位、刀库前后移动、主轴锥孔吹气清理等几个动作的气动支路。

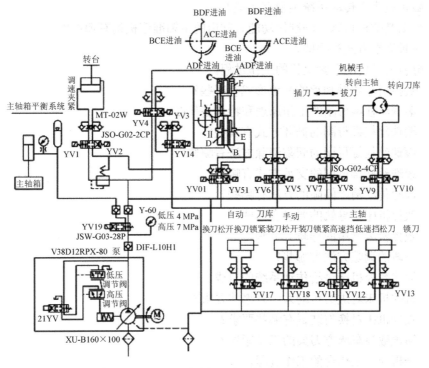

图 7-97　TH6350 卧式加工中心的液压系统原理

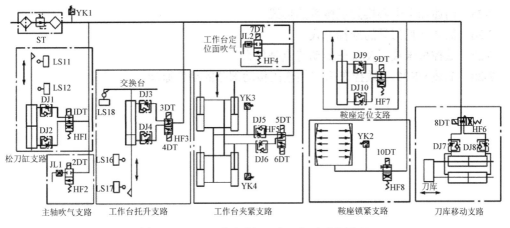

图 7-98　H400 型卧式加工中心气动系统原理

思考题与习题

7-1　数控机床的机械结构有哪些特点？
7-2　数控机床的机械结构有哪些要求？
7-3　简述数控机床主传动系统的组成。
7-4　数控机床对主传动系统有哪些要求？
7-5　数控机床主轴的传动方式有哪些？

7-6 数控机床主传动系统类型有哪些？
7-7 什么是数控机床主轴准停功能？常用的主轴准停机构有哪些？
7-8 主轴润滑方式有哪些？
7-9 分析刀具自动卡紧机构的工作过程。
7-10 数控机床主轴轴承的配置形式有哪些？
7-11 滚珠丝杠螺母副的工作原理和特点是什么？
7-12 滚珠丝杠螺母副的循环方式有哪些？
7-13 滚珠丝杠螺母副的间隙消除方法有哪些？
7-14 滚珠丝杠螺母副的支承方式有哪些？
7-15 齿轮传动消除间隙的方法有哪些？
7-16 数控机床对导轨的要求有哪些？
7-17 数控机床常用的导轨有哪些？
7-18 导轨的调隙方法有哪些？
7-19 简述数控机床进给传动系统的组成。
7-20 数控机床对进给传动系统有哪些要求？
7-21 数控机床对换刀装置有哪些要求？
7-22 简述数控车床方刀架的工作顺序？
7-23 分析回转工作台的工作过程。
7-24 简述加工中心自动换刀装置的形式。
7-25 简述加工中心换刀机械手的形式。
7-26 简述常见刀具的选择方式。
7-27 数控机床液压及气压传动特点是什么？
7-28 简述 CK3225 数控车床刀架液压传动部分的动作原理。

第 8 章　数控机床与先进制造技术

> **教学要求**
>
> 通过本章学习，了解先进制造技术的内涵、特征、分类及其发展趋势。

> **引例**
>
> 　　据统计，在 20 世纪 70~80 年代不足 10 年的时间内，美国首创的微电子工业的半导体市场份额由 60%降到了 40%，消费电子产品几乎全军覆没，电视机仅有 15%的国内市场，其余全部被日本占领。1955 年，汽车工业是美国最庞大的产业，进口汽车仅占美国汽车市场的 1%的份额；但到了 1987 年，美国进口汽车的百分比达到 31%；到 1989 年，美国汽车世界市场占有率从早期的 75%下降到 25%。美国政府意识到问题的严重性后花费巨额费用组织大量专家学者进行调查研究，得出结论："振兴美国经济的出路在于振兴美国的制造业"，"经济的竞争归根到底是制造技术和制造能力的竞争"。1988 年，美国开始进行大规模"21 世纪制造企业战略"研究，制定并实施了先进制造技术计划（APT）和制造技术中心计划（MTC），取得了显著效果。到 1994 年，美国汽车产业重新超过了日本，并重新占领欧美市场。美国的半导体工业，特别是芯片制造业也得到迅猛发展。
>
> 　　先进制造技术的内涵是什么？先进制造技术有哪些特征？先进制造技术有哪些类型？先进制造技术的发展趋势是什么？等等，本章将对这些内容进行阐述。

8.1　概　　述

8.1.1　概念

　　（1）制造（Manufacturing）是人类所有经济活动的基石，是人类历史发展和文明进步的动力；所谓制造是人类按照市场需求，运用主观掌握的知识和技能，借助于手工或可以利用的客观物质工具，采用有效的工艺方法和必要的能源，将原材料转化为最终物质产品并投放市场的全过程。国际生产工程学会（CIRP）1990 年给"制造"下的定义：制造是一个涉及制造工业中产品设计、物料选择、生产计划、生产过程、质量保证、经营管理、市场销售和服务的一系列相关活动和工作的总称。

　　（2）现代制造工程是集成、融合机械与结构技术、设计与工艺技术、计算机控制与辅助技术、自动化技术、信息技术、电子技术、材料技术，财会金融与新型管理技术为一体，综合应用于企业经营、研究开发、设计、加工、质量保证、设备维护、售后服务与生产管理的全过程，以提高企业综合效益和竞争力为目标，把科学技术和经济紧密结合起来的一门应用科学。

（3）先进制造技术是制造业为了提高竞争力以适应时代的要求，对传统制造技术不断优化并吸收最新科学技术成果而逐渐发展起来的一个新兴技术群。是制造业吸收机械、电子、信息、材料、能源和现代管理技术等方面的成果，并将其综合应用于产品设计、加工、检测、管理、销售、使用、服务乃至回收的制造全过程，以实现优质、高效、低耗、清洁、灵活生产，提高对动态多变市场的适应能力和竞争力的制造技术的总称。

8.1.2 先进制造技术的特征

1）实用性

先进制造技术是一项面向工业应用，具有很强实用性的新技术。其发展往往是针对某一具体的制造业（如汽车制造、电子工业）的需求而发展起来的先进、适用的制造技术，有明确的需求导向特征；不以追求高新技术为目的，而是注重产生最好的实践效果，以提高效益为中心，以提高企业的竞争力和促进国家经济增长和综合实力为目标。

2）应用广泛性

先进制造技术相对传统制造技术在应用范围上一个很大的不同点在于，传统制造技术通常是指将各种原材料变成成品的加工工艺，而先进制造技术虽仍大量应用于加工和装配过程，但由于其包含了设计技术、自动化技术、系统管理技术，因而综合应用于制造的全过程，覆盖了产品设计、生产准备、加工与装配、销售使用、维修服务甚至回收再生的整个过程。

3）动态特征

先进制造技术本身是在针对一定的应用目标，不断地吸收各种高新技术逐渐形成、不断发展的新技术，其内涵不是绝对一成不变的。在不同的时期，先进制造技术有其自身的特点；在不同的国家和地区，先进制造技术有其本身重点发展的目标和内容，通过重点内容的发展以实现这个国家和地区制造技术的跨越式发展。

4）集成性

传统制造技术的学科、专业单一独立，相互间的界限分明；先进制造技术由于专业和学科间的不断渗透、交叉、融合，界限逐渐淡化甚至消失，技术趋于系统化、集成化、已发展成为集机械、电子、信息、材料和管理技术为一体的新型交叉学科。

5）系统性

传统制造技术一般只能驾驭生产过程中的物质流和能量流。微电子、信息技术的引入，使先进制造技术还能驾驭信息生成、采集、传递、反馈、调整的信息流动过程。先进制造技术是可以驾驭生产过程的物质流、能量流和信息流的系统工程。

一项先进制造技术的产生往往要系统地考虑到制造的全过程，如并行工程就是集成地、并行地设计产品及其零部件和相关各种过程的一种系统方法。这种方法要求产品开发人员与其他人员一起共同工作，在设计的开始就考虑产品整个生命周期中从概念形成到产品报废处理等所有因素，包括质量、成本、进度计划和用户要求等。一种先进的制造模式除了考虑产品的设计、制造全过程外，还需要更好地考虑到整个的制造组织。

6）面向全球竞争

信息技术的飞速发展使每个国家每个企业都处在全球市场中。企业为了参与国际市场竞争，必须提高综合效益（包括经济效益、社会效益和环境生态效益）及对市场的快速反应能力，而采用先进制造技术是达到这一目标的重要途径。

7）面向 21 世纪

先进制造技术是制造技术发展到新阶段的成果，它保留了传统制造技术中的有效因素，吸收并充分利用了一切高新技术，使制造技术产生了质的飞跃。先进制造技术除了通常追求的优质、高效，还要针对 21 世纪人类面临的有限资源与日益增长的环保压力的挑战，实现可持续发展，要求实现低耗、清洁。此外，先进制造技术也必须面临人类在 21 世纪消费观念变革的挑战，满足对日益"挑剔"的市场的需求，实现灵活生产。

8.1.3 先进制造技术的体系结构和分类

1. 先进制造技术的体系结构

图 8-1 是美国联邦科学、工程和技术协调委员会（FCCSET）下属的工业和技术委员会先进制造技术工作组在 1994 年提出的先进制造技术体系结构，该结构将先进制造技术分为主体技术群、支撑技术群和制造技术环境三个技术群，强调这三个技术群只有相互联系、相互促进，才能发挥整体的功能效益。其中，主题技术群是先进制造技术的核心；支撑技术群是支持设计和制造工艺两方面取得进步的基础性技术；制造技术环境是使先进制造技术适用于具体企业应用环境，充分发挥其功能，取得最佳效益的一系列措施。

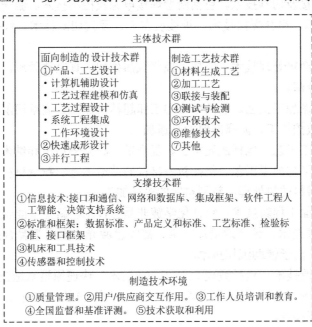

图 8-1 先进制造技术的体系结构

2. 先进制造技术的分类

先进制造技术的研究分为下述 4 大领域，它们横跨多个学科，并组成一个有机整体。

1）现代设计技术

① 计算机辅助设计技术。包括有限元法、优化设计、计算机辅助设计、反求工程技术、

模糊智能 CAD、工程数据库。

② 性能优良设计基础技术。包括可靠性设计、安全性设计、动态分析与设计、防断裂设计、疲劳设计、防腐蚀设计、减摩和耐磨损设计、健壮设计、耐环境设计、维修性设计和维修性保障设计、测试性设计、人机工程设计。

③ 竞争优势创建设计。包括快速响应设计、智能设计、仿真与虚拟设计、工业设计、价值工程设计、模块化设计。

④ 全寿命周期设计。包括并行设计、面向制造的设计、全寿命周期设计。

⑤ 可持续发展产品设计。主要有绿色设计。

⑥ 设计试验技术。包括产品可靠性试验、产品环保性能试验与控制、仿真试验和虚拟试验。

2）先进制造技术

① 精密洁净铸造成形工艺。包括外热冲天炉熔炼、处理、保护成套技术；钢液精练与保护技术；近代化学固化砂铸造技术；高效金属型铸造工艺与设备；气化膜铸造工艺与设备；铸造成形工艺模拟和工艺 CAD。

② 精确高效塑性成形工艺。包括热锻生产线成套技术、冷温成形成套技术、精密辊锻和楔横轧技术、大型覆盖件冲压成套技术、精密冲裁工艺、超塑和等温成形工艺、锻造成形模拟和工艺 CAPP。

③ 优质高效焊接及切割技术。包括新型焊接电源及控制技术、激光焊接技术、优质高效低稀释率堆焊技术、精密焊接技术、焊接机器人、现代切割技术、焊接过程的模拟仿真与专家系统。

④ 优质低耗洁净热处理技术。包括可控气氛热处理，真空热处理，离子热处理，激光表面合金化、可控冷却。

⑤ 高效高精机械加工工艺。包括精密加工和超精密加工、调整切削与高速磨削、变速切削、复杂型面的数控加工、游离磨料的高速加工。

⑥ 现代特种加工工艺。包括激光机工、复合机工、微细加工和纳米技术、水力加工。

⑦ 新型材料成形与加工工艺。包括新型材料的铸造工艺、新型材料的塑性成形、新型材料的焊接、新型材料的热处理、新型材料的机械加工。

⑧ 优质清洁表面工程新技术。包括化学镀非晶态技术、新型节能表面涂装技术、铝及铝合金表面强化处理技术、超声速喷涂技术、热喷涂激光表面重溶复合处理技术、等离子化学气相沉积技术、离子辅助沉积技术。

⑨ 快速模具制造技术。包括锻模 CAD/CAM 技术、快速原型制造技术。

⑩ 拟实制造成形加工技术。包括材料热加工拟实制造成形、机械加工的拟实制造技术；机械产品的拟实装配技术。

3）自动化技术

① 数控技术。包括数控装置、进给系统和主轴系统、数控机床的程序编制。

② 工业机器人。包括机器人操作机、机器人控制系统、机器人传感器、机器人生产线总体控制。

③ 柔性制造系统（FMS）。包括 FMS 的加工系统、FMS 的物流系统、FMS 的调度与控制、FMS 的故障诊断。

④ 计算机集成制造技术（CIMS）。
⑤ 传感技术。
⑥ 自动检测及信号识别技术。包括自动检测 CAT、信号识别系统、数据获取/数据处理、特征提取/识别。
⑦ 过程设备工况监测与控制。包括过程监视控制系统、在线反馈质量控制。

4）系统管理技术
① 先进制造生产模式。包括精益生产、CIMS、敏捷制造、分散网络化制造系统、智能制造。
② 集成制造技术。包括并行工程、MRP 与 JIT 的集成-生产组织方法、基于作业的成本管理（ABC）、现代质量保证体系、现代管理信息系统、生产率工程、制造资源的快速有效集成。
③ 生产组织方法。包括虚拟公司理论与组织、企业组织结构的变革、以人为本的团队建设、企业重组工程。

8.2 直接数字控制（DNC）

直接数字控制（Direct Numerical Control，DNC）技术是构成网络化制造的最基本的一项应用技术。基本含意为对加工作业进行分散控制与集中监测及管理，并可全方位相互交换信息，已成为功能强大、全面、可靠的车间信息网络。

8.2.1 DNC 技术的原理

无论何种方式编制的数控程序都要经过数控设备的数控装置加以转换、运算，形成控制数控机床运动的信息，并以脉冲的形式发给数控机床的伺服驱动装置，控制机床的各个运动部件按给定的要求动作，如各坐标运动位置及速度、主轴的启动、停止及变速、冷却液通断、道具更换、工件夹紧、排屑等。

早期的数控机床是将电子管接入机床的伺服系统作为机床的控制器，利用其布线逻辑实现数控功能，后来利用计算机作为机床控制器，从而形成了计算机数字控制（CNC）。当时主要利用纸带作为数控程序载体，因此阻碍了 CNC 的充分利用。

在 20 世纪 60 年代，为了减少单台数控机床程序编制和制备纸带的工作量以及工人数量，人们开始用一台中央计算机来控制多台 CNC 机床，在中央计算机中存储多个机床加工的零件数控程序并负责 NC 程序的管理和传送，形成了直接数字控制。这样不但避免了计算机数控（CNC）系统中使用纸带，而且可以减少数控系统的设置时间，显著降低机床的准备时间，提高机床利用率。

随着 CNC 技术不断发展，DNC 的含义也由简单的直接数字控制发展到分布数字控制（Distributed Numerical Control，DNC）系统。分布式 DNC 克服了直接式 DNC 的缺点，用一台计算机或多台计算机利用计算机网络向分布在不同地点的多台数控机床实施综合数字控制，传送数控程序，数控程序可以保存在数控机床的存储器中并能独立工作。操作者可以收集、编辑这些程序，而不依赖中央计算机。分布式数字控制除具有直接数字控制的功能外，还具有收集系统信息、监视系统状态和远程控制功能。

由 CAM 软件系统后置处理器完成的 NC 数据程序可通过三种方式传送到数控机床进行数控加工：

（1）穿孔带

程序经穿孔机穿制成穿孔带，再由数控机床附带的纸带阅读机将 NC 程序输入到机床的控制系统，这种方法已经被现代数控机床所淘汰。

（2）磁盘

将 NC 程序储存于磁盘介质上，再由机床数控系统附带的磁盘驱动器将磁盘上的程序读入到数控系统。

（3）DNC 传送

DNC 是利用计算机对数控机床进行直接控制的系统接口。通过 DNC 接口将计算机与数控机床连接起来，实现计算机与机床之间的直接通信，将 NC 程序直接传送给机床数控系统，直接控制数控机床的加工。DNC 可以充分利用资源，最大限度地提高机床生产率，进行多台机床同时控制，是实现 CAD/CAM 系统集成的必要工具。

8.2.2 DNC 系统的组成

DNC 系统的基本组成主要包括以下几部分：

（1）DNC 控制计算机，包括大容量存储器和 I/O 接口；
（2）通信介质（双绞线，同轴电缆等）；
（3）通信接口；
（4）NC 或 CNC 数控设备；
（5）软件系统（包括实时多任务操作系统、DNC 通信软件、DNC 管理和监控软件、NC 程序编辑软件、还可能有数控系统软件）。

图 8-2 为一个基本的 DNC 系统组成结构。由计算机进行数据管理，从大容量的存储器中取回零件程序并把它传递给机床。然后在这两个方向上控制信息的流动，在多台计算机间分配信息，使各机床控制器能完成各自的操作。最后由计算机监视并处理机床反馈。其中计算机与数控机床之间的信息交换和互联，是 DNC 的核心问题。

DNC 系统的构成形式多样，系统的大小和复杂程度不同。DNC 系统可以小到只有一台 DNC 主机控制多台数控机床也可以大到包括单元层、车间层和工厂层。具体的 DNC 系统组成要根据其要求达到的目标和具体条件来决定。影响 DNC 系统配置的因素主要包括以下几方面。

（1）DNC 计算机的任务。
（2）劳动力成本。
（3）车间层管理。
（4）计算机系统。
（5）被处理信息的层次。
（6）CNC 的数量。
（7）车间 CNC 的负载。
（8）所需要的柔性。

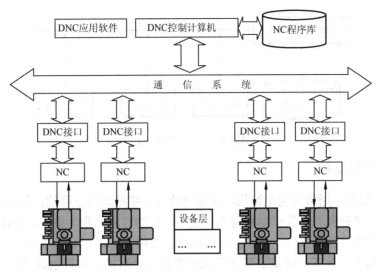

图 8-2　DNC 系统组成结构

8.2.3　DNC 系统的控制结构

1. 纸带机旁路式结构

纸带机是普通数控装置的一个组成部分。用螺钉在穿孔带上编码的所有机床指令都通过读带机送给机床数控装置。在纸带机旁路式结构中，对数控机床所做的唯一改变，是用 DNC 中央计算机的远程通信线路并与数控机床连接，取代读带机功能来传输 NC 程序，如图 8-3 所示。

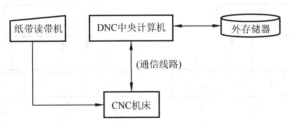

图 8-3　纸带机旁路式结构

这种结构稳定性高，也较易实现，并且当中央计算机发生故障后，利用读带机使数控装置仍可独立使用。缺点是数控装置并未简化，硬件成本高。

2. 一般控制结构

一般控制结构的 DNC 系统通常具有两级计算机分级结构，即中央计算机和 NC 或 CNC 系统群，DNC 主机从大容量外存中调用零件程序指令，并在需要的时候将它们发送给机床，它也接受从机床反馈的数据。这两路信息流是实时产生的，每台机床对指令的要求几乎是在同时被满足。同样，DNC 主机对多台 NC 系统进行分时控制，分配 NC 程序，还要实现操作指令下达和状态信息反馈等功能，且随时作出响应，如图 8-4 所示。

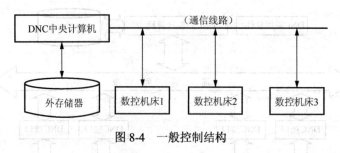

图 8-4　一般控制结构

3. 多级控制结构

多级 DNC 结构，通常为树型结构。底部的能力主要是面向应用的，具有专用能力，用于完成规定的特殊任务。而顶部则具有通用能力，控制与协调整个系统。DNC 系统的结构与系统的规模有关，可能有二、三、四级的结构，常用的是二、三级结构。

在多级结构中，最高一级是小型计算机或者是高档微机，并且包括自动编程语言系统或图形交互编程系统。这一级还承担系统的管理、生产计划和物料需求计划等功能。

中间一级是微型计算机，接收来自上一级系统的信息，也可根据下一级的设备状态，进行任务分解和调度，实时向各个设备分配加工任务及系统状态信息的反馈。

最底层的一级一般是机床数控单元。它接收来自上一级的加工指令和控制信息，实现机床各坐标轴的运动及有关辅助功能的协调工作，也向上一级反馈工况信息，如图 8-5 所示。图 8-6 和图 8-7 为某汽车集团齿轮股份有限公司的 DNC 结构。

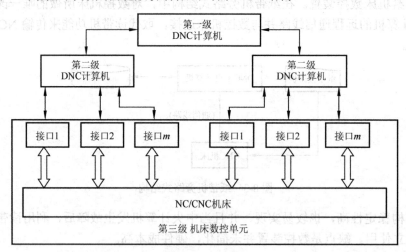

图 8-5　多级控制结构

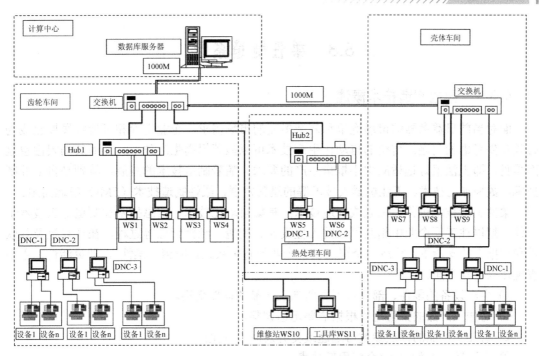

图 8-6　某汽车集团齿轮股份有限公司的 DNC 结构

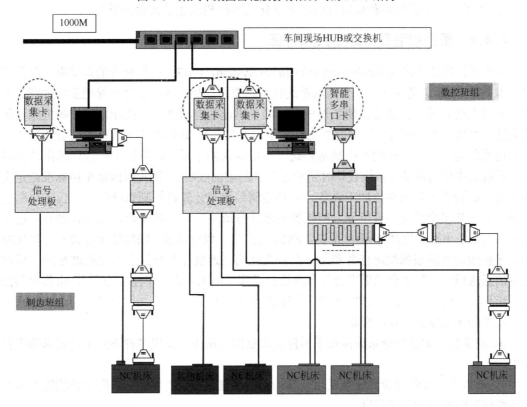

图 8-7　某汽车集团齿轮股份有限公司的 DNC 结构

8.3 柔性制造系统

8.3.1 柔性制造技术概述

面对当前日益激烈的市场竞争和复杂多变的市场需求，企业生存和可持续发展已成为必须首先考虑的问题。传统的自动化生产技术可以显著提高生产效率，然而其局限性也显而易见，即无法很好地适应中小批量生产的要求。随着制造技术的发展，特别是自动控制技术、数控加工技术、工业机器人技术等的迅猛发展，柔性制造技术（FMI）应运而生。

柔性制造技术也称柔性集成制造技术，是集自动化技术、信息技术和制造加工技术于一体，把以往工厂企业中相互孤立的工程设计、制造、经营管理等过程，在计算机及其软件和数据库的支持下，构成一个覆盖整个企业的有机系统。所谓"柔性"，即灵活性，主要表现在以下几方面。

① 生产设备的零件、部件可根据所加工产品的需要变换。
② 对加工产品的批量可以根据需要迅速调整。
③ 对加工产品的性能参数可迅速改变并及时投入生产。
④ 可迅速而有效地 综合应用新技术。
⑤ 对用户、贸易伙伴和供应商的需求变化及特殊要求能迅速做出反应。

8.3.2 柔性制造系统的定义和特征

关于柔性制造系统（Flexible manufacturing System，FMS）的权威性的定义有：美国国家标准局把 FMS 定义为"由一个传输系统联系起来的一些设备，传输装置把工件放在其他联结装置上送到各加工设备，使工件加工准确、迅速和自动化。中央计算机控制机床和传输系统，柔性制造系统有时可同时加工几种不同的零件"。国际生产工程研究协会指出"柔性制造系统是一个自动化的生产制造系统，在最少人的干预下，能够生产任何范围的产品族，系统的柔性通常受到系统设计时所考虑的产品族的限制"。而我国国家军用标准则定义为"柔性制造系统是由数控加工设备、物料运储装置和计算机控制系统组成的自动化制造系统，它包括多个柔性制造单元，能根据制造任务或生产环境的变化迅速进行调整，适用于多品种、中小批量生产"。简单地说，FMS 是由若干数控设备、物料储运装置和计算机控制系统组成的并能根据制造任务和生产品种变化而迅速进行调整的自动化制造系统。目前常见的组成通常包括 4 台或更多台全自动数控机床（加工中心与车削中心等），由集中的控制系统及物料搬运系统连接起来，可在不停机的情况下实现多品种、中小批量的加工及管理。

柔性制造系统的主要特征如下。
① 高柔性，柔性制造系统能在不需停机调整的情况下，实现多种不同工艺要求的零件加工。
② 高效率，柔性制造系统能采用合理的切削用量，实现高效加工，同时使辅助时间和准备终结时间缩短到最低程度。
③ 高度自动化，柔性制造系统可自动更换工件、刀具、夹具，实现自动装夹、自动输送、自动监测加工过程，有很强的系统软件功能。

8.3.3 柔性制造系统的组成

图 8-8 是一种典型的柔性制造系统结构框图，该系统由共有 9 个部分组成。

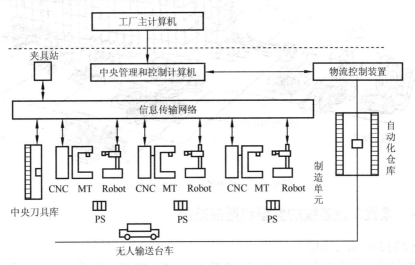

图 8-8 柔性制造系统结构框图

（1）中央管理和控制计算机。它用于接收来自工厂主计算机的指令，对整个柔性制造系统实行计划调度、运行控制、物料管理、系统监控和网络通信等。

（2）物流控制装置。它用于对自动化仓库、无人输送台车、加工毛坯、半成品和成品、夹具、刀具等实现集中管理和控制。

（3）自动化仓库。它用于将毛坯、半成品和成品等进行自动调用或存储。

（4）无人输送台车。工件、刀具、夹具等都由此台车来完成运输任务，它行走于各机床之间、机床与自动化仓库之间、机床与中央刀具库之间，可以是有轨或无轨的。

（5）制造单元。它由多台不同类型的计算机数控机床及工业机器人组成。其中，计算机数控机床也包括加工中心或柔性制造单元。

（6）中央刀具库。它是刀具的集中存储区。

（7）夹具站。它用于实现对夹具的调整、维护及存储。

（8）信息传输网络。它是柔性制造系统中的通信系统。

（9）柔性制造系统随行工作台。它用于实现从无人输送台车到制造单元之间的传送缓冲功能。

图 8-9 是一个典型的柔性制造系统布局。

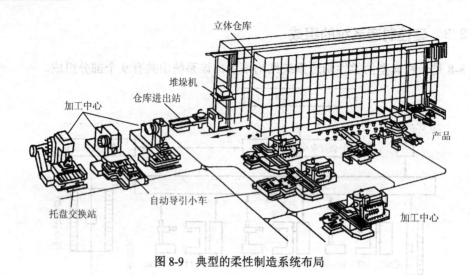

图 8-9 典型的柔性制造系统布局

8.3.4 柔性制造系统的类型和适应范围

1）柔性制造单元（FMC）

FMC 的问世并在生产中使用约比 FMS 晚 6~8 年，FMC 可视为一个规模最小的 FMS，是 FMS 向廉价化及小型化方向发展的一种产物。FMC 既可作为独立运行的生产设备进行自动加工，也可作为柔性制造系统的加工模块，具有占地面积小、便于扩充、成本低、功能完善和加工适应范围广等特点，非常适用于中小企业。FMC 由 1~2 台加工中心、工业机器人、数控机床及物料运送存储设备构成，同时数控系统还增加了自动检测与工况自动监控等功能，其特点是实现单机柔性化及自动化，具有适应加工多品种产品的灵活性。其结构形式根据不同的加工对象、CNC 机床的类型与数量，以及工件更换与存储的方式不同，可以有多种形式。但主要有托盘搬运式和机器人搬运式两大类型。

2）柔性制造系统（FMS）

FMS 是指有两台或两台以上的数控机床或加工中心或柔性制造单元所组成，配有自动输送装置（有轨、无轨输送车或机器人），工件自动上下料装置（托盘交换或机器人），自动化仓库，并有计算机综合控制功能、数据管理功能、生产计划和调度管理功能和监控功能等。FMS 全部生产过程由一台中央计算机进行生产调度，若干台控制计算机进行工位控制，组成一个各种制造单元相对独立而又便于灵活调节、适应性很强的制造系统。FMS 系统由一个物料运输系统将所有设备连接起来，可以进行没有固定加工顺序和无节拍的随机自动制造。它具有高度的柔性，是一种计算机直接控制的自动化可变加工系统。它由计算机进行高度自动的多级控制与管理，对一定范围内的多品种、中小批量的零部件进行制造。

3）柔性制造生产线（FML）

FML 是处于单一或少品种大批量非柔性自动线与中小批量多品种 FMS 之间的生产线，其加工设备可以是通用的加工中心、CNC 机床，也可采用专用机床或 NC 专用机床，对物料搬运系统柔性的要求低于 FMS，但生产率更高。它以离散型生产中的柔性制造系统和连续生过程中的分散型控制系统（DCS）为代表，其特点是实现生产线柔性化及自动化。柔性生产线相当于数控化的自动生产线，适合于 2~10 个品种、生产率达 5000~20 000 件/年的生产规模。FML 技术已日臻成熟，迄今已进入实用化阶段。

4）柔性制造工厂（FMF）

FMF 是将多条 FML 连接起来，配以自动化立体仓库，用计算机系统进行联系，采用从订货、设计、加工、装配、检验、运送至发货的完整 FMF。它包括了 CAD/CADM，并使计算机集成制造系统（CIMS）投入实际，实现生产系统柔性化及自动化，进而实现全厂范围的生产管理、产品加工及物料贮运进程的全盘化。FMF 是自动化生产的最高水平，反映出世界上最先进的自动化应用技术。它是将制造、产品开发及经营管理的自动化连成一个整体，以信息流控制物质流的智能制造系统（IMS）为代表，其特点是实现工厂柔性化及自动化。

8.3.5　FMS 的工作过程

FMS 工作过程可以这样描述：柔性制造系统接到上一级控制系统的有关生产计划信息和技术信息后，由其控制系统进行数据信息的处理、分配。按照一定的方式对加工系统和物流系统进行控制。材料库和夹具库根据生产的品种和调度计划信息，供应相应品种的毛坯，选出加工所需要的夹具。物料运送系统根据指令把工件和夹具运送到相应的机床上。机床选用正确的加工程序、刀具、切削用量对工件进行加工，加工完毕，按照信息系统输给的控制信息转换工序，并进行检验。全部加工完成后，由装卸和运输系统送入成品库，同时把质量和数量信息送到监视和记录装置，夹具送回夹具库。

当需变更产品零件时，只要改变输入给系统的生产计划信息、技术信息，整个系统就能迅速、自动地按照新要求来完成新的零件的加工。

8.3.6　FMS 的实例

图 8-10 为一托盘搬运式柔性制造单元。该柔性制造单元由卧式加工中心、环形工件交换工作台、工件托盘及托盘交换装置组成。托盘作为固定工件的器具，在加工过程中，它与工件一起流动，类似通常的随行夹具。环形工作台是一个独立的通用部件，与加工中心并不直接相连，装有工件的托盘在环形工作台的导轨上由环形链条驱动进行回转，每个托盘座上有地址编码。当一个工件加工完毕后，托盘交换装置将加工完的工件连同托盘一起拖回至环形工作台的空位，然后，按指令将下一个待加工的托盘与工件转到交换位置，由托盘交换装置将它送到机床的工作台上，定位夹紧以待加工。已加工好的工件连同托盘转至工件的装卸工位，由人工卸下，并装上待加工的工件。托盘搬运的方式多用于箱体类零件或大型零件。托盘上可装夹几个相同的零件，也可以是不同的数个零件。

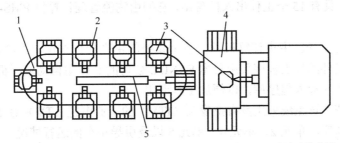

1—环形交换工作台；2—托盘座；3—托盘；4—加工中心；5—托盘交换装置

图 8-10　托盘搬运式柔性制造单元

图8-11为北京机床研究所研制的JCS-FMS-1型柔性制造系统，该FMS由加工系统、物流系统、中央管理系统和监控系统四部分组成。

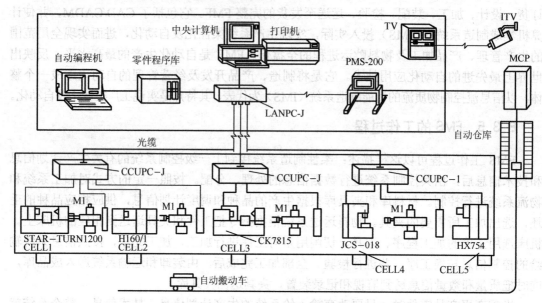

图8-11 JCS-FMS-1柔性制造系统

(1) 加工系统。主要由2台数控车床、1台数控外圆磨床、1台立式加工中心和1台卧式加工中心组成。5台机床采用直线排列，每台机床前设置机床与托盘站1个，并由4台M1型工业机器人分别在机床与托盘之间进行工件的上、下料搬运（两台加工中心合用1台工业机器人）。以机床为核心分设5个加工单元，其中，单元1由STAR-TURN1200数控机床和工业机器人组成；单元2由H160/1数控端面外圆磨床、工业机器人以及中心孔清洗机各一台组成；单元3由CK7815数控车床、工业机器人以及专用支架与反转装置各一台组成；单元4由JCS-018立式加工中心、工业机器人以及专用支架与反转、回转定位装置组成；单元5由HX754卧式加工中心、工业机器人（与4单元合用）以及专用支架与反转、回转定位装置组成。这5个单元分别与具有多路接口的单元控制器CCU连接，每个CCU可进行上、下级的数据交换以及对下属设备的协调与监控。

(2) 物流系统。机床的托盘站与仓库之间采用一台电缆感应式自动引导小车进行工件的运输。平面仓库具有15个工件出入托盘站，它们由物流管理计算机PMS-200和控制装置MCP进行控制。

(3) 中央管理系统。中央计算机承担整个系统的生产计划与作业调度、集中监控以及加工程序管理。工件的加工程序采用日本FANUC公司的P-G型自动编程机进行自动编程，并将编好的零件程序存入程序库，以便加工时调用。

(4) 监控系统。该系统采用具有摄像头（ITV）的工业电视（TV）对5个部件进行监视，即监视平面仓库、单元2、单元4、单元5以及引导小车的运行情况。

8.3.7 FMS的效益

应用FMS可以获得以下效益：

(1) 高的机器设备利用率。可以达到比传统批量生产更高的设备利用率，使设备利用率在 80%以上。因为它可以有效的在线装卸,以最佳的过程顺序工作,并可离线装夹工件。通常,器设备利用率比传统生产高 50%。

(2)减少辅助时间。
(3)降低机动时间。
(4)使制造系统有更大的柔性。
(5)达到更高的劳动生产率。
(6)提高产品质量。

根据部分 FMS 系统的统计数据表明,采用 FMS 的主要效益:降低加工成本 50%,减少生产面积 40%,提高生产率 50%,过程的在制品可减少 80%。

8.4 计算机集成制造系统(CIMS)

计算机集成制造系统(Computer Integrated Manufacturing System,CIMS)是随着计算机辅助设计与制造的发展而产生的。它是在信息技术自动化技术与制造的基础上,通过计算机技术把分散在产品设计制造过程中各种孤立的自动化子系统有机地集成起来,形成适用于多品种、小批量生产,实现整体效益的集成化和智能化制造系统。

8.4.1 CIMS 的产生与发展

计算机集成制造(Computer Integrated Manufacturing,CIM)是 1974 年美国的约瑟夫·哈林顿博士在 *Computer Integrated Manufacturing* 一书中首次提出的,他的 CIM 概念基于两个观点:一是企业中的各个部门,诸如市场分析、经营管理、工程设计、加工制造、装配维修、质量管理、仓库管理、售后服务等是一个不可分割的整体,为达到企业的经营目标应统一考虑;二是整个生产过程实质上是一个信息的采集、传递、加工处理和利用的过程。从这两个观点可以看出,CIM 是一种新的制造思想和技术形态,是信息技术与制造过程相结合的自动化技术与科学,是未来工厂的一种模式。

哈灵顿强调的一是整体观点(即系统观点),二是信息观点。两者都是在信息时代进行组织和管理生产。因此,采用信息技术实现集成制造的具体实现便是计算机集成制造系统。也就是说,CIM 是信息时代的一种组织、管理企业生产的理念、哲学,CIM 技术是实现 CIM 理念的各种技术的总称,而 CIMS 则是以 CIM 为理念的一种企业的新型生产系统。

CIM 和 CIMS 的定义及其内涵的从 20 世纪 70 年代至今是一个不断的发展过程,下面是几种定义。

1976 年美国的 Hatvant 教授提出的定义:CIMS 是通过成组技术(GT)和数据库管理系统(DBMS)将 CAD、CAM 和生产计划、生产管理集成在一起的系统。

1979 年美国的 M.E.Merchant 在日内瓦 CIRP 国际会议上提出 CIMS 的概念:CIMS 是一个闭环反馈系统,其主要输入是产品需求(各种需求)和产品设计(创造力),主要输出是经过完整装配、检验和准备交付使用的产品。该定义包括了设计与制造的所有环节,但没有包括生产管理和市场营销。

1985 年日本内藤钲一提出，CIMS 是将 CAD、CAM、CAE、MIS（Managing Information System）、OA（Office Automated）、FA（Factory Automation）等进一步综合的自动化系统。

1986 年 Bunce 博士为国际计算机辅助制造协会（CAM — I）提供的定义是：CIMS 是生产产品全过程的各自动化子系统的完美集成，是把工厂设计、生产制造、市场分析和其他支持功能合理地组织起来地计算机集成系统。

国内外专家还提出如下一些定义。

CIMS 是把企业全部生产活动的各个环节，通过以计算机为基础的各自动化子系统有机地联系起来，以获得最佳经济效益的生产经营系统。

CIMS 是利用计算机将独立发展起来的 CAD、CAM、FMS 以及 MIS 综合为一个有机的整体，达到产品订货、设计、制造和管理、销售过程高度自动化的系统。

CIMS 是把孤立的局部自动化子系统，在新的管理模式和生产工艺指导下，综合应用柔性制造技术、信息技术、自动化技术，通过计算机及其软件灵活而有机地综合起来地一个完整地系统。

CIMS 是一个能使其中全部信息在需要时可以向任一部分流动地信息系统。

CIMS 是一个完整和（或）控制企业全部综合功能的各计算机系统的统一网络。

CIMS 是将各自动化和非自动化的系统逐步分阶段地集成于产品生产以利于获得长期效益和提高产品质量地一种方法。

上述定义从不同角度反映了 CIMS 的不同侧面或特征。综合起来 CIMS 的定义可以是：CIMS 是在柔性制造系统（FMS）、计算机技术、信息技术、自动化技术和现代管理科学的基础上，将制造工厂的全部生产、经营活动所需的各种分布的自动化子系统，通过新的生产管理模式、工艺理论和计算机网络有机的集成起来，以获得适用于多品种、中小批量生产的高效益、高柔性和高质量的智能制造系统。

1992 年，国际标准化组织 ISO TC184/SCS/WGI 认为"CIM 是把人和经营知识及能力与信息技术、制造技术综合应用，以提高制造企业的生产率和灵活性，由此将企业所有的人员、功能、信息和组织诸方面集成为一个整体"。

1993 年，美国制造工程师协会（SME）提出的 CIMS 轮图共有 6 层，从图中可以看出，将顾客作为制造业一切活动的核心，强调了人、组织和协同工作，以及基于制造基础设施、资源和企业责任之下的组织、管理生产等的全面考虑，如图 8-12 所示。

我国 863 计划在 1998 年提出的新定义："将信息技术、现代管理技术和制造技术相结合，并应用于企业产品全生命周期（从市场需求分析到最终报废处理）的各个阶段。通过信息集成、过程优化及资源优化，实现物流、信息流、价值流的集成和优化运行，达到人（组织、管理）、经营和技术三要素的集成。以加强企业新产品开发的时间（T）、质量（Q）、成本（C）、服务（S）、环境（E），从而提高企业的市场应变能力和竞争能力。"这实质上已将计算机集成制造发展到现代集成制造。

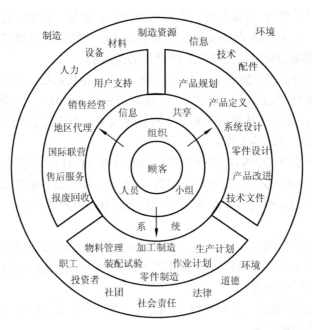

图 8-12 CIMS 组成轮图

8.4.2 CIMS 的基本组成与体系结构

1. CIMS 功能构成

从功能上看，CIMS 包括了一个制造企业的设计、制造、经营管理三种主要功能，要使这三者集成起来，还需要一个支撑环境，即分布式数据库和计算机网络以及指导集成运行的系统技术。从系统功能考虑，CIMS 通常由若干个相互联系的部分（分系统）组成，如图 8-13 所示。

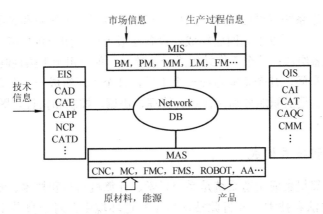

图 8-13 CIMS 功能子系统构成

（1）工程技术信息分系统（EIS 或 TIS），包括计算机辅助设计（CAD），计算机辅助工程分析（CAE），计算机辅助工艺过程设计（CAPP），计算机辅助工装设计（CATD），数控程序编制（NCP）等。其目的是提高产品开发的自动化程度，使其更高效、优质。

（2）管理信息分系统（MIS），包括经营管理（BM），生产管理（PM），物料管理（MM），人事管理（LM），财务管理（FM）等。具有生产预测、决策、计划、技术、销售、供应、财务、成本、设备、工具、人力资源等信息的管理功能。通过信息集成，达到缩短产品生产周期、减少占用的流动资金、提高企业应变能力的目的。

（3）制造自动化分系统（MAS），包括各种自动化设备和系统，如计算机数控（CNC），加工中心（MC），柔性制造单元（FMC），柔性制造系统（FMS），工业机器人（Robot），自动装配（AA）等。其功能是根据产品的工程技术信息、车间层的加工指令，完成对工件毛坯加工的作业调度、制造等工作。

（4）质量信息分系统（QIS），包括计算机辅助检验（CAI），计算机辅助测试（CAT），计算机辅助质量控制（CAQC），三坐标测量机（CMM）等。具有质量保证决策、质量检测与数据采集、质量评估、控制与跟踪等功能。它负责保证从产品设计、制造、检验到售后服务的整个过程。

（5）计算机网络分系统（Network），采用国际标准和工业标准规定的网络协议，以分布方式，满足各应用子系统对网络支持服务的不同需求，具有支持资源共享、分布处理、分布数据库和实时控制等功能。

（6）数据库分系统（DB），具有支持CIMS各子系统所需信息的数据，为实现企业数据共享和信息集成提供信息资源。

为物理地实现CIMS的功能结构，通常采用开放、分布和递阶控制的技术方案。所谓"开放"，系指采用标准化的应用软件环境。所谓"分布"系指CIMS的各分系统（以及分系统内的子系统）均有独立的数据处理能力，一个分系统（子系统）失效，不影响其他分系统（子系统）工作；"分布"还指网络系统内各节点和资源的可操作性。递阶控制结构又称计算机多级控制结构。由于CIMS是一个复杂的大系统，需要将其分成几个层次进行控制。通常可将CIMS分为五个层次，分别是工厂级、车间级、单元级、工作站级和设备级。

2. CIMS 结构构成

计算机集成制造系统可以由公司、工厂、车间、单元、工作站和设备六层组成。也可由公司以下的五层、工厂以下的四层组成。设备是最下层，如一台机床、一台输送装置；工作站是由几台设备组成；几个工作站组成一个单元。单元相当于柔性制造系统、生产线；几个单元组成一个车间，几个车间组成一个工厂，几个工厂组成一个公司。工厂、车间、单元、工作站和设备层的职能分别为计划、管理、协调、控制和执行。图8-14为某汽车制造厂的CIMS结构。

3. CIMS 学科技术构成

从学科看，计算机集成制造系统是系统科学、计算机科学和技术、制造技术交互渗透结合产生的集成方法和技术，并将此技术用于制造环境中。对于离散型制造，包括六类技术。

（1）总体技术。

① 生产系统总体模式，包括集成制造、智能制造及绿色制造等模式；

② 系统集成方法论，包括建立功能模型、信息模型、组织模型、动态模型等方法论；

③ 系统集成技术，包括设计、生产、管理及后勤等子系统间的集成技术，企业三要素

（经营、组织及技术）及三流（物流、信息流、价值流）的集成技术等；

④ 标准化技术：包括产品信息标准、过程信息标准、数据交换标准、图形标准等技术；

⑤ 企业建模和仿真技术及 CIMS 系统开发与实施技术等。

（2）支撑环境技术。包括网络、数据库、集成平台，计算机辅助软件工程，产品数据管理（PDM），计算机支持协同工作及人/机接口等技术。

（3）设计自动化技术。包括 CAD，CAPP，CAM，CAE，SBX（基于仿真的设计制造）等。

（4）加工生产自动化技术。包括 DNC，CNC，FMC，FMS 及 RPM（快速成形制造）等技术。

（5）经营管理与决策系统技术。包括 MIS，OA，MRPⅡ，CAQ，ERP，DEM 等技术。

（6）生产过程控制技术。过程检测、现代控制、故障诊断和面向生产目标的建模、优化集成控制技术等。

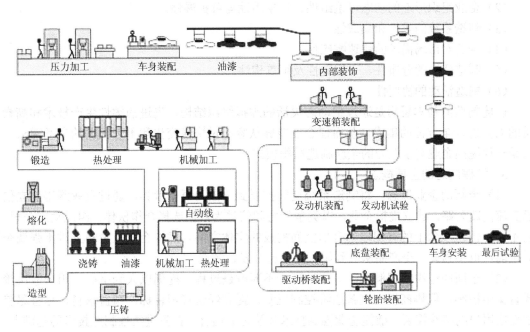

图 8-14　某汽车制造厂的 CIMS 结构

8.4.3　CIMS 中的先进制造模式

1．敏捷制造（AM）

1）敏捷制造产生的背景

20 世纪 90 年代，信息技术突飞猛进，信息化的浪潮汹涌而来，许多国家制订了旨在提高自己国家在未来世界中的竞争地位、培养竞争优势的先进的制造计划。为重新夺回美国制造业的世界领先地位，美国政府把制造业发展战略目标瞄向 21 世纪。美国通用汽车公司（GM）和里海（Leigh）大学的雅柯卡（Iacocca）研究所在国防部的资助下，组织了百余家公司，由通用汽车公司、波音公司、IBM、德州仪器公司、AT&T、摩托罗拉等 15 家著名大公司和国防部代表共 20 人组成了核心研究队伍。此项研究历时三年，于 1994 年底提出了《21 世纪制造企业战略》。在这份报告中，提出了既能体现国防部与工业界各自的特殊利益,又能获取他们共同利益的一种新的生产方式,即敏捷制造。

敏捷制造是在具有创新精神的组织和管理结构、先进制造技术(以信息技术和柔性智能技术为主导)、有技术有知识的管理人员三大类资源支柱支撑下得以实施的,也就是将柔性生产技术、有技术有知识的劳动力与能够促进企业内部和企业之间合作的灵活管理集中在一起,通过所建立的共同基础结构,对迅速改变的市场需求和市场进度作出快速响应。敏捷制造比起其他制造方式具有更灵敏、更快捷的反应能力。

2)敏捷制造的内涵

美国机械工程师协会(ASME)主办的《机械工程杂志》(1994)中,对敏捷制造做了如下定义:敏捷制造就是制造系统在满足低成本和高质量的同时,对变幻莫测的市场需求的快速反应。因此,敏捷制造的企业,其敏捷能力应反映在以下几个方面。

(1)对市场的快速反应能力。

(2)企业组织形态的动态可重组性、可重用性与可扩展性。

(3)制造系统的柔性和集成性。

(4)企业对市场需求的快速响应性。

(5)制造资源的分布性、可配置性及可重构性。

(6)制造活动的协同性。

敏捷制造的基本思想是通过把动态灵活的虚拟组织结构、先进的柔性生产技术和高素质的人员进行全方位的集成,从而使企业能够从容应付快速变化和不可预测的市场需求。它是一种提高企业竞争能力的全新制造组织模式。

3)敏捷制造的主要概念

(1)全新的企业概念。将制造系统空间扩展到全国乃至全世界,通过企业网络建立信息交流高速公路,建立虚拟企业,以竞争能力和信誉为依据选择合作伙伴,组成动态公司。它不同于传统观念上的有围墙的有形空间构成的实体空间。虚拟企业从策略上讲不强调企业全能,也不强调一个产品从头到尾都是自己开发、制造。

(2)全新的组织管理概念。简化过程,不断改进过程。提倡以人为中心,用分散决策代替集中控制,用协商机制代替递阶控制机制,提高经营管理目标,精益求精,尽善尽美地完成用户的特殊需要。敏捷企业强调技术和管理的结合,在先进柔性制造技术的基础上,通过企业内部的多功能项目组和企业外部的多功能项目组——虚拟公司,把全球范围内的各种资源集成在一起,实现技术、管理和人的集成。敏捷企业的基层组织是多学科群体,是以任务为中心的一种动态组合。敏捷企业强调权力分散,把职权下放到项目组。提倡基于通观全局的管理模式,要求各个项目组都能了解全局的远景,胸怀企业全局,明确工作的目标、任务和时间要求,而完成任务的中间过程则可以完全自主。

(3)全新的产品概念。敏捷制造的产品进入市场以后,可以根据用户的需要进行改变,得到新的功能和性能,即使用柔性的、模块化的产品设计方法。依靠极其丰富的通信资源和软件资源,进行性能和制造过程仿真。敏捷制造的产品保证用户在整个产品生命周期内满意,企业的这种质量跟踪将持续到产品报废为止,甚至包括产品的更新换代。

(4)全新的生产概念。产品成本与批量无关,从产品看是单件生产,而从具体的实际和制造部门看,却是大批量生产。高度柔性的、模块化的、可伸缩的制造系统的规模是有限的,但在同一系统内可生产出产品的种类却是无限的。

4）敏捷制造的关键要素

敏捷制造的目的可概括为"将柔性生产技术，有技术、有知识的劳动力与能够促进企业内部和企业之间合作的灵活管理（三要素）集成在一起，通过所建立的共同基础结构，对迅速改变的市场需求和市场实际做出快速响应"。敏捷制造主要包括三个关键要素：生产技术、管理和人力资源。

（1）生产技术。首先，具有高度柔性的生产设备是创建敏捷制造企业的必要条件。其次，在产品开发和制造过程中，能运用计算机能力和制造过程的知识基础，用数字计算方法设计复杂产品；可靠地模拟产品的特性和状态，精确地模拟产品制造过程。各项工作是同时进行的，而不是按顺序进行的。再次，敏捷制造企业是一种高度集成的组织，信息在制造、工程、市场研究、采购、财务、仓储、销售、研究等部门之间连续地流动，而且还要在敏捷制造企业与其供应厂家之间连续流动。最后，把企业中分散的各个部门集中在一起，靠的是严密的通用数据交换标准、坚固的"组件"（许多人能够同时使用同一文件的软件）、宽带通信信道（传递需要交换的大量信息）。把所有这些技术综合到现有的企业集成软件和硬件中去，这标志着敏捷制造时代的开始。

（2）管理技术。首先，敏捷制造在管理上所提出的最创新思想之一是"虚拟公司"。敏捷制造认为，新产品投放市场的速度是当今最重要的竞争优势。推出新产品最快的办法是利用不同公司的资源，使分布在不同公司内的人力资源和物资资源能随意互换，然后把它们综合成单一的靠电子手段联系的经营实体——虚拟公司，以完成特定的任务。其次，敏捷制造企业应具有组织上的柔性。因为，先进工业产品及服务的激烈竞争环境已经开始形成，越来越多的产品要投入瞬息万变的世界市场上去参与竞争。产品的设计、制造、分配、服务将用分布在世界各地的资源（公司、人才、设备、物料等）来完成。必须采用具有高度柔性的动态组织结构。

（3）人力资源。敏捷制造在人力资源上的基本思想是，在动态竞争的环境中，关键的因素是人员。柔性生产技术和柔性管理要使敏捷制造企业的人员能够实现他们自己提出的发明和合理化建议。没有一个一成不变的原则来指导此类企业的运行。唯一可行的长期指导原则，是提供必要的物质资源和组织资源，支持人员的创造性和主动性。在敏捷制造时代，产品和服务的不断创新和发展，制造过程的不断改进，是竞争优势的同义语。敏捷制造企业能够最大限度地发挥人的主动性。有知识的人员是敏捷制造企业中唯一最宝贵的财富。敏捷制造企业中的每一个人都应该认识到柔性可以使企业转变为一种通用工具，这种工具的应用仅仅取决于人们对于使用这种工具进行工作的想象力。敏捷制造企业是连续发展的制造系统，该系统的能力仅受人员的想象力、创造性和技能的限制，而不受设备限制。

5）敏捷制造的基本特点

（1）从产品开发到生产周期的全过程满足要求。敏捷制造采用柔性化、模块化的产品设计方法和可重组的工艺设备，使产品的功能和性能可根据用户的具体需要进行改变，并借助仿真技术可让用户很方便地参与设计，从而很快地生产出满足用户需要的产品。它对产品质量的概念是，保证在整个产品生产周期内达到用户满意；企业的质量跟踪将持续到产品报废，甚至直到产品的更新换代。

（2）采用多变的动态组织结构。21世纪衡量竞争优势的准则在于企业对市场反应的速度和满足用户的能力。而要提高这种速度和能力，必须以最快的速度把企业内部的优势和企业外部不同公司的优势集中在一起,组成为灵活的经营实体,即虚拟公司。虚拟公司能把与任务项目有关的各领域的精华力量集中起来,形成单个公司所无法比拟的绝对优势。当既定任务一旦完成,公司即行解体。当出现新的市场机会时,再重新组建新的虚拟公司。虚拟公司这种动态组织结构,大大缩短了产品上市时间,加速产品的改进发展,使产品质量不断提高,也能大大降低公司开支,增加收益。

(3) 战略着眼点在于长期获取经济效益。敏捷制造是采用先进制造技术和具有高度柔性的设备进行生产,这些具有高柔性、可重组的设备可用于多种产品,不需要像大批量生产那样要求在短期内回收专用设备及工本等费用。而且变换容易,可在一段较长的时间内获取经济效益,所以它可以使生产成本与批量无关,做到完全按订单生产,充分把握市场中的每一个获利时机,使企业长期获取经济效益。

(4) 建立新型的标准基础结构。敏捷制造企业需要充分利用分布在各地的各种资源,要把这些资源集中在一起,以及把企业中的生产技术、管理和人集成到一个相互协调的系统中。为此,必须建立新的标准结构来支持这一集成。这些标准结构包括大范围的通信基础结构、信息交换标准等的硬件和软件。

(5) 最大限度地调动、发挥人的作用。敏捷制造提倡以"人"为中心的管理。强调用分散决策代替集中控制,用协商机制代替递阶控制机制。它的基础组织是"多学科群体"(Multi- Decision Team),是以任务为中心的一种动态组合。就是把权力下放到项目组,提倡"基于统观全局的管理"模式,要求各个项目组都能了解全局的远景,胸怀企业全局,明确工作目标和任务的时间要求,但完成任务的中间过程则由项目组自主决定。以此来发挥人的主动性和积极性。

6) 敏捷制造的关键技术

(1) 好的信息技术框架支持。为了响应来自不同市场的不同挑战,支持动态联盟的运行;实现异构分布环境下多功能小组(Team)内和多功能小组间的异地合作(设计、加工、物流供应等等),需要一个好的跨企业、跨行业、跨地域信息技术框架来支持不同企业协作运行的需要。

(2) 集成化设计模型和工作流控制系统支持。需要一个支持集成化产品过程设计的设计模型和工作流控制系统。它包含了许多内容如集成化产品的数据模型定义和过程模型定义;包含了产品开发过程中的产品数据管理(版本控制)、动态资源管理和开发过程管理(工作流管理);包含了必要的安全措施和分布系统的集中管理等等。

(3) 供应链管理系统和企业资源管理系统。现行的企业信息集成的主要手段是通过MRPII 的实施来完成的。在企业的组织和运行模式转向敏捷企业和动态联盟时,现有的MRPII 系统就表现出许多不足。首先,MRPII 系统基本上是一个静态的闭环系统,无法和其它应用系统实现紧密的动态集成,不能满足多功能小组开展并行设计的需要。其次,在动态联盟的成员企业中,有许多数据和信息是要共享的(但同时还有更多的信息企业并不希望共享)这就涉及一个 MRPII 信息系统的重构问题。快速重构是 MRPII 系统不具备的。这里提出的 ERP 系统是一个企业内的信息管理系统,和 MRPII 相比,它增加了和其它应用系统紧密、动态集成的功能,可以支持多功能小组并行设计的需要。同时它可以迅速重构以便和 SCM 系统配合支持动态联盟的系统工作和资源优化目标。SCM 系统则重在支持企业间的资源共享和信息集成。它可以支持不同企业在以动态联盟方式工作过程中对各个企业的资源进行统一的管理和调度。ERP 主要处理企业内部的资源管理和计划安排,供应链管理系统则以企业间的资源关系和优化利用为目标,是支持动态联盟的关键技术和主要工具。

(4)各类设备、工艺过程和车间调度的敏捷化。为更大地提高企业的敏捷性,必须提高企业各个活动环节的敏捷性。

(5)敏捷性的评价体系。对什么是敏捷、如何衡量敏捷性,人们从不同的角度提出了许多不同的观点。在不同的行业、不同的企业,针对不同的产品和生产过程,具体的评价指标和内容可能都是不一样的。敏捷意味着善于把握各种变化的挑战。敏捷赋予企业适时抓住各种机遇以及不断通过技术创新来领导潮流的能力。因此可以讲,一个企业的敏捷性取决于它对机遇和创新的管理能力。企业在不同时刻对这两种能力的把握决定了它对市场和竞争环境变化的反应能力。

7)敏捷制造对制造业的影响

敏捷制造是制造型企业为适应经济全球化和先进制造技术及其相关技术发展的必然产物,它的基本思想和方法可以应用于绝大多数类型的行业和企业。制造企业采用敏捷制造模式后,将在以下方面引起明显的变革:

(1)联合竞争。不同行业和规模的企业将会联合起来构造敏捷制造环境。每个企业可以扬长避短,充分利用企业的外部资源和技术发展自身,可以与工业发达国家企业之间进行合作。

(2)技术和能力交叉。敏捷制造策略将促进制造技术和管理模式的交流和发展,促进各类行业中生产技术的双重转换和多重利用。

(3)环境意识加强。企业将采用绿色设计和绿色制造技术,自觉地保护生态环境。

(4)信息成为商品。在构成敏捷制造支撑环境的计算机网络上会出现各种信息中介服务机构,它们将向企业和顾客提供各种咨询服务。

2. 精益生产

1)精益生产的提出及发展背景

20 世纪初,美国福特汽车公司创立第一条汽车生产流水线解开了现代化大规模生产的序幕,这种以标准化、大批量生产来降低生产成本的产方方式适应美国当时的国情,汽车生产流水线的产生,一举把汽车从少数富人的奢侈品变成了大众化的交通工具,美国汽车工业也由此迅速成长为美国的一大支柱产业,并带动和促进了包括钢铁、玻璃、橡胶、机电以至交通服务业等在内的一大批产业的发展。但是第二次世界大战以后,社会进入了一个市场需求向多样化发展的新阶段,相应地要求工业生产向多品种、小批量的方向发展,单品种、大批量的流水生产方式的弱点就日渐明显了。当时,日本丰田汽车公司副总裁大野耐一注意到制造过程中的浪费是造成生产率低下和成本增加的症结,他从美国的超级市场受到启发,形成了看板系统的构想,提出了准时生产制(just-in-time,JIT)。

1953 年丰田汽车公司在一个车间进行看板系统试验,并不断对该系统加以改进,逐步进行推广,经过 10 年努力,发展为准时生产制。同时,丰田公司又在早先发明的自动断丝检测装置的启示下研制出自动故障检报系统,从而形成了丰田生产系统。丰田生产系统先在该公司范围内实现,然后又全面推广到其协作厂、供应商、代理商以及汽车以外的各个行业。到 20 世纪 80 年代,丰田汽车公司发展成为世界上效率最高、品质最好的汽车制造企业，而且使整个日本汽车工业以至日本经济达到世界领先水平。

1985 年，美国麻省理工学院组织世界上 17 个国家的专家、学者，花费 5 年时间，耗资 500 万美元，对美国、日本以及西欧等国家和地区的 90 多家汽车制造厂进行了全面深刻的对比分析研究。1990 年，该研究项目的主要负责人詹姆斯等编著了《改变世界的机器》一书。该书深入系统地分析了造成日本和美国汽车工业差距的主要原因，将丰田生产方式定义为精益生产。精益生产方式的优越性不仅体现在生产制造系统，同样也体现在产品开发、协作配套、营销网络以及经营管理等各个方面，它是当前工业界最佳的一种生产组织体系和方式，也必将成为 21 世纪标准的全球生产体系。

2）精益生产的概念

《改变世界的机器》一书总结了丰田生产模式，并称之为"精益生产"，但却未给出明确的定义。这里给出如下的定义形式："精益生产是通过系统结构、人员组织、运行方式和市场供求关系等方面的变革，使生产系统能快速适应用户需求的不断变化，并能使生产过程中一切无用的、多余的或不增加附加值的环节被精简，以达到产品生命周期内的各方面最佳效果"。

精益生产方式以顾客需求为拉动，以消灭浪费和快速反应为核心，使企业以最少的投入获取最佳的运作效益和提高对市场的反应速度。其核心就是精简，通过减少和消除产品开发设计、生产、管理和服务中一切不产生价值的活动（即浪费），缩短对客户的反应周期，快速实现客户价值增值和企业内部增值，增加企业资金回报率和企业利润率。与大批大量生产相比，精益生产只需一半的劳动强度，一半的制造空间，一半的工具投资，一半的开发时间，库存大量的减少，废品大大减少和品种大量增加。精益生产与技术性生产和大批大量生产不同的是，精益生产克服了二者的缺点，即避免了技术性生产的高费用和大批大量生产的高刚性，与之相适应的是生产技术的柔性化，这主要得益于 70 年代以来的数控、FMS 和集成制造技术。

3）精益生产的内涵

精益生产方式既是一种以最大限度地减少企业生产所占用的资源和降低企业管理和运营成本为主要目标的生产方式，又是一种理念、一种文化。实施精益生产方式 JIT 就是决心追求完美、追求卓越，就是精益求精、尽善尽美，为实现七个零的终极目标而不断努力。它是支撑个人与企业生命的一种精神力量，也是在永无止境的学习过程中获得自我满足的一种境界。

精益生产方式的实质是管理过程，包括人事组织管理的优化，大力精简中间管理层，进行组织扁平化改革，减少非直接生产人员；推行生产均衡化同步化，实现零库存与柔性生产；推行全生产过程（包括整个供应链）的质量保证体系，实现零不良；减少和降低任何环节上的浪费，实现零浪费；最终实现拉动式准时化生产方式。

精益生产方式生产出来的产品品种能尽量满足顾客的要求，而且通过其对各个环节中采用的杜绝一切浪费（人力、物力、时间、空间）的方法与手段满足顾客对价格的要求。精益生产方式要求消除一切浪费，追求精益求精和不断改善，去掉生产环节中一切无用的东西，每个工人及其岗位的安排原则是必须增值，撤除一切不增值的岗位；精简产品开发设计、生产、管理中一切不产生附加值的工作。其目的是以最优品质、最低成本和最高效率对市场需求作出最迅速的响应。

4）精益生产的体系结构

如果把精益生产体系看作一幢大厦，那么大厦的基础就是计算机网络支持下的小组工作方式。在此基础上的三根支柱如下所示。

① 准时生产（JIT）。它是缩短生产周期，加快资金周转和降低生产成本，实现零库存的主要方法。

② 成组技术（GT）。它是实现多品种、小批量、低成本、高柔性，按顾客订单组织生产的技术手段。

③ 全面质量管理（TQC）。它是保证产品质量、树立企业形象和达到无缺陷目标的主要措施。图 8-15 为精益生产的体系结构。

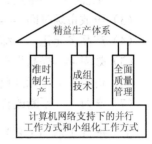

图 8-15 精益生产的体系结构

精益生产是采用灵活的生产组织形式，根据市场需求的变化，及时、快速地调整生产，依靠严密细致的管理，力图通过"彻底排除浪费"，防止过量生产来实现企业的利润目标的。因此，精益生产的基本目的是要在一个企业里，同时获得极高的生产率、极佳的产品质量和很大的生产柔性。为实现这一基本目的，精益生产必须能很好地实现以下三个子目标：零库存、高柔性（多品种）、无缺陷。

5）精益生产的特点

(1) 拉动式（pull）准时化生产（JIT），以最终用户的需求为生产起点。强调物流平衡，追求零库存，要求上一道工序加工完的零件立即可以进入下一道工序；组织生产运作是依靠看板进行，即由看板传递工序间需求信息；生产中的节拍可由人工干预、控制，保证生产中的物流平衡；由于采用拉动式生产，生产中的计划与调度实质上是由各个生产单元自己完成，在形式上不采用集中计划，但操作过程中生产单元之间的协调则极为必要。

(2) 全面质量管理。强调质量是生产出来而非检验出来的，由过程质量管理来保证最终质量；生产过程中对质量的检验与控制在每一道工序都进行；重在培养每位员工的质量意识，保证及时发现质量问题；如果在生产过程中发现质量问题，根据情况，可以立即停止生产，直至解决问题，从而保证不出现对不合格品的无效加工；对于出现的质量问题，一般是组织相关的技术与生产人员作为一个小组，一起协作，尽快解决。

(3) 团队工作法（Teamwork）。每位员工在工作中不仅是执行上级的命令，更重要的是积极地参与，起到决策与辅助决策的作用；组织团队的原则并不完全按行政组织来划分，而主要根据业务的关系来划分；团队成员强调一专多能，要求能够比较熟悉团队内其他工作人员的工作，保证工作协调顺利进行；团队人员工作业绩的评定受团队内部的评价的影响；团队工作的基本氛围是信任，以一种长期的监督控制为主，而避免对每一步工作的核查，提高工作效率；团队的组织是变动的，针对不同的事物，建立不同的团队，同一个人可能属于不同的团队。

(4) 并行工程（Concurrent Engineering）。在产品的设计开发期间，将概念设计、结构设计、工艺设计、最终需求等结合起来，保证以最快的速度按要求的质量完成；各项工作由与此相关的项目小组完成；进程中小组成员各自安排自身的工作，但可以定期或随时反馈信息并对出现的问题协调解决；依据适当的信息系统工具，反馈与协调整个项目的进行；利用现代 CIM 技术，在产品的研制与开发期间，辅助项目进程的并行化。

6）精益生产的特征

精益生产方式是围绕着最大限度利用公司的职工、协作厂商与资产的固有能力的综合哲学体系。这个体系要求形成一个解决问题的环境并对问题不断改进改善，要求各个环节都是最卓越的，而这些环节打破了传统的职能界限。

精益生产方式的主要特征表现如下。

（1）品质——寻找、纠正和解决问题；

（2）柔性——小批量、单件流；

（3）投放市场时间——把开发时间减至最小；

（4）产品多元化——缩短产品周期、减小规模效益影响；

（5）效率——提高生产率、减少浪费；

（6）适应性——标准尺寸总成、协调合作；

（7）学习——不断改善。

3. 并行工程（CE）

1）并行工程的提出及概念

20世纪80年代中期，制造业商品市场的根本性变化导致产品生命周期越来越短，迅速开发出新产品并进入市场成为赢得竞争胜利的关键。然而，传统的产品开发模式很难适应这种发展要求，人们不得不开始寻求更为有效的新产品开发方法。1982年，美国国防高级研究所开始研究如何在产品设计过程中提高各活动之间"并行度"的方法，1986年夏天提出"并行工程"（Concurrent Engineering，CE）的概念。

并行工程是对产品及其相关过程（包括制造过程和支持过程）进行并行、集成化处理的系统方法和综合技术。它要求产品开发人员从一开始就考虑到产品全生命周期（从概念形成到产品报废）内各阶段的因素（如功能、制造、装配、作业调度、质量、成本、维护与用户需求等等），并强调各部门的协同工作，通过建立各决策者之间的有效的信息交流与通信机制，综合考虑各相关因素的影响，使后续环节中可能出现的问题在设计的早期阶段就被发现，并得到解决，从而使产品在设计阶段便具有良好的可制造性、可装配性、可维护性及回收再生等方面的特性，最大限度地减少设计反复，缩短设计、生产准备和制造时间。

2）并行工程的特征

（1）并行交叉。并行工程强调产品设计与工艺过程设计、生产技术准备、采购、生产等种种活动并行交叉进行。并行交叉有两种形式：一是按部件并行交叉，即将一个产品分成若干个部件，使各部件能并行交叉进行设计开发；二是对每单个部件，可以使其设计、工艺过程设计、生产技术准备、采购、生产等各种活动尽最大可能并行交叉进行。并行工程强调各种活动并行交叉，但并不是违反产品开发过程必要的逻辑顺序和规律，不能取消或越过任何一个必经的阶段，而是在充分细分各种活动的基础上，找出各子活动之间的逻辑关系，将可以并行交叉的尽量并行交叉进行。

（2）尽早开始工作。并行工程强调各活动之间的并行交叉，目的是为了争取时间，所以它强调要学会在信息不完备情况下就开始工作。因为根据传统观点，人们认为只有等到所有产品设计图纸全部完成以后才能进行工艺设计工作，所有工艺设计图完成后才能进行生产技术准备和采购，生产技术准备和采购完成后才能进行生产。正因为并行工程强调将各有关活动细化后进行并行交叉，因此很多工作要在传统上认为信息不完备的情况下进行。

3）并行工程的本质特点

（1）面向过程和面向对象。并行工程强调面向过程（Process-oriented）和面向对象（Object-oriented），一个新产品从概念构思到生产出来是一个完整的过程（process）。传统的串行工程方法认为分工越细，工作效率越高。串行方法把整个产品开发全过程细分为很多步骤，每个部门和个人都只做其中的一部分工作，而且是相对独立进行的，工作做完以后把结果交给下一部门。西方把这种方式称为"抛过墙法"（throw over the wall），工作是以职能和分工任务为中心的，不一定存在完整的、统一的产品概念。而并行工程则强调设计要面向整个过程或产品对象，因此它特别强调设计人员在设计时不仅要考虑设计，还要考虑这种设计的工艺性、可制造性、可生产性、可维修性等等，工艺部门的人也要同样考虑其他过程，设计某个部件时要考虑与其他部件之间的配合。所以整个开发工作都是要着眼于整个过程和产品目标。从串行到并行，是观念上的很大转变。

（2）系统集成与整体优化。在传统串行工程中，对各部门工作的评价往往是看交给它的那一份工作任务完成是否出色。就设计而言，主要是看设计工作是否新颖，是否有创造性，产品是否有优良的性能。对其他部门也是看他的那一份工作是否完成出色。而并行工程则强调系统集成与整体优化，它并不完全追求单个部门、局部过程和单个部件的最优，而是追求全局优化，追求产品整体的竞争能力。对产品而言，这种竞争能力就是由产品的 TQCS 综合指标——交货期（time）、质量（quality）、价格（cost）和服务（service）。在不同情况下，侧重点不同。在现阶段，交货期可能是关键因素，有时是质量，有时是价格，有时是它们中的几个综合指标。对每一个产品而言，企业都对它有一个竞争目标的合理定位，因此并行工程应围绕这个目标来进行整个产品开发活动。只要达到整体优化和全局目标，并不追求每个部门的工作最优。因此对整个工作的评价是根据整体优化结果来评价的。

4）并行工程的关键技术

（1）并行工程过程重构技术。并行工程与传统产品开发方式的本质区别在于它把产品开发的各个活动视为一个集成的过程，从全局优化的角度出发对该集成过程进行管理和控制，并且对已有的产品开发过程进行不断的改进与提高，这种方法被称为产品开发过程重构（Product Development Process re-Engineering）。并行工程产品开发的本质是过程重构。要实施并行工程，就要对企业现有的产品开发流程进行深入的分析，找到影响产品开发进展的根本原因，重新构造一个能为有关各方所接受的新模式。

（2）并行工程的组织结构。并行工程要求打破部门间的界限，组成跨部门多专业的集成产品开发团队（IPT）。IPT 由企业的管理决策者、团队领导和团队成员组成一定的组织形式。并且形成不同工作范围的多学科小组（Multidiscipline Team）的协作关系。

（3）协同工作环境和协调管理。在产品开发过程中，多功能小组的要进行协同工作，由于小组的成员来自多个学科，其信息交换频繁、种类繁多，它涉及的信息种类有文本数据、图形、图像、语音、表格、文字等，并且信息量大，对网络传输实时性要求高。因此，并行工程要有良好的协同工作环境。支持协同工作的计算机工具被称为计算机支持的协同工作环境（Computer-Supported Cooperative Work，CSCW），又被称为群件（Group Ware）。CSCW 系统融计算机的交互性、网络的分布性和多媒体的综合性为一体，为并行工程环境下的多学科小组提供一个协同的群组工作环境。

(4) 协调管理。并行工程的大规模协同工作的特点,使得冲突成为并行工程实施过程中的一个重要的现象。为使产品开发过程顺利进行,使并行工程的效益得以充分体现,必须具有一种协调管理的支持技术、工具及系统,来建立各功能小组及产品元部件之间的依赖关系,协调各跨学科功能小组之间的活动。目前,在并行工程领域,协调理论研究的重点主要集中在协调规律研究、协调方法研究和协调系统研究等方面,内容涉及协调的定义、协调问题的表示、冲突化解(Conflict Resolution)及协调模型等。

(5) 并行工程的使能技术。为了实现并行产品开发,必须采用各种计算机辅助工具,即广义的 CAX/DFX 数字化工具集。其中 X 可以代表生命周期中的各种因素,如设计、分析、工艺、制造、装配、拆卸、检测、维护、支持等。CAx 是指各种计算机辅助工具,DFX 指面向某一应用领域的计算机辅助设计工具,它们能够使设计人员在早期就考虑设计决策对后续的影响。面向装配的设计(DFA)工具用来制定装配工艺规划,考虑装拆的可行性,优化装配路径。面向制造的设计(DFM)可以在产品详细设计阶段即考虑零件的结构工艺性、资源约束、可制造性及加工制造的成本、时间等。面向成本的设计(DFC)在设计阶段就综合考虑产品生命周期中的材料、加工、装配、维护等各种成本因素,进行产品设计成本的综合评价。CAX/DFX 工具被广泛用于 CE 产品开发的各个环节,在基于 STEP 的信息集成系统支持下,实现集成的、并行的产品开发。

5)并行工程的技术要求

(1) 一个完整的公共数据库。它必须集成并行设计所需要的诸方面的知识、信息和数据,并且以统一的形式加以表达。

(2) 一个支持各方面人员并行工作、甚至异地工作的计算机网络系统。它可以实时、在线地在各个设计人员之间沟通信息、发现并调解冲突。

(3) 一套切合实际的计算机仿真模型和软件。它可以由一个设计方案预测、推断产品的制造及使用过程,发现所隐藏的问题。此问题是实施并行工程的"瓶颈"。

6)并行工程的实施步骤

(1) 建立并行工程的开发环境。并行工程环境使参与产品开发的每个人都能瞬时地相互交换信息,以克服由于地域、组织不同,产品的复杂化,缺乏互换性的工具等因素造成的各种问题。在开发过程中应以具有柔性和弹性的方法,针对不同的产品开发对象,采用不同的并行工程手法,逐步调整开发环境。并行工程的开发环境主要包括以下几个方面:①统一的产品模型,保证产品信息的唯一性,并必须有统一的企业知识库,使小组人员能以同一种"语言"进行协同工作;②一套高性能的计算机网络,小组人员能在各自的工作站或微机上进行仿真,或利用各自的系统;③一个交互式、良好用户界面的系统集成,有统一的数据库和知识库,使小组人员能同时以不同的角度参与或解决各自设计问题。

(2) 成立并行工程的开发组织机构。开发组织有三个层次构成,最高层有各功能部门负责人和项目经理组成,管理开发经费、进程和计划;第二层是由主要功能部门经理、功能小组代表构成,定期举行例会;第三层是作业层,由各功能小组构成。

(3) 选择开发工具及信息交流方法。选择一套合适的产品数据管理(PDM)系统,PDM 是集数据管理能力、网络的通信能力与过程控制能力于一体的过程数据管理技术的集成,能够跟踪保存和管理产品设计过程,是实现并行工程的基础平台。它将所有与产品有关的信息和过程集成于一体,能有效地从概念设计、计算分析、详细设计、工艺流程设计、制造、销售、维修直至产品报废的整个生命周期相关的数据,予以定义、组织和管理,使产品数据在整个产品生命周期内保持最新、一致、共享及安全。PDM 系统应该具有电子仓库、过程和过程控制、配置管理、查看和圈阅、扫描和成像、设计检索和零件库、项目管理、电子协作、工具和集成件等。产品数据管理系统对产品开发过程的全面管理,能够保证参与并行工程协同开发小组人员间的协调活动能正常进行。

(4) 确立并行工程的开发实施方案。首先把产品设计工作过程细分为不同的阶段;其次当出现多个阶段的工作所需要的资源不可共享时,可以采用并行工程方法;最后,后续阶段的工作必须依赖于前阶段的工作结果作为输入条件时,可以先对前阶段工作做出假设,二者才可并行。其间必须插入中间协调,并用中间的结果作验证,其验证的结果与假定的背离是后续阶段工作调整的依据。

4. 绿色制造(GM)

1) 绿色制造的提出

20 世界 70 年代以来,工业污染所导致的全球性环境恶化达到了前所未有的程度。整个地球面临资源匮乏、环境恶化、生态系统失衡的全球性危机。20 世纪的 100 年消耗了几千年甚至上亿年才能形成的自然资源。工业界已逐渐认识到,工业生产对环境质量的损害不仅影响了企业形象,而且不利于市场竞争,直接制约着企业的发展。美国工程师协会(SME)于 1996 年发表的关于绿色制造的蓝皮书 *Green Manufacturing* 首先较为系统地提出了绿色制造的概念、内涵和主要内容,并于 1998 年在 Internet 上发表了绿色制造的趋势报告,对绿色制造的重要性和有关问题又作了进一步的介绍。

2) 绿色制造的定义

绿色制造,又称为环境意识制造(Environmentally Conscious Manufacturing)、面向环境的制造(Manufacturing for Environment)等。它是一个综合考虑环境影响和资源效益的现代化制造模式,其目标是使产品从设计、制造、包装、运输、使用到报废处理的整个产品生命周期中,对环境的影响(负作用)最小,资源利用率最高,并使企业经济效益和社会效益协调优化。绿色制造这种现代化制造模式,是人类可持续发展战略在现代制造业中的体现。

绿色制造使产品从设计、制造、使用到报废整个产品生命周期中不产生环境污染或环境污染最小化,符合环境保护要求,对生态环境无害或危害极少,节约资源和能源,使资源利用率最高,能源消耗最低。绿色制造模式是一个闭环系统,也是一种低熵的生产制造模式,即原料—工业生产—产品使用—报废—二次原料资源,从设计、制造、使用一直到产品报废回收整个寿命周期对环境影响最小,资源效率最高,也就是说要在产品整个生命周期内,以系统集成的观点考虑产品环境属性,改变了原来末端处理的环境保护办法,对环境保护从源头抓起,并考虑产品的基本属性,使产品在满足环境目标要求的同时,保证产品应有的基本性能、使用寿命、质量等。

3) 绿色制造的内涵及体系结构

绿色制造的内涵包括绿色资源、绿色生产过程和绿色产品三项主要内容和两个层次的全方位控制。绿色制造的体系结构如图 8-16 所示。

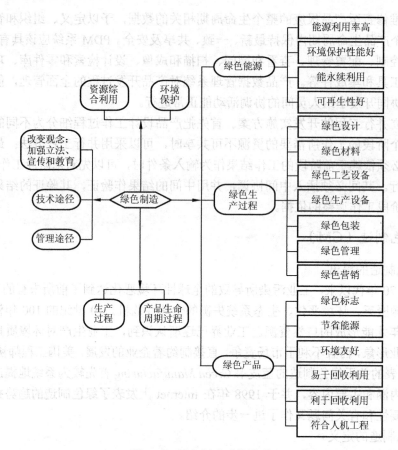

图 8-16 绿色制造系统模型

绿色制造的两个过程：产品制造过程和产品的生产周期过程。也就是说，在从产品的规划、设计、生产、销售、使用到报废淘汰的回收利用、处理处置的整个生命周期，产品的生产均要做到节能降耗、无或少环境污染。

绿色制造内容包括三部分：用绿色材料、绿色能源，经过绿色的生产过程（绿色设计、绿色工艺技术、绿色生产设备、绿色包装、绿色管理等）生产出绿色产品。

绿色制造追求两个目标：通过资源综合利用、短缺资源的代用、可再生资源的利用、二次能源的利用及节能降耗措施延缓资源能源的枯竭，实现持续利用；减少废料和污染物的生成和排放，提高工业产品在生产过程和消费过程中与环境的相容程度，降低整个生产活动给人类和环境带来的风险，最终实现经济效益和环境效益的最优化。

实现绿色制造的途径有三条：一是改变观念，树立良好的环境保护意识，并体现在具体行动上，可通过加强立法、宣传教育来实现；二是针对具体产品的环境问题，采取技术措施，即采用绿色设计、绿色制造工艺、产品绿色程度的评价机制等，解决所出现的问题；三是加强管理，利用市场机制和法律手段，促进绿色技术、绿色产品的发展和延伸。

绿色制造是一个动态概念，绝对的绿色是不存在的，它是一个不断发展永不间断的持续过程。

4）绿色制造的技术组成

（1）绿色设计。绿色设计是指在产品及其生命周期全过程的设计中，充分考虑对资源和环境的影响,在充分考虑产品的功能、质量、开发周期和成本的同时,优化各有关设计因素,使得产品及其制造过程对环境的总体影响和资源消耗减到最小。要求设计人员必须具有良好的环境意识,既综合考虑了产品的 TQCS(Time,Quality,Cost,Service)属性,还要注重产品的 E(Environment)属性,即产品使用的绿色度。

(2)绿色工艺规划。产品制造过程的工艺方案不一样,物料和能源的消耗将不一样,对环境的影响也不一样。绿色工艺规划就是要根据制造系统的实际,尽量研究和采用物料和能源消耗少、废弃物少、噪声低、对环境污染小的工艺方案和工艺路线。

(3)绿色材料选择。绿色材料选择是一个很复杂的技术问题,绿色材料尚无明确界限,实际选用中很难处理。在选用材料的时候,不仅要考虑其绿色性,还必须考虑产品的功能、质量、成本、噪声等多方面的要求。减少不可再生资源和短缺资源的使用量,尽量采用各种替代物质和技术。

(4)绿色产品包装。绿色包装技术就是从环境保护的角度,优化产品包装方案,使得资源消耗和废弃物产生最少。绿色包装技术的研究大致可以分为包装材料、包装结构和包装废弃物回收处理 3 个方面。当今世界主要工业国要求包装应遵循"3R1D"(Reduce 减量化、Reuse 回收重用、Recycle 循环再生和 Degradable 可降解)原则。我国也把绿色包装技术作为包装工业发展的重点。

(5)回收处理。产品生命周期终结后,若不回收处理,将造成资源浪费并导致环境污染。面向环境的产品回收处理是个系统工程,从产品设计开始就要充分考虑这个问题,并作系统分类处理。产品寿命终结后,可以有多种不同的处理方案,如再使用、再利用、废弃等,各种方案的处理成本和回收价值都不一样,需要对各种方案进行分析与评估,确定出最佳的回收处理方案,从而以最少的成本代价,获得最高的回收价值。

(6)绿色管理。尽量采用模块化、标准化的零部件,加强对噪声的动态测试、分析和控制,在国际环保标准 ISO14000 正式颁布和实施以后,它会成为衡量产品性能的一个重要因素,企业内部建立一套科学、合理的绿色管理体系势在必行。

5)绿色生产的实施方法和步骤

企业实施绿色制造可大致分为准备阶段、调研阶段、制定方案阶段和实施方案阶段。

(1)准备阶段。

① 明确目标,转变观念。绿色制造的目标可能来自上级主管部门或主管部门下达的指标、环保法规的要求,以及企业的发展战略。在准备阶段,企业只是预定一个大致努力的方向,目标的具体化将在以后阶段完成。转变观念可谓实施绿色制造的首要问题。更新观念的关键是各级政府官员与企业领导,要通过各种学习班、培训班对他们进行绿色制造的目的、意义、实现途径、实施方法、法规、政策与运行机制的培训,从而提高认识,转变观念,调整战略,掌握操作方法。

② 组织行动,加强领导。建立强有力的行动小组,是顺利推行绿色制造的组织保证。该组织的建立主要是为了执行以下任务:开展调研和分析;组织评价和咨询;确定具体目标;进行方案论证;负责立项;指导实施;协调各方关系,争取领导支持和吸收群众参与;组织验收,总结经验。应该说明的是,行动小组为了顺利开展工作,应首先争取领导层的支持和授权。一般应有一位熟悉本厂生产和环保、有经验且有威信的人来对行动小组专门负责和领导。此外,由于实行绿色制造有时涉及工业、财政、银行、物资、能源、环保等

多个部门,这时需各有关部门认识一致,主动配合,大力支持,绿色制造才有可能成为现实,所以必须加强指挥和协调。

(2) 调研阶段。进行调查分析是任何解决问题做决策的必经步骤。调查分析的内容一般涉及以下方面:企业的基本情况(包括企业历史、企业地址、规模、组织机构、主要产品、产量利税及企业规划等等);企业的环境背景(包括所在地的地理、地质、地形、土壤、气象、水文和生态环境等);企业的生产排污情况(包括能耗、物耗、废料产生部位、污染物的形态、性状、毒性和数量、排污和去向等);相关的环保法规和排放要求;污染治理现状(包括治理项目、方法、投资、评价、排污费、污染纠纷、人员健康情况等)。进行现状调研与分析,要进行物料和能量核算,进行分析和预测。分析和预测是指对收集的一手和二手资料进行计算、分析和比较。最后,经过分析和预测,把结果整理成详细的调研报告,作为行动的依据。

(3) 制订方案阶段。在这一阶段,首先要确定目标。通过第二阶段的调研分析一般即可发现在生产过程中最为薄弱和最易突破的环节,从中选中若干重点采取行动,同时综合考虑企业在人、财、物及技术等方面的实际情况,最终确定一个(或几个)具体的目标。之后,企业应提出可供选择的方案,然后进行可行性分析。可行性分析通过对若干可供选择方案的技术、经济和环境评价,从中选出最可行(或最佳)方案。

(4) 实施方案阶段。这一阶段通常包括四个步骤。

① 方案的实施。包括筹集方案所需资金,进行设计、申请许可证等等。

② 成效评价与反馈。方案得以实施后,若生产进入正常状态,设计也达到要求,则可收集数据,检查方案的实施成效并加以评价和反馈。假如未能达到原先制定的目标,要"返工"或修改原方案。这种追踪评价的结果对于绿色生产的顺利进行和进一步完善非常有用。

③ 验收。

④ 进一步提出新目标。由于市场竞争,技术进步,市场需求变化及其他,绿色制造是一个"不进则退"的不间断的进程。企业需时刻密切注意环境变化,不断提出新目标,以与不断变化的环境相一致。

6) 实现绿色制造的主要途径

实现绿色制造的途径企业要针对自身面对的关键问题采取综合措施来解决。以下是实现绿色制造的几条主要途径。

(1) 综合利用资源(原材料和能源),开发二次资源(例如,利用"废渣"、"废气"等)。

(2) 在绿色制造过程中防止物料流失,对废物要进行综合利用。

(3) 改进设备和工艺流程,开发更佳的生产流程。

(4) 提升产品设计,对产品结构进行调整。

(5) 改进和发展绿色技术,搞好污染防范及末端处理。

5. 虚拟制造(VM)

1) 虚拟制造简介

虚拟现实(Virtual Reality)技术是使用感官组织仿真设备和真实或虚幻环境的动态模型生成或创造出人能够感知的环境或现实,使人能够凭借直觉作用于计算机产生的三维仿真模型的虚拟环境。基于虚拟现实技术的虚拟制造(Virtual Manufacturing)技术是在一个统一模型之下对设计和制造等过程进行集成，它将与产品制造相关的各种过程与技术集成在三维的、动态的仿真真实过程的实体数字模型之上。其目的是在产品设计阶段，借助建模与仿真技术及时地、并行地、模拟出产品未来制造过程乃至产品全生命周期的各种活动对产品设计的影响，预测、检测、评价产品性能和产品的可制造性等等。从而更加有效地、经济地、柔性地组织生产，增强决策与控制水平，有力地降低由于前期设计给后期制造带来的回溯更改，达到产品的开发周期和成本最小化、产品设计质量的最优化、生产效率的最大化。

2）虚拟制造的定义

"虚拟制造"是近几年由美国首先提出的一种全新概念。什么是虚拟制造？它包括哪些内容？这些至今仍然是人们讨论的问题。许多学者从不同侧面对虚拟制造进行了探索性研究，并提出了一系列相关定义。

佛罗里达大学 Gloria J.Wiens 的定义是：虚拟制造是这样一个概念，即与实际一样在计算机上执行制造过程。其中虚拟模型是在实际制造之前用于对产品的功能及可制造性的潜在问题进行预测。该定义强调 VM "与实际一样""虚拟模型"和"预测"，即着眼于结果。

美国空军 Wright 实验室的定义是："虚拟制造是仿真、建模和分析技术及工具的综合应用，以增强各层制造设计和生产决策与控制。"该定义着眼于手段。

另一个有代表性的定义是由马里兰大学 Edward Lin&etc 给出的，"虚拟制造是一个用于增强各级决策与控制的一体化的、综合性的制造环境。"该定义着眼于环境。

不难看出，虚拟制造技术可以理解为，借助计算机及相关环境模拟产品的制造和装配过程。换句话说，虚拟制造就是把实际制造过程，通过建模、仿真及虚拟现实技术映射到以计算机为手段的虚拟制造空间，实现产品设计、工艺规划、生产计划与调度，加工制造、性能分析与评价、质量检验以及企业各级的管理与控制等涉及产品制造本质的全部过程，以确定产品设计及生产的合理性，增强实际制造时各级的决策和控制能力。

综上所述，虚拟制造可以定义为"虚拟制造是实际制造过程在计算机上的本质实现，即采用计算机仿真与虚拟现实技术，在计算机上群组协同工作，实现产品的设计、工艺规划、加工制造、性能分析、质量检验，以及企业各级过程的管理与控制等产品制造的本质过程，以增强制造过程各级的决策与控制能力"。

"虚拟制造"虽然不是实际的制造，但却实现实际制造的本质过程，是一种通过计算机虚拟模型来模拟和预估产品功能、性能及可加工性等各方面可能存在的问题，提高人们的预测和决策水平，使得制造技术走出主要依赖于经验的狭小天地，发展到了全方位预报的新阶段。

3）虚拟制造的内涵

虚拟制造从根本上讲就是要利用计算机生产出"虚拟产品"，不难看出，虚拟制造技术是一个跨学科的综合性技术，它涉及仿真、可视化、虚拟现实、数据继承、优化等领域。然而，目前还缺乏从产品生产全过程的高度开展对虚拟制造的系统研究。这表现在以下几方面。

（1）虚拟制造的基础是产品、工艺规划及生产系统的信息模型。尽管国际标准化组织花了很大精力去开发产品信息模型，但 CAD 开发者尚未采用它们；尽管工艺规划模型的研究已获得了一些进展和应用，但仍然没有一种综合的，可以集成于虚拟制造平台的工艺规划模型；生产系统能力和性能模型，以及其动态模型的研究和开发需要进一步加强。

（2）现有的可制造性评价方法主要是针对零部件制造过程，因而面向产品生产过程的可制造性评价方法需要研究开发，包括各工艺步骤的处理时间，生产成本和质量的估计等。

（3）制造系统的布局，生产计划和调度是一个非常复杂的任务，它需要丰富的经验知识，支持生产系统的计划和调度规划的虚拟生产平台需要拓展和加强。

（4）分布式环境，特别是适应敏捷制造的公司合作，信息共享，信息安全性等方法和技术需要研究和开发，同时经营管理过程重构方法的研究也需加强。

4）虚拟制造的特征

（1）信息高度集成。基于计算机虚拟制造环境，进行产品设计、制造、测试，甚至设计人员和用户可进入虚拟制造环境检验其设计、加工、装配和操作的正确合理性，而不依赖传统的原型样机的反复修改而获得，因而具有更高的信息和知识集成度。

（2）敏捷灵活性更高。所有的工作都在计算机里进行，设计和加工的产品也在计算机里，因此可以根据市场的变化和用户的要求，进行快速改型设计，从而节省开发时间，使系统的灵活性更高。

（3）分布合作。可使分布在不同地点，不同部门的人员在同一模型上同时工作、相互交流方便，信息共享程度高。减少了文档传递时间和误差。因此开发周期短，响应速度快。

（4）可视性强，修改方便。由于计算机提供的可视化环境是计算机制造过程直观明了，并对仿真过程中所反映出来的问题，可以方便地修改或变更，使之形成更好的结果，这些在虚拟制造环境中都非常容易实现，且不会造成过多的时间和费用上的浪费。

5）虚拟制造的分类

与真实产品的生产过程一样，虚拟制造既涉及与产品设计及制造有关的工程活动，又包含与企业经营有关的管理活动，因此虚拟设计、生产和生产控制机制是虚拟制造的有机组成部分。按照这种思想虚拟制造可以分为三类，即以设计为中心的虚拟制造，以生产为中心的虚拟制造和以控制为中心的虚拟制造。各过程既相互联系，又各有特点，各有侧重。

（1）以设计为中心的虚拟制造。就是把制造信息引入到设计过程，利用仿真技术来优化产品设计，从而在设计阶段，就可以对所设计的零件甚至整机进行可制造性分析，包括加工过程工艺分析，铸造过程的热力学分析，运动部件的运动分析，数控加工的轨迹分析，以及加工时间、费用和加工精度分析等。它主要解决的是该产品的性能、质量、加工性以及经济性的问题。

（2）以生产为中心的虚拟制造。它是在制造过程中融入仿真技术，以评估和优化生产过程，快速地对不同工艺方案，资源计划、生产计划及调度结果作出评价，其目标是产品的可生产性，主要解决"这样组织和实施生产是否合理"的问题。

（3）以控制为中心的虚拟制造。它是将仿真加到控制模型和实际处理中，实现基于仿真的最优控制。其中虚拟仪器是当前的热点问题之一，它就是利用计算机软硬件的强大功能，将传统的各种控制仪表、检测仪表的功能数字化，并可以灵活地进行各种功能地组合，形成不同的控制方案和模块，它主要解决"如何实现控制"的问题。

实际上，虚拟制造在本质上是利用计算机生产出的一种"虚拟产品"，但要实现和完成这个产品，则是一个跨学科的综合技术，涉及仿真、可视化、虚拟现实、数据继承、综合优化等领域。目前还缺乏全企业层次上的虚拟制造的研究，因此今后应加强虚拟制造的运行环境、体系结构以及实现方法等方面的全面研究，使之在制造领域发挥更大的作用，为实际生产提供评价依据。

6) 虚拟制造的体系结构

(1) 虚拟制造环境。虚拟制造环境支持产品的并行设计、工艺规划、加工、装配及维修等过程，进行可制造性 (Manufacturability) 分析 (包括性能分析、费用估计、工时估计等)。它是以全信息模型为基础的众多仿真分析软件的集成，包括力学、热力学、运动学、动力学等可制造性分析，具有以下研究环境。

① 基于产品技术复合化的产品设计与分析，除了几何造型与特征造型等环境外，还包括运动学、动力学、热力学模型分析环境等。

② 基于仿真的零部件制造设计与分析，包括工艺生成优化、工具设计优化、刀位轨迹优化、控制代码优化等。

③ 基于仿真的制造过程碰撞干涉检验及运动轨迹检验——虚拟加工、虚拟机器人等。

④ 材料加工成形仿真，包括产品设计，加工成形过程温度场、应力场、流动场的分析，加工工艺优化等。

⑤ 产品虚拟装配，根据产品设计的形状特征，精度特征，三维真实地模拟产品的装配过程，并允许用户以交互方式控制产品的三维真实模拟装配过程，以检验产品的可装配性。

(2) 虚拟生产环境。虚拟生产环境支持生产环境的布局设计及设备集成、产品远程虚拟测试、企业生产计划及调度的优化，进行可生产性 (Producibility) 分析。

① 虚拟生产环境布局，根据产品的工艺特征，生产场地，加工设备等信息，三维真实地模拟生产环境，并允许用户交互地修改有关布局，对生产动态过程进行模拟，统计相应评价参数，对生产环境的布局进行优化。

② 虚拟设备集成，为不同厂家制造的生产设备实现集成提供支撑环境，对不同集成方案进行比较。

③ 虚拟计划与调度，根据产品的工艺特征，生产环境布局，模拟产品的生产过程，并允许用户以交互方式修改生产排程和进行动态调度，统计有关评价参数，以找出最满意的生产作业计划与调度方案。

(3) 虚拟企业环境。虚拟企业协同工作环境支持异地设计、异地装配、异地测试的环境，特别是基于广域网的三维图形的异地快速传送、过程控制、人机交互等环境。虚拟企业动态组合及运行支持环境，特别是 INTERNET 与 INTRANET 下的系统集成与任务协调环境。

8.4.4 CIMS 的发展趋势

随着信息技术的发展和制造业市场竞争的日趋激烈，未来 CIMS 将有向以下八个方面发展的趋势。

(1) 集成化。CIMS 的"集成"已经从原先的企业内部的信息集成和功能集成，发展到当前的以并行工程为代表的过程集成，并正在向以敏捷制造为代表的企业间集成发展。

(2) 数字化。从产品的数字化设计开始，发展到产品生命周期中各类活动、设备及实体的数字化。

(3) 虚拟化。在数字化基础上，虚拟化技术正在迅速发展，它主要包括虚拟显示 (VR)、虚拟产品开发 (VPD)、虚拟制造 (VM) 和虚拟企业等。

（4）全球化。随着"市场全球化""网络全球化"、"竞争全球化"和"经营全球化"的出现，许多企业都积极采用"全球制造"、"敏捷制造"、和"网络制造"的策略，CIMS 也将实现"全球化"。

（5）柔性化。正积极研究发展企业间动态联盟技术、敏捷设计生产技术、柔性可重组机器技术等，以实现敏捷制造。

（6）智能化。是制造系统在柔性化和集成化基础上，引入各类人工智能和智能控制技术，实现具有自律、智能、分布、仿生、敏捷、分形等特点的下一代制造系统。

（7）标准化。在制造业向全球化、网络化、集成化和智能化发展的过程中，标准化技术（PTEP、EDI 和 P-LIB 等）已显得越来越重要。它是信息集成、功能集成、过程集成和企业集成的基础。

（8）绿色化。包括绿色制造、环境意识的设计与制造、生态工厂、清洁化生产等。它是全球可持续发展战略在制造业中的体现，是摆在现代制造业面前的一个崭新课题。

8.5 快速成形简介

快速成形技术又称快速原型制造（Rapid Prototyping Manufacturing，简称 RPM）技术，诞生于 20 世纪 80 年代后期，是基于材料堆积法的一种高新制造技术，被认为是近 20 年来制造领域的一个重大成果。它集机械工程、CAD、逆向工程技术、分层制造技术、数控技术、材料科学、激光技术于一身，可以自动、直接、快速、精确地将设计思想转变为具有一定功能的原型或直接制造零件，从而为零件原型制作、新设计思想的校验等方面提供了一种高效低成本的实现手段。即，快速成形技术就是利用三维 CAD 的数据，通过快速成形机，将一层层的材料堆积成实体原型。

8.5.1 快速成形技术产生的背景

（1）随着全球市场一体化的形成，制造业的竞争十分激烈，产品的开发速度日益成为主要矛盾。在这种情况下，自主快速产品开发（快速设计和快速工模具）的能力（周期和成本）成为制造业全球竞争的实力基础。

（2）制造业为满足日益变化的用户需求，要求制造技术有较强的灵活性，能够以小批量甚至单件生产而不增加产品的成本。因此，产品的开发速度和制造技术的柔性就十分关键。

（3）从技术发展角度看，计算机科学、CAD 技术、材料科学、激光技术的发展和普及为新的制造技术的产生奠定了技术物质基础。

8.5.2 快速成形技术的基本原理

快速成形技术是在计算机控制下，基于离散、堆积的原理采用不同方法堆积材料，最终完成零件的成形与制造的技术。

（1）从成形角度看，零件可视为"点"或"面"的叠加。从 CAD 电子模型中离散得到"点"或"面"的几何信息，再与成形工艺参数信息结合，控制材料有规律、精确地由点到面，由面到体地堆积零件。

（2）从制造角度看，它根据 CAD 造型生成零件三维几何信息，控制多维系统，通过激光束或其他方法将材料逐层堆积而形成原型或零件。

8.5.3 快速成形技术的特点

(1) 制造原型所用的材料不限,各种金属和非金属材料均可使用。
(2) 原型的复制性、互换性高。
(3) 制造工艺与制造原型的几何形状无关,在加工复杂曲面时更显优越。
(4) 加工周期短,成本低,成本与产品复杂程度无关,一般制造费用降低 50%,加工周期节约 70%以上。
(5) 高度技术集成,可实现了设计制造一体化。

8.5.4 快速成形技术的类型

快速成形技术发展至今,以其技术的高集成性、高柔性、高速性而得到了迅速发展。目前,快速成形的工艺方法已有几十种之多,其中主要工艺有四种基本类型:光固化成形法、分层实体制造法、选择性激光烧结法和熔融沉积制造法。

(1) 光固化成形。SLA(Stereo lithography Apparatus)工艺也称光造型、立体光刻及立体印刷,其工艺过程是以液态光敏树脂为材料充满液槽,由计算机控制激光束跟踪层状截面轨迹,并照射到液槽中的液体树脂,而使这一层树脂固化,之后升降台下降一层高度,已成形的层面上又布满一层树脂,然后再进行新一层的扫描,新固化的一层牢固地粘在前一层上,如此重复直到整个零件制造完毕,得到 1 个三维实体模型。该工艺的特点是:原型件精度高,零件强度和硬度好,可制出形状特别复杂的空心零件,生产的模型柔性化好,可随意拆装,是间接制模的理想方法。缺点是需要支撑,树脂收缩会导致精度下降,另外光固化树脂有一定的毒性而不符合绿色制造发展趋势等。

(2) 分层实体制造。LOM(Laminated Object Manufacturing)工艺或称为叠层实体制造,其工艺原理是根据零件分层几何信息切割箔材和纸等,将所获得的层片粘接成三维实体。其工艺过程是:首先铺上一层箔材,然后用 CO_2 激光在计算机控制下切出本层轮廓,非零件部分全部切碎以便于去除。当本层完成后,再铺上一层箔材,用滚子碾压并加热,以固化黏结剂,使新铺上的一层牢固地黏接在已成形体上,再切割该层的轮廓,如此反复直到加工完毕,最后去除切碎部分以得到完整的零件。该工艺的特点是工作可靠,模型支撑性好,成本低,效率高。缺点是前、后处理费时费力,且不能制造中空结构件。

(3) 选择性激光烧结。SLS(Selective Laser Sintering)工艺,常采用的材料有金属、陶瓷、ABS 塑料等材料的粉末作为成形材料。其工艺过程是:先在工作台上铺上一层粉末,在计算机控制下用激光束有选择地进行烧结(零件的空心部分不烧结,仍为粉末材料),被烧结部分便固化在一起构成零件的实心部分。一层完成后再进行下一层,新一层与其上一层被牢牢地烧结在一起。全部烧结完成后,去除多余的粉末,便得到烧结成的零件。该工艺的特点是材料适应面广,不仅能制造塑料零件,还能制造陶瓷、金属、蜡等材料的零件。造型精度高,原型强度高,所以可用样件进行功能试验或装配模拟。

(4) 熔融沉积成形。FDM(Fused Deposition Manufacturing)工艺又称为熔丝沉积制造,其工艺过程是以热塑性成形材料丝为材料,材料丝通过加热器的挤压头熔化成液体,由计算机控制挤压头沿零件的每一截面的轮廓准确运动,使熔化的热塑材料丝通过喷嘴挤出,覆盖于已建造的零件之上,并在极短的时间内迅速凝固,形成一层材料。之后,挤压头沿轴向向上运动一微小距离进行下一层材料的建造。这样逐层由底到顶地堆积成一个实体模型或零件。该工艺的特点是使用、维护简单,成本较低,速度快,一般复杂程度原型仅需要几个小时即可成形,且无污染。

除了上述 4 种最为熟悉的技术外,还有许多技术也已经实用化,如三维打印技术、光屏蔽工艺、直接壳法、直接烧结技术、全息干涉制造等。

8.5.5　快速成形技术的应用

目前,快速成形技术已在工业造型、机械制造、航空航天、军事、建筑、影视、家电、轻工、医学、考古、文化艺术、雕刻、首饰等领域都得到了广泛应用。并且随着这一技术本身的发展,其应用领域将不断拓展。RP 技术的实际应用主要集中在以下几个方面。

(1) 在新产品造型设计过程中的应用快速成形技术为工业产品的设计开发人员建立了一种崭新的产品开发模式。运用 RP 技术能够快速、直接、精确地将设计思想转化为具有一定功能的实物模型(样件),这不仅缩短了开发周期,而且降低了开发费用,也使企业在激烈的市场竞争中占有先机。

(2) 在机械制造领域的应用由于 RP 技术自身的特点,使得其在机械制造领域内,获得广泛的应用,多用于制造单件、小批量金属零件的制造。有些特殊复杂制件,由于只需单件生产,或少于 50 件的小批量,一般均可用 RP 技术直接进行成形,成本低,周期短。

(3) 快速模具制造传统的模具生产时间长,成本高。将快速成形技术与传统的模具制造技术相结合,可以大大缩短模具制造的开发周期,提高生产率,是解决模具设计与制造薄弱环节的有效途径。快速成形技术在模具制造方面的应用可分为直接制模和间接制模两种,直接制模是指采用 RP 技术直接堆积制造出模具,间接制模是先制出快速成形零件,再由零件复制得到所需要的模具。

(4) 在医学领域的应用近几年来,人们对 RP 技术在医学领域的应用研究较多。以医学影像数据为基础,利用 RP 技术制作人体器官模型,对外科手术有极大的应用价值。

(5) 在文化艺术领域的应用在文化艺术领域,快速成形制造技术多用于艺术创作、文物复制、数字雕塑等。

(6) 在航空航天技术领域的应用在航空、航天领域中,空气动力学地面模拟实验(即风洞实验)是设计性能先进的天地往返系统(即航天飞机)所必不可少的重要环节。该实验中所用的模型形状复杂、精度要求高、又具有流线型特性,采用 RP 技术,根据 CAD 模型,由 RP 设备自动完成实体模型,能够很好地保证模型质量。

(7) 在家电行业的应用目前,快速成形系统在国内的家电行业上得到了很大程度的普及与应用,使许多家电企业走在了国内前列。例如:广东的美的、华宝、科龙;江苏的春兰、小天鹅;青岛的海尔等,都先后采用快速成形系统来开发新产品,收到了很好的效果。快速成形技术的应用很广泛,可以相信,随着快速成形制造技术的不断成熟和完善,它将会在越来越多的领域得到推广和应用。

8.5.6　快速成形技术的发展方向

(1) 开发性能好的快速成形材料,如成本低、易成形、变形小、强度高、耐久及无污染的成形材料。

（2）提高 RP 系统的加工速度和开拓并行制造的工艺方法。

（3）改善快速成形系统的可靠性，提高其生产率和制作大件能力，优化设备结构，尤其是提高成形件的精度、表面质量、力学和物理性能，为进一步进行模具加工和功能实验提供基础。

（4）开发快速成形的高性能 RPM 软件。提高数据处理速度和精度，研究开发利用 CAD 原始数据直接切片的方法，减少由 STL 格式转换和切片处理过程所产生精度损失。

（5）开发新的成形能源。

（6）快速成形方法和工艺的改进和创新。直接金属成形技术将会成为今后研究与应用的又一个热点。

（7）进行快速成形技术与 CAD、CAE、RT、CAPP、CAM 以及高精度自动测量、逆向工程的集成研究。

（8）提高网络化服务的研究力度，实现远程控制。

思考题与习题

8-1 试述制造技术的重要性。

8-2 试述制造系统与制造技术。

8-3 什么是先进制造系统？简述先进制造技术的组成。

8-4 试述先进制造技术的内涵和特点。

8-5 试述先进制造技术的体系结构。

8-6 试述先进制造技术的分类。

8-7 试述先进制造技术的发展趋势。

8-8 什么是 FMS？简述 FMS 的组成。

8-9 什么是计算机集成制造系统，它是怎么构成的？

8-10 什么是智能制造技术？什么是智能制造系统？它的主要内容有哪些？

8-11 什么是并行工程？它有什么特点？

8-12 什么是反求工程？

8-13 什么是绿色设计？

8-14 什么是快速成形制造技术？它有什么特点？

8-15 什么是敏捷制造？它有什么特点？

8-16 什么是精益生产？它有什么特点？

8-17 什么是虚拟制造？它有什么特点？

8-18 什么是反求工程？它有什么特点？

参 考 文 献

[1] 吴祖育，秦鹏飞．数控机床[M]．3 版．上海：上海科学技术出版社，2000．
[2] 张福润，严育才等．数控技术[M]．北京：清华大学出版社，2009．
[3] 闫占辉，刘宏伟等．机床数控技术[M]．武汉：华中科技大学出版社，2008．
[4] 朱晓春．数控技术[M]．2 版．北京：机械工业出版社，2012．
[5] 李宏胜．机床数控技术及应用[M]．北京：高等教育出版社，2008．
[6] 刘军．数控技术及应用[M]．北京：北京大学出版社，2013．
[7] 董玉红．数控技术[M]．北京：高等教育出版社，2004．
[8] 李一民．数控机床[M]．南京：东南大学出版社，2005．
[9] 方新．数控机床与编程[M]．北京：高等教育出版社，2007．
[10] 马宏伟．数控技术[M]．北京：电子工业出版社，2011．
[11] 王爱玲．数控机床加工工艺[M]．北京：机械工业出版社，2006．
[12] 周文玉，杜国臣，赵先仲等．数控加工技术[M]．北京：高等教育出版社，2010．
[13] 周晓宏．数控机床加工工艺与设备[M]．北京：机械工业出版社，2008．
[14] 陈蔚芳，王宏涛．机床数控技术及应用[M]．北京：科学技术出版社，2005．
[15] 赵玉刚，宋现春．数控技术[M]．北京：机械工业出版社，2011．
[16] 林其骏．数控技术及应用[M]．北京：机械工业出版社，2001．
[17] 李郝林，方键．机床数控技术[M]．北京：机械工业出版社，2004．
[18] 周济，周艳红．数控加工技术[M]．北京：国防工业出版社，2002．
[19] 杨中力．数控机床故障诊断与维修[M]．大连：大连理工大学出版社，2006．
[20] 李强，闫洪波，张玉宝．并联机床发展的历史、研究现状与展望[J]．机床与液压，2007(3):206-209．
[21] 王爱玲．数控机床结构及应用[M]．北京：机械工业出版社，2006．
[22] 蔡厚道，杨家兴．数控机床构造[M]．2 版．北京：北京理工大学出版社，2010．
[23] 张耀满．数控机床结构[M]．沈阳：东北大学出版社，2007．
[24] 魏杰．数控机床结构[M]．北京：化学工业出版社，2011．